页岩气采气工程

SHALE GAS
PRODUCTION PROCESSES

雍锐 文明 杨健 杨建 王强 ◎等编著

石油工业出版社
Petroleum Industry Press

内容提要

本书内容主要包括页岩气井的完井与体积压裂、闷井与压裂液返排、水平井采气工艺及修井、腐蚀与防护、地面配套工程等。主要论述页岩气与常规气不同的工程技术做法与采气生产管理方法,吸收了"十一五"以来的研究成果与川南页岩气的实践经验,涉及气井的"地层—井筒—地面"全系统、"建井—投产—采气—报废"生命全过程,对我国页岩气开发有重要指导意义。

本书适用于从事页岩气开发的管理和工程技术人员参考阅读,也可供相关专业高等院校师生参考使用。

图书在版编目(CIP)数据

页岩气采气工程 / 雍锐等编著. — 北京:石油工业出版社,2023.12

ISBN 978-7-5183-6426-8

Ⅰ.①页… Ⅱ.①雍… Ⅲ.①油页岩–油田开发–研究 Ⅳ.① P618.130.8

中国国家版本馆 CIP 数据核字(2023)第 215637 号

出版发行:石油工业出版社
(北京安定门外安华里2区1号 100011)
网　　址:www.petropub.com
编辑部:(010)64523829
图书营销中心:(010)64523633
经　销:全国新华书店
印　刷:北京九州迅驰传媒文化有限公司

2023年12月第1版　2023年12月第1次印刷
787×1092毫米　开本:1/16　印张:20.5
字数:492千字

定价:150.00元
(如出现印装质量问题,我社图书营销中心负责调换)
版权所有,翻印必究

前 言
PREFACE

　　绿色低碳是中国能源发展的新战略之一，天然气作为清洁的优质能源，在支持国民经济可持续发展、方便城乡人民生活和改善环境质量等方面将长期发挥重要作用。2018年以来，我国天然气对外依存度超过40%，2020年，天然气在我国一次性能源消费中所占比例超过10%。2022年，我国页岩气产量240×10^{8}m^3，占国内天然气总产量的11%。页岩气的高效开发是保障我国能源安全的一种重要途径。

　　中国页岩气藏层系多，资源分布广。丰富的资源基础和良好的产业起步为页岩气发展提供坚实保障。通过"十一五"以来的持续攻关和探索，中国页岩气开发在一些区域获得突破，实现了规模开发，并在其他很多有利区获得工业测试气流。四川盆地深层海相页岩气藏及鄂尔多斯盆地陆相页岩气藏将为页岩气大规模开发提供资源保障。目前页岩气开发关键技术基本突破，中国已掌握3500m以浅海相页岩气高效开发技术，工程装备初步实现国产化，在页岩气藏钻完井技术、地面建设与管理等方面取得重要经验，为后续中国页岩气产业加快发展提供有力技术支持。

　　页岩气采气工程技术在页岩气开发中占有至关重要的作用：完井与体积压裂技术，直接决定页岩缝网的复杂程度及改造体积，也决定了单井的测试产量及估算的累计产气量（EUR）；采气工艺技术，直接决定了气井生产能力与采出效率，也决定了EUR变成产量的能力；井筒维护及地面配套工程技术决定了气井生产的稳定性与高效性，对安全效益开发起着重要作用。

　　本书在全面总结"十一五"以来中国在页岩气采气工程形成的新技术、新理念、成果及经验基础上，对页岩气采气工程所使用的技术、工艺流程、具体做法及应用效果等做了较为全面的论述。

　　本书共分八章。第一章绪论，介绍了页岩气勘探开发现状、页岩气开采特征、页岩气采气工程技术现状；第二章采气工程基础，介绍常用术语、储层物性参数、工程参数；第三章完井与体积压裂技术，介绍完井技术、射孔技术、压裂设计、压裂施工、压裂监测；第四章闷井与压裂液返排，介绍了闷井机理与制度、返排规律与制度、返排井筒与地面流程、气井初期产能评价、返排液再利用；第五章页岩气采气工艺技术，介绍采气工艺常用计算、气井生产分析、优选管柱排水采气技术、柱塞气举排水采气技术、泡沫排水采气技术、气举排水采气技术、采气数字化技术；第六章修井技术，介绍带压起下管柱技术、清砂技术、油管打捞技术、套损修复技术、修井液技术；第七章腐蚀与防护，介绍了腐蚀行为、腐蚀控制、腐蚀检测；第八章地面配套工程，介绍了页岩气地面工艺、除砂技术、分离与计量技术、增压技术。

本书由雍锐、文明、杨健、杨建、王强组成编写领导小组，负责提纲拟定、组织管控、定稿审核。其中第一章由向建华、刘佳伟、林盛旺、熊颖、陈文、吴宇等编写，王强审核；第二章由蒋密、刘佳伟、王良等编写，魏林胜审核；第三章由林盛旺、宋毅、沈骋、张瀚韬、王守毅、黎俊峰、熊颖、邓琪、姚志广、胡俊杰、徐颖洁、周倩、黄永智、邵莎睿、王怡亭、吴洪波等编写，刘强审核；第四章由常程、谢维扬、程秋洋、彭杨、伍坤一、熊颖、李明国、万翠蓉、陈维铭等编写，张鉴审核；第五章由叶长青、蒋泽银、魏林胜、蒋密、陈家晓、蔡道钢、李泊春、王庆蓉、余帆、杨智、曾琳娟、董宗豪、杨成彬、王强、谢波编写，谢南星审核；第六章由杨成彬、杨盛、田璐、张林、宋颐、师一帅、徐月霞、徐波、许园、张鹏飞、许懿、刘祥康、唐庚编写，李玉飞审核；第七章由陈文、吴贵阳、艾志鹏、钟海峰、郑鹤、王佳鑫、黄陈成、刘波、张成耀等编写，唐永帆审核；第八章由吴宇、计维安、邱艳华、伍坤一、闪从新、林宇、罗鑫、李鹬、杨建英等编写，王峰审核；全书由向建华统稿，由文明、杨健、杨建、杨学锋、宋彬、王峰、王强初审，雍锐审定。

本书在编写过程中，得到了中国石油油气和新能源分公司、中国石油西南油气田公司、中国石油工程建设有限公司西南分公司、四川科宏石油天然气工程有限公司、西南石油大学等相关单位、专家及技术人员的大力支持和帮助。李川东、李小蓉等专家在本书编写及审稿过程中提出了许多宝贵的意见，促进了本书的编写工作，在此一并表示深切的谢意。此外，向本书的所有参编人员以及书中所引用文献与资料的作者表示衷心感谢。

由于编者水平有限，书中难免有不足之处，恳请读者批评指正。

目 录
CONTENTS

第一章　绪论 ··· 1
　第一节　页岩气勘探开发现状 ··· 1
　第二节　页岩气开采特征 ·· 2
　第三节　页岩气采气工程技术现状 ·· 3
　参考文献 ·· 5

第二章　采气工程基础 ·· 6
　第一节　常用术语 ··· 6
　第二节　储层物性参数 ·· 9
　第三节　工程参数 ·· 14
　参考文献 ·· 20

第三章　完井与体积压裂技术 ·· 21
　第一节　完井技术 ·· 21
　第二节　射孔技术 ·· 28
　第三节　压裂设计 ·· 38
　第四节　压裂施工 ·· 61
　第五节　压裂监测 ·· 79
　参考文献 ·· 99

第四章　闷井与压裂液返排 ·· 101
　第一节　闷井机理与制度 ·· 101
　第二节　返排规律与制度 ·· 105
　第三节　返排井筒与地面流程 ··· 119
　第四节　气井初期产能评价 ·· 138
　第五节　返排液再利用 ··· 140
　参考文献 ··· 148

第五章 采气工艺技术 … 149

- 第一节 采气工艺常用计算 … 149
- 第二节 气井生产分析 … 156
- 第三节 优选管柱排水采气技术 … 164
- 第四节 柱塞气举排水采气技术 … 169
- 第五节 泡沫排水采气技术 … 183
- 第六节 气举排水采气技术 … 199
- 第七节 页岩气采气井口维护 … 208
- 第八节 采气数字化技术 … 209
- 参考文献 … 222

第六章 修井技术 … 223

- 第一节 带压起下管柱技术 … 223
- 第二节 清砂技术 … 235
- 第三节 油管打捞技术 … 241
- 第四节 套损特征及其修复技术 … 250
- 第五节 修井液技术 … 259
- 参考文献 … 263

第七章 腐蚀与防护 … 264

- 第一节 腐蚀行为 … 264
- 第二节 腐蚀控制 … 275
- 第三节 腐蚀检测 … 281
- 参考文献 … 297

第八章 地面配套工程 … 299

- 第一节 页岩气地面工艺 … 299
- 第二节 除砂技术 … 302
- 第三节 分离与计量技术 … 307
- 第四节 增压技术 … 312
- 参考文献 … 322

第一章 绪 论

页岩气藏作为非常规油气资源勘探开发的重点领域，其规模效益开发是能源领域的一次重要革命，对国家能源持续发展具有深远意义。中国页岩气资源丰富，具有十分广阔的发展前景。本章主要介绍了中国页岩气勘探开发现状、页岩气开采特征、页岩气采气工程技术现状。

第一节 页岩气勘探开发现状

页岩气属于典型的非常规天然气资源，是我国新型能源发展的重点领域。从资源储量来看，中国页岩气储量排名全球第一，据中华人民共和国国土资源部2016年最新资源评价显示，中国页岩气技术可采资源量$21.84 \times 10^{12} m^3$，按页岩气沉积环境可以划分为：海相页岩气、陆相页岩气和海陆过渡相页岩气3种类型，其中海相$13 \times 10^{12} m^3$、海陆过渡相$5.1 \times 10^{12} m^3$、陆相$3.7 \times 10^{12} m^{3[1-2]}$。

我国页岩气开发主要集中在南方海相页岩，典型对象为四川盆地五峰组—龙马溪组海相页岩。2009年，第一口页岩气井—威201井开钻，拉开了页岩气开发的序幕；2018年，中国页岩气年产量突破$100 \times 10^8 m^3$，2020年突破$200 \times 10^8 m^3$，2022年达到$240 \times 10^8 m^3$，实现了页岩气高效开发的跨越式发展。目前，中国页岩气产区主要集中在四川盆地周围的四川省、重庆市及云南省区域内，页岩气重点产能区域为涪陵、长宁、威远、昭通、泸州及渝西。

中国石化涪陵页岩气田是中国首个商业化页岩气田。2013年9月，国家能源局正式批准设立涪陵国家级页岩气示范区，2013年11月，中国石化启动示范区建设。2015年在焦石坝建成一期$50 \times 10^8 m^3/a$产能，2017年底涪陵页岩气田建成产能$100 \times 10^8 m^3/a$，现有焦石坝、江东和平桥等3个产建区，白马、白涛、凤来和复兴等4个评价区。2022年，涪陵页岩气田全年生产天然气$71.96 \times 10^8 m^3$。

中国石油在2009年启动长宁—威远页岩气产业化示范区建设。2012年3月21日，中华人民共和国国家发展和改革委员会、国家能源局批准设立长宁—威远国家级页岩气示范区。长宁勘探开发区位于四川盆地与云贵高原结合部，包括水富—叙永和沐川—宜宾两个区块。威远勘探开发区位于四川省和重庆市境内，包括内江—犍为、安岳—潼南、大足—自贡、璧山—合江和泸县—长宁5个区块。2021年，长宁—威远国家级页岩气示范区全年产气量$99.09 \times 10^8 m^3$，建成了$100 \times 10^8 m^3/a$的规模，"十四五"期间将继续实现稳产。

中国石油昭通国家级页岩气示范区位于四川省、云南省和贵州省三省交界处，主体位于云南省昭通市境内，筠连县和珙县、兴文县部分地区也是重点勘探地区。昭通国家级页岩气示范区目前主要有黄金坝作业区和紫金坝作业区，开发作业者为中国石油浙江油田公司。2022年，全年产气量为 $17.7×10^8m^3$。目前在建的昭通国家级页岩气示范区已成为仅次于涪陵国家级页岩气示范区及长宁—威远国家级页岩气示范区的又一个页岩气主力产区，有望在"十四五"期间建成年产 $20×10^8m^3$ 的大气田。

中国石油泸州—渝西区块是目前深层页岩气的主战场，继长宁—威远示范区之后，国内第二个"万亿方储量，百亿方产量"目标区，迈入了规模上产阶段。2022年，泸州—渝西区块全年产气量为 $22.87×10^8m^3$，在"十四五"期间将进一步提高单井产量，降低开发成本，实现规模效益开发。

第二节 页岩气开采特征

一、开发特征

页岩气主要以吸附和游离状态存在于低孔隙度（低孔）、低渗透率（低渗）、富有机质的暗色泥页岩或高碳泥页岩层系中。页岩气藏具有"自生自储"的特点，储层致密，渗透率极低，与常规气藏存在明显不同，单井一般无自然产能，只有采取大规模的水力压裂，才具有开发价值。四川盆地以山地地貌为主，页岩储层发育有天然裂缝和页理，且天然裂缝走向与最大水平主应力方向一般有一定的夹角，页理面是薄弱面，可诱导人工裂缝转向。目前，"井工厂化+长段水平井+大规模体积压裂"综合技术是页岩气开发最有效的手段，大液量、大排量、低砂比是页岩气缝网压裂的工艺要求，其工艺特点要求在地面具备转供水、压裂返排液转输、处理和再利用等配套系统，由此带来水源保障、地面供水转水管网建设保障、大量返排液处理及回用以及防治环境污染等急需研究和解决的问题。相对于美国页岩气，中国页岩气通常埋藏较深，开采难度较高，采收率也更低。较为不利的地区地形条件也导致了中国页岩气水平井钻井时间较长，所需资金与技术投入更多，进一步增加了页岩气开发投资的风险。

二、生产特征

与常规天然气的开发生产相比，页岩气藏具有压力和产能衰减速率快、生产周期长、进入增压开采周期短、气井初期产出水量大等显著特征。页岩气通常采用自然递减、后期增压的方式生产。生产初期压力高，产量很高，但裂缝的储集能力是有限的，随着气体的采出，基质对裂缝与裂缝对井筒的供给能力之间的矛盾将会凸显，具体体现是气井产量与压力迅速递减；同时由于页岩基质更加致密，基质与裂缝之间的导流能力差异更明显，页岩气井早期产量递减更快、稳定产量更低。以中国石油长宁、威远和昭通页岩气示范区块为例，采用控压生产及合理的配产，单井产量下降趋势都低于预期，单井首年产量递减率低于65%；井口压力高（20MPa以上），递减快，随着生产时间的延长，递减率也随之降低，但下降趋势都超过预期，实际生产过程中最好的生产井在生产1.5年后，井口压力已经下降到集输压力以下；单井初期水量大（部分井达到了 $300m^3/d$），下降幅度快于压力下降幅度，首年下降幅度在85%以上[3]。根据页岩气井生产变化规律，合理划分生产阶段，在不同生产阶段采用合适的地面集输工艺，满足页岩气开发生产需求。初期主要采用套管排液测试，在井口压力降到输压前，尽早下入油管携液生产。在油管生产出现产量波动、井筒积液等问题时，根据具体井况和工艺措施适用条件，优选气举、泡排、柱塞气举、增压等工艺维持页岩气井产能。

三、全生命周期特征

页岩气开发全周期可分为储层未动用阶段、压后闷井阶段、返排阶段、生产早期阶段以及生产中后期阶段，不同阶段的开发机理与工艺措施存在较大差异。在储层未动用阶段，主要根据地震、测井、岩心与动态监测等基础资料对储层进行三维建模精细刻画，明确构造细节、储层属性、天然裂缝和地应力场等，通过室内实验与模拟研究页岩储层流体的赋存状态及可动性评价等；压后闷井阶段主要研究页岩储层水力压裂后流体与储层相互作用以及页岩性质变化对气井产能的影响；返排阶段主要研究不同返排制度下流体的运移规律、动态监测特征以及返排制度优化；生产早期阶段主要研究气水产出规律、水平井中多相流体渗流与生产特征以及开发技术政策优化；生产中后期阶段主要是研究排水采气等相关的提高采收率技术。页岩气地质工程一体化是以"单井高产、高 EUR 和高采收率"为目的，将"多学科、多工种"跨界资料和现场实时反馈的动态资料，以一体系统融合的思路进行综合研究，精细构建"构造地质模型、储层属性模型、复杂裂缝模型、地质力学模型和压裂缝网模型"并迭代更新，同时，通过"一体化甜点评价研究、一体化方案设计优化、一体化实施过程管控、一体化迭代更新提升" 4 个关键环节的协同互动，全链条地协同融合研究，实现页岩气井全生命周期高效开发工程的高质量发展。

第三节　页岩气采气工程技术现状

国内页岩气采气工程技术发展，经历了初期借鉴北美页岩气压裂完井技术方案以及常规气测试采气技术，到结合具体页岩气区块特点，研发针对性技术的过程。经过持续的技术迭代升级，主体采气工程技术已基本固化成型，具体技术方法仍在持续优化。

一、页岩气完井与体积压裂技术现状

页岩气压裂完井技术在压裂完井工艺及压裂液两方面，都取得较快发展和进步。

2010 年完成第一口页岩气井压裂——威 201 井，2011 年完成第一口页岩气水平井压裂——威 201-H1 井，2012 年完成第一口具有商业开发价值的页岩气水平井压裂——宁 201-H1 井，2013 年完成第一个"拉链式"压裂试验——长宁 H3 平台，2014 年完成国内首次同步压裂试验——长宁 H2 平台，2017 年完成国内首口页岩气水平井重复压裂试验——长宁 H3-6 井，2017 年完成国内首口全井石英砂压裂试验——长宁 H26-3 井，2020 年完成国内首口套中套固井页岩气水平井重复压裂——焦页 4HF 井，2022 年完成长宁中深层首批加密井压裂——长宁 H3-10 井和长宁 H3-11 井。

国内页岩气压裂液研究起步较晚，2010 年开始开展系统研究与现场应用。第一代页岩气压裂液采用阳离子人工聚合物为降阻剂，并引入助排剂、黏土稳定剂和杀菌剂等，形成了滑溜水压裂液配方，现场采用清水配制，降阻率在 60% 左右。2011—2013 年，将阴离子人工聚合物固体降阻剂预先配制成浓缩液，现场采用计量泵连续加注各种液体添加剂的模式实现滑溜水压裂液连续混配，降阻率提升至 70% 以上。同时，现场也使用少量的

线性胶、弱凝胶压裂液，其主要类型还是瓜尔胶压裂液体系，需要预先配制。2014—2018年，以反相乳液聚合的阴离子人工聚合物为降阻剂，现场采用计量泵连续加注各种液体添加剂的模式实现滑溜水压裂液连续混配，耐盐性能得到大幅提升，满足压裂返排液回用需要。现场使用的线性胶、弱凝胶逐渐由瓜尔胶压裂液体系转变为人工聚合物压裂液体系，但仍需预先配制。2018年以后，悬浮乳液降阻剂的应用和高强度加砂性能要求，使得变黏滑溜水应运而生，通过提高降阻剂浓度、引入交联组分等方式实现滑溜水低黏、中黏、高黏在线调节，也避免使用线性胶、弱凝胶需要预先配制的问题，相关技术得到了长足进步，压裂液性能已经达到国际先进水平。

二、排采技术现状

在采气阶段，从排液测试、排水采气到井工程防腐与维护，都经历了从参照常规气技术到开发适应页岩气需求的特色技术的过程。不同的页岩气生产单位，探索试验进程不同。

在排液测试阶段，借用常规井测试技术，经常出现流程堵塞、冲蚀泄漏，流程对平台的场地需求大、测试数据多难以取准取全等问题；2013年后，逐步形成了将井口并联、捕屑除砂、降压分流、分离计量、数据采集等不同排液测试功能模块化的橇装流程，适应了页岩气平台的排液测试需求。排液制度经历了从压后快速返排到压后闷井再返排，从放压放产到控压限产的发展过程。

在中后期排水采气阶段，针对气井积液问题，经历了初期的放喷提液、关井复压等常规带液采气操作。2016年，开始页岩气井井筒流动规律研究，试验常规人工举升技术在页岩气井中的排水采气应用，逐步形成了以优选管柱、柱塞、泡排、气举等工艺为主体的采气技术。面对大量的工艺井，生产管理模式逐渐实现了平台数字化。

国内页岩气压裂返排液处理以"自然沉降+清水稀释"为主，实现压裂返排液的回用。2015年以后，各种污水处理技术相继在页岩气压裂返排液回用过程中应用，探索了压裂返排液水质对于回用性能的影响因素与规律，将页岩气压裂返排液的回用率提升至95%以上，实现了节能减排。

页岩气开发过程中无地层水产出，二氧化碳含量低且不含硫化氢，因此普遍认为不会发生严重腐蚀，早期开发方案设计时没有考虑防腐措施。2015年，井场排采橇管线出现严重砂砾冲刷腐蚀问题，2017年7月，气井油管和地面采气管线出现严重腐蚀穿孔，分析发现二氧化碳+细菌是腐蚀发生的主要原因。研发了系列杀菌缓蚀剂、杀菌起泡剂等化学防腐药剂，同时开展了地面管线优选材质+内衬耐冲蚀材料，涂层油管等系列防腐措施，取得了较好效果。

页岩气井产层段钻进主要使用油基钻井液，体积压裂使用大量桥塞及支撑剂，2015年后，井筒脏堵、套管变形（以下简称套变）等现象逐渐增多，井工程维护技术主要以连续油管钻磨清砂为主，套变修复技术尚在持续攻关中。2020年以后，修井工作量增多，井况日益复杂，针对低压漏失、敏感性储层、高温深井等复杂工况，陆续形成微泡修井液、泡沫修井液等特殊的修井液体系，最大限度保护油气层，防止油气层伤害，保证修井施工作业的成功与安全。

三、页岩气地面工程技术现状

在借鉴国外页岩气和常规气地面工程技术的基础上，国内研究团队不断探索适应于我国页岩气地面工程技术，自"十二五"以来我国页岩气地面工程技术在涪陵、长宁、威远、昭通等页岩气开发区块的多轮开发实践中不断总结经验、技术升级，逐渐形成了适用于我国页岩气开发的地面工程技术路线。

"十二五"期间，页岩气集输工艺技术路线主要为"气液分输、水套炉初期加热/井下节流、轮换计量、枝状+放射状管网、井区集中增压、三甘醇集中脱水"。"十三五"早期（2016—2017年），页岩气集输工艺技术路线主要为"气液分输、井口注醇、轮换计量、多井场串接、平台与集中增压相结合、三甘醇集中脱水"。"十三五"晚期（2018—2020年），页岩气集输工艺技术路线主要为"气液分输、井口注醇、单井连续/轮换分离计量、放射状+枝状+环状管网、集中增压为主+平台增压为辅、三甘醇/分子筛脱水"。"十四五"期间，随着两相流计量技术、旋流除砂技术等新技术的快速发展，页岩气集输工艺技术路线逐渐向"单井连续不分离计量、集中旋流除砂、气液分离、放射状+枝状+环状管网、集中增压为主+平台增压为辅、三甘醇/分子筛脱水"的方向发展。

参 考 文 献

[1] 陈更生，杨雨，杨洪志，等. 页岩气地质综合评价技术 [M]. 北京：石油工业出版社，2021：5-6.
[2] 何骁，桑宇，郭建春，等. 页岩气水平井压裂技术 [M]. 北京：石油工业出版社，2021：12.
[3] 汤林，宋彬，唐馨，等. 页岩气地面工程技术 [M]. 北京：石油工业出版社，2020：11-14.

第二章 采气工程基础

页岩气采气工程研究范围包括页岩气从储层渗流到井筒，经井筒采气工艺后进入地面集输气管网的全部工艺，具有多学科交叉性、动态连续性与复杂性等特点。采气工程基础资料是整个系统工程的基石，本章介绍了流体物性参数、储层物性特征及敏感性评价、工程实验评价、常用计算模型与开发方案编制要求等内容。

第一节 常用术语

一、页岩气常用术语[1]

1. 页岩井 shale
主体由粒径小于 0.0625mm 的颗粒构成的、页理发育的细粒沉积岩。
2. 页岩储层井 shale reservoir
在压力作用下具有储集气体和允许气体渗流能力的页岩层段。
3. 页岩气地质甜点 geological sweet spot of shale gas
页岩气地质条件优越且相对富集的区域。
4. 页岩气工程甜点 engineering sweet spot of shale gas
页岩相对易于压裂改造并形成有效复杂缝网的页岩气发育区域。
5. 页岩气藏 shale gas reservoir
位于同一个构造单元和目的层内，由统一的页岩气地质甜点和页岩气工程甜点边界联合控制的页岩气连续富集区。
6. 页岩气勘探 shale gas exploration
利用地震、钻井、地质调查等各种勘探手段了解地下地质情况，明确页岩气生成、聚集、保存等地质条件，综合开展资源与选区评价，优选有利勘探目标，钻探证明页岩含气性，探明页岩气富集区储量，为页岩气进一步开发提供资料依据的活动。
7. 页岩气开发 shale gas development
在页岩气勘探基础上，根据页岩气地质、地表特征，制订合理的开发方案，并进行页岩气资源规模开采的活动。
8. 页岩气渗流 shale gas flow
页岩气在页岩多尺度孔—缝介质中发生解吸、扩散、滑脱等复杂运动（流动）的过程。
9. 测试产量 test production
排液至日产气量达到峰值，在井口套压、产气量及产液量相对稳定的时候，以严格的测试标准，确定的气井初始产气能力。

10. 最终可采储量　estimated ultimate recovery
油/气井生命周期内的累计产油/气量预估值。
11. 有效改造体积　effective stimulated reservoir volume
通过动态分析、生产历史拟合确定的被有效改造的储层体积。
12. 产量预测　production prediction
在页岩气井排采数据拟合的基础上，对气井或井组气、水产量等进行的预测。
13. 产量递减法　production decline method
在页岩气井产量出现递减后，利用产量递减曲线对未来产量进行计算的方法。
14. 典型曲线拟合分析法　typical curve matching analysis
通过试井数据与典型曲线的拟合获取页岩储层相关参数的分析方法。
15. 井工厂　well factory
在同一地区集中布置大批相似井，采用整体化、系统化的部署与设计，标准化、模块化的装备与操作，程序化、流水化的作业与施工，规模化、批量化的生产运行与管理为指导而进行钻井和完井的一种高效低成本的作业模式。
16. 控压式开采　pressure controlling development
通过控制页岩气井产量，保持井底压力与储层压力之间的合理压差，减少因生产速度过快导致储层敏感性伤害、裂缝闭合等不利因素出现，以提高单井最终可采储量的开采方式。
17. 井组　well group
以多口井为一个开采单元的页岩开采方式。

二、采气工程常用术语

1. 页岩脆性　shale brittleness
页岩在特定加载条件下产生由局部破坏演变为多维破裂面的综合特性。
2. 脆性指数　brittleness index
由杨氏模量、泊松比及其相关岩石力学参数建立的经验公式计算得出的指数。
3. 水平应力差异系数　horizontal in-situ stress difference coefficient
最大水平主应力和最小水平主应力的差值与最小水平主应力的比值。
4. 动态缝长　dynamic fracture length
压裂过程中波及的裂缝长度。
5. 波及缝宽　fracture width
压裂液垂直于主裂缝方向扩展的宽度。
6. 滑溜水（或称：降阻水/减阻水）　slick water
由降阻剂、其他添加剂和水配制成的、管流摩阻一般为清水70%~80%的水基压裂液。
7. 降阻率（或称：减阻率）　friction reduction ratio
在相同的温度条件下，滑溜水与清水分别流经相同直径、相同长度管道的摩擦阻力（或压差）之差与清水摩擦阻力（或压差）的比率。
8. 体积压裂　volume fracturing
利用地面设备将大量压裂液压入页岩储层，产生一定范围的人工裂缝网格，扩大页岩气解吸面积,沟通天然裂缝,改善储层渗透性,从而提高页岩气产量的增产措施。

9. 水平井分段压裂　horizontal well multi-stage fracturing

限于压裂规模,水平井压裂过程中利用桥塞或封隔器等工具将整个长水平段分成若干段依次进行的压裂施工方式。

10. 工厂化压裂　factory fracturing

将压裂设备固定于某一场地,对其周边位置较为集中的多口水平井或丛式井组实施批量压裂作业的施工方式。

11. 同步压裂　simultaneous fracturing

在同一井场,使用两组及以上压裂机组设备,对两口及以上相邻的相同层位(段)同时进行压裂改造的模式。

12. 拉链式压裂　zipper fracturing

用一套压裂车组对多口相邻水平井进行交替分段压裂的压裂改造模式。

13. 重复压裂　re-fracturing

在同一口井的同一层位进行的一次以上的压裂施工方式。

14. 压裂段　fracturing segment

在压裂井中采用有效封隔方式形成的压裂单元。

15. 段间距　segment length

相邻两个压裂段分段工具之间的距离。

16. 分簇射孔　clustering perforation

在同一压裂段中分若干小段分别进行射孔的射孔方式。

17. 簇间距　cluster space

相邻两个射孔簇的上一射孔簇底界与下一射孔簇底界之间的距离。

18. 可钻桥塞　drillable bridge plug

以复合材料为主体制作而成、且易快速钻除的桥塞。

19. 缝网复杂性指数　complexity index of fracture network

压裂微地震监测获得的裂缝缝宽与缝长之比。

20. 裂缝导流能力　fracture conductivity

裂缝允许流体通过的能力。

21. 储层改造体积　stimulated reservoir volume

压裂施工后,压裂液或支撑剂可波及的具有渗流或导流能力的裂缝网络体积。

22. 放压生产　pressure relief production

通过放大生产压差以获得页岩气井更高产气量的生产方式。

23. 控压生产　pressure controlled production

控制井底压力下降速度维持在相对稳定范围的生产方式。

24. 空套管生产　empty casing production

页岩气井投产初期未下油管时,采用套管作为天然气和压裂液生产通道的生产方式。

25. 平台药剂整体加注　platform chemicals overall filling

使用自动加注装置对平台内的页岩气井进行起泡剂和消泡剂自动加注。

26. 平台工艺整体运行　platform process overall operation

平台工艺井考虑井间干扰整体协调下的运行。

27. 压裂返排液　fracturing flowback liquid

页岩气井经压裂后，从储层返出到地面的液体。

28. 排采　drainage

利用页岩气井自身能量或者采用机械、化学（或两种相结合）方法将井筒及井底附近的液体排出地面，降低井底压力的采气工艺措施。

29. 优选管柱　optimizing pipe string

当页岩气井由于积液影响不能稳定生产时，通过及时调整管柱（即更换成较小直径的管柱），从而影响井筒内的气流速度，充分利用气井自身能量，排出气井积液的一种排采工艺方法。

30. 带压作业　snubbing operation

在油气水井井口带压状态下，利用专业设备在井筒内进行的作业。

31. 连续油管冲砂　coiled tubing sand washing

将连续油管下入井内，向连续油管内或连续油管与套管（或油管）环空内泵注流体，靠水力作用将井内沉砂冲散悬浮，并依靠上返流体的携带能力将冲散的砂子带到地面，从而清除井内沉砂的作业方式。

32. 负压冲砂　underbalanced sand clean out

在井内建立低于储层压力的"负压"，依靠冲砂液体冲散井内积砂并带出井的冲砂方法。

第二节　储层物性参数

一、页岩气物性参数[2]

页岩气的流体物性参数包括页岩气平均相对分子质量、相对密度、压缩因子、体积系数、等温压缩系数和黏度等，这些参数是页岩气藏开发计算的重要基础数据。

1. 页岩气平均相对分子质量

页岩气是典型的主要由甲烷组成的干气（甲烷占90%以上），含有少量的乙烷和丙烷等气体。页岩气的平均相对分子质量在数值上等于在标准状况下1mol页岩气的质量，可根据页岩气的组成计算得到。其平均相对分子质量按key法则计算：

$$M_g = \sum y_i M_i \qquad (2-2-1)$$

式中　M_g——天然气的平均相对分子质量；

　　　y_i——天然气中组分i的摩尔分数；

　　　M_i——天然气中组分i的相对分子质量。

2. 页岩气相对密度

页岩气的相对密度定义为，在标准条件（20℃，0.101MPa）下，页岩气密度与干燥空气密度的比值，无量纲。

$$\gamma_g = \frac{M_g}{28.96} \quad (2-2-2)$$

式中　γ_g——天然气相对密度；

　　　M_g——天然气的平均相对分子质量。

3. 页岩气压缩因子

页岩气的压缩因子的物理意义为，在给定温度和压力条件下，实际气体所占有的体积与理想气体所占有的体积之比。压缩因子不仅与温度和压力有关，而且与气体的性质有关，可通过公式法和图版法获取。

4. 页岩气体积系数

页岩气的体积系数定义为，页岩气在储层条件下的体积与其在地面标准条件下（20℃，0.101MPa）的体积之比，其倒数即膨胀系数。

$$B_g = 3.458 \times 10^{-4} \frac{ZT}{p} \quad (2-2-3)$$

式中　B_g——天然气的体积系数，m^3/m^3；

　　　Z——天然气压缩因子；

　　　p——给定压力，MPa；

　　　T——给定温度，K。

5. 页岩气等温压缩系数

页岩气的等温压缩系数定义为，在等温条件下，单位体积气体的体积随压力的变化率，常通过作切线、经验公式和查图法求取。

6. 页岩气黏度

页岩气的黏度定义为单位面积上内摩擦力与速度梯度的比值，是评价页岩气流动性的指标，也是计算页岩气在地下渗流和管道中流动过程中阻力的重要参数。

二、地层水物性参数

页岩储层地层水物性参数包括地层水密度、地层水体积系数、地层水黏度、地层水矿化度等，这些参数反映页岩气藏环境的重要基础数据。

1. 地层水密度

地层水密度定义为，在地层条件下，单位体积地层水的质量。

$$\rho_{wb} = (1.083886 - 5.10546 \times 10^{-4} t - 3.06254 \times 10^{-6} t^2) \times 10^{-3} \quad (2-2-4)$$

式中　ρ_{wb}——地层水密度，kg/m^3；

　　　t——给定温度，℃。

2. 地层水体积系数

地层水体积系数定义为，在地层条件下的体积与其在地面条件下体积的比值。地层水体积系数变化小，范围为1.01~1.02。

3. 地层水黏度

地层水黏度是地层水做相对运动产生的内部摩擦阻力系数，反映地层水流动的难易程度。

$$\mu_{w1}=A(1.8t+32)^B \tag{2-2-5}$$

$$\mu_w=\mu_{w1}(0.994+5.8457\times10^{-3}p+6.5374\times10^{-5}p^2) \tag{2-2-6}$$

其中

$A=109.574-8.40564S+0.313314S^2+8.72213\times10^{-3}S^3$

$B=-1.12166+2.63951\times10^{-2}S-6.7961\times10^{-4}S^2-5.47119\times10^{-5}S^3+1.55586\times10^{-6}S^4$

式中 μ_{w1}——地层水黏度，mPa·s；

μ_w——给定温度、压力下的盐水黏度，mPa·s；

p——给定压力，MPa；

t——给定温度，℃；

S——地层水矿化度，%。

4. 地层水矿化度

地层水矿化度是地层水的固有特点，与地层成藏环境和岩石碎屑颗粒沉积物来源有关。具体为单位体积地层水中含有各种矿物元素含量的总和。

三、储层物性参数

为了确保储层改造与保护技术能够顺利有效地实施，必须先准确分析和掌握页岩储层的岩石矿物组成、储层微观结构及储层物性参数。而页岩所特有的致密、渗透率极低等特点，往往认为外来液体几乎没有侵入页岩的可能，很难通过使用常规流动实验的方法（如渗透率的变化）来定量描述压裂液与页岩储层的配伍性，因此采用线性膨胀、毛细管自吸时间对滑溜水与页岩储层配伍性开展评价，为页岩压裂方案的优化设计、滑溜水优选等提供技术支撑。

1. 岩石矿物成分

岩石矿物主要分为脆性矿物和黏土矿物两类，主要分析方法是 X 射线衍射（X-Ray Diffraction，XRD）技术。该技术通过黏土矿物具有层状结构的特征以及 X 射线的衍射原理，根据衍射峰值计算出晶面间距，判断出矿物类型，并推断出样品中各种黏土矿物的百分含量。黏土矿物的定量分析就是在定性分析的基础上，利用各种矿物相衍射峰的强度、高度关系等计算各自的相对百分含量，主要参考 SY/T 5163—2018《沉积岩中黏土矿物和常见非黏土矿物 X 射线衍射分析方法》执行。

1）绝热法

$$X_i=\frac{\dfrac{I_i}{K_i}}{\sum\dfrac{I_i}{K_i}}\times100\% \tag{2-2-7}$$

式中 X_i——岩样中矿物 i 的含量，用百分数表示；

K_i——矿物 i 的参比强度；

I_i——矿物 i 某衍射峰的强度。

2）K值法

$$X_i = \frac{1}{K_i} \times \frac{I_i}{I_{cor}} \times 100\% \qquad (2\text{-}2\text{-}8)$$

式中　X_i——岩样中矿物 i 的含量，用百分数表示；

　　　K_i——矿物 i 的参比强度；

　　　I_i——矿物 i 某衍射峰的强度；

　　　I_{cor}——刚玉（参考物质：纯度应优于99.9%，粒径应小于40μm）某衍射峰的强度。

2. 孔隙类型

孔隙类型及结构是影响页岩基质孔隙和微裂缝发育程度、含气性及压裂改造方式的重要因素。川南地区五峰组—龙马溪组页岩中主要发育有机孔、黏土矿物层间孔、矿物颗粒边缘孔、溶蚀孔、草莓状黄铁矿晶间孔和微裂缝等多种孔隙类型。孔隙结构主要通过扫描电子显微镜（Scanning Electron Microscopy，SEM），参考 SY/T 5162—2021《岩石样品扫描电子显微镜分析方法》执行。

3. 孔隙度及渗透率

孔隙度是指岩样中所有孔隙空间体积之和与该岩样体积的比值。渗透率是指在一定压差下，岩石允许流体通过的能力。渗透率是表征岩石本身传导流体能力的参数。其大小与孔隙度、液体渗透方向上孔隙的几何形状、颗粒大小以及排列方向等因素有关，而与在介质中运动的流体性质无关。

$$\phi = \frac{V_p}{V_b} = 1 - \frac{V_s}{V_b} \qquad (2\text{-}2\text{-}9)$$

$$Q = K \frac{A \Delta p}{\mu L} \times 10 \qquad (2\text{-}2\text{-}10)$$

式中　ϕ——岩心孔隙度；

　　　V_b——岩心外表（视）体积，cm^3；

　　　V_p——岩心孔隙体积，cm^3；

　　　V_s——岩心骨架体积，cm^3；

　　　Q——在压差 Δp 下，通过岩心的流体流量，cm^3/s；

　　　A——岩心截面积，cm^2；

　　　L——岩心长度，cm；

　　　μ——通过岩心的流体黏度，mPa·s；

　　　Δp——流体通过岩心前后的压力差，MPa；

　　　K——岩心的渗透率，D。

4. 线性膨胀率

判断页岩的敏感程度参照 NB/T 14022—2017《页岩水敏评价推荐做法》，页岩的敏感程度评价指标见表 2-2-1。

表 2-2-1　页岩线性膨胀水敏程度评价指标

V_t / %	敏感程度
$V_t \leqslant 3.0$	弱
$3.0 < V_t \leqslant 4.0$	中等偏弱
$4.0 < V_t \leqslant 6.0$	中等偏强
$V_t > 6.0$	强

注：V_t—页岩的线性膨胀率。

5. CST 比值

毛细管吸收时间是指通过仪器测定各种试液或配浆渗过特制滤纸一定距离所需的时间，此值称为 CST 比值。

CST 比值是工作液 b_w 值与 2%KCl 溶液 b_k 的比值，该值作为敏感程度的评价指标，即：

$$C = b_W / b_k \qquad (2\text{-}2\text{-}11)$$

式中　C——CST 比值；

b_w——工作液的 b 值，s；

b_k——2%KCl 溶液的 b 值，s。

"b 值"为一次线性方程中的截距，表示瞬时分散的胶体粒子量（初分散）。页岩样品的一次线性方程（不同剪切时间下，浆液通过滤纸渗透 5mm 距离所需时间）为：

$$Y = mX + b \qquad (2\text{-}2\text{-}12)$$

式中　Y——浆液通过滤纸渗透 5mm 距离所需时间，即 CST，s；

m——斜率，表示页岩在溶液中的分散速度；

X——剪切时间，s；

b——截距，表示瞬时分散的胶体粒子量（初分散）。

按 NB/T 14022—2017《页岩水敏评价推荐做法》判断页岩的水敏感性程度评价指标，见表 2-2-2。

表 2-2-2　页岩 CST 水敏程度评价指标

C（CST 比值）	敏感程度
$C \leqslant 0.5$	无
$0.5 < C \leqslant 1.0$	弱
$1.0 < C \leqslant 1.2$	中等偏弱
$1.2 < C \leqslant 1.5$	中等偏强
$C > 1.5$	强

第三节 工程参数

一、岩石力学特征

由于深层岩石会受到岩体的自重、地质构造应力、地层孔隙压力和地层温度的影响，岩石处于三向应力的状态，通过模拟岩石所处的压力及温度条件，测试岩石样品在压缩条件下，轴向连续压缩过程的应力/应变连续数据，计算不同条件下岩石抗压强度、杨氏模量和泊松比等参数。

1. 三轴抗压强度

$$\sigma_c = \frac{p_c}{A} \tag{2-3-1}$$

式中　σ_c——岩石的三轴抗压强度，MPa；
　　　p_c——破坏载荷，kN；
　　　A——实验样品截面面积，mm²。

三轴岩石力学岩石的应力—应变关系曲线，如图2-3-1所示。

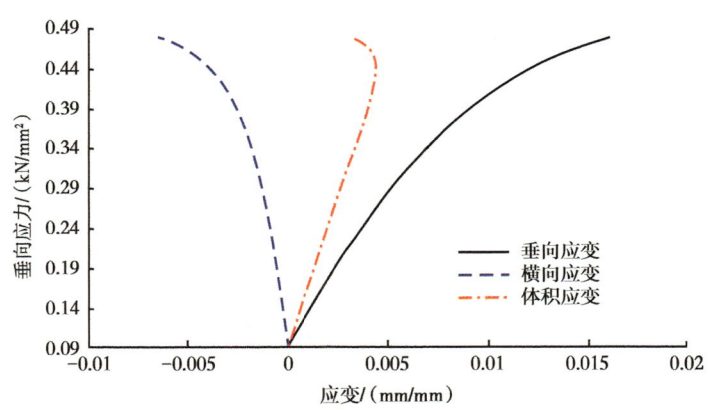

图 2-3-1　应力—应变关系曲线图

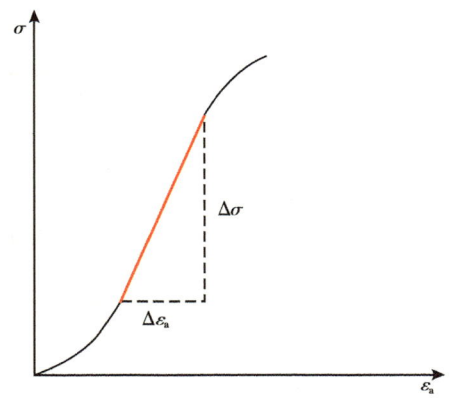

图 2-3-2　计算杨氏模量示意图

2. 杨氏模量

在轴向应力—应变曲线的直线段部分用线性最小二乘法拟合，其直线段部分的斜率即为杨氏模量，如图2-3-2所示。杨氏模量按式（2-3-2）计算，即：

$$E = \frac{\Delta \sigma}{\Delta \varepsilon_a} \tag{2-3-2}$$

式中　E——杨氏模量，MPa；
　　　$\Delta \sigma$——轴向应力增量，MPa；
　　　$\Delta \varepsilon_a$——轴向应变增量。

3. 泊松比

泊松比按式（2-3-3）计算，即：

$$\nu = -\frac{k_1}{k_2} \quad (2\text{-}3\text{-}3)$$

式中　ν——泊松比；

k_1——轴向应力—应变曲线的斜率；

k_2——径向应力—应变曲线的斜率。

二、地应力大小及方向

1. 地应力大小

由于井下岩心在重复加载过程中，如果没有超过地层原始条件下的最大应力，则很少有声发射（Acoustic Emission，AE）产生，只有当加载应力达到或超过地层原始条件下的最大应力后，才会产生大量声发射，也称为凯塞尔（Kaiser）效应。一般采用与钻井岩心轴线垂直的水平面内，以45°为增量的方向钻取3块岩样，测出3个方向的凯塞尔点处的正应力，而后求出水平最大、最小主应力；由与岩心轴线平行的垂向岩样凯塞尔点处的地应力确定垂向地应力。声发射实验岩心取样示意图，如图2-3-3所示。

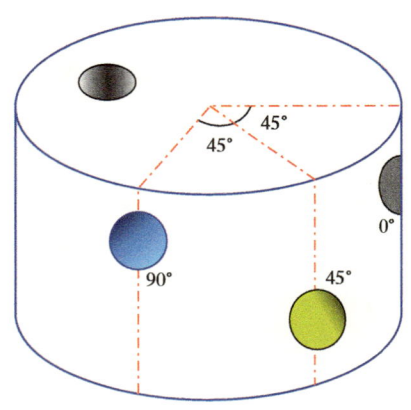

图2-3-3　声发射实验岩心取样示意图

由上述4个方向岩心进行实验测得4个方向的正应力，利用式（2-3-4）可确定出深部岩石所处的地应力，即：

$$\sigma_V = \sigma_\perp + \alpha p_p \quad (2\text{-}3\text{-}4)$$

$$\sigma_H = \frac{\sigma_{0°} + \sigma_{90°}}{2} + \frac{\sigma_{0°} - \sigma_{90°}}{2}\left(1 + \tan^2 2\theta\right)^{\frac{1}{2}} + \alpha p_p \quad (2\text{-}3\text{-}5)$$

$$\sigma_h = \frac{\sigma_{0°} + \sigma_{90°}}{2} - \frac{\sigma_{0°} - \sigma_{90°}}{2}\left(1 + \tan^2 2\theta\right)^{\frac{1}{2}} + \alpha p_p \quad (2\text{-}3\text{-}6)$$

$$\tan 2\theta = \frac{\sigma_{0°} + \sigma_{90°} - 2\sigma_{45°}}{\sigma_{0°} + \sigma_{90°}} \quad (2\text{-}3\text{-}7)$$

式中　σ_V——上覆地层应力，MPa；

σ_H，σ_h——最大、最小水平主地应力，MPa；

p_p——地层孔隙压力，MPa；

α——有效应力系数；

σ——垂直方向岩心的凯塞尔点应力，MPa；

θ——取心角度，(°)；

$\sigma_{0°}$，$\sigma_{45°}$，$\sigma_{90°}$——0°、45°和90°三个水平向岩心凯塞尔点应力，MPa。

2.地应力方向

古地磁岩心定向就是通过古地磁仪，通过分离和测定岩心的磁化变迁过程，用Fisher统计法确定与岩心对应的不同地质年代的剩磁方向，用以恢复岩心在地下所处的原始方位，从而确定岩心的地应力方向。

三、储层改造入井材料性能指标

1.压裂液

压裂液是加砂压裂施工过程中的工作液，起着传递压力，形成、延伸裂缝，携带支撑剂进入裂缝的作用。压裂液的实验方法，主要参考NB/T 14003.1—2015《页岩气 压裂液 第1部分：滑溜水性能指标及评价方法》、NB/T 14003.3—2017《页岩气 压裂液 第3部分：连续混配压裂液性能指标及评价方法》中关于水基压裂液和滑溜水相关实验方法，并应满足表2-3-1至表2-3-3性能指标。

表2-3-1 滑溜水通用技术指标

序号	项目	指标
1	pH值	6~9
2	黏度/(mm^2/s)	≤5
3	表面张力/(mN/m)	<28
4	界面张力[①]/(mN/m)	<2
5	防垢率[②]/%	≥90
6	SRB/(个/mL)	<25
7	FB/(个/mL)	<10^4
8	TGB/(个/mL)	<10^4
9	破乳率[③]/%	≥95
10	配伍性	无沉淀，无絮凝
11	降阻率/%	≥70
12	排出率/%	≥35
13	CST比值	<1.5

①不含油的油气藏不评价。
②防垢性能测定先根据SY/T 0600—2016《油田水结垢趋势预测方法》进行结垢预测，如果需要防垢进行评价；如果不需要，不评价。
③不含油的页岩气藏不评价。

表 2-3-2　连续混配线性胶压裂液技术指标

序号	项目		指标	
			植物胶线性胶	合成聚合物线性胶
1	表观黏度 /（mPa·s）		≥ 15	
2	增黏速率 /%		≥ 85	
3	破胶液性能	破胶液表观黏度 /（mPa·s）	≤ 5.0	
		破胶液表面张力 /（mN/m）	≤ 28.0	
		破胶液与煤油界面张力 /（mN/m）	≤ 2.0	
4	残渣含量 /（mg/L）		≤ 400	≤ 50
5	与地层水配伍性		无沉淀，无絮凝	
6	破乳率 /%		≥ 95	
7	降阻率 /%		≥ 60	
8	排出率 /%		≥ 35	
9	CST 比值		< 1.5	

表 2-3-3　连续混配交联压裂液技术指标

序号	项目		指标	
			植物胶冻胶	合成聚合物冻胶
1	交联性能		与配套交联剂交联，呈弱凝胶状或冻胶状	
2	破胶液性能	破胶时间 /min	≤ 720	
		破胶液表观黏度 /（mPa·s）	≤ 5.0	
		破胶液表面张力 /（mN/m）	≤ 28.0	
		破胶液与煤油界面张力 /（mN/m）	≤ 2.0	
3	残渣含量 /（mg/L）		≤ 400	≤ 50
4	与地层水配伍性		无沉淀，无絮凝	
5	破乳率 /%		≥ 95	
6	降阻率 /%		≥ 60	
7	排出率 /%		≥ 35	
8	CST 比值		< 1.5	

2. 支撑剂

支撑剂就是指被注入地层裂缝中的固体颗粒材料，用于维持裂缝的开放状态。由于水力压裂技术的发展，支撑剂的强度、硬度、密度、粒径、表面性质和导流能力等提出了更高的要求。支撑剂的实验方法,主要参考 SY/T 5108—2014《水力压裂和砾石充填作业用支撑剂性能测试方法》中关于支撑剂的相关实验方法,并应满足表 2-3-4 和表 2-3-5 性能指标。

表 2-3-4　支撑剂技术指标要求

序号	项目	适用支撑剂类型	指标
1	支撑剂粒径	石英砂、陶粒支撑剂	大于顶筛的质量分数≤0.1% 留在规格范围内的质量分数≥90% 留在底筛的质量分数≤1.0%
2	球度	陶粒支撑剂、树脂覆膜陶粒支撑剂	≥0.7
		其他类型支撑剂	≥0.6
3	圆度	陶粒支撑剂、树脂覆膜陶粒支撑剂	≥0.7
		其他类型支撑剂	≥0.6
4	酸溶解度 /%	树脂覆膜石英砂、树脂覆膜陶粒支撑剂	≤5.0
		压裂天然石英砂、陶粒支撑剂、砾石充填石英砂支撑剂	≤7.0
5	浊度 /FTU	天然石英砂、砾石充填支撑剂	≤150
		陶粒支撑剂、树脂覆膜支撑剂	≤100

表 2-3-5　国内支撑剂 9% 破碎率等级分类表

9% 破碎率等级	应力 /MPa	应力 /psi
2K	14	2000
4K	28	4000
5K	35	5000
7.5K	52	7500
10K	69	10000
12.5K	86	12500
15K	103	15000

3. 暂堵剂(球)

暂堵转向压裂工艺中,暂堵剂被注入地层后优先封堵高渗透层,阻止裂缝的继续延伸,并使井底压力继续升高,当裂缝内静压力超过新裂缝的破裂压力时,新裂缝被开启。并随着后续压裂液的持续注入,新裂缝得到延伸和扩展,并获得更大的改造体积。暂堵剂(球)的实验方法,主要参考西南油气田公司企业标准《压裂用可降解暂堵材料性能指标及评价方法 第 1 部分:暂堵球》《压裂用可降解暂堵材料性能指标及评价方法 第 2 部分:暂堵剂》中相关实验方法,并应满足表 2-3-6 和表 2-3-7 性能指标。

表 2-3-6　压裂用可降解暂堵剂性能指标

类型	项目		指标及要求
基础性能	外观		颗粒类固体/粉末状固体
基础性能	粒径	筛余量（＞0.85 mm）	颗粒类：＞95%
基础性能	粒径	筛余量（≤0.85 mm）	粉末类：＞95%
基础性能	密度/（g/cm³）		误差≤0.04
溶解及封堵性能	溶解性能	2h 初始溶解率/%	≤5
溶解及封堵性能	溶解性能	120h 最终溶解率/%	≥90
溶解及封堵性能	溶解性能	残余量/%	≤5
溶解及封堵性能	封堵性能	封堵强度/MPa	≥5
溶解及封堵性能	封堵性能	有效封堵时间/h	≥2

表 2-3-7　压裂用可溶性暂堵球性能指标

类型	项目		指标
基础性能	外观		球状固体
基础性能	粒径	规格/mm	测量直径与标定尺寸≤±0.2
基础性能	粒径	圆球度/%	≥95
基础性能	密度/（g/cm³）		测量密度与标定密度≤±2.5%
溶解及封堵性能	溶解性能	2h 初始溶解率/%	≤5
溶解及封堵性能	溶解性能	120h 最终溶解率/%	≥90
溶解及封堵性能	溶解性能	残余量/%	≤10
溶解及封堵性能	封堵性能	封堵强度/MPa	≥20
溶解及封堵性能	封堵性能	有效封堵时间/min	≥120

四、裂缝导流能力

支撑剂充填层裂缝导流能力实验是通过将一定量的支撑剂铺置在导流室中，再将导流室接入支撑裂缝导流仪流程中，评价不同流量下流体通过支撑剂充填层两端的压差，从而确定导流能力的大小，支撑剂充填层导流能力能有效指导支撑剂的优选和评价。裂缝导流能力分为短期导流能力和长期导流能力。

支撑剂充填层短期导流能力主要参考 SY/T 6302—2019《压裂支撑剂导流能力测试方法》，支撑剂充填层的渗透率 K 和裂缝宽度 w_f 的乘积，即为不同闭合压力下支撑剂充填层短期导流能。支撑剂充填层的渗透率根据达西公式测出，即：

$$K = \frac{Q\mu L}{A\Delta p} \tag{2-3-8}$$

式中　K——支撑裂缝渗透率，D；
　　　Q——裂缝内流量，cm^3/s；
　　　μ——流体黏度，$mPa·s$；
　　　L——支撑剂充填层测试段长度，cm；
　　　A——流通面积，cm^2；
　　　Δp——压差（上游压力减去下游压力），kPa。

支撑剂充填层长期导流能力主要参考 NB/T 14023—2017《页岩支撑剂充填层长期导流能力测定推荐方法》，其中导流室的组装、样品准备、支撑剂铺置、导流室放置、安装位移传感器、管线连接、液体准备、抽真空等评价方法与短期导流能力一致，主要区别在导流能力测试期间，注入速度为 2~4mL/min，设定回压为 2.07~3.45MPa，待温度达到设定值后，将压力按照加载速率的计算方法，将闭合压力增加至实验目标压力，并开始记录实验数据，测试维持（50±2）h。

参 考 文 献

[1] GB/T 41611—2022　页岩气术语和定义 [S].
[2] 张守良，马发明，徐永高.采气工程手册 [M].北京：石油工业出版社，2016：12-16.

第三章　完井与体积压裂技术

页岩气完井工艺与常规气藏完井工艺存在一定差异，页岩气多采用多簇射孔+桥塞分段体积压裂工艺，单井施工过程中射孔作业和压裂作业交替实施，平台单井与单井之间的射孔作业和压裂作业也多采用拉链式交替作业。

体积压裂即体积改造，广义上指的是提高储层渗流能力和储层泄油面积的水平井分段改造模式，狭义上指的是通过压裂手段迫使页岩产生网络裂缝的改造技术，即通过压裂的方式将具有渗流能力的有效页岩"打碎"形成裂缝网络，增大裂缝壁面与页岩基质的接触面积，使油气从任意方向的基质向裂缝的渗流距离"最短"，极大地提高页岩整体渗透率，实现对页岩在长、宽、高三维方向的"立体改造"。

第一节　完井技术

目前页岩气主体完井方式为多簇射孔+桥塞分段，其施工工艺为先用电缆泵送或连续油管将桥塞和射孔枪送至设计井深，桥塞坐封后进行多簇射孔。桥塞从早期的可钻复合桥塞升级迭代到目前的全金属可溶桥塞。水平段首段射孔多采用连续油管带射孔枪射孔或趾端压裂滑套。目前国内页岩气井主要采用 $5\frac{1}{2}$ in 套管（外径139.7mm，内径114.3mm）完井，本节所述完井技术即针对该型号套管进行介绍。

一、完井工艺技术种类

目前国内外页岩气完井工艺技术主要有多簇射孔+桥塞分段完井技术、裸眼封隔器完井技术和水力喷射射孔完井技术。

1. 多簇射孔+桥塞分段完井技术

多簇射孔+桥塞分段完井技术是对套管固井完成井，首先通过电缆泵送或连续油管将桥塞和射孔枪送至设计井深，桥塞坐封后进行多簇射孔，实现套管内机械分隔和建立压裂通道，随后实施体积压裂改造。根据水平段长度和分段需求，多次重复实施电缆坐封桥塞、分簇射孔、体积压裂工序，即可完成全部水平井段的完井与体积压裂改造。当所有压裂井段完成压裂改造后，采用连续油管钻磨掉所有桥塞，保持井筒全通径后即可投入排液生产。

2. 裸眼封隔器完井技术

裸眼封隔器完井技术是利用套管外封隔器代替水泥固井来隔离压裂改造的各层段，完井后裸眼封隔器不能再起出井筒，利用安装在封隔器之间的滑套开启来建立地层和井筒的流动通道。滑套可以通过液压打开或通过投入特定尺寸的启动球来开关套筒内的通道，实现无桥塞完井作业。

3. 水力喷射射孔完井技术

水力喷射射孔完井技术是使用高速高压流体携带砂体对套管射孔，建立井筒和地层之间的通道后进行水力压裂。

4. 完井工艺的选择

适合的完井工艺能有效简化完井工程复杂程度，降低现场作业成本，为后续压裂完井创造有效条件。页岩气开发须采用大型体积压裂技术，对比页岩气不同完井方式的优缺点（表3-1-1），目前页岩气完井主体工艺技术选择多簇射孔+桥塞分段完井技术。

表3-1-1 不同完井方式优缺点比较

完井方式	优点	缺点
多簇射孔+桥塞分段完井	可大排量分簇压裂； 分段级数不受限制，管柱全通径； 射孔位置精准	多次电缆起下作业，作业周期长； 需要顶替； 需钻塞
裸眼封隔器完井	单趟管柱作业、压裂时间短； 井壁自然裂缝不受破坏	无法精准控制裂缝位置； 砂堵时难处理； 后期作业成本高
水力喷射射孔完井	可用于裸眼完井； 作业周期短	排量受限制

二、完井工具

页岩气井完井工具主要分为分段桥塞和趾端压裂滑套两大类。其中分段桥塞包括复合桥塞、常规可溶桥塞、全金属可溶桥塞等，趾端压裂滑套包括立即开启型趾端压裂滑套、延时开启型趾端压裂滑套、循环开启型趾端压裂滑套等。

1. 分段桥塞

1）复合桥塞

（1）工具原理。

复合桥塞主要由中心管、上接头、上卡瓦、下卡瓦、上下锥体、复合片、组合胶筒、下接头等部件组成，结构如图3-1-1所示。

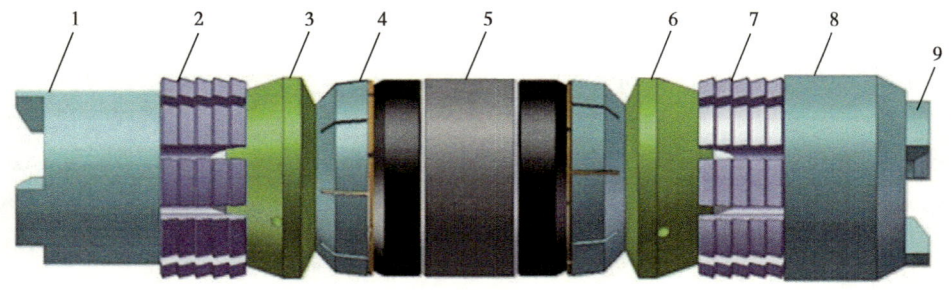

图3-1-1 复合桥塞结构示意图

1—上接头；2—上卡瓦；3—上锥体；4—复合片；5—组合胶筒；6—下锥体；7—下卡瓦；8—下接头；9—中心管

复合桥塞工作原理为通过中心管与外套件的相对运动，使推筒运动压缩胶筒和上下卡瓦，胶筒胀开贴紧套管壁，达到封隔上下段的目的。上下卡瓦在锥体上张开紧紧啮合套管，当胶筒、卡瓦与套管配合达到一定值时，剪断释放销钉，坐封工具与复合桥塞脱开完成丢手工作。复合桥塞上下卡瓦锚定在套管内壁上，使桥塞始终处于坐封状态。压裂时投入可溶压裂球封闭中心管通道即可封隔下部已施工段。

（2）工具特点。

除锚定卡瓦和极少量配件外，复合桥塞主体部件均采用类似硬性塑料性质的复合材料制成，其强度、耐压、耐温与同类型金属桥塞相当。复合桥塞整体可钻性强、密度较小，磨铣后产生的碎屑不会发生沉淀，容易循环带出地面，解决了斜井和水平井中桥塞钻铣困难、沉淀卡钻等难题。为了保持了井筒全通径便于后期生产测试，复合桥塞后期需要采用连续油管进行钻磨，受连续油管作业能力限制，深井长水平段桥塞钻磨较困难。表3-1-2为常用复合桥塞主要性能参数。

表 3-1-2 常用复合桥塞主要性能参数

适用套管尺寸 /in	外径 /mm	内径 /mm	工作温度等级 /℃	工作压力等级 /MPa
5¹/₂	105	38	150	70
	103	54	150	70
	103	69	150	70
	100	22	150	70
	95	22	150	70

（3）应用案例。

复合桥塞早期在岳101-58-X1井开展应用：该井井深2640m、垂深2356m，设计分段3段，套管内径114.3mm，采用复合桥塞对该井进行分段改造。应用过程中，最高施工压力107MPa，分段效果良好。压裂后采用磨鞋钻磨通井，单支桥塞平均钻磨通井时间为72.25min。

2）常规可溶桥塞

（1）工具原理。

可溶桥塞主要由中心管、上卡瓦、下卡瓦、上下锥体、组合胶筒、卡瓦牙、上接头和卡瓦箍环等部件组成，结构如图3-1-2所示。

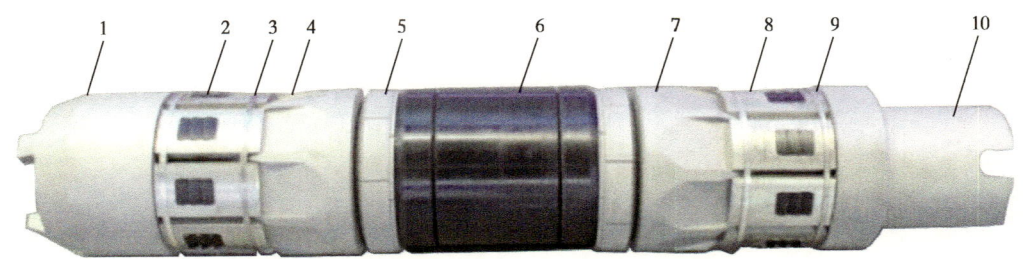

图 3-1-2 可溶桥塞结构示意图

1—下接头；2—卡瓦牙；3—下卡瓦；4—下锥体；5—护环；6—组合胶筒；7—上锥体；8—上卡瓦；9—箍环；10—中心管

常规可溶桥塞工作原理是通过中心管与外套件的相对运动,推动坐封筒压缩胶筒和上下卡瓦,胶筒胀开贴紧套管壁,上下卡瓦在锥体推动下张开紧啮合套管,当胶筒、上下卡瓦与套管配合达到一定值时,剪断释放销钉或丢手环,坐封工具与可溶桥塞脱开,完成丢手工作。可溶桥塞上下卡瓦始终锚定在套管内壁上,使桥塞保持坐封状态。压裂时投入可溶压裂球封闭中心管通道即可封隔下部已施工段。

（2）工具特点。

压裂后可溶桥塞可溶部分在井筒内全部溶解,随返排液一同排出井筒。可溶桥塞溶解后可保持井眼全通径,免除后期连续油管钻磨桥塞作业。可溶桥塞若下入过程中遇阻卡提前坐封,可溶部分溶解后可恢复正常作业。受井况条件影响,可溶桥塞本体及胶筒实际溶解速率和时间难以准确掌握,后期仍需采用连续油管进行通井。表3-1-3为常用常规可溶桥塞主要性能参数。

（3）应用案例。

早期常规可溶桥塞在NH3-1井开展应用：该井井深4850m、垂深2322.28m,设计分段34段,套管内径114.3mm,采用长度561mm、外径98mm、内径28mm的常规可溶桥塞对该井进行分段改造。应用过程中,该井承压70MPa,最高施工压力107MPa,分段效果良好。压裂后,采用100mm磨鞋通井,单支桥塞平均通井时间11min。

表3-1-3　常用常规可溶桥塞主要性能参数

适用套管尺寸/in	外径/mm	内径/mm	工作温度等级/°C	工作压力等级/MPa	密封套管内径/mm	溶解时间/d
5$\frac{1}{2}$	111	54	150	70	118~121	9~11
	111	33	150	70	118~124	5~7
	110	28	150	70	118~124	11~13
	108.8	20	150	70	114~119	8~10
	105	22	150	70	114~118	11~13
	104.8	22.4	90	70	114~121	8~10
	104	38	150	70	114~118	9~11
	103.2	20	150	70	110~114	8~10
	103	27	150	70	114.3	6~8
	98	40	120	70	114.3	5~7
	96	32	120	70	114.3	5~7
	95	32	120	70	114.3	5~7
	88	25	120	50	114.3	5~7
	85	22	120	50	114.3	5~7

3）全金属可溶桥塞

（1）工具原理。

全金属可溶桥塞主要由上椎体、可溶金属密封环、卡瓦、下椎体等部件组成,结构如图3-1-3所示。

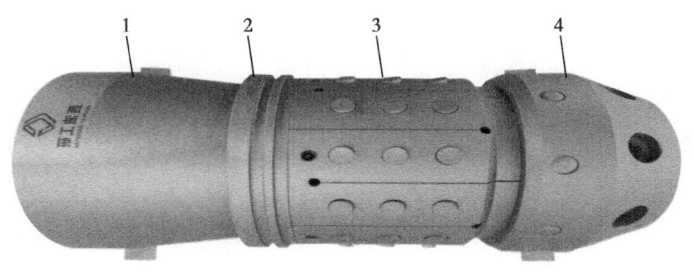

图 3-1-3 全金属可溶桥塞结构示意图
1—上锥体；2—可溶金属密封环；3—卡瓦；4—下锥体

全金属可溶桥塞工作原理为通过丢手工具与外套件的相对运动，使推筒运动压缩可溶金属密封环和卡瓦，可溶金属密封环胀开贴紧套管壁，达到封隔上下段的目的。卡瓦在上锥体上裂开紧紧啮合套管，当可溶金属密封环、卡瓦与套管配合达到一定值时，剪断释放销钉，坐封工具与全金属可溶桥塞脱开，完成丢手工作。全金属可溶桥塞卡瓦锚定在套管内壁上，使桥塞始终处于坐封状态。压裂时，投入可溶压裂球封隔下部已施工段。压裂完成后依靠井筒内液体温度及盐度实现完全溶解，保证井筒全通径。

（2）工具特点。

全金属可溶桥塞工具采用无胶筒部件的全金属结构，溶解速率更高、更可控。工具长度短、体积小，通过性强，完全溶解时间短。下入过程中遇阻卡提前坐封可快速处理，减少井筒复杂处理时间，在低温低矿化度环境下可快速溶解。受井况条件影响，井筒液体温度及矿化度难以准确掌握，后期仍需采用连续油管进行通井。表 3-1-4 为常用全金属可溶桥塞主要性能参数。

表 3-1-4 常用全金属可溶桥塞主要性能参数

适用套管尺寸 / in	外径 / mm	内径 / mm	工作温度等级 / ℃	工作压力等级 / MPa	溶解时间 / d
5$\frac{1}{2}$	106	45	80~120	70	5~12
	106	46	80~120	70	5~12
	105	45	40~80	70	3~5
	103	46	80~120	70	5~12
	98	40	80~120	70	5~12
	98	45	90~150	70	3~5
	88	32	80~120	50	5~12
	88	45	40~80	50	3~5
	85	35	80~120	50	5~12
	85	0	80~120	50	5~12
	85	35	90~150	50	3~5

（3）应用案例。

全金属可溶桥塞在 NH1 井开展应用：该井井深 4350m、垂深 2550.38m，设计分段 29 段，套管内径 114.3mm，采用长度 210mm、外径 103mm、内径 50.8mm 的全金属可溶桥塞对该井进行分段改造。应用过程中，该井承压70MPa，最高施工压力94MPa，分段效果良好。压裂后，采用102mm磨鞋通井，单支桥塞平均通井时间0.5min。

2. 趾端压裂滑套

1）立即开启型趾端压裂滑套

（1）工具原理。

立即开启型趾端压裂滑套主要由提升短节、上接头、外壳、内滑套、破裂盘、销钉及下接头等组成，如图3-1-4所示。

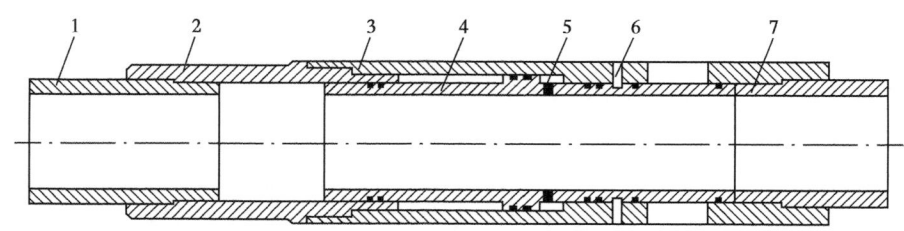

图3-1-4 立即开启型趾端压裂滑套结构示意图

1—提升短节；2—上接头；3—外壳；4—内滑套；5—破裂盘；6—销钉；7—下接头

立即开启型趾端压裂滑套工作原理为通过井口加压方式开启滑套，当压力达到一定值击穿破裂盘，打通进液通道；内滑套在压力作用下向上运动开启滑套，建立井筒与地层之间的流体通道。

（2）工具特点。

工具结构简单，长度短，下入通过性强。只需井口打压即可开启滑套，操作简单。趾端滑套的开启压力值需高于井筒试压值，对井筒完整性有一定影响。

（3）应用案例。

立即开启型趾端压裂滑套在NH37B-2井开展应用：该井井深5520m、垂深3453.57m，套管内径114.3mm，采用长度1166mm、外径171.7mm、内径107.7mm的立即开启型趾端压裂滑套在该井建立压裂通道。

2）延时开启型趾端压裂滑套

（1）工具原理。

延时开启型套趾端压裂滑套主要由上接头、固定外筒、滑动内筒、延时机构、双公短节、剪切销钉和下接头等组成，结构如图3-1-5所示。

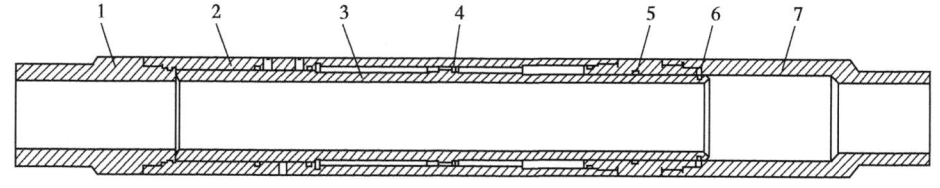

图3-1-5 延时开启型趾端压裂滑套结构示意图

1—上接头；2—固定外筒；3—滑动内筒；4—延时机构；5—双公短节；6—剪切销钉；7—下接头

由于滑动内筒左右两端存在面积差，在井筒液压作用下，滑动内筒有产生右移动趋势，当井筒压力达到一定值后，剪断预置的剪切销钉，井筒压力继续增大至井筒试压压力,此时井筒压力大于延时机构中限压阀额定压力,滑动内筒缓慢向右移动,此时延时型启动滑套始终处于关闭状态;当井筒试压完成后,滑动内筒继续向右移动,延时型启动滑套开启,建立井筒与地层之间的流体通道。

(2)工具特点。

工具结构相对简单,下入通过性强。通过井口打压即可开启滑套,操作简单。滑套开启压力值低于井筒试压值,对井筒完整性好。滑套的开启受销钉剪切值控制,滑套可能提前打开和后期可能无法打开。

(3)应用案例。

延时开启型趾端压裂滑套在NH3-11井开展应用:该井井深4503m、垂深2700m,套管内径114.3mm,采用长度3420mm、外径192mm、内径110mm的延时开启型趾端压裂滑套在该井建立压裂通道。

3)循环开启型趾端压裂滑套

(1)工具原理。

循环开启型趾端压裂滑套主要由上接头、换位机构、固定外筒、固定内筒、滑动内筒、剪切销钉和下接头等组成,结构如图3-1-6所示。

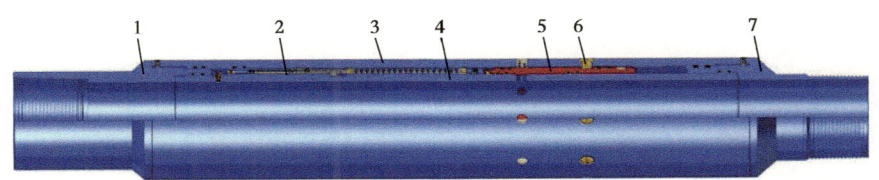

图3-1-6 循环开启型趾端压裂滑套结构示意图
1—上接头;2—换位机构;3—固定外筒;4—固定内筒;5—滑动内筒;6—剪切销钉;7—下接头

该滑套在保留了开启值低于套管试压值的优势,通过机械换位及计数机构实现了无限时试压及多次试压的功能,可满足两次试压功能。趾端滑套处绝对压力超过机械计数换位机构激活值,进行套管试压,完成首次套管试压后泄压;趾端滑套常规打压至套管试压值,第二次套管试压后泄压;在第三次升压至设定压力后打开滑套。

(2)工具特点。

工具结构相对较复杂,下入通过性好。通过井口打压即可开启滑套,操作简单。滑套开启压力值低于井筒试压值,有利于保护井筒完整性。但滑套开启过程中机构运动较复杂,受材料及加工精度影响,滑套存在可能无法打开的现象。

(3)应用案例。

循环开启型趾端压裂滑套在Z3H2-1井开展应用:该井井深7318m、垂深4306.84m,套管内径114.3mm。设计压裂段长2423.93m,平均段长60.9m,设计压裂40段。采用循环开启型滑套在该井建立压裂通道。

4)压力脉冲开启型趾端压裂滑套

(1)工具原理。

压力脉冲开启型趾端压裂滑套主要由上接头、填充件、固定外筒、电动机组件、传感器、滑动内筒、可溶堵头、剪切销钉和下接头等组成,结构如图3-1-7所示。

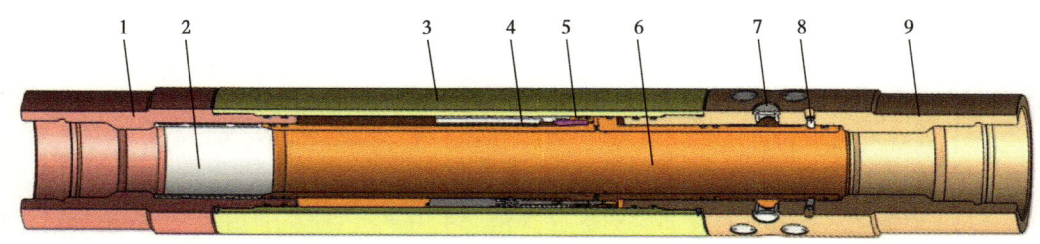

图 3-1-7 脉冲开启型趾端压裂滑套结构示意图
1—上接头；2—填充件；3—固定外筒；4—电动机组件；5—传感器；6—滑动内筒；7—可溶堵头；8—剪切销钉；9—下接头

脉冲开启式套管启动滑套作为第一级压裂滑套，随套管一起入井至预定位置，并完成固井及井筒试压作业，压裂前通过地面设备向井下发送脉冲信号，该信号传输到滑套位置时会被滑套内控制系统接受并解码，并根据解码信息发出开启指令，开启滑套形成井筒与地层之间的压裂通道。

（2）工具特点。

工具结构相对较复杂，下入通过性好。通过井口打压即可开启滑套，操作简单。滑套开启受井口发送的压力脉冲信号控制，滑套不会提前打开，开启压力值低于井筒试压值，对井筒完整性好。工具内置电器元件及控制电路，成本相对较高。表 3-1-5 为常用 $5\frac{1}{2}$ in 趾端压裂滑套主要性能参数。

（3）应用案例。

脉冲开启型趾端压裂滑套在 Z3H5 井开展应用：该井井深 3800m、垂深 2312.59m，套管内径 114.3mm，采用长度 2540mm、外径 190mm 的脉冲开启型趾端压裂滑套在该井建立压裂通道。

表 3-1-5 常用 $5\frac{1}{2}$ in 趾端压裂滑套主要性能参数

开启方式	外径/mm	内径/mm	工作温度等级/℃	工作压力等级/MPa	可试压时间/min	试压次数
立即	190	112	160	140	不可试压	0
立即	178	117	120	138	不可试压	0
立即	197	119	120	138	不可试压	0
延时	172	108	160	138	30~60	1
延时	189	110	160	138	40~100	1
延时	190	110	160	165	30~120	1
循环	190	113	160	180	不限	2
脉冲	190	112	160	140	不限	不限

第二节 射孔技术

页岩气藏储层渗透率极低，必须通过体积压裂形成复杂人工缝网，以扩大储层渗流体积才能获得较好的增产效果。套管射孔完井是页岩气开采中最为广泛应用的完井方式，分簇射孔技术已成为页岩气水平井分段改造的主要射孔工艺。设计页岩气井的射孔方案时应充分考虑体积压裂需要形成复杂人工裂缝网络的储层改造需求。

目前页岩气井常用的分簇射孔方式有 3 种：连续油管传输射孔、电缆泵送分簇射孔和水力喷砂射孔。其中桥塞 + 电缆射孔联作方式应用最为广泛，桥塞 + 水力喷砂射孔联作仅在极少数的井中进行了应用，连续油管传输射孔多应用于水平井趾端第一级压裂前的射孔。本节重点介绍桥塞 + 电缆射孔联作技术，连续油管传输射孔、电缆泵送分簇射孔和水力喷砂射孔 3 种射孔工艺的对比见表 3-2-1。

表 3-2-1　水平井不同类型射孔工艺对比

射孔方式	操作	风险	作业时间	成本	应用情况
连续油管传输射孔	较复杂	小	较长	较高	补充工艺
桥塞 + 电缆传输射孔联作	简单	较大	短	低	主体工艺
桥塞 + 水力喷砂射孔联作	复杂	较大	长	高	较少

一、电缆泵送分簇射孔

1. 工艺原理

电缆泵送分簇射孔技术是在井筒和地层已经具备一定的液体流动通道的前提下（如前期已通过连续油管射孔或已有射孔压裂段，或者采用压裂启动滑套建立了井筒与地层间的流体通道），在压裂井口上安装电缆防喷装置，依靠泵送一定排量的液体将电缆连接的桥塞和射孔枪输送至设计位置，进行桥塞坐封和分簇射孔作业。

2. 射孔器材

1）射孔枪

射孔枪是分簇射孔作业器材的重要组成部分，它为枪内的射孔弹导爆索、雷管等部件提供一个完全密闭的保护环境，使火工品不受井下高压、酸碱及施工时产生的振动撞击等复杂环境的影响。

射孔枪通常是采用 32CrMo4 材质的无缝钢管加工制成，如图 3-2-1 所示为射孔枪弹架。射孔枪两端加工有内螺纹和密封面，以便于与接头连接，同时在 O 形密封圈的作用下，可以在枪管内部形成一个密闭内腔，确保枪内导爆索、雷管等部件不受外界井下环境影响。单根射孔枪长度通常为 0.5m、0.8m、1.3m 和 1.8m，以满足水力压裂分簇射孔设计要求。外径有 ϕ89mm、ϕ83mm、ϕ73mm、ϕ60mm 和 ϕ51mm 等 5 个系列。

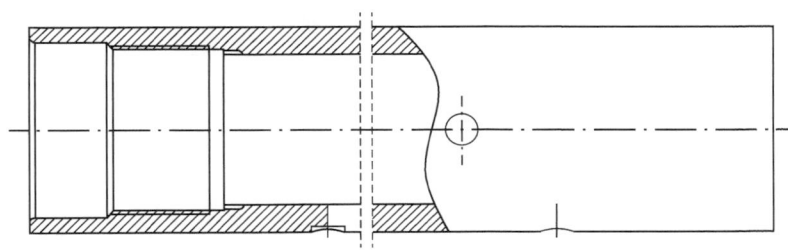

图 3-2-1　射孔枪弹架示意图

射孔枪外表面与射孔弹对应位置处加工有盲孔结构,作用是为了降低毛刺高度,同时能提高射孔穿深。盲孔为螺旋状分布在枪管外表面,盲孔与盲孔之间的相位角与射孔弹相位角一致,不同的套管尺寸对应不同的枪型,见表3-2-2。ϕ139.7mm 油层套管内射孔枪通常采用 ϕ73mm 型和 ϕ89mm 型,承压指标一般为105MPa和140MPa。

表 3-2-2 分簇射孔枪型选用推荐表

套管规格 /in	推荐枪型	可选枪型
5½	89 型	102 型
5	83 型	86 型、89 型
4½	73 型	—
4	60 型	68 型
3½	51 型	60 型

射孔枪型号表示方法通常由射孔枪外径—孔密—相位角—耐压指标等内容组成,例如89-16-60-140 表示外径为 89mm、孔密为 16 孔/m、相位角 60°、耐压值为 140MPa 的射孔枪。

2)射孔弹

根据施工要求和射孔枪型来选择射孔弹型号。射孔弹炸药类型的选择可遵循表3-2-3。

表 3-2-3 射孔弹炸药类型选择表

温度 / 时间	射孔弹炸药类型
< 140℃/12h	RDX
140~170℃/12h	HMX
170~250℃/12h	HNS 或 PYX

射孔弹螺旋状分布,射孔弹与射孔弹之间的角度称为相位角,一般为 60°或 90°。射孔弹与盲孔密度一般为 16 孔/m 或 20 孔/m。

在选择射孔弹时,主要考虑 API 混凝土靶穿深、套管入口孔径、炸药类型、耐温指标、药量等参数。

3)选发控制系统

选发控制系统(图3-2-2)是一个能实现单趟入井,多次选发射孔点火的智能控制系统。目前单趟入井最多点火可达 20 次。

该系统地面硬件主要由一台笔记本电脑和一个遥测控制面板组成。遥测控制面板通过2根缆芯和井下控制器相连,最多可接 20 级点火控制器,每一级都可以单独寻址和选发。

每个控制器有一个区别于其他控制器的唯一的地址,每次点火由一个点火控制器单独控制。控制器可以和地面设备进行双向通信,它在电源接通的几百毫秒时间后,将自己的状态及地址发送给地面系统,同时,它可以接受地面系统的指令。

每一个控制器要对和它相连接的雷管点火,该控制器都必须要收到来自地面的带有响应地址的点火指令。每一个控制器,由单根贯通线连接,实现了装配简单化。每个控制器的成本也被控制在非常低廉的范围之内,基本不需要现场维护。

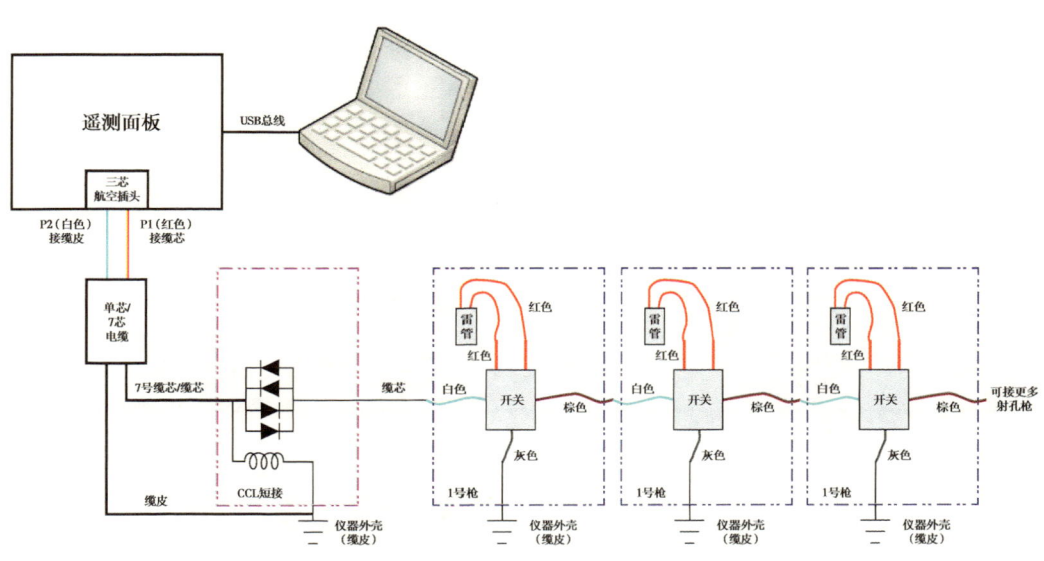

图 3-2-2 选发控制系统示意图

某一级的控制器点火后，其中的控制器随即被炸毁或者贯通线被炸断，这样，就可以实现爆炸后检测某一级的控制器是否顺利引爆，这是普通射孔系统无法获得的优点。若某级控制器无法实现点火，可以在操作软件控制下对上面一级控制器实施点火，从而有效提高现场施工的效率和可靠性。

4）射孔管串

电缆泵送分簇射孔工艺可以实现一趟入井管柱完成桥塞坐封和分簇射孔目的，因此入井管串中包含桥塞及桥塞点火坐封部件、射孔枪（多簇）及点火控制部件等。典型的桥塞与分簇射孔联作管串结构和桥塞与分簇射孔联作如图 3-2-3 和图 3-2-4 所示。

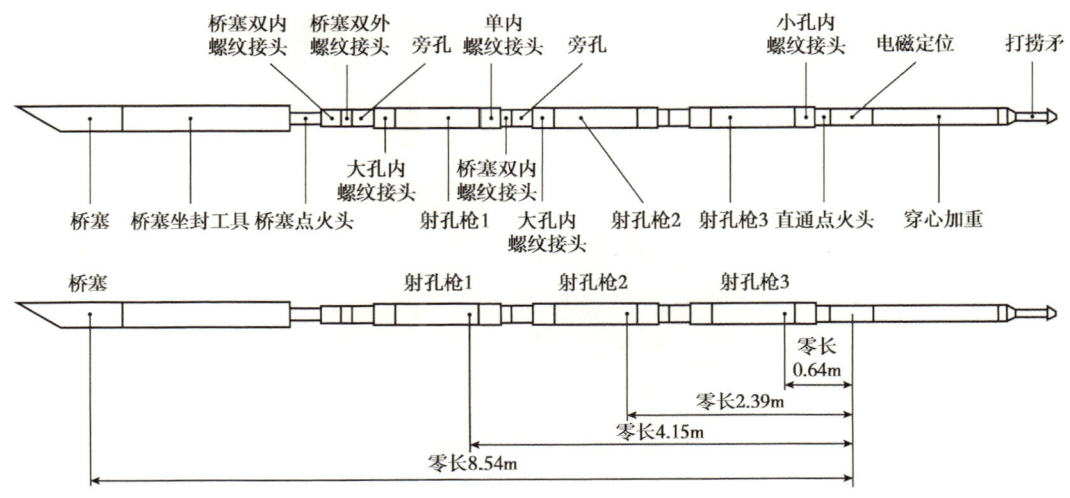

图 3-2-3 桥塞与分簇射孔联作管串（射孔枪 1.3m）结构示意图

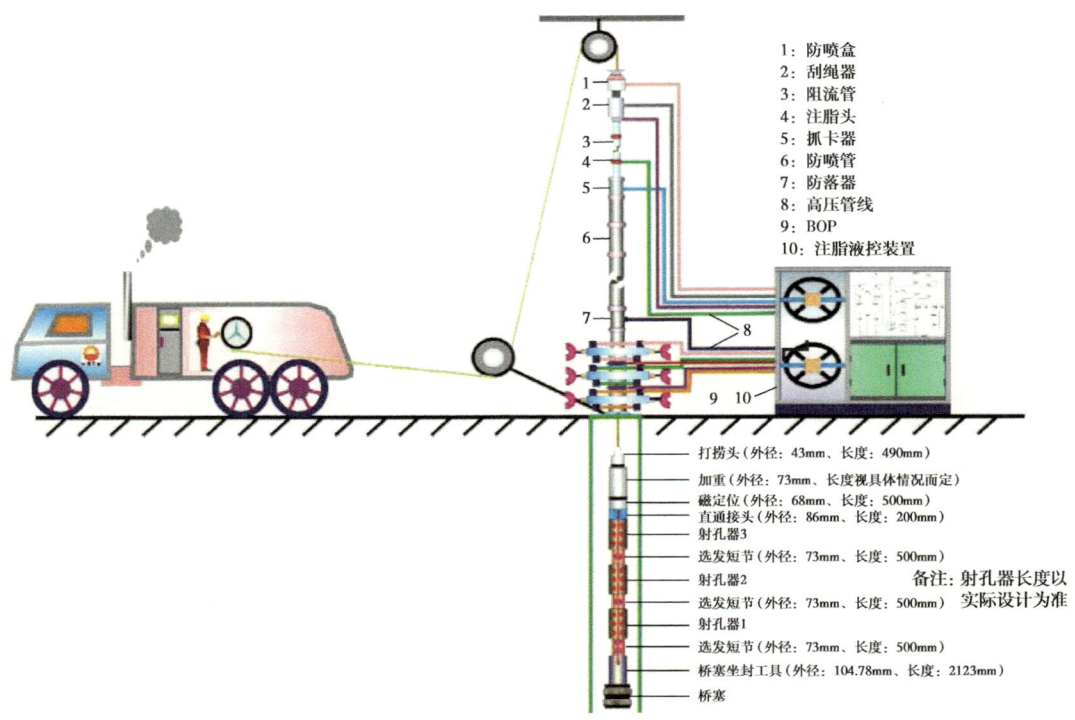

图 3-2-4　桥塞与分簇射孔联作示意图

3. 射孔工艺

1）定面射孔

常规射孔工艺的孔眼呈 60°或 90°相位角的螺旋状分布，要实现在垂直于套管轴向同一横截面的圆周上形成多个射孔孔眼，就需要在现有射孔枪结构上做出相应的改变。定面射孔是以相邻的三发射孔弹为一组，其中中间一发为大孔径射孔弹，其发射方向垂直于弹架轴线，两边为深穿透射孔弹，它们的发射方向与弹架轴线成一定的夹角，通过对这两发深穿透射孔弹发射方向角度的设计，就能实现在射孔时，使其中的一发大孔径射孔弹和两发深穿透射孔弹形成的 3 个孔眼分布在垂直于套管轴向同一横截面的圆周上（图 3-2-5）。

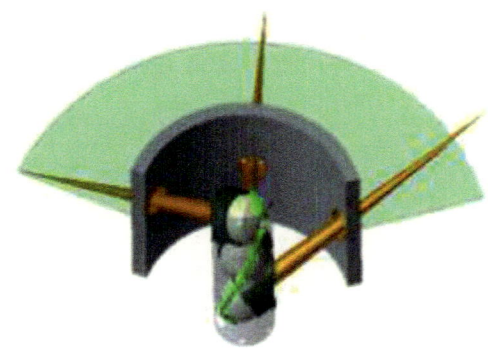

图 3-2-5　定面射孔示意图

目前有两种结构可以实现深穿透射孔弹发射角度的调整：一种是采用模块式弹托结构，配合特殊结构的弹架，通过不断调整设计弹托装弹内腔倾角实现射孔定面，如图3-2-6所示；另一种是采用悬臂梁式弹托结构，采用卡片弹托配合特殊结构设计的弹架，通过不断调整悬臂梁的角度实现射孔定面，如图3-2-7所示。

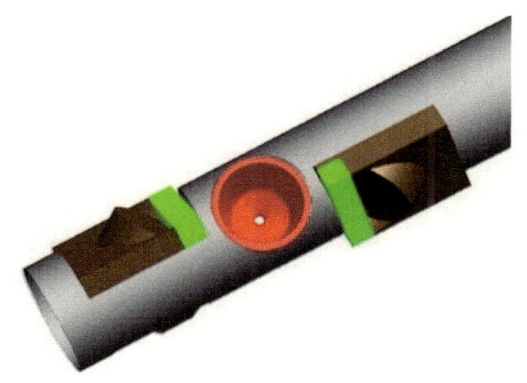
图3-2-6　模块式弹托定面射孔枪弹架结构

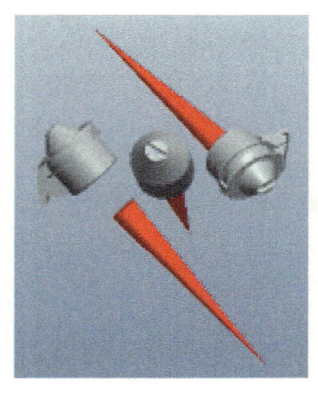
图3-2-7　悬臂梁式弹托定面射孔弹架结构

2）定向射孔

在页岩气水平井钻井时，由于受地质条件和工艺水平限制，导致井眼轨迹可能偏离气层。为解决上述问题，采用分簇射孔技术与定向射孔技术相结合的方式，使射孔枪在分簇射孔作业时，将射孔孔眼朝向气层方向进行射孔，压裂时裂缝沿射孔孔眼方向延伸，就可以更多地沟通气层。定向射孔就是通过设计特殊的动态导电结构（图3-2-8）来实现水平井分簇射孔定向功能。

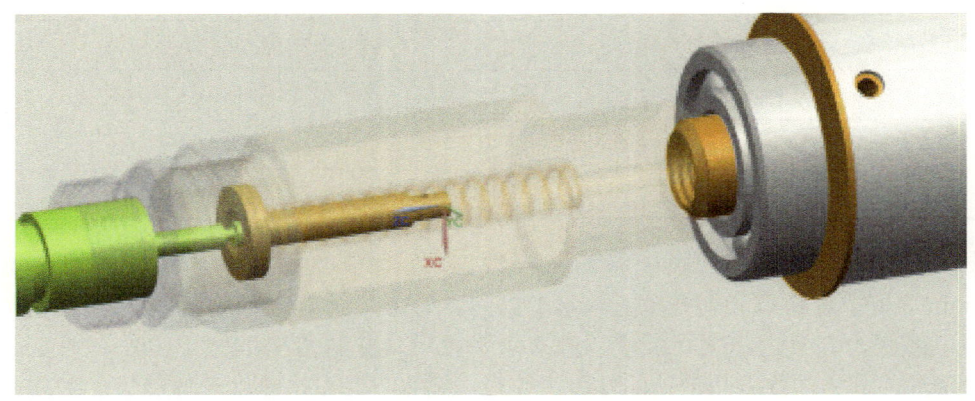
图3-2-8　定向射孔枪动态导电结构

定向射孔动态导电结构能确保水平井分簇射孔施工作业时，射孔枪内电子选发器在器材动态转动时接地良好，绝缘、导电、寻址、簇间密封均正常。

4. 泵送设计

电缆泵送分簇射孔需要进行泵送设计。电缆泵送分簇射孔入井管串在直井段可以依靠枪串自身重力下行，井斜角增大后枪串无法再靠自身重力下行，需要泵送一定排量的液体推动枪串向前运行达到设计位置。

电缆泵送分簇射孔设计主要通过数学模型和有限元数值模型进行分析计算。通过模拟计算可得到泵入流体排量、套管与桥塞间隙、桥塞长度、井斜角、水平段长度与流体驱动力的关系。其中排量的增加直接导致流体驱动力的增加，而在保持排量不变的情况下，流体驱动力一开始以较缓增幅随套管与桥塞间隙减小而增大，但当套管与桥塞减小到桥塞外径快接近套管内径时，流体驱动力急剧增大，这是因为随着套管与桥塞间隙逐渐减小，导致泵送管串前后端的压差逐渐增大。那么在达到一定流体驱动力的情况下，泵送所需排量是随着桥塞与套管间隙的减小而减小的。

现场设计泵送排量时，首先确定桥塞外径，也就是确定套管与桥塞的间隙大小，然后利用数学模型或者有限元数值模型计算排量与流体驱动力数值关系。通常使用相邻井的经验排量程序进行计算，如果某个排量下的流体驱动力突然增大，那么后果是会对电缆头弱点造成一定的损伤或破坏，这时就要改变排量，再进行计算。

以某页岩气井为例，介绍经上述方法设计出的排量程序对现场施工的指导作用。该井井况见表3-2-4。选用ϕ89mm射孔枪进行分簇射孔施工，ϕ99.6mm的桥塞作为分段工具，ϕ139.7mm套管内径为114.3mm，与桥塞的间隙为14.7mm，通过前述计算方法开展理论计算或仿真分析，并最终设计出泵送程序成功进行现场分簇射孔作业。

表3-2-4　某页岩气水平井井况

参数	值
水平段长度/m	1505.00
完井套管/mm	139.7
斜深/m	5000.00
垂深/m	3111.36
最大井斜/(°)	100.94
最大井斜井深/m	3824.61
压裂分段/段	20

图3-2-9为泵送过程现场记录的工程数据。设计的泵送排量程序在0.48m³/min到2.5m³/min之间。在桥塞和射孔枪进入水平段前，随着井斜角的不断增加，排量逐渐加大。而井口电缆张力和泵送速度在减小。进入水平段后，井斜角在94°与100°之间变化，排量缓慢增加，其中在井斜角增加的井段，井口电缆张力和泵送速度总的趋势是在减小，在井斜减小的井段，井口电缆张力和泵送速度总的趋势是在增加。

5. 作业工序

电缆泵送分簇射孔操作过程为：打开井口阀门，入井管串在直井段依靠重力下行，到达一定井斜度位置后，压裂车和测井绞车按照泵送设计程序将入井管串泵送至目的层。校深定位后，通过地面控制系统与井下选发控制器建立通信，进行井下寻址和智能选发点火，首先，完成桥塞坐封；其次，上起射孔枪串，使其对准拟射孔段；再次，进行井下寻址和智能选发点火，完成后续多簇射孔。

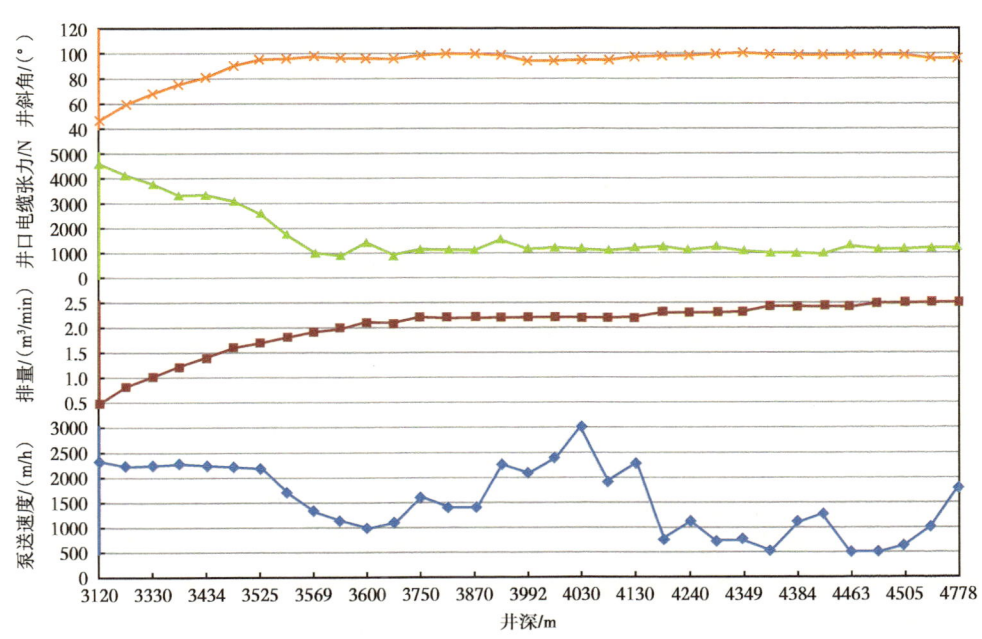

图 3-2-9　某页岩气水平井泵送过程中相关工程数据

电缆泵送分簇射孔作业主体工序为：

（1）按试油规程要求完成井口装置试压，并要求试压合格。

（2）采用与桥塞最大外径一致或大 1~2mm 的通井规（或者根据标准通径尺寸制作）对井筒进行通井、洗井和刮管，通井深度应深于桥塞坐封深度 20m 左右，井筒清洁通畅后，井筒内注满压井液。

（3）地面按要求连接防喷管、电缆密封控制头器等电缆密封设备。

（4）将绞车电缆从密封控制头顶部穿入，并穿过防喷管，并从打捞头、穿心加重中心穿过，检查电缆的绝缘和通断性能，并制作电缆头。

（5）按规定组装桥塞坐封工具。

（6）组装射孔枪严格按电缆射孔作业程序（SOP）规定执行。

（7）连接多级点火电子选发开关，连接各段射孔枪和桥塞工具。

（8）下井管串连接电缆头，测量各簇射孔枪首发射孔弹至 CCL 的距离，预测量桥塞标线至 CCL 的距离，详细记录零长数据。

（9）将下井管串送入防喷管内，吊车将防喷管吊起至井口附近，绞车下放电缆，连接桥塞。

（10）吊车将防喷管吊起至防落器［位于井口电缆防喷器（BOP）上端］上方适当位置，井口操作人员将防喷管下端与防落器通过活接头连接。

（11）绞车操作人员根据工具串重力调校井口电缆张力系数，使井口电缆张力显示值与实际值一致；下放电缆，将下井管串在防落器处对零，然后缓慢上起电缆，将下井管串起入防喷管。

（12）启动电缆防喷装置的密封操作，按照射孔后预计最高井口压力的 1.2 倍对井口装置试压合格。

（13）试压合格后，根据井口压力给防喷管泄压，直至上下压力平衡，缓慢打开井口阀门，开始下放下井管串。

（14）在直井段，下井管串依靠自身重力下井，电缆下放速度不超过作业规定。

（15）下至校深短套位置（通常起泵点以上），上提校深，根据已知数据进行短套接箍深度较深。

（16）下至泵送起始位置（通常在井斜角30°位置），通知泵车平稳起泵（不能对下井管串产生剧烈冲击），并根据泵送设计及现场作业实际情况，在各个阶段通知泵车平滑均匀地提升排量，泵送程序原则上是从井斜30°到80°将排量逐步从0提升至临界排量。泵送过程中，应实时监测工具串运行情况、电缆张力、泵送排量和压力变化，若出现异常情况，应降低泵注排量或停泵处理。泵送到位后，必须在确认停泵之后才能停止绞车下放电缆，否则将直接导致电缆头受力过大而至管串掉井。一般做法是至少泵送过该段施工需要的深度以深1~2个套管长度才缓慢停泵，确认停泵后指挥绞车缓慢停止下放电缆。

（17）绞车上起电缆，深度校深，完成桥塞坐封和分簇射孔。当管串接近预定桥塞坐封或射孔深度时，降低电缆速度并缓慢地在该深度停止绞车动作。当水平段存在上倾角度时，过于快速的电缆上起速度或刹车动作将导致管串因惯性继续往回"滑动"，从而导致桥塞坐封或射孔深度偏差。

（18）起出射孔枪串，检查射孔枪发射情况。电缆上起过程中注意井口压力变化，调节控制头泵注压力，保证井口压力控制，同时密切注意电缆的运行状态及深度、张力变化情况，如有异常应停车检查处理，并在滚筒上将电缆排整齐。管串上起至距井口200m位置时减速并确认防落器处于复位状态以保证安全。工具串起出井口，关闭封井器，泄压后拆卸防喷管，起出工具管串，检查坐封工具是否启动、射孔枪发射率是否为100%。

（19）根据施工设计要求，完成下一段桥塞与分簇射孔管串的组装连接、根据电缆头使用情况确定是否重新制作电缆头等准备工作。

（20）后续层段按射孔设计的步骤，完成每层的桥塞坐封、射孔作业。

二、连续油管分簇射孔

连续油管分簇射孔是指采用连续油管输送射孔管串一次性完成多簇射孔或者桥塞坐封与多簇射孔联作的工艺技术。该技术通常用于电缆下入困难或者套管变形井无法进行电缆泵送作业的井，是复杂井、套变井射孔完井的高效手段。

目前，国内外均开展了连续油管分簇射孔技术研发，按照其基本原理或工艺特征，可分为"连续油管隔板延时分簇射孔""连续油管内穿电缆分簇射孔""连续油管智能电子起爆分簇射孔"3种类型。

受作业成本、现场操作方便性和作业可靠性等因素的影响，连续油管内穿电缆分簇射孔技术和连续油管智能电子起爆分簇射孔技术现场应用较少，本节不做介绍。连续油管隔板延时分簇射孔技术以其操作简单、功能可靠、作业成本低等优势在页岩气水平井得到推广应用。

1. 工艺原理

连续油管隔板延时分簇射孔是采用连续油管多级延时起爆装置来实现分簇射孔的一项

工艺技术，多级延时起爆装置包括隔板传爆装置和延时起爆装置两部分，装在上级与下级射孔枪之间。连续油管传输射孔枪串到位后，加压起爆第1簇射孔枪及其上端的隔板传爆装置，隔板传爆装置起爆后输出爆轰，引燃延时起爆管，进入延时阶段，延时期间（一般为8~10min）上起管串至第2簇射孔位置等候，待延时结束，延时起爆管引爆第2簇射孔枪，起爆确认后，连续油管上起至预定位置，准备第3簇射孔，依此类推，最终完成多簇射孔。

2. 射孔器材

典型的连续油管隔板延时分簇射孔（5簇）管串结构示意图如图3-2-10所示。

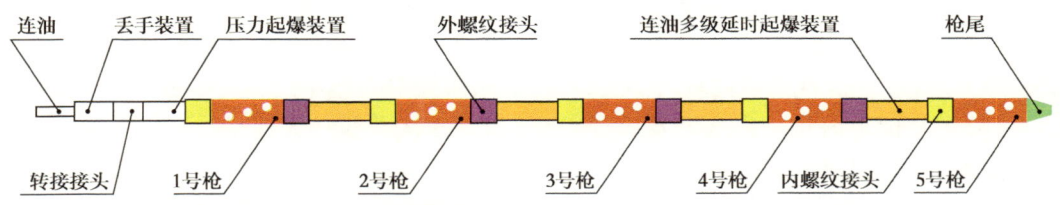

图 3-2-10 连续油管隔板延时分簇射孔（5簇）管串结构示意图

压力起爆装置（图3-2-11）为第一级起爆使用，依靠井底压力作用在撞击活塞顶部，当作用力达到预设的销钉剪断力时，固定撞击活塞的销钉会被剪断，然后撞击活塞冲击起爆药饼产生爆轰并起爆射孔枪。

压力起爆器具主要型号有43型、51型、73型和93型4种，可以根据不同的射孔枪外径选配不同型号的压力起爆器。起爆器压力销钉需要根据井筒液柱压力、连续油管安全压力、起爆附加安全压力和井底温度等参数进行设计。

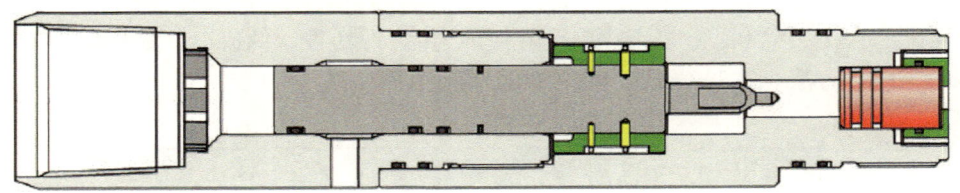

图 3-2-11 压裂起爆装置

连续油管多级延时起爆装置依靠密封隔板传爆，安装在射孔枪之间，当上一级射孔枪起爆后会自动引爆下一级，下一级接收到爆轰能量后依靠延时火药延迟一定时间（8~10min）再起爆下一级射孔枪。延时期间拖动连续油管，完成多层射孔。该装置有51型、60型、73型和89型等型号，耐压120MPa及140MPa。施工中，根据射孔枪外径选配相应的多级延时起爆装置。

3. 作业工序

连续油管分簇射孔作业工序主要有以下步骤：

（1）施工准备；

（2）组装射孔管串；

（3）连接下井管串；

（4）管串入井；

（5）井口加压引爆第1簇；

(6)分别上提定位等候后续各簇起爆;
(7)起出下井管串。

第三节 压裂设计

压裂设计是压裂施工的指导性文件,是压裂思路的集中体现。体积压裂是目前我国南方海相页岩气压裂的主流方法。体积压裂强调了5方面内涵:(1)"打碎"储层,营造出"人造"渗透率;(2)"创造"人造缝网,实现剪切破坏、错断和滑移的集合;(3)缩短"渗流距离"是核心,强调基质流体向裂缝运移存在最短距离,大幅降低基质中气体流动的驱动压差;(4)适用于高脆性指数的页岩储层;(5)分段多簇射孔作业是实现体积压裂的技术体现。从10余年南方海相页岩气开发历程来看,采用"大排量、大液量、高加砂强度、分段多簇"的压裂模式使得增产效果取得了阶梯式的不断提升。

本节主要介绍压裂设计的思路与原则、分段分簇设计、压裂参数设计、暂堵转向设计、泵注程序设计、入井材料设计和套变防控设计等内容。

一、设计思路与原则

页岩属于超低渗透岩层,气体难以通过基质直接渗流至井眼。页岩气藏要实现有效开发,关键技术就是"水平井钻井+多段体积压裂改造"技术,在页岩层内形成多条裂缝或裂缝网络,改善了气体渗流通道,提高了泄流面积和改造的储层体积(SRV)。

页岩气水平井体积压裂改造设计的总体思路,首先确定"提高产量、控制储量、采出程度(净现值)"设计目标,根据设计目标明确以"提高页岩改造的储层体积(SRV)、形成与储层匹配的人工裂缝(裂缝复杂程度和导流能力),低伤害、低成本"为设计原则,以此进一步确定设计方法(图3-3-1)。

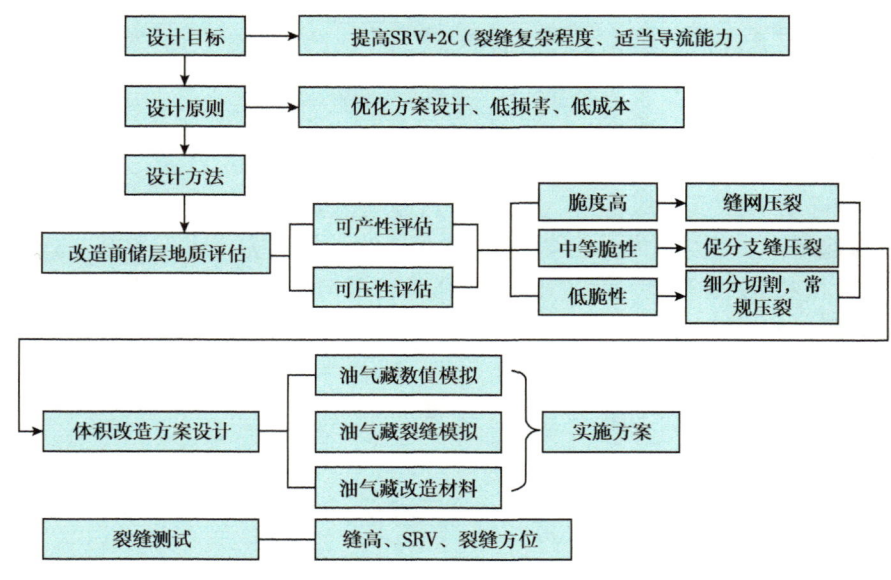

图3-3-1 页岩气体积改造设计思路

在设计方法中重点开展压前地质评估,评估内容包括两项:一个是可压性评估,另一个是可产性评估。基于两类关键参数的评估,确定改造的技术模式,然后利用气藏数值模拟、水力裂缝模拟,结合施工材料优选,确定实施方案。

整个体积改造的设计是以甜点分析为基础,压裂裂缝与气藏匹配为关键,综合多方面因素优化为主线,强调地质、气藏、工程的一体化,贯穿了储层评估、气藏模拟、裂缝扩展研究、施工参数模拟、工艺优化、经济优化等多个环节(图3-3-2)。

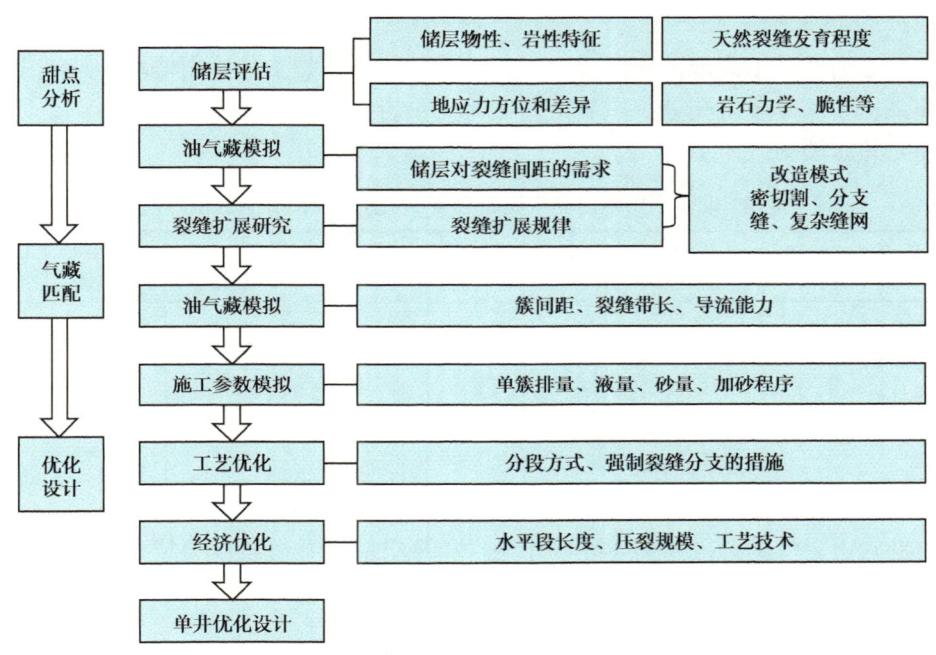

图 3-3-2　一体化制订压裂设计流程

二、分段及分簇设计

对页岩气藏来说,依靠基质渗流的动用程度有限,体积改造的关键是在储层中形成复杂的网状裂缝系统,以增加水力裂缝和基质的沟通体积;而在储层中能否形成复杂的裂缝主要取决于储层中的裂缝发育情况、地应力分布情况和压裂施工的情况。如果水平井分段分簇选择不合理,压裂后储层难以形成复杂的裂缝网络系统,不能够达到预期的改造目标。因此对页岩气水平井分段压裂而言,分段分簇设计非常重要。

1. 分段分簇工艺优选

为了提高单井产量实现效益开发,页岩气藏均采用水平井进行开发。页岩储层物性差,水平井压裂工艺的选择必须立足实现对整个水平井段的有效改造,以形成复杂裂缝和提高储层的改造体积。

目前,针对水平井分段压裂工艺国内主要有双封单压分段压裂、固井滑套分段压裂、水力喷射分段压裂、裸眼封隔器分段压裂、桥塞分段压裂等。不同类型水平井分段压裂工艺的适应性对比见表3-3-1。

表 3-3-1　不同水平井分段工艺对比表

工艺类型	大排量	分簇射孔	分段级数	压后井筒全通径	作业时效	完井方式
双封单压分段压裂	否	能	受限	否	低	套管
固井滑套分段压裂	能	否	受限	是	高	套管
水力喷射分段压裂	否	能	不受限	是	较高	套管
裸眼封隔器分段压裂	否	否	受限	否	高	裸眼
桥塞分段压裂	能	能	不受限	是	较低	套管

表 3-3-2 为北美不同地区非常规油气藏水平井分段压裂工艺运用情况，从表中可以看出，电缆泵送桥塞分簇射孔分段压裂工艺在北美页岩气开发中应用最为广泛，是目前页岩气水平井完井压裂的主体工艺。

表 3-3-2　北美不同地区非常规油气藏水平井分段压裂工艺运用情况　　　单位:%

工艺类型	Fayetteville 页岩水平井	Barnett 页岩水平井	Woodford 页岩水平井	Marcellus 页岩水平井	Bakken 页岩水平井	Niobara 页岩水平井	Haynesville 页岩水平井	Eagle Ford 页岩水平井
桥塞分段压裂	75	97	98	99	40	20	100	99
裸眼封隔器分段压裂	25	2	2	1	60	80		1
水力喷射分段压裂		1						

注：Bakken 页岩水平井水平段大于 3000m；Niobrara 页岩水平井水平段长度大于 2000m。

国内针对页岩气的分段压裂主要采用泵送桥塞分簇射孔分段压裂技术，该工艺目前已经成熟并大规模推广应用。

2. 分段分簇参数设计

页岩气水平井分段方案设计需要对分段段长、射孔段选择和射孔工艺进行优化设计。在具体的优化设计中，需通过数值模拟首先确定簇间距，然后根据簇间距确定分簇数，再根据分簇数确定每次压裂段的长度，进而根据水平段的长度来确定每口井的压裂段数。

1）簇间距与簇数

在压裂改造过程中，多个射孔簇会形成多个初始的竞争性裂缝。在裂缝延伸扩展过程中，地层应力分布将发生变化，同时裂缝周围应力的改变又会反过来影响横断裂缝和其他更为复杂的诱导裂缝的扩展和延伸。因此，深入研究多裂缝周围应力分布和分析应力干涉对裂缝扩展的影响，对提高非常规气藏水平井压裂的效果有积极的意义。

簇间距将在一定程度上决定应力阴影的大小，并随之影响着压裂效果。一般而言，簇间距越小，缝间干扰越明显，越有利于形成复杂裂缝。对于两向应力差异大的地层，要形成复杂裂缝，需要更高的缝内净压力，因此可以适当地减小簇间距。但是簇间距较小时，缝间干扰明显，常常会导致施工难度增大，施工泵压升高。图 3-3-3 是裂缝间距对裂缝内净压力的影响示意图。

M.J.Mayerhofer 研究表明，裂缝间距对储层资源采出程度影响很大，间距越小，资源从储层到井筒的渗流时间越短（图 3-3-4）。例如，当渗透率为 0.0001mD 时，将裂缝间距设定为 8m，仍然可以大幅度增加产量，因此，当预期采收率废弃时间确定后，即可根据数值模拟来确定最佳缝间距。国内外研究表明，如果考虑利用缝间干扰，缝间距一般应选择小于30m。在北美现场实际应用中，压裂裂缝的缝间距从最初的80~100m逐渐缩短到5~10m。

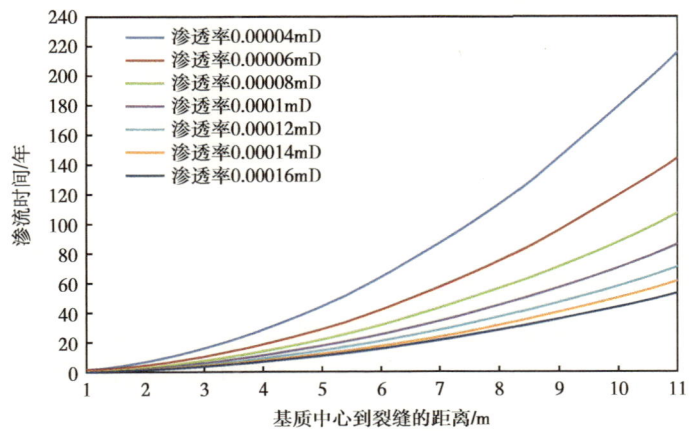

图 3-3-3 不同渗透率条件下裂缝间距对裂缝内净压力的影响图

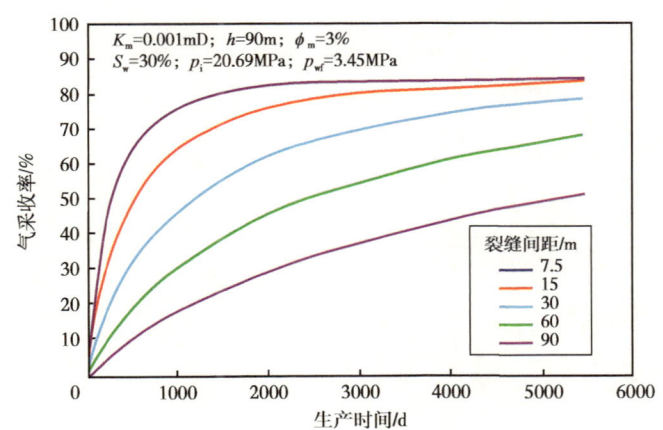

图 3-3-4 不同裂缝间距条件下气藏采收率

K_m—渗透率；h—裂缝长度；ϕ—孔隙度；S_w—含水饱和度；p_i—地层压力；p_{wf}—井口压力

此外，Modeland 等的研究表明，水平井每段内分的簇越多，整个水平井段的总簇数越大，累计产量越高。在北美 Haynesville 页岩核心区中部，这种趋势表现得尤为明显，符合体积改造中分簇数越多就越易"打碎"地层，基质中的流体就越易被驱动的理论。

综上，合理的簇间距选择需要考虑多重因素，在一个特定的研究区域可以开展不同簇间距的对比试验，根据现场试验结果选择合理的簇间距。

2）压裂段长设计

对页岩气藏来说，依靠基质渗流的动用程度有限，体积改造的关键是在储层中形成复杂的网状裂缝系统，以增加水力裂缝和基质的沟通体积；而在储层中能否形成复杂的裂缝主要取决于储层中的裂缝发育情况、地应力分布情况和压裂施工的情况。如果水平井射孔段选择不合理，压裂后储层难以形成复杂的裂缝网络系统，不能够达到预期的改造目标。

因此，对于页岩气水平井分段压裂而言，水平井分段方案及射孔段的选择非常重要。

在具体的水平井压裂实践中，一般宜将物性参数相近、应力差异不大、固井质量相当、位于同一小层的井段分在同一段内进行改造。具体射孔位置的选择要综合考虑簇间距、套管接箍等因素，选择高脆性、高含气量、最小水平主应力低的位置进行射孔。对于平台的邻井而言，一般采用错位布缝的方式，力求对平台控制储量得到有效动用。

分簇射孔参数的确定方法与限流法分层压裂一样，通过控制射孔数量和直径，并尽可能地提高施工排量，利用孔眼摩阻，提高井底处压力，使得每一个射孔簇均被压开。

3）单簇射孔参数

压裂过程中滑溜水和支撑剂高速流动对孔眼磨蚀具有影响。在加砂压裂过程中，滑溜水和支撑剂高速流动通过射孔孔眼，会对射孔孔眼进行磨蚀，导致射孔孔眼变大，从而不再具有限流能力，在应力干扰的作用下会进一步导致簇间的进液量不均匀，从而影响改造效果。Crump等的实验显示，随压裂液一起泵入的支撑剂会对射孔孔眼造成磨蚀破坏，而这种孔眼磨蚀现象主要由两种不同的机理构成：（1）射孔孔眼壁面由于支撑剂的磨蚀缓慢破坏，造成孔眼直径增大；（2）孔眼入口处边缘由于支撑剂磨蚀而变得更加圆滑，造成流量系数的快速增长。

图3-3-5所示为水平井分段压裂中射孔孔眼磨蚀示意图。

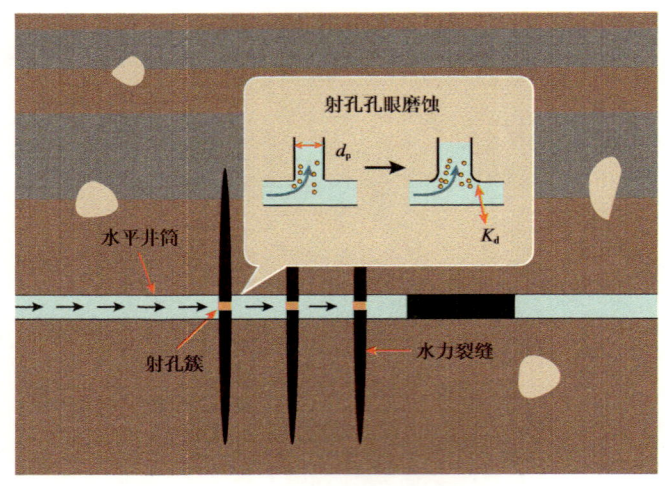

图3-3-5　水平井分段压裂中射孔孔眼磨蚀示意图
d_p—原始射孔孔径，mm；K_d—支撑剂冲蚀后射孔孔径，mm

为了减少孔眼磨蚀对压裂效果的影响，可以采取两种方式：一是随着施工的进行逐步提高施工排量，但是压裂施工过程中由于设备作业能力的限制，排量的提升范围有限。二是射孔方案制订的时候就考虑孔眼磨蚀，适当减少射孔孔眼的数量，这样会导致施工初期的孔眼摩阻较高，施工初期压力较高；只有当支撑剂注入一段时间以后，孔眼磨蚀后孔眼摩阻才逐渐减少，但是这也只能确保初期一段时间内每簇射孔均能被有效改造，当孔眼磨蚀进一步加大后，将不再具有限流的作用，不能够确保每簇均能有效的改造。

（1）射孔段长度。

在页岩气藏的压裂过程中，最佳的结果是在一个射孔簇处形成一条较宽的主缝。如果射孔段较长，容易在井筒附近形成复杂的多条裂缝，将带来高注入压力和低注入速率的问题，使该处射孔簇造缝困难。适当缩短射孔段长度有利于提高初始裂缝净压力，促使裂缝往前延伸，并不断诱导产生复杂的裂缝，有利于在近井筒附近产生高缝宽、高导流能力的裂缝体系，有利于后续储层流体向井筒汇集。

为了降低一个射孔段上形成初始复杂裂缝的概率，因此需要适当控制射孔段的长度。国外研究证明，射孔弹束长度应当小于井眼直径的4倍，这样最有利于在射孔簇上形成一条单一的裂缝。在实践过程中，根据不同的井的特点，射孔段长度多为0.5m或1.0m；目前最短的射孔簇长度为0.3m。

（2）射孔数、孔径及孔密。

分簇射孔孔眼数的确定主要根据施工排量、孔眼摩阻和孔眼效率等因素来设计。一般矿场实践中，先根据区域的裂缝延伸压力梯度和施工管柱及入井液体摩阻等参数来确定施工控制压力下所能达到的最大施工排量，再根据射孔形成的孔眼直径，计算最大排量下不同射孔孔眼数的摩阻，据此确定孔眼数（图3-3-6）。

理论射孔孔眼摩阻通常按式（3-3-1）计算：

$$\Delta p_{\text{perfs}} = 2.34 \times 10^{-10} \times \frac{\rho (Q/N)^2}{C_d^2 D^4} \quad (3\text{-}3\text{-}1)$$

式中 Δp_{perfs}——射孔孔眼摩阻，MPa；

ρ——工作液密度，kg/m³；

Q——排量，m³/min；

N——孔眼数，孔；

D——射孔孔眼直径，m；

C_d——流量系数。

在高雷诺数（$Re \geqslant 10^4$）条件下，压裂液通过射孔炮眼时的流动特性类似于通过一个喷嘴的流动。C_d值就只取决于液流收缩断面的大小。实验表明，对没有磨蚀作用的流体通过孔眼时的C_d值为0.5~0.6，有磨蚀作用的流体通过射孔炮眼流动时，C_d值可达0.6~0.95。在现场施工过程中，C_d值是变化的，随施工时间的延长，C_d值不断变大。由于现场射孔炮眼有凹坑、形状不规则等原因，C_d的初始值可取0.7~0.85。

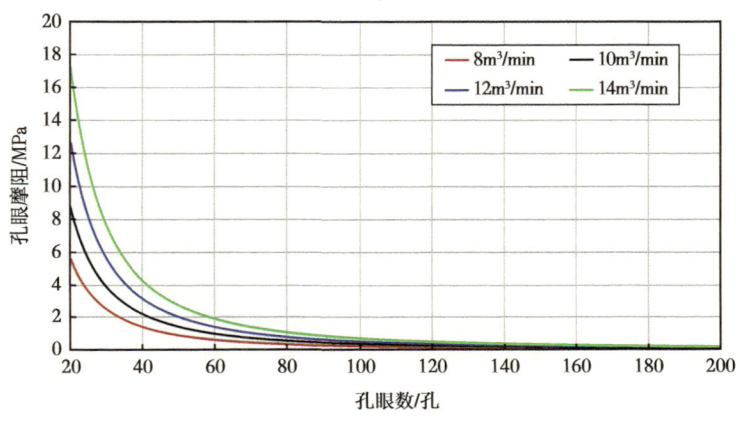

图3-3-6 不同施工排量和孔眼数的孔眼摩阻

在矿场实践中,也可以根据单孔流量来简单地确定孔眼的数量(图3-3-7),根据排量预测结果,以每个孔眼的注入流量0.15~0.30m³/min左右为宜。当射孔孔眼数确定以后,根据射孔段的长度就可以确定孔密。

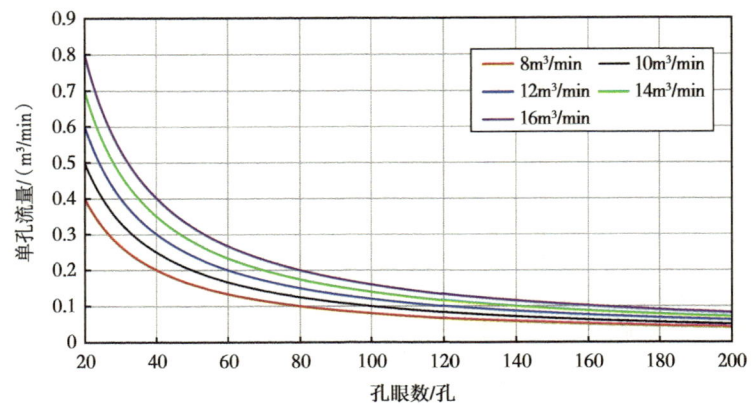

图3-3-7　不同施工排量和射孔孔眼数的单孔流量

三、压裂参数设计

1. 排量

页岩气体积压裂时,施工排量与裂缝缝内净压力呈正相关,在保证施工安全的前提下应尽可能地提高施工排量,以提高缝内净压力,增加缝网的复杂程度。

川南页岩气藏水平应力差为11~16MPa,岩石抗张强度为5~10MPa,以构建复杂缝网为目标,缝内施工时实时净压力需大于20MPa。提高施工排量有利于提高裂缝内净压力。从川南页岩气藏已实施井分析,施工裂缝延伸压力梯度为0.024~0.027MPa/m,按照120MPa控制压力,需要满足18m³/min以上的施工排量(图3-3-8)。

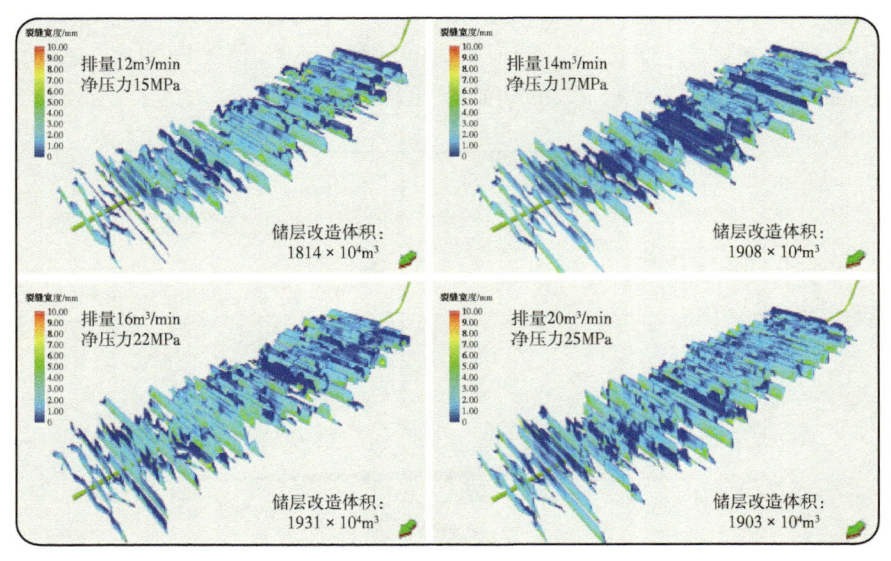

图3-3-8　不同施工排量下的改造体积模拟

2. 用液量

施工用液量的设计规模应以确保井控范围内储层有效改造为目标。施工规模过大,可能造成严重的井间干扰;施工规模过小,不能实现对储层的有效动用。压裂规模的确定一般根据井间距、压裂模拟及压裂监测等综合确定。

2019年以前川南页岩气井平均单段用液量为1099.4m³,2019年以后平均单段用液量为1984.8m³。从裂缝模拟结果看,2019年以前施工井压裂液规模较小,导致裂缝长度较短,水力裂缝长度为200m左右,2019年以后施工井单段用液量提高到原来的1.8倍,水力裂缝长度为350m左右(图3-3-9)。

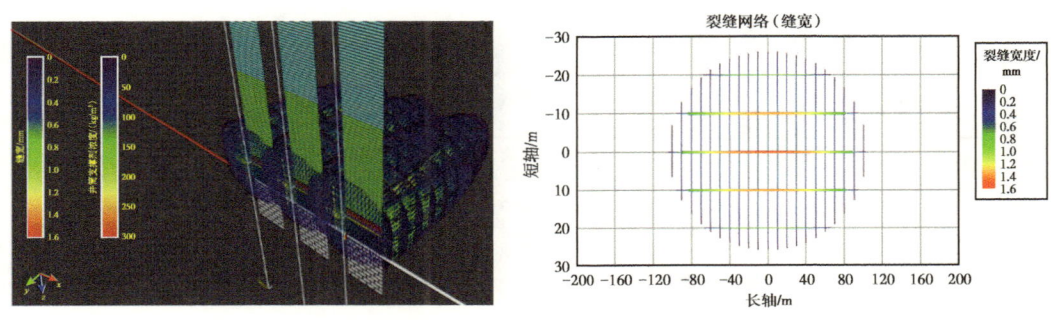

图3-3-9 川南页岩气前期实施井压裂裂缝模拟

川南页岩气井的主体井间距为300~400m,单段6~11簇,在射孔用液强度30m³/m条件下,模拟缝长满足井控范围内(300m井距)储量动用需求。推荐单段用液量为1800m³(图3-3-10)。

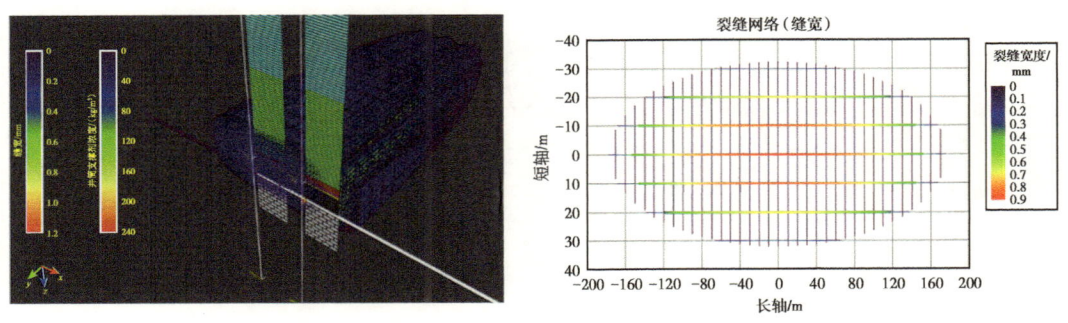

图3-3-10 新部署井压裂裂缝模拟

川南页岩气断裂/裂缝发育,为降低断裂/裂缝对套变的影响,制订了针对断裂/裂缝发育带的渐进防控设计。裂缝与井轨迹方向呈大角度段、井间天然裂缝连通段控制用液规模,未连通段提高改造强度,裂缝与井轨迹方向呈小角度段前置高黏胶液,以利于水力裂缝突破近井裂缝带。

3. 加砂量

支撑剂是在压裂过程中随着压裂液一起携带进入地层裂缝中,当压裂停止井底压力下降至闭合压力后用来支撑裂缝,使人工裂缝保持一定的导流能力。选择合适的支撑剂类型、粒径和支撑剂铺置浓度，对于确保压裂施工的顺利实施和提高压裂效果尤为重要。

川南页岩气早期实施井主体在石英砂阶段采用低黏滑溜水携砂，陶粒阶段使用了胶液携砂、高支撑剂浓度连续加砂，单井胶液的使用比例平均达到54%，最高砂浓度达到539kg/m³（图3-3-11）。该方式施工风险高，受地层条件的影响大，实际施工支撑剂量为43.6~191.2t，平均120.9t，加砂强度在0.43~2.00t/m之间，平均1.22t/m，总体较低（图3-3-12）。

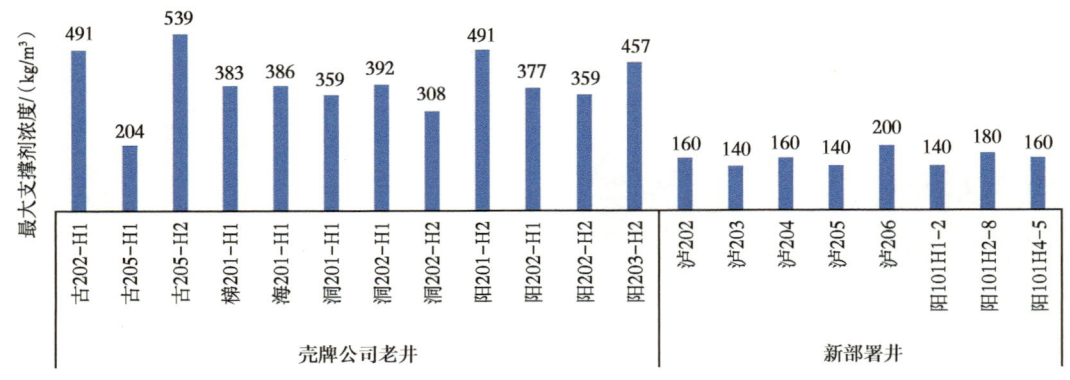

图3-3-11 川南页岩气早期实施井压裂施工最大支撑剂浓度

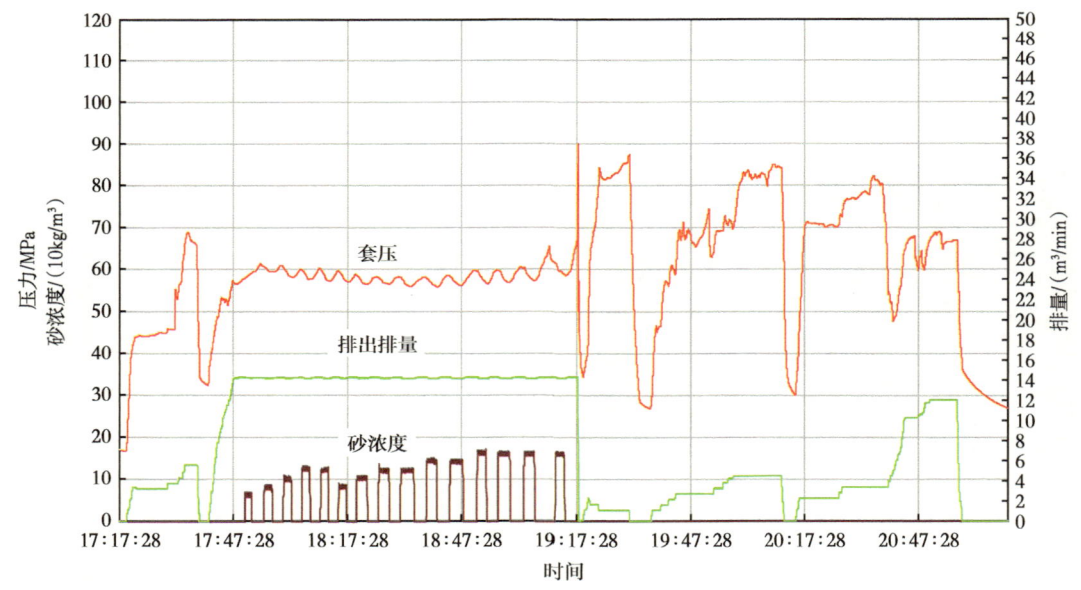

图3-3-12 川南页岩气早期实施井典型压裂施工曲线

与早期实施井胶液携砂、高支撑剂浓度连续加砂的理念不同，川南页岩气目前采用了大液量、大排量、低黏滑溜水冲砂、低浓度连续加砂的方式，最大支撑剂浓度一般为140~220kg/m³，有效降低了施工风险（图3-3-13）。单段支撑剂用量为94.2~222.6t，平均176.4t。加砂强度在1.57~3.71t/m之间，平均2.94t/m，是壳牌公司井的2.4倍。

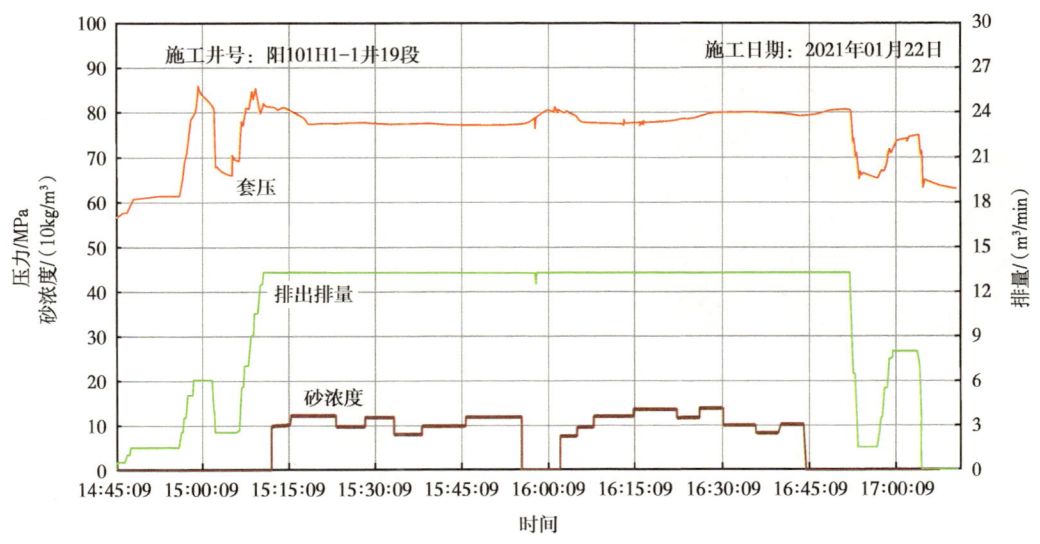

图 3-3-13 新部署井典型加砂压裂施工曲线

川南页岩气井区闭合压力高,支撑剂破碎、嵌入严重,长期导流能力保持难,综合考虑天然裂缝段加砂困难、防套变控制施工参数等因素,制订了裂缝与井轨迹方向呈大角度段井间天然裂缝连通段控制规模、未连通段提高改造强度的压裂思路,正常段推荐加砂强度 3.5t/m,风险段推荐加砂强度 2.5t/m。

四、暂堵转向设计

1. 缝内转向设计

缝内转向原理是在施工过程中泵入一定量暂堵剂,封堵已经形成的裂缝,造成缝内憋压,依靠缝内压力上涨来开启新的裂缝。川南页岩气属于高应力差储层,最大水平主应力(S_H)与最小水平主应力(S_h)差值普遍大于 10MPa,个别区域甚至超过 15MPa(图 3-3-14),仅仅依靠低黏滑溜水难以形成复杂裂缝网络。

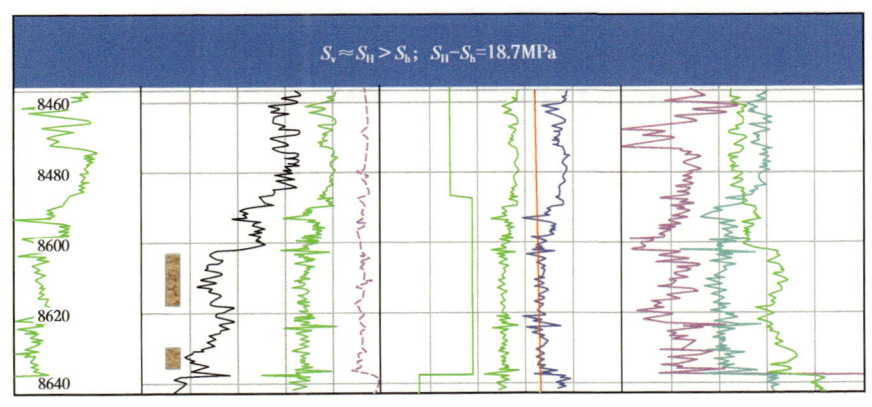

图 3-3-14 威远页岩气田某井地应力特征

图 3-3-15 暂堵剂实物图

威远页岩气田某井现场试验暂堵转向技术，以该井第 17 段压裂施工为例。该段在压裂过程中加入 600kg 暂堵剂（图 3-3-15），通过微地震监测可以发现，在加入暂堵剂后，前期井筒周围的空白区域出现大量新的事件点，说明采用暂堵转向技术可以增加裂缝的复杂程度（图 3-3-16）。

2. 缝口转向设计

暂堵球转向是利用已压开井段吸液能力较大的特点，在完成一个压裂段的施工后，通过地面流程投入一定数量的暂堵球，暂堵球随压裂液一起进入已压裂段射孔孔眼处堵塞孔眼，迫使压裂液进入其他未改造的射孔段，从而实现暂堵转向改造。

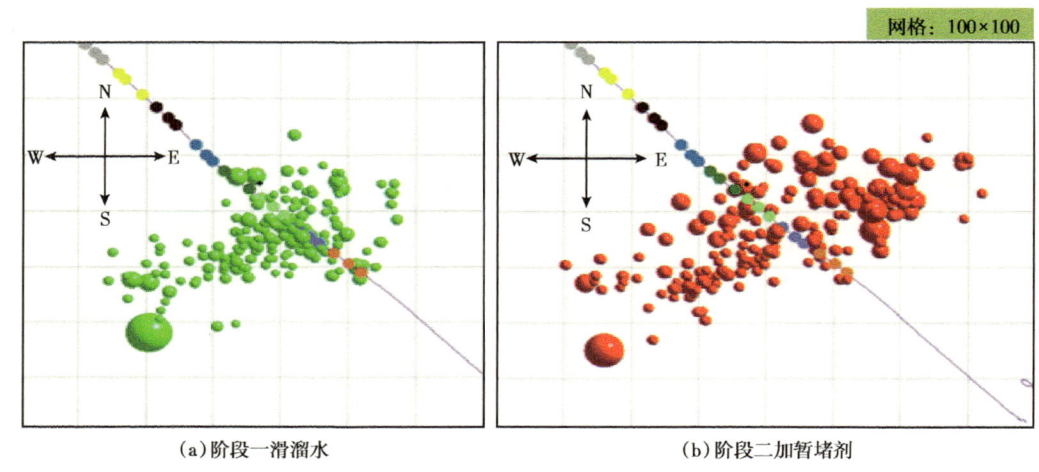

(a) 阶段一滑溜水　　　　　　(b) 阶段二加暂堵剂

图 3-3-16　第 17 段在加入暂堵剂前后微地震事件点变化情况

为防止投入的暂堵球对后期排液的不利影响，可选择可溶性暂堵球来封堵孔眼。暂堵球的数量主要根据需要堵塞的射孔孔眼个数确定，一般按照 1∶1.2 的比例确定投球数。为了使暂堵球能够较好在孔眼处入座，暂堵球的直径根据射孔孔眼的尺寸确定，一般以略大于孔眼直径为宜。为了确保暂堵球能够入座到已改造段的射孔孔眼上，一般需要建立一定的排量后再投入暂堵球。

川南页岩气 B-5 井利用暂堵球转向工艺成功实现套管变形段分段压裂，该井发生套管变形后对套管变形段一次射孔，投入暂堵球分段压裂，该井套管变形段共注入液量 5600 余立方米、砂量 300 余吨。该井相邻的有 B-4 井和 B-6 井，井间距 500m，3 口井采用拉链式压裂，B-5 井套管变段施工期间，B-4 井压力上涨 0.19MPa，B-6 井上涨 0.18MPa，未发生明显干扰。压裂过程中采用井下微地震监测，微地震监测成果表明，暂堵球分段压裂期间改造井段附近有新的事件点出现。综合微地震监测、邻井压力监测表明，采用暂堵球分段工艺实现了对套管变形段分段压裂（图 3-3-17 至图 3-3-18，表 3-3-3）。

第三章 完井与体积压裂技术

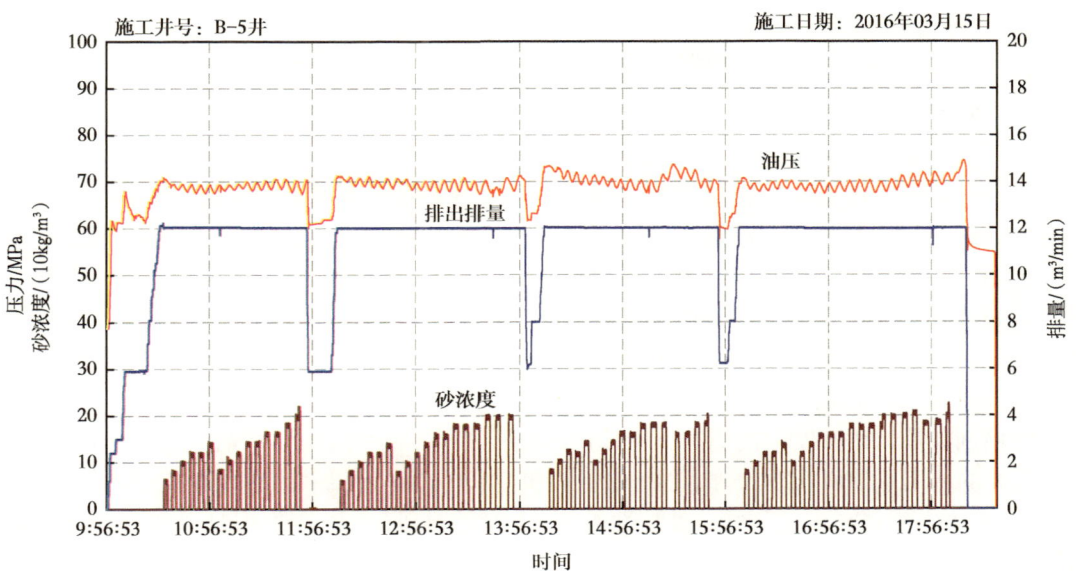

图 3-3-17 套管变形影响段暂堵球分段压裂施工曲线图

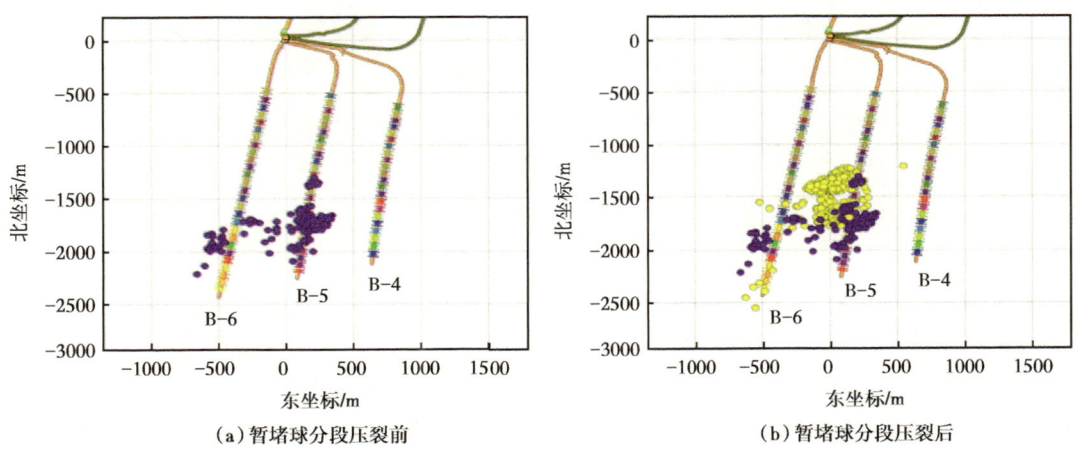

(a) 暂堵球分段压裂前　　　　　　　　(b) 暂堵球分段压裂后

图 3-3-18 B-5 井套管变形影响段暂堵球分段压裂前后微地震监测对比图

表 3-3-3 B-5 井施工期间邻井压力监测情况

井号	关井压力 /MPa		压力变化 /MPa
	施工前	施工结束时	
B-4 井	40.83	41.02	+0.19
B-6 井	36.86	37.04	+0.18

3. 暂堵材料

1）暂堵转向剂

暂堵剂也称转向剂，是一种广泛应用于油田生产中的处理剂，在油气田开发钻井、压裂酸化、修井、堵水和洗井等作业中应用较为广泛。

压裂过程中的暂堵剂主要作用是暂堵前期压裂形成的裂缝、井段或者孔眼，在储层中开启新的裂缝，改造新的区域或者井段。作用原理是加入暂堵剂后，由于流体向阻力最小方向流动，暂堵剂随压裂液进入高渗透带，产生滤饼封堵效应，使缝内净压力增加，从而产生新的裂缝。后续工作液进入新的裂缝，达到形成复杂裂缝或者转向改造新井段的作用。压裂施工中所使用的暂堵剂需要具有一定的抗压强度，承压能力强，封堵效果好；在工作液中可以完全溶解，不带来新的伤害，且最终可以返排出地层；现场使用简单，通过混砂车直接加入，无须其他设备。

暂堵剂在油气田开发中使用的历史较长，也形成了不同性能的暂堵剂产品（图 3-3-19）。近年研究的适用于油田压裂的暂堵剂为惰性有机树脂、固体有机酸、遇酸溶胀的聚合物、惰性固体（硅粉、碳酸钙粉、岩盐、油溶性树脂、封堵小球等），其中使用最广泛的为聚合物和封堵小球。

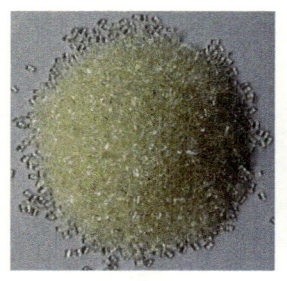  

图 3-3-19　不同类型的暂堵剂

2）暂堵球

暂堵球是一种具有一定强度和耐磨性的可溶性材料制成的圆球状颗粒。在压裂过程中主要用于封堵前期已压裂井段的射孔孔眼，从而迫使后续进入井筒的液体转向进入前期未改造的射孔井段，从而达到不用机械封隔工具而实现分段改造的目的。当压裂完毕以后，前期投入的暂堵球在地层温度或者地层离子的作用下溶解，确保前期改造井段的地层流体能够流到井筒中（图 3-3-20）。

图 3-3-20　暂堵球及其溶解状态

暂堵球要求具有一定的承压能力、可溶性好、弹性变形能力好、粒径和溶解时间可调。目前广泛使用可溶性暂堵球，一般可满足耐压差 70MPa，溶解时间可调，能够满足不同暂堵需求。

目前，国内外页岩气井压裂广泛采用段内多簇压裂工艺，单段射孔簇数一般为6~12簇，为了确保每个射孔簇都能有效改造，压裂过程中大多会采用暂堵球转向技术。目前，暂堵球在页岩气井压裂中应用较为广泛。对于部分套管变形井，桥塞不能通过变形处下入到指定位置，现场工程师也常采用暂堵球转向压裂工艺来对变形井段进行改造。

3）暂堵纤维

压裂用暂堵纤维是通过在压裂过程中加入纤维达到减缓支撑剂沉降速度，提高支撑剂运移距离、减少压裂后排液及生产过程中支撑剂回流等作用，从而达到提高增产效果的目的（图3-3-21）。

图3-3-21　压裂用暂堵纤维

压裂用纤维种类较多，有玻璃纤维、聚丙烯、聚丙烯腈纤维等，目前应用比较广泛的多为生物可降解纤维，如聚乳酸纤维等。目前压裂用纤维还缺乏相应的评价标准，根据工艺的需要，一般通过加入纤维以后的携砂性能、支撑裂缝导流能力、伤害性能、溶解时间等来评价纤维是否满足压裂需要。

五、泵注程序设计

1. 设计原则

体积压裂泵注程序应综合考虑储层特征、压裂液体系、支撑剂类型、射孔参数、井筒条件、设备配备和施工安全等因素，在保证可顺利实施的情况下，最大限度地发挥泵注程序的作用以实现最优的水力裂缝参数。

2. 泵注流程

泵注流程设计应综合考虑储层特征、施工排量、压裂液性能、裂缝导流能力、井筒容积、设备能力和施工安全等因素，以同等规模下形成较大的SRV、较高的裂缝导流能力和确保施工顺利为原则。在液体体系、支撑剂类型、施工规模和施工排量等关键压裂参数已经设计明确的情况下，泵注程序主要包括4个阶段：

阶段一，预处理。预处理通常在矿场作业中也称为对储层的预处理阶段。这一阶段的主要目的是对井筒或者储层进行处理以降低主压裂施工难度。川南页岩气体积压裂预处理的通常做法是前置酸液，目的是清洁射孔孔眼及降低储层的破裂压力。但并不是所有井或者所有段都前置酸液，酸液是否使用、使用多少取决于储层中矿物组分等室内岩心实验分析结果。

阶段二，前置液设计。前置液设计主要包括3方面内容：（1）前置液的类型。页岩气压裂前置液设计通常采用低黏滑溜水，泊松比较高、塑性较强的储层也可设计采用传统的交联压裂液。（2）前置液的用量。由于页岩压裂采用的低黏滑溜水较传统的交联压裂液滤失系数更大，在页岩压裂时需尽量精确计算前置液量，过多的前置液将造成成本增加，必须考虑其液体的效率。（3）施工排量的设计。排量设计有两种模式，一种是快速提升施工排量至设计值，另一种是阶梯提升排量至设计值。快速提升排量有助于快速在井底建立较高的压力，提高各簇、各孔眼的开启率，保证多簇射孔条件下的均匀压裂。但国内部分学者研究发现，针对页岩层理比较发育的储层，前置液阶段如果快速提升施工排量，由于滑溜水压裂液黏度较低，压裂液首先向井筒周围层理面大量渗滤，憋起高压后层理面瞬间完全开启，不仅压力高，而且主要形成沿层理面开启的单一裂缝。在天然裂缝发育储层如果快速提升排量，很容易沟通天然裂缝并实现多维度的转向，进而在近井筒附近形成较为复杂的人工裂缝系统，弯曲裂缝较多，造成弯曲摩阻较高，如果支撑剂粒径选择不当，很容易造成支撑剂在弯曲缝桥堵，造成后续加砂困难。因此，国内部分学者建议，天然裂缝发育的储层不宜采用快速提排量的泵注方式，如川南Y井第9段加砂压裂施工中前置液段快速提升排量后，第1个70/140目石英砂段数即发生砂堵（图3-3-22）。

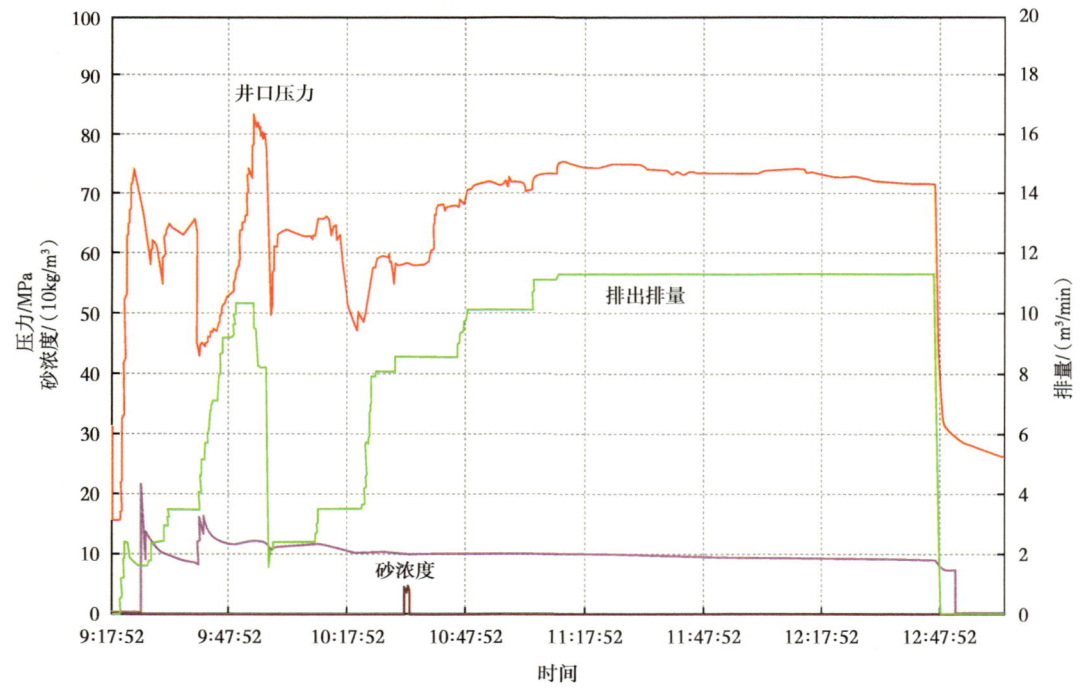

图3-3-22　川南Y井第9段加砂压裂施工曲线

阶段三，支撑剂泵注。支撑剂泵注设计是通过合理地优化每个阶段（段塞）支撑剂的浓度和支撑剂注入量，确保在限定的液量规模下完成支撑剂量的加注作业。设计关键点是如何设计支撑剂的浓度及其相应的段塞长度。

由于低黏滑溜水体系本身不具备携带支撑剂的能力，也就决定了支撑剂在裂缝中的铺置及运移特征（图3-3-23）。国内外学者也通过室内实验证明了采用低黏压裂液进行输砂时支撑剂的沉降及运移规律。支撑剂在裂缝近井地带会形成一个砂堤，后续持续输砂时，如果设计浓度与泵注的速度不再使砂堤继续增加而达到平衡，后续加砂是没有砂堵风险的，这一状态下的砂堤被称作平衡砂堤。如果设计浓度与泵注的速度使砂堤继续增加超过平衡砂堤，就可能出现砂堵。图3-3-24展示了平衡砂堤形成过程。

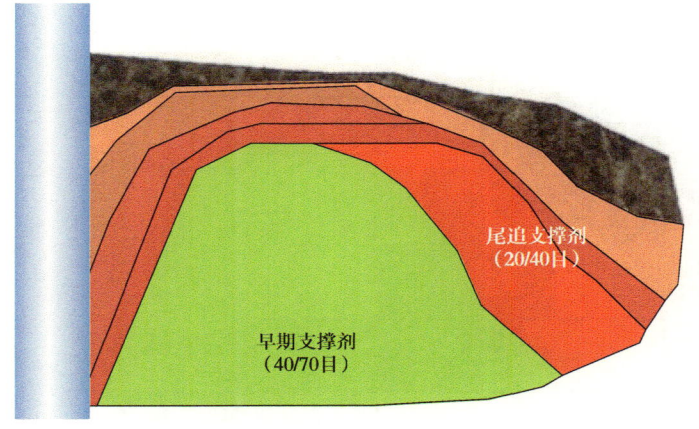

图3-3-23　页岩滑溜水压裂支撑剂的在裂缝中的铺置及运移示意图

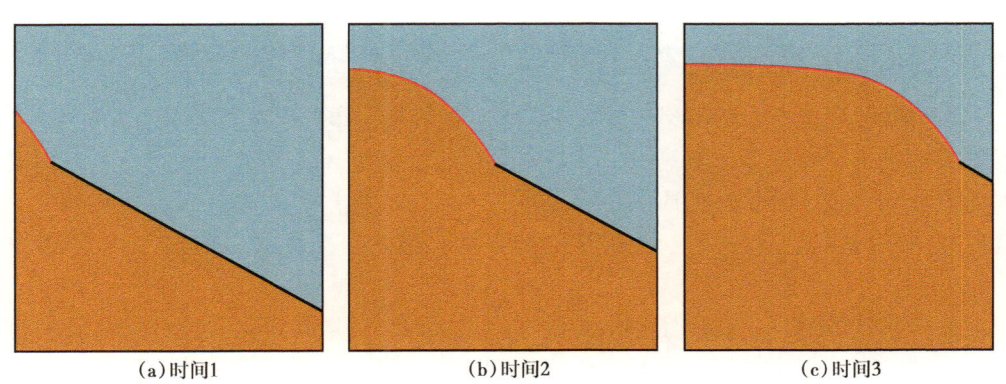

图3-3-24　平衡砂堤形成过程示意图

川南页岩气主体支撑剂的泵注浓度均是由低到高逐渐提升。对于常用的70/140目石英砂的泵注，通常以60~80kg/m³浓度开始，最高砂浓度主体为260kg/m³，对40/70目陶粒则主要从40~60kg/m³开始，最高砂浓度为200kg/m³。

阶段四，顶替。顶替阶段是泵注的最后一个阶段。完成支撑剂泵注程序后，继续泵入顶替液，以确保携砂液全部进入地层裂缝中。目前的页岩气井压裂多采用泵送桥塞分段压裂工艺，为了泵送桥塞的顺利，避免压裂过程中井筒沉砂等带来的不利影响，顶替液量通常按照2倍井筒容积设计。

六、入井材料设计

1. 支撑剂

支撑剂是在压裂过程中随着压裂液一起携带进入地层裂缝中,当压裂施工停止,井底压力下降至闭合压力后用来支撑裂缝,使之不再闭合的一种固体颗粒。选择合适的支撑剂类型、粒径和支撑剂铺置浓度对于确保压裂施工的顺利实施和提高压裂效果尤为重要。

支撑剂类型的选择主要由地层闭合压力决定,地层闭合压力越大,支撑剂需要的强度越高(图3-3-25)。当在闭合压力高的地层中压裂时,宜选择陶粒作为支撑剂;当在储层埋藏浅、闭合压力低的地层中压裂时,可选用石英砂或树脂覆膜砂作为支撑剂。

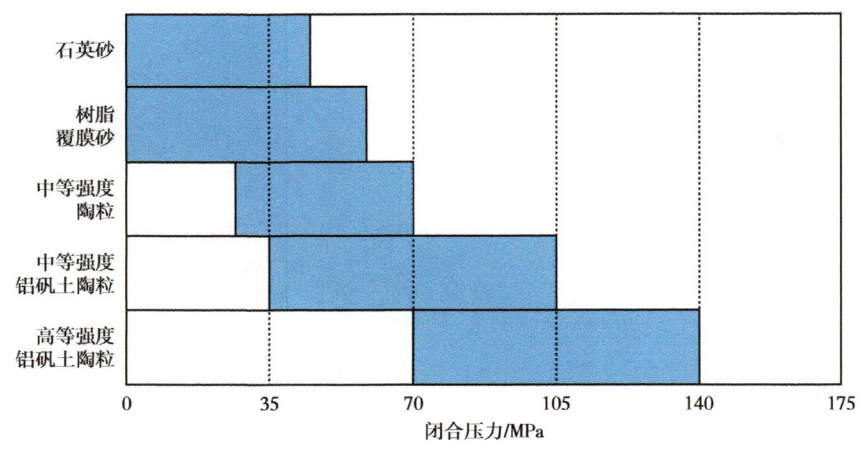

图 3-3-25　不同闭合应力下的支撑剂类型选择图

支撑剂尺寸的选择主要由裂缝宽度决定,一般裂缝宽度应大于支撑剂直径的3倍以上。如果支撑剂进入了宽度不足的裂缝,支撑剂将发生桥塞而不在裂缝中移动,而裂缝宽度主要同压裂液的黏度、排量、地应力、裂缝的复杂程度、地层岩石渗透率和脆性等有关。页岩气压裂由于采用低黏压裂液、形成的裂缝复杂、储层渗透率低等因素,多采用小粒径支撑剂。

支撑剂密度的选择主要由压裂液黏度和排量决定,一般在满足强度和尺寸要求的条件下,支撑剂的密度越小越好,这是由于支撑剂密度越高,压裂液携带能力越差,支撑剂沉降速度越快,不仅导致支撑剂铺设不合理,还容易导致井下复杂情况的发生。

在页岩气藏压裂设计中,当采用滑溜水等低黏压裂液时,由于支撑剂沉降速度快,需选用低密度支撑剂。为了满足不同压裂目的的需要,可使用单一类型的支撑剂,也可以选择多种类型的支撑剂组合。

由于页岩储层压裂一般多形成复杂缝网,各条分支裂缝一般较窄,因此大粒径支撑剂进入比较困难,因此多使用小粒径支撑剂。国内页岩气井压裂多使用70/140目+40/70目支撑剂组合,部分区域使用了70/140目+40/70目+30/50目支撑剂组合。近年来,国外在页岩气压裂中石英砂的使用比例越来越高,部分区域全部使用石英砂。

支撑剂可分为天然和人造两大类,金属铝球、塑料球、核桃壳与玻璃球等支撑剂由于自身存在的缺点已被淘汰,目前国内外压裂所用支撑剂主要以石英砂、陶粒为主(图3-3-26)。石英砂主要应用于浅层低闭合压力井的压裂作业,陶粒主要应用于中深井压裂工艺。

(a) 70/140目石英砂

(b) 40/70目陶粒

(c) 覆膜支撑剂

图3-3-26 不同类型的压裂支撑剂

1) 石英砂

石英砂是一种分布广、硬度较大的天然支撑剂,于20世纪60年代开始矿场应用,是目前应用最广泛的支撑剂。石英砂主要化学成分是氧化硅(SiO_2),同时伴有少量的铝、铁、钙、镁、钾、钠等化合物及少量杂质。石英含量是衡量石英砂质量的重要指标,我国石英砂的石英含量一般在80%左右;国外优质石英砂的石英含量可达98%以上。石英砂多产于沙漠、河滩或沿海地带,其中河北省承德市、甘肃省兰州市、福建省福州市和湖南省岳阳市等地区是我国石英砂的主要产地。石英砂颗粒的视密度一般为2.65g/cm³左右,体积密度一般在1.60~1.65g/cm³之间。

石英砂具有以下特点:密度相对低,沉降速度慢,便于泵送;粉砂(70~140目)可作为压裂液降滤剂,充填与主裂缝沟通的天然裂缝;石英砂的强度较低,开始破碎压力约为20MPa,破碎后将大大降低裂缝的导流能力,而且受嵌入、微粒运移、堵塞、压裂液伤害及非达西流动影响,裂缝导流能力可降低到初始值的10%以下,因此不适合深井或高闭合压力储层;价格便宜,部分地区可以就地取材。

2) 陶粒

陶粒是为满足深层高温、高闭合压力储层压裂要求而研制的一种人造支撑剂,20世纪70年代后期研制并逐步推广应用。陶粒的生产工艺分为电解和烧结两种,主要由铝矾土烧结、成型、造粒制成。国内人造陶粒主要产自四川省成都市、河南省郑州市、山西省垣曲县、贵州省贵阳市和江苏省宜兴市等地的多个厂家。陶粒支撑剂按照密度可分为3类,低密度、中等密度和高密度,其中低密度陶粒支撑剂是体积密度不大于1.65g/cm³、视密度不大于3.00g/cm³的陶粒;中等密度陶粒支撑剂是体积密度在1.65~1.8g/cm³之间、视密度在3.00~3.35g/cm³之间的陶粒;高密度陶粒支撑剂是体积密度大于1.8g/cm³、视密度大于3.35g/cm³的陶粒。Al_2O_3的含量是衡量陶粒的重要指标,一般而言Al_2O_3的含量越高,密度越大,抗压强度越高。高强度支撑剂的Al_2O_3含量达80%~85%。

陶粒具有以下特点:同石英砂相比,陶粒支撑剂具有更高的强度,在相同的闭合压力下具有更低的破碎率,可以提供较高的裂缝导流能力;随着闭合压力增加和承压时间延长,陶粒的破碎率比石英砂低得多,导流能力递减也慢得多;陶粒具有耐盐、耐高温、耐腐蚀等性能，在 150~200℃ 浓度 10% 的盐水中陈化 240h 后抗压强度不变；陶粒密度较大，在压裂液中沉降快，长距离泵送困难；特别是对于滑溜水施工而言，由于滑溜水黏度低，陶粒沉降速度快，很难输送至裂缝深部；陶粒的生产工艺复杂，因此价格昂贵，大规模使用时会增加压裂作业成本。

3）覆膜支撑剂

覆膜支撑剂是通过覆膜技术在陶粒或石英砂的表面覆膜一层或多层树脂的支撑剂，主要分为预固化树脂覆膜支撑剂和可固化树脂覆膜支撑剂两种。预固化树脂覆膜支撑剂是指在加热的基体（如陶粒、石英砂、坚果壳、玻璃球等）上覆膜一层或多层热固性树脂（如酚醛树脂、环氧树脂、呋喃树脂、聚氨酯等），并同时固化形成三维网状结构的增强支撑剂。

树脂覆膜石英砂具有表面光滑、酸溶解度低、圆球度高、密度低、破碎率低的优点。

覆膜陶粒是根据地层温度选择与之相匹配的树脂材料预包裹在陶粒支撑剂表面。当携带进入地层裂缝中，随着地层温度的逐渐恢复，在闭合压力和温度的作用下，预先固化的树脂材料逐渐软化，将陶粒黏结在一起，从而形成一个有机整体，起到防止支撑剂回流的作用。

4）其他支撑剂

近几年，随着化学学科和材料技术的进步，也出现了一些新类型的支撑剂。国内外已有柱状支撑剂、自悬浮支撑剂、超低密度支撑剂（视密度 1.0g/cm³，可在清水中悬浮）进行应用的实例，国外也在开展液体支撑剂的研究，通过注入的化学剂在地层裂缝的温度等复杂条件下而形成固体颗粒，从而实现对裂缝的有效支撑。

2. 压裂液

借鉴北美页岩气开发经验，一般脆度指数较大（大于 50%）的页岩储层，在其增产改造当中通常采用以滑溜水为主体的压裂液。常规滑溜水的黏度低，其配方主要是少量的降阻剂和其他添加剂，依靠大排量泵注来携砂，尽可能地沟通天然裂缝形成连通的裂缝网络，增大改造的范围和规模。实际应用过程中，常通过提高降阻剂浓度、引入交联剂等方式实现滑溜水大幅增黏，增黏后的中黏滑溜水作为线性胶、增黏后的高黏滑溜水作为冻胶压裂液使用。将可在低黏、中黏、高黏在线调节的滑溜水统称为变黏滑溜水。

1）常规滑溜水

（1）特点。

常规滑溜水是指在水中加入少量的降阻剂、表面活性剂和杀菌剂等添加剂的一种低摩阻压裂液，简称滑溜水。滑溜水最显著的特点是摩阻低、黏度低、对储层伤害小、成本低以及支撑剂携带能力差等。由于滑溜水黏度低，因此其支撑剂携带能力较差，主要依靠大排量紊流、沙坝和（或）砂床来传送支撑剂[2]。由于滑溜水的添加剂用量少，且大部分为价廉易得材料，使得其成本较低。

（2）配方及性能。

①配方。在页岩储层的加砂压裂施工中，由于储层条件和开发理念上的差异，不同公司、不同地区的滑溜水配方组成也不尽相同。表 3-3-4 为国内外公司在长宁—威远页岩气示范区应用的常用滑溜水配方[1]。由于页岩气藏储层改造主要采用大液量、大排量的作业方式，低摩阻是滑溜水最主要的性能指标，因此所有公司在滑溜水配方中都添加了降阻剂，用以提高滑溜水的降阻性能；同时，考虑到加入助排剂可提高压裂液的返排率，因此部分公司在滑溜水配方中添加了助排剂，通过降低表界面张力、增大与岩石的接触角来降

低压裂液返排时的毛细管阻力或通过改善渗析作用来提高改造效果（实际应用更多的是表面活性剂改善渗析作用）；杀菌剂可有效抑制地面流体中的硫酸盐还原菌、铁细菌，避免这些细菌跟随流体被带入地层后，会产生硫化氢腐蚀及沉淀堵塞储层；对部分水敏性较强的页岩储层，可加入黏土稳定剂减小储层黏土膨胀和运移（实际应用很少）；部分公司还加入阻垢剂，防止配液用水中的成垢离子在地层条件下结垢，堵塞微细裂缝（实际几乎没有应用）；此外，考虑到降阻剂作为一种高分子物质，即使加量极少，但对地层也存在一定的伤害，因此少数公司添加了破胶剂来降解滑溜水中的高分子物质，进一步降低滑溜水对地层的伤害。

表 3-3-4 常用滑溜水配方

编号	配方
1	0.022% 降阻剂 +0.22% 助排剂 +0.22% 黏土稳定剂 +0.005% 杀菌剂 + 破胶剂（按实际需要添加）
2	0.075% 降阻剂 +0.075% 破胶剂 +0.0007% 杀菌剂 +0.05% 助排剂
3	0.05% 降阻剂 +0.05% 杀菌剂
4	0.07%~0.1% 降阻剂 +0~0.2% 助排剂 +0.005% 杀菌剂
5	0.1% 降阻剂

随着页岩气的大规模开发，压裂返排液多次重复利用，在地层条件下与岩石接触造成的盐溶解、离子交换，使得压裂返排液的矿化度以及硬度均呈上升趋势。压裂返排液中的盐（特别是高价金属盐）易造成降阻剂分子链卷曲，大幅降低滑溜水的降阻效果[3]。由于降低压裂返排液矿化度的处理成本非常高，现场难以接受，因此，人们研发了耐盐降阻剂来提升滑溜水的耐盐性，确保压裂返排液能正常回用。

②性能。滑溜水性能按照 NB/T 14003.1—2015[4]《页岩气 压裂液 第 1 部分：滑溜水性能指标及评价方法》执行，性能指标见表 3-3-5。

表 3-3-5 滑溜水性能指标

序号	项目	指标
1	pH 值	6~9
2	运动黏度 /（mm^2/s）	≤ 5
3	表面张力①/（mN/m）	< 28
4	界面张力②/（mN/m）	< 2
5	结垢趋势	无
6	SRB/（个 /mL）	< 25
7	FB/（个 /mL）	< 10^4
8	TGB/（个 /mL）	< 10^4
9	破乳率②/%	≥ 95
10	配伍性	室温和储层温度下均无絮凝现象，无沉淀产生
11	降阻率 /%	≥ 70
12	排出率①/%	≥ 35
13	CST 比值	< 1.5

①助排性能可任选表面张力或排出率评价。
②不含凝析油的页岩气藏不评价。

（3）现场配制工艺。

滑溜水的现场配制可以分为连续混配和预先配制两大类。

①连续混配。连续混配主要是在压裂施工时，一边泵注配液用水，一边按照滑溜水配方通过计量泵泵注各种添加剂，添加剂和配液用水在混砂车以及混合管线中混合，通过泵注的剪切作用快速溶解，直接泵入井筒进入地层。连续混配不需要大量的液罐，按照实际施工的需求量实时配制滑溜水，可以满足不同规模的施工要求，现已成为页岩气压裂液配制的主要模式，被广泛应用于页岩气"工厂化"作业中。

②预先配制。预先配制主要是在压裂施工前，按照滑溜配方提前用液罐将压裂所需的滑溜水配制好。压裂施工时，将滑溜水从液罐经混砂车、压裂车泵入井筒进入地层。预先配制需要较多的液罐，在我国页岩气开发初期的直井中应用较多，但随页岩气压裂技术的发展和施工规模的不断扩大，这种配制方式已不能满足页岩气"工厂化"作业需要，现已基本停用。

（4）现场检测指标。

由于受到现场条件限制，滑溜水的性能在现场不能够全部检测，综合考虑滑溜水指标的重要性及现场检测条件，滑溜水在现场主要检测 pH 值、运动黏度及表面张力 3 个参数即可，指标参数按照表 3-2-5 执行，评价方法按照 NB/T 14003.1—2015《页岩气 压裂液 第 1 部分：滑溜水性能指标及评价方法》执行。

2）线性胶及冻胶压裂液

（1）定义、特点。

线性胶和冻胶压裂液是以水为溶剂或分散介质，向其中加入稠化剂和其他添加剂配制而成的高黏度压裂液或冻胶压裂液。线性胶和冻胶压裂液具有黏度高、悬砂能力强、滤失低、摩阻较低等优点。在页岩气施工现场，线性胶也称为中黏滑溜水，冻胶压裂液也称为高黏滑溜水。

（2）配方、性能。

①配方。线性胶和冻胶压裂液分以下几种类型：植物胶类（如瓜尔胶类、田菁类等）和合成聚合物类（主要是聚丙烯酰胺类）。由于聚丙烯酰胺类成本低，受细菌等水质指标的影响相对更小，且考虑到可以通过滑溜水变黏来形成线性胶和冻胶压裂液等因素，实际应用的线性胶和冻胶压裂液绝大部分为聚丙烯酰胺类。

聚丙烯酰胺类线性胶和冻胶压裂液主要是以部分水解聚丙烯酰胺（HPAM）和引入 AMPS、疏水单体等抗盐基团的聚丙烯酰胺衍生物等为降阻增黏剂（或叫稠化剂），引入杀菌剂、助排剂以及破胶剂等添加剂形成的中、高黏压裂液。通常线性胶、冻胶压裂液中均包含：降阻增黏剂、交联剂（线性胶不包括）、助排剂、杀菌剂、破胶剂等，其配方为：0.2%~0.6% 降阻增黏剂 +0.2%~0.6% 交联剂 +0.2%~0.5% 助排剂 +0.005%~0.01% 杀菌剂 +0.02%~0.1% 破胶剂等。不同的体系，其配方的种类和添加剂用量有所不同，需根据实际井况进行调整。

②性能。线性胶及冻胶性能按照 NB/T 14003.3—2017《页岩气 压裂液 第 3 部分：连续混配压裂液性能指标及评价方法》执行，性能指标见表 3-3-6 和表 3-3-7。

（3）现场配制工艺。

线性胶及冻胶现场配制工艺与滑溜水类似，不同的是需要单独用计量泵加注破胶剂、交联剂等滑溜水未有的添加剂。

表 3-3-6　线性胶性能指标

序号	项目		指标	
			植物胶线性胶	合成聚合物线性胶
1	表观黏度 /(mPa·s)		≥15	
2	增黏速率 /%		≥85	
3	破胶液性能	破胶液表观黏度 /(mPa·s)	≤5.0	
		破胶液表面张力 /(mN/m)	≤28.0	
		破胶液与煤油界面张力 /(mN/m)	≤2.0	
4	残渣含量 /(mg/L)		≤400	≤50
5	与地层水配伍性		无沉淀，无絮凝	
6	破乳率 /%		≥95	
7	降阻率 /%		≥60	
8	排出率 /%		≥35	
9	CST 比值		<1.5	

注：（1）破胶液与煤油界面张力、破乳率：不含凝析油的页岩气藏不评。
　　（2）助排性能可任选表面张力和排出率评价。

表 3-3-7　冻胶性能指标

序号	项目		指标	
			植物胶冻胶	合成聚合物冻胶
1	交联性能		与配套交联剂交联，呈弱凝胶状或冻胶状	
2	破胶液性能	破胶时间 /min	≤720	
		破胶液表观黏度 /(mPa·s)	≤5.0	
		破胶液表面张力 /(mN/m)	≤28.0	
		破胶液与煤油界面张力 /(mN/m)	≤2.0	
3	残渣含量 /(mg/L)		≤400	≤50
4	与地层水配伍性		无沉淀，无絮凝	
5	破乳率 /%		≥95	
6	降阻率 /%		≥60	
7	排出率 /%		≥35	
8	CST 比值		<1.5	

注：（1）破胶液与煤油界面张力、破乳率：不含凝析油的页岩气藏不评。
　　（2）助排性能可任选表面张力和排出率评价。

（4）现场检测指标。

由于受到现场条件限制，线性胶及冻胶的性能在现场不能够全部检测，综合考虑线性胶及冻胶指标的重要性及现场检测条件，线性胶在现场主要检测表观黏度、增黏速率、破胶液性能以及与现场配液用水的配伍性，指标参数按照表3-3-6执行，评价方法均按照NB/T 14003.3—2017《页岩气 压裂液 第3部分：连续混配压裂液性能指标及评价方法》执行。冻胶在现场主要检测交联性能、破胶液性能以及与现场配液用水的配伍性，指标参数按照表3-3-7执行，评价方法均按照NB/T 14003.3—2017《页岩气 压裂液 第3部分：连续混配压裂液性能指标及评价方法》执行。

七、套变防控设计

1. 套变防控措施

页岩气井套变机理复杂，页岩气水平井套变防控是一项系统工程，需要采取地质工程一体化综合防治手段。依据三维地震资料精细识别断层、裂缝带分布，结合实钻漏失等实钻资料，差异化压裂参数设计，针对断层、天然裂缝发育带、钻井井漏异常段、水平井穿层段，采取避射、避压或降低压裂规模，对临近天然裂缝发育、断层前后的压裂段，采取控排量、控规模等措施来降低套变风险。

地质方面需要加强三维地震资料成果的深入分析和应用研究，实时指导压裂施工和套变预警，深化套变机理认识，尤其是剪切滑移风险大的天然裂缝的识别，为压裂优化分段和预防套变提供指导依据。

工程方面要充分利用微地震等监测手段实时优化压裂施工参数，对微地震事件点在套管附近过于集中、或事件点分布不对称、压裂施工泵压异常等情况，及时调减压裂规模，减少压裂套变风险。

2. 套变发生后应对方案

套管变形后，原始尺寸的桥塞将难以通过变形段。如果套管变形程度较小，可以根据套管内径情况，选择外径较小的桥塞进行后续施工。大多数情况下，套管变形后将很难找到合适的分段工具，水力喷射工具也难以满足入井要求，采用井筒内填砂的方法在水平井中不易实施，因此必须探索新的分段改造工艺。目前，广泛采用缝内砂塞压裂和暂堵球分段压裂两种工艺。

1）缝内砂塞分段压裂

缝内砂塞分段压裂是在目的层段压裂完毕后，注入高砂浓度或大粒径支撑剂在裂缝内形成堵塞，随后再向井筒内注入压裂液或者携砂液时，液体进入堵塞段难度大，从而进入新的未改造层段，达到分段压裂改造目的。

一般而言，在压裂施工中除排量和液体性能的影响可能在裂缝或井筒中形成砂塞以外，当压裂形成的裂缝宽度与支撑剂浓度和粒径不匹配也可能在裂缝中形成砂塞。实施缝内砂塞时，要力求达到支撑剂全部进入地层后再形成砂塞，防止支撑剂未全部进入地层即超压停泵，导致井筒内沉砂。现场实施过程中，通过加入高砂浓度的短段塞来实现，如果一次不能形成砂塞，可以提高砂浓度直至形成缝内砂塞且压力明显上涨后再停止施工。为了提高分段的可靠性，可以采用缝内砂塞压裂方式，采用连续油管逐段射孔、逐段压裂的方式实施。

缝内砂塞分段压裂砂塞形成时会造成短时间内施工压力剧增，容易进一步加剧套管变形；压裂后如果套管进一步变形，射孔枪无法下入时则会导致未改造井段无法继续进行改造。如高浓度砂塞未全部顶替进入裂缝中，会导致井筒内沉砂，需进一步处理。

2) 暂堵球分段压裂

暂堵球分段压裂是利用已压开井段吸液能力较大的特点，在完成一个压裂段的施工后，通过地面流程投入一定数量的暂堵球，暂堵球随压裂液一起进入已压裂段射孔孔眼处堵塞孔眼，迫使压裂液进入其他未改造的射孔段，从而实现分段改造。为防止投入的暂堵球对后期排液的不利影响，可选择可溶性暂堵球来封堵孔眼。暂堵球的数量主要根据需要堵塞的射孔孔眼数确定，一般按照 1∶1.2 的比例确定投球数。为了使暂堵球能够较好在孔眼处入座，暂堵球的直径根据射孔孔眼的尺寸确定，一般以略大于孔眼直径为宜。为了确保暂堵球能够入座到已改造段的射孔孔眼上，一般需要建立一定的排量后再投入暂堵球。

暂堵球分段压裂工艺一般是先用连续油管对变形段进行全部射孔，然后实施压裂作业。暂堵球施工过程中压力相对平稳；压裂段数较多时，需要堵塞的孔眼数量较多，分段可靠性相对较差；由于压裂之前已对变形影响段全部射孔，即使压裂过程中进一步变形也能完成对变形影响井段的改造。

表 3-3-8　套管变形段分段压裂工艺对比表

方案	优点	缺点
小直径桥塞	能够最大程度上对水平段进行改造	桥塞通径小，后期排液需要钻磨
缝内砂塞	能最大程度对水平段进行改造，有利于压后效果	可能压裂 1~2 段后进一步变形，后续段难以实施；形成缝内砂塞可能导致高施工压力进一步加剧套管变形
逐级射孔 + 暂堵球	能最大程度对水平段进行改造，有利于压后效果	可能压裂 1~2 段后进一步变形，后期段难以实施；越往后压裂投球数量越多，不易确保对压裂段的改造
一次射孔 + 暂堵球	风险最小	压裂效果难以保证

第四节　压裂施工

与常规水力压裂相比，页岩气水平井体积压裂具有高压、大排量、大液量和长时间等特点。随着页岩气勘探开发逐渐面向 4000m 以深的深层页岩气，高压井口装置、大功率压裂设备、高排量混砂设备、连续性供砂设备、大体积供液设备以及高承压管汇设备已成为当前主流需求。

一、压裂主体设备

1. 压裂井口装置

压裂井口装置由油管头总成、压裂平板阀和压裂注入头等 3 部分组成（图 3-4-1）。主要用于加砂压裂和闷井返排测试期间的井口压力控制。主要技术性能指标见表 3-4-1。

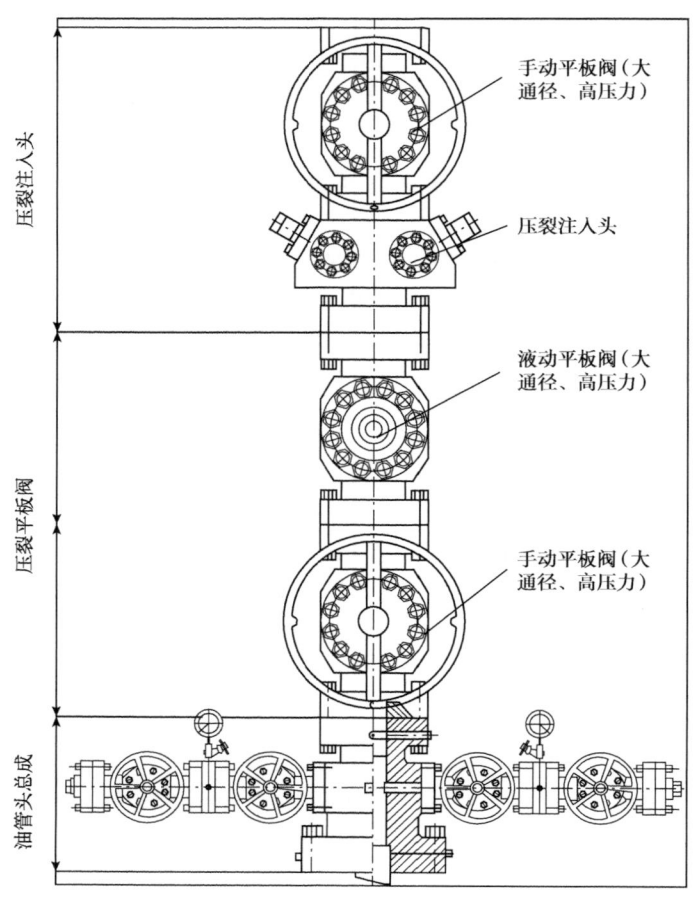

图 3-4-1 压裂井口装置示意图

表 3-4-1 压裂井口装置主要性能指标参数表

参数	K180-140 型	K180-105 型	K130-140 型	K130-105 型
油管头四通主通径 /mm	180	180	130	130
油管头压力级别 /MPa	140	105	140	105
油管头四通上部连接	6BX 7¹⁄₁₆ in-140, BX156	6BX 7¹⁄₁₆ in-105, BX156	6BX 7¹⁄₁₆ in-140, BX156	6BX 7¹⁄₁₆ in-105, BX156
油管头四通下部连接	6BX 11 in-140, BX158	6BX 11 in-105, BX158	6BX 11 in-140, BX158	6BX 11 in-105, BX158
压裂主阀型号	PFF180-140	PFF180-105	PFF180-140	PFF180-105

标准状态油管头总成由油管头四通、油管悬挂器、两翼闸阀及其部件组成，由于采用套管压裂，压裂施工期间通常未装油管悬挂器。油管头四通底部采用 BT 密封＋金属密封二次密封结构，这种密封结构可利用高压注塑泵将密封脂经单流阀注入二次密封圈中，挤压并激

发二次密封圈膨胀，从而起到增强密封作用；油管头四通顶丝用于固定和压紧油管悬挂器。

大通径高压平板阀主要由阀体、阀盖、阀板、阀座、阀杆、尾杆、护板、滚珠丝杆及其他部件组成，通常平板阀采用前座密封结构，当阀门全开时，阀体、阀座和阀板的通孔成平滑的直管线，流体流过的阻力最小，避免阀板和阀座密封面受介质冲蚀。在阀门处于全开和全关状态时，阀板与阀座始终贴合，阻断了压裂液中的砂砾进入阀腔的通道，保证了平板阀的密封和正常开关；采用对阀板和阀座密封面等离子喷焊耐蚀合金工艺技术，焊层厚度可达 1.5~2.0mm，实现冶金结合，结合强度可达 400~700MPa，增强其在压裂施工过程中的耐腐蚀、抗冲刷能力；阀杆与阀盖间的密封采用弹簧密封圈代替传统橡胶密封圈，承温范围可达 -60~+260℃，在保证阀杆良好密封性能的同时，减小阀杆与密封圈之间的摩擦力，从而降低阀门开关力矩，并增加支撑环做导向和扶正，有效延长阀门使用寿命；将阀板外形结构优化，使基体能够承受超高压介质所产生的冲刷与腐蚀，增强阀板的强度；采用滚珠丝杠结构和高强度高载荷的推力圆柱滚子轴承，将直线运动转化为回转运动，传动效率高达 90%~98%，传动灵敏平稳；设计倒密封结构。阀（尾）杆设计有倒密封结构，可实现带压更换平板阀（尾）杆密封圈。

2. 压裂管汇

压裂管汇是用来将压裂液和支撑剂等入井介质输送给泵注设备的地面管汇的总称。地面管汇系统的连接包括高压管汇和低压管汇两个部分。

低压管线用于液罐、混砂车和压裂泵等设备之间的流体输送。低压管汇包括连接液罐与集流管、集流管与混砂车之间的吸入管汇和连接混砂车与管汇车低压管汇组、低压管汇组与压裂车之间的排出管汇两个部分。

高压管线用于将压裂车增压后的高压流体输送到井口，高压管汇现场连接的工作量较大，也是在施工中容易出现问题的部位。高压管汇的连接包括压裂车与管汇车高压管汇组、管汇组到井口及其他辅助管汇。目前在压裂作业中统一使用的是 FIG1502 型和 FIG2002 型螺纹，分别适用于 105MPa 和 140MPa 两种压力等级。对于施工压力超过 90MPa 的作业建议采用 140MPa 的高压管汇。

压裂管汇连接形式主要分为活接头连接与大通径螺纹连接两种。活接头管汇连接如图 3-4-2 所示，部分活接头连接属于高空作业，增加了作业难度。在小规模作业时，管汇

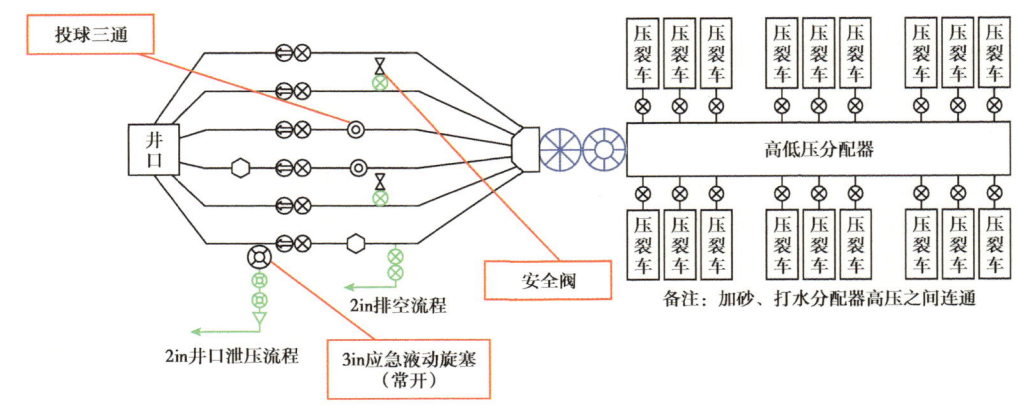

图 3-4-2　活接头连接图

连接的工作强度尚可,并且可根据现场现有管汇灵活配置,方便快捷。随着压裂规模的扩大,高压管汇的连接数量呈倍数增加,意味着连接工作量翻倍、非工作耗时占比明显、安全性风险成倍增大、成本也不断提高。

大通径单通道井口连接装置如图3-4-3所示,整个系统由压裂安全阀、大通径压裂管汇、分流装置3部分组成。分流装置与管汇橇汇集过来的管线对接,压裂安全阀与压裂井口对接,大通径压裂管汇将分流装置与压裂安全阀串接起来。

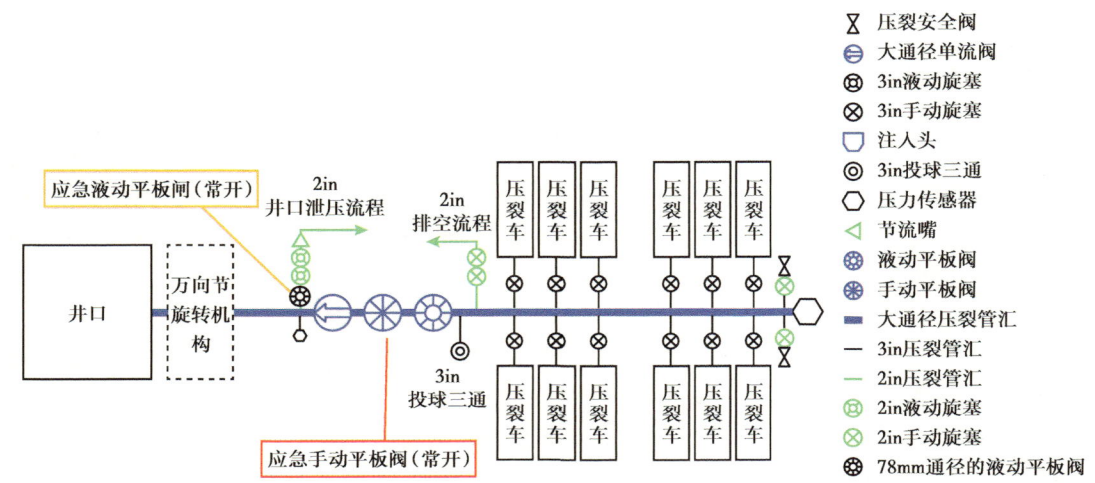

图3-4-3　大通径连接图

压裂管汇的配置应确保压裂施工正常进行,需要达到其关键参数:

1)压裂泵注区

(1)根据工程设计的施工压力、排量,按照"压裂泵枪设备单车间歇使用功率不应超过额定输出功率的60%,压裂施工连续使用功率不应超过额定输出功率的55%;施工设计限压80MPa及以下的连续拉链式压裂,压裂泵送设备的功率储备系数不低于1.8;施工设计限压80MPa以上的连续拉链式压裂,压裂泵送设备的功率储备系数不低于2.0"原则配备相应的泵注设备。

(2)页岩气压裂用高压管汇根据工程设计压力,按照连续施工压力不高于管汇额定工作压力80%的原则进行选择。

(3)混砂车(橇)、仪表车(橇)的配置应满足工程设计要求,并在区域内备用混砂车、仪表车各一套。

(4)供砂优先使用连续输砂装置,能满足现场连续施工需求。储砂罐至少能存储3种类型的支撑剂,各类型支撑剂的储量不低于压裂设计单段用量的1.25倍,供砂速度达到施工最高砂比要求。

(5)压裂用井口的额定工作压力不低于压裂施工设计最高泵压的1.25倍。

(6)连续混配车(橇)至少能够满足3种干粉和液体添加剂的配制要求,配液质量符合施工设计要求,配液速度保证施工排量要求。配液速度若达不到施工排量要求,应配备适量缓冲罐。

2）水罐区

（1）水源满足压裂施工的日用水需求及供水速度。

（2）从水源地通过管道泵送至蓄水池及井场过渡罐、或从蓄水池泵送到井场过渡罐的供液系统，应统筹考虑蓄水池、过渡罐、管道、用电建设及配置，使总供液能力满足日压裂用水量，并配备应急供液设备。

（3）井场内直接为压裂设备供给工作液的供液系统，供液排量不小于压裂施工设计最大泵注排量的 1.25 倍，并配备应急供液设备。

（4）根据蓄水池容量及供水能力匹配合理数量的过渡罐，满足连续压裂施工用水要求。

3）射孔作业区

具备分簇射孔功能的地面仪器、电缆绞车、电缆防喷装置，及满足提升高度和吨位要求的提升设备。

4）地面测试作业区

（1）压裂前期地面流程应满足通井、洗井、试压、射孔等工序的排液、泄压要求。

（2）压裂期间，地面流程应满足井筒砂堵返排、钻塞捕屑、节流降压等工艺要求。

（3）排液测试和试采期间，能满足平台井钻塞捕屑、井口高压除砂、节流降压、气液分离、试采计量等工艺要求。

5）连续油管作业区

（1）具备分簇射孔功能的地面仪器、电缆绞车、电缆防喷装置，及满足提升高度和吨位要求的提升设备。

（2）满足电缆分簇射孔的其他配套，如操作台或升降机、照明设备等。

3. 压裂施工装备

1）泵注设备

压裂泵即传统的车载式压裂泵注设备，简称压裂车。压裂泵注设备根据其动力源分为柴油压裂泵与电驱压裂泵两种。目前压裂泵车主力机型为 2500HHP❶ 压裂车，主要由载车底盘、车台发动机、车台传动箱、压裂泵、管汇系统、润滑系统、电路系统、气路系统和液压系统等组成。图 3-4-4 和图 3-4-5 所示为 2500 型压裂车及其结构示意图。

图 3-4-4　2500 型压裂车

---

❶ HHP：水马力，即水功率，是指在一定时间内将一定量的液体提升一定距离所需要的功率。

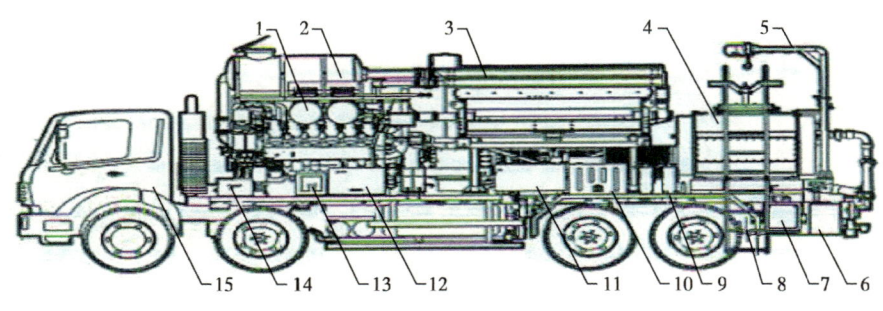

图 3-4-5　2500 型压裂车结构示意图

1—空气滤子；2—消音器；3—散热器材；4—动力端 SPM 泵；5—备胎架；6—大泵润滑油箱；7—柱塞润滑油箱；8—柱塞润滑油气压调节阀；9—灭火器；10—工具箱；11—油压油箱；12—车载控制箱；13—直感压力表、温度表；14—台上电源箱；15—驾驶室；16—柱塞润滑油油压调节阀；17—传动轴；18—台上刹车控制器；19—防冻液巡回管汇；20—加热器；21—柴油箱；22—工具箱；23—吸入管汇；24—高压端

　　随着勘探开发技术的发展，作业深度不断向更深层延伸，我国四川盆地的页岩气深度也达到 4000m 以上，车组多、占地面积大、施工期间井场噪声大和能耗高等问题依然没有得到很好解决，所以更大功率和更高要求的大型压裂装备将成为未来施工作业的主力机型。电驱压裂泵最早源于美国的 U.S.Well Service 公司（简称 USWS），2014 年开始在现场应用。国内电驱压裂泵在 2018 年首次应用于页岩气开发中。

　　电驱压裂泵是通过机电融合及电动机驱动技术，主要由动力端总成（含机架总成、曲轴总成、小齿轮及交流变频电动机、十字头总成）和液力端总成组成，结构如图 3-4-6 所示。压裂泵将动力机（电动机）与执行机构（压裂泵）纳入一体化设计，取消了常规压裂车中间机械变速传动机构，工作方式通过电源、变压器、变流器、电动机、压裂泵等环节控制功率变流器来控制电动机的电压，以控制电动机转速，驱动压裂泵工作。总体结构优化后使得性能更为可靠，传动效率提高 2%~3%，设备制造成本下降。6000HHP 电驱压裂泵在 95MPa 下能够保证 2~2.5m^3/min 的排量（图 3-4-7），而相同的额定压力下 2500HHP 压裂车最大排量只能维持在 1m^3/min。

　　电驱压裂泵较传统的压裂车具有无极调速、低噪声等优点，克服了传统压裂车不能无极变速、成本高、超限及液压油污染等问题。一台 3000 型传统压裂车工作每小时消耗柴油 300L，噪声 103dB；而一台 4500 型电驱压裂泵，每小时耗电 2400kW·h，噪声仅为 90dB，100m 外电动压裂设备噪声可低至 60dB 以下，具备夜间压裂施工条件，且不产生任何氮氧化合物、二氧化硫等有害气体。据测算，一套电驱压裂泵可以替代 1.5 台 3000

型传统压裂车，功率可达到 6500hp，而且比柴油机驱动的压裂车的寿命更长、过载能力更强。另外，电驱压裂橇占地面积较同等水功率燃油压裂车节约 30%。

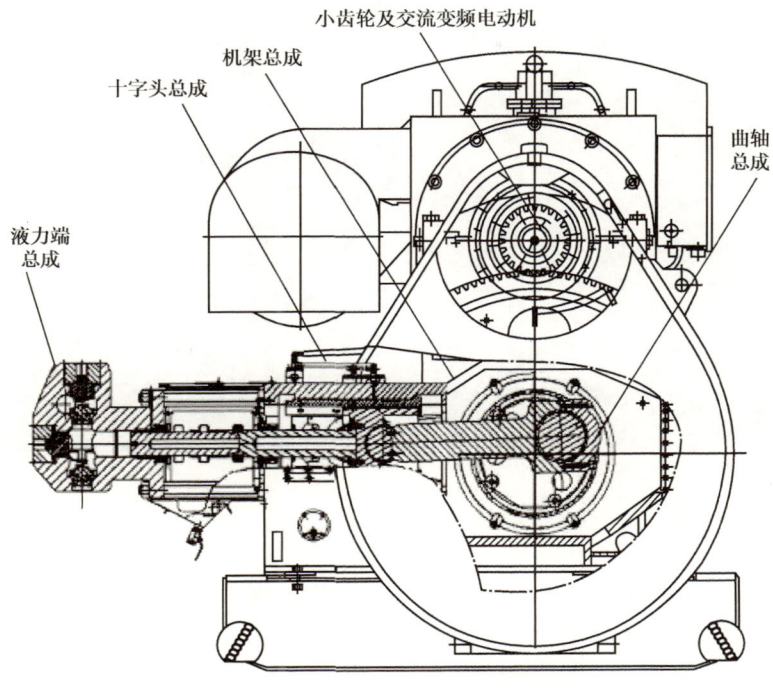

图 3-4-6　电驱压裂泵结构图

图 3-4-7　6000HP 电驱压裂泵

目前，电驱压裂橇已在页岩气压裂作业中广泛应用（图 3-4-8）。电驱压裂橇的应用，不仅降低了因规模开发页岩气对压裂设备的需求，同时在环保和经济效益等方面均起到了积极的作用。

图 3-4-8　电驱压裂泵施工现场

2）混砂车

混砂车（图 3-4-9 和图 3-4-10）主要由底盘、分动箱、车台发动机、液力传动箱、传动轴、柱塞泵、吸入管汇、高能水力旋流混排装置、排出管汇、密度计、控制箱、操作室、上下水管汇、液添泵、台上柴油发动机、混合罐、绞笼、油泵、液压控制系统等组成。混砂车的自动控制系统由主机和显示仪表组成。其工作原理为：通过吸入、排出双泵将压裂液罐或者混配车在线配制的压裂液排出给压裂泵车。同时，通过混砂车自带的液添泵完成化学添加剂的加注，使用输砂绞笼将支撑剂举升到混合罐按照一定比例与压裂液混合，提供给压裂泵车。

图 3-4-9　混砂车

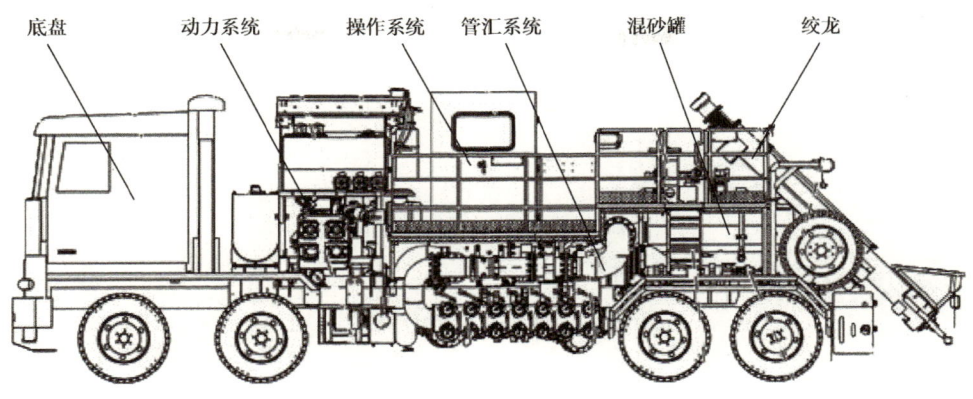

图 3-4-10　混砂车结构图

3）压裂液混配车

压裂液混配车主要由底盘车、动力系统、液压系统、粉体计量系统、混合系统、搅拌系统、液添系统和自动控制系统等组成（图 3-4-11）。

图 3-4-11　压裂液混配车

压裂液混配车在压裂施工过程中为混砂车连续提供符合设计要求的液体（可以是清水、基液级液体）和液体添加剂，并按一定比例均匀混合，满足不同黏度的压裂液的连续混配，适用于油井、气井的压裂施工作业。

4）投球器

暂堵转向工艺是深层页岩气普遍采用的提高压裂效果的措施之一，其工艺原理主要是利用堵塞球暂时封堵已压开层段，憋起压力使另一个射孔段被压开。目前采用的投球装置主要为投球器，主要有电控电动式投球器和确定转板式大通径井口自动投球器。

电控电动式投球器主要由投球装置本体和远程控制柜两部分组成。在压裂施工前，将已在螺旋导向套内装满堵塞球的投球装置本体通过高压管线与压裂井口和压裂车相连，压裂过程中，需投注暂堵球时，按下远程控制柜上的"启动"按钮，堵塞球将连续、均匀地落入底座三通，随压裂液进入井中（图 3-4-12）。

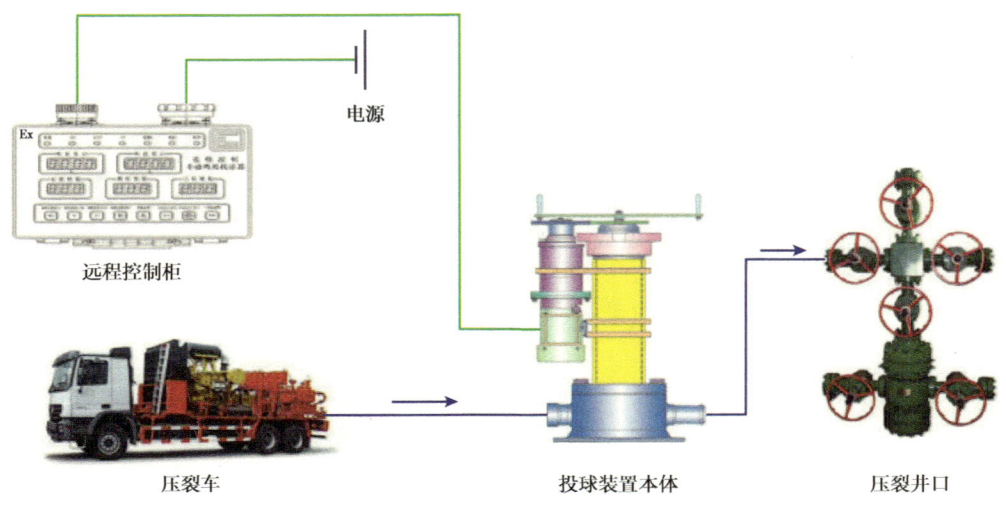

图 3-4-12　远程遥控自动投球装置工作原理图

转板式大通径井口自动投球器整体结构示意图如图 3-4-13 所示，其中压裂球按照尺寸由小到大的顺序放置在球筒里。球筒上端的上接头与法兰盖通过双头螺柱进行连接，上接头法兰盘和法兰盖连接处布置有密封圈，防止球筒内部的高压压裂液溢出。球筒下端的底座内部布置投球机构，投球机构通过驱动电动机进行驱动作业，具有逐个投球的功能。底座下端的下接头与井口装置进行连接，固定整个装置。

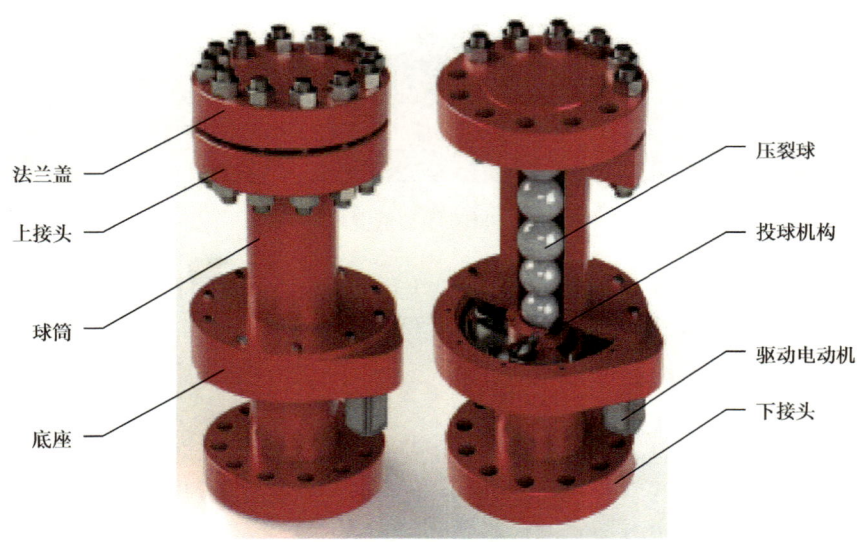

图 3-4-13　投球器整体结构示意图

投球机构工作过程如图 3-4-14 所示，通过控制驱动电动机转动，便可以通过齿轮传动驱动转盘转动，从而通过曲柄控制转板转动，多个转板形成的中心孔孔径逐渐增大，进而可以按照尺寸由小到大的顺序依次投放多个压裂球，完成水平井分段压裂的投球工作。

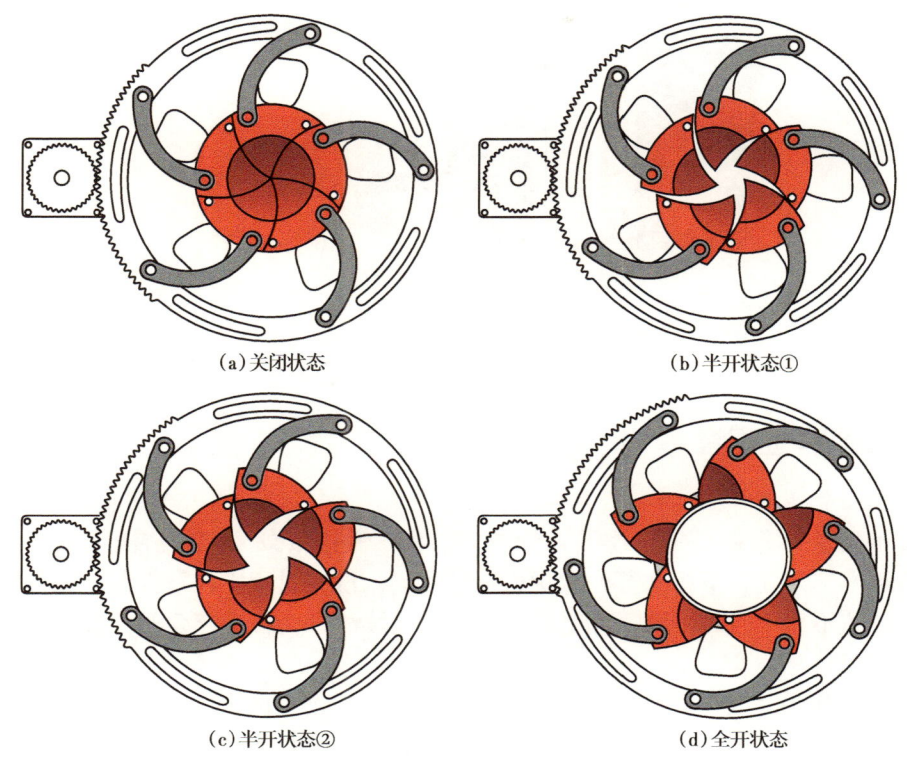

(a) 关闭状态　　(b) 半开状态①
(c) 半开状态②　　(d) 全开状态

图 3-4-14　投球机构工作过程图

5）储罐

（1）液罐。液罐主要由罐体、出口管汇、搅拌器、转液泵、电动机组等组成。液罐主要用于储存清水、压裂液及其他中性液体等。作业前用低压管汇将液罐串联，并由低压分配器连接混砂车。施工中对混砂车提供工作液体。

（2）酸罐。酸罐主要由罐体、出口管汇、标油管等组成。酸罐主要用于储存各类酸液。作业前用低压管汇将酸罐串联，并由低压分配器连接酸化泵橇。作业中对酸化泵橇提供工作液体。

（3）免破袋储供砂设备。免破袋储供砂设备（图 3-4-15）由电气控制系统、储砂罐、皮带输送机、自动吊装系统等组成。用于施工过程中连续供、储砂。

设备自带吊装装置将砂袋运送到输砂机的喂料斗上方，自动解袋，给输送带喂料；输送带输送砂子到砂罐顶部的下料口完成投料；喂料结束后，操作人员手动将吊钩收回到货车车厢合适位置，继续吊装工作。

砂罐内安装有高位和低位物位传感器，一旦检测到高位传感器报警，则操作人员可以通过遥控器将皮带输砂机运行到下一个下料口位置，继续输砂；砂罐底部的下料口闸板通过电动缸实现开关，可以由操作人员站在混砂车上通过遥控器操控。

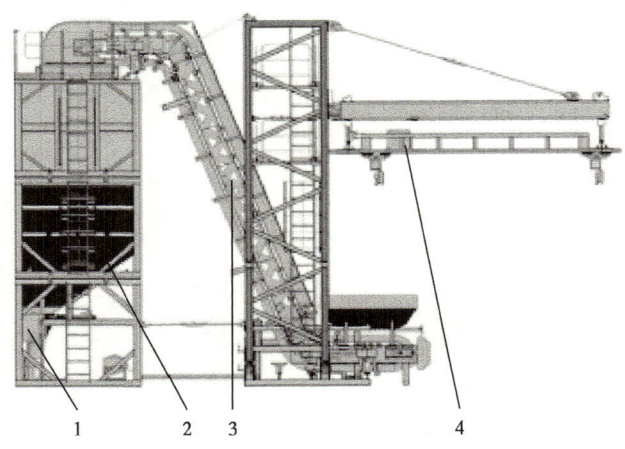

图 3-4-15 免破袋储供砂设备结构图
1—电气控制系统；2—砂罐总成；3—皮带输送机；4—自动吊装系统

二、压裂作业配套

1. 连续油管洗井作业

连续油管洗井作业是采用连续油管带冲洗头，大排量泵注有机清洗剂洗井至预定井深，为后续电缆射孔、下桥塞等作业提供清洁井筒。洗井过程中注意控制下放速度，不得擅自停泵，若不得不暂时停泵，应坚持上下活动连续油管，防止连续油管被卡。

2. 全井筒试压作业

压裂施工前在完成井筒通洗作业后，需要对全井筒进行试压作业，检验井筒、井口完整性和可靠性。若井筒试压达到试压要求，将井口压力泄压至 0MPa 压力或泄压至试压前压力，关闭井口阀门，待压裂准备工作完成后便可进行压裂施工作业。

3. 连续供液

工厂化压裂相对单井压裂，每天施工段数更多、单段施工规模更大，对压裂液的需求量更大，按目前采用的拉链式工厂化作业模式，每天压裂 2 段，平均每段压裂液规模为 1800~2000m³，总共需要 4000m³ 压裂液，继续采用以前通过水车不断补水的方式无法满足工厂化连续施工的高效模式。而且页岩气水平井均采用大排量的注入方式，示范区水平井施工排量一般为 14~16m³/min，每小时的用水量为 1000m³ 左右，所以常规压裂的供水模式已不满足其施工要求。同时，四川地区的山地地形特点也给工厂化压裂造成供水上的困难，包括供水距离远、井场高差大、沿程摩阻高、施工规模大、排量要求高。图 3-4-16 所示为长宁区块三级供水示意图。

图 3-4-16 长宁区块三级供水示意图

4. 连续供砂

目前在川渝地区的工厂化压裂施工中支撑剂的储存仍采用30m³立式砂罐,适用于西南丘陵地区,不同类型的支撑剂使用不同的砂罐存储(示范区页岩气水平井压裂所用支撑剂类型主要为70/140目石英砂和40/70目陶粒两种类型)。根据施工规模的不同,在水平井大型分段压裂施工过程中,可在段间作业间隙吊装补充支撑剂,以满足施工需要(图3-4-17)。

图3-4-17 地面供砂

5. 连续混配

大排量连续混配技术是解决页岩气压裂过程中对大规模压裂液体的要求,其技术关键是压裂液各种添加剂在压裂施工过程中实时、精确地加入。长宁—威远示范区页岩气水平井改造过程中,根据滑溜水压裂液添加剂溶解性能特征,形成了前添加式连续混配技术和后添加式连续混配技术(图3-4-18)。

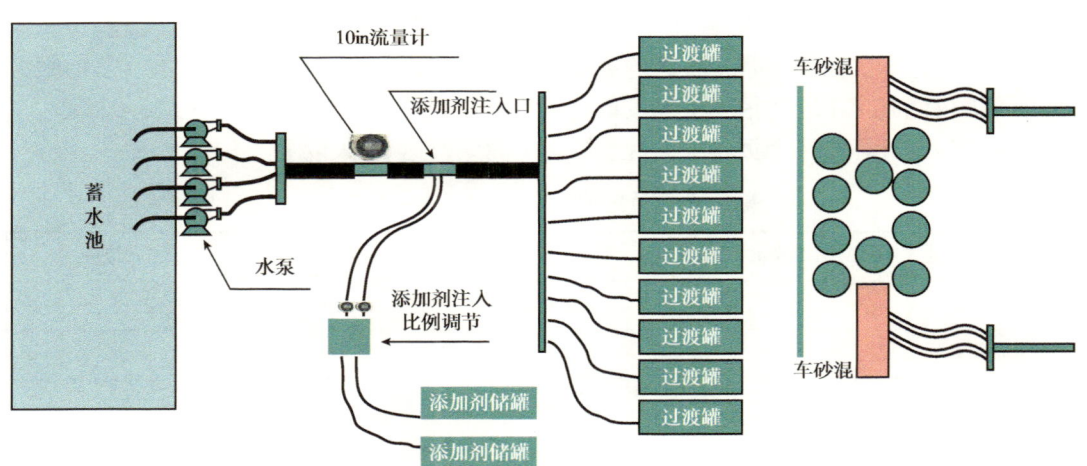

图3-4-18 连续混配示意图

三、压裂施工作业

1. 工厂化压裂施工

页岩气体积压裂采用"大排量、大液量"的改造思路。施工排量一般达到14~16m³/min,单段施工规模达到1800~2000m³。按此计算单段连续施工作业时长达到2~2.5h,且压裂施工作业工序复杂，其中包括泵送桥塞、检泵等。为了缩短投产周期、降低投资成本，采用工厂化作业。工厂化压裂多采用拉链式压裂或同步压裂模式。

拉链式压裂采用1套车组对2口井交互施工、逐段压裂；同步压裂采用2套车组同时压裂。对比两种工厂化作业方案同步压裂对施工设备、施工场地和供水等要求很高，实施难度较大。如果采用同步压裂模式，则对井场大小、供水能力等要求更高。不同工厂化压裂作业方式的对比见表3-4-2和图3-4-19。

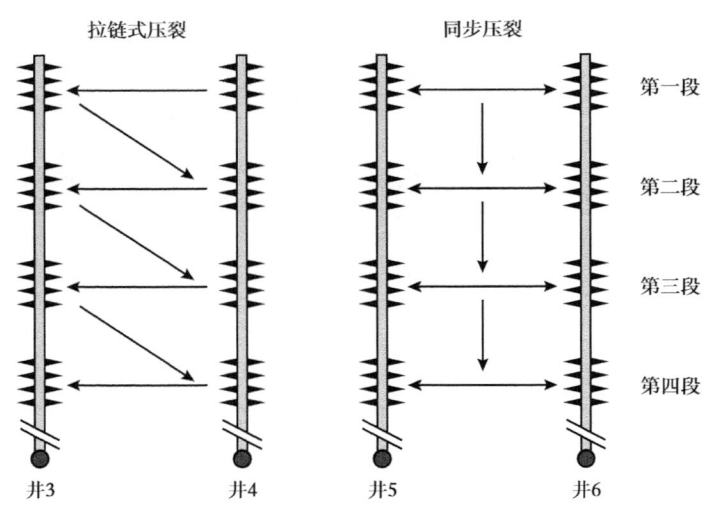

图3-4-19 压裂模式示意图

川南地区人口稠密，井场附近都有较多居民，如果采用同步压裂，施工过程中较大的噪声将给附近居民的生活带来较大的影响。故主体采用拉链式压裂模式，在压裂时效方面，在每天仅能施工12h的情况下，按单日平均可压裂2段、单井分段平均20~25段、平台平均布4口井计算，一个页岩气平台整体施工周期长达60天以上。

表3-4-2 拉链式压裂与同步压裂对比表

作业方案	压裂车组/套	施工场地	日用水量/m³	日施工段数/段
拉链式压裂	1	90m×76m	4000	2
同步压裂	2	162m×76m	8000	4

2. 砂堵异常处理

1）砂堵原因分析

砂堵主要有脱砂和桥堵两种情况。脱砂是指支撑剂过早沉降而形成的堵塞，这类砂堵的形成过程比较缓慢，受沉降速度的控制；桥堵是指支撑剂在通过宽度较窄的裂缝时在裂缝壁面"架桥"形成的堵塞，其形成过程较脱砂快得多。导致页岩气压裂施工砂堵的因素较多，总体可以归纳为地质因素、设计因素和施工因素三方面的原因。

（1）地层因素。

①页岩储层天然裂缝及层理缝极发育，压裂液的滤失量大，影响缝内净压力，使得平

均裂缝宽度不足，当大粒径的支撑剂进入裂缝内，易导致砂堵。

②裂缝扭曲。在近井筒地带由于井斜或射孔方位的影响，裂缝可能是非平面的或呈S形，裂缝弯曲位置易造成支撑剂沉积，导致砂堵。

③近井筒裂缝太多且整体几何尺寸偏小，无法形成优势主缝，支撑剂在井筒附近沉积，堵塞近井筒的裂缝，易导致砂堵。

（2）设计因素。

设计加砂量过大或高砂浓度容易造成砂堵；前置液量少，且滑溜水黏度低滤失量大，造缝不够，使后期加砂困难；设计支撑剂粒径大。页岩储层裂缝尺寸较小，大粒径进入较窄的裂缝后易发生砂堵；页岩气压裂所用滑溜水黏度较低（温度25℃、剪切速率170s^{-1}时黏度为5~8mPa·s），设计施工排量小，不能将支撑剂携带至裂缝远端，使支撑剂在近井筒地带快速沉积，容易造成砂堵。

（3）施工因素。

未根据压力变化及时调整泵注程序。页岩气压裂主体采用段塞式加砂的模式，部分采用阶梯状连续加砂模式。储层对砂浓度的提升非常敏感，施工中提升40kg/m^3的砂浓度即可造成压力的剧烈变化。未根据压力变化情况及时调整砂浓度易造成砂堵；施工中设备故障使排量降低，支撑剂在地层内快速沉降易导致砂堵。

2）砂堵处理措施

压裂施工出现砂堵后，普遍的处理方法有放喷试挤、顶酸试挤和连续油管冲砂3种。

（1）放喷试挤。

当确认发生砂堵后，采用大尺寸油嘴放喷，并在出口计量放喷液量。当累计放喷液量达到1.5~2.0个井筒容积后，可停止放喷恢复试挤，当试挤可建立起排量，表明采用此方法解堵成功。

（2）顶酸试挤。

当发生砂堵后在不超过限压的情况下，采用较低的排量向井内注入10~20m^3浓度为15%的盐酸，酸液注完后采用相同排量的滑溜水将酸液完全顶替入地层；等待出现明显酸蚀压降后，逐级提高排量进行试挤，实现解堵的目标。

（3）连续油管冲砂。

连续油管冲砂作业在页岩气应用比较普遍，运用连续油管携带冲砂工具下到指定位置用一定排量进行解堵。一般选用与连续油管等外径，或比其小一点规格的冲砂工具，以减少遇卡的风险。但连续油管冲砂作业大大延长了施工周期，增加了施工成本。

四、现场质量检测

页岩气井压裂施工的现场质量检测主要涉及各类入井材料的检测，包括分段桥塞、桥塞可溶球、支撑剂、压裂液等关键工具和材料。现场质量检测分为两个层级：建设单位按照购买批次或规格型号进行的室内检测，以及现场质量监督按照相关标准进行的现场检测。

1. 检测要求

室内检测、现场检测严格按照要求执行，对要求内未涵盖的指标，参照招标文件、相关标准、规范要求执行。

每一采购批次的桥塞、可溶球等入井工具，建设单位应每批次随机抽样1~2只送室内检测。固井滑套和趾端滑套等，供应商应提供该产品的权威检测报告。入井工具现场检测应由具备相关检测资质的单位完成。

每一个平台的支撑剂、滑溜水和压裂液等入井材料，建设单位应在施工现场取样，送室内检测1~2井次。

2. 质量检测内容

1）滑溜水

滑溜水现场检测指标及参照标准见表3-4-3，室内检测指标及参照标准见表3-4-4。

表3-4-3 滑溜水现场检测指标及参照标准

序号	评价参数	指标	参照标准
1	表观清洁度	透明，无明显絮状物、悬浮物	NB/T 14003.1—2015 NB/T 14003.2—2016 NB/T 14003.3—2017
2	悬浮固体含量/(mg/L)	≤1000	
3	pH值	6~9	
4	配伍性	与其他入井流体混合无沉淀、无絮凝	
5	降阻剂溶解时间/s	≤40	
6	黏度/(mm²/s)	≤5	
7	表面张力/(mN/m)	<28	

表3-4-4 滑溜水室内检测指标及参照标准

序号	评价参数	指标	参照标准
1	降阻率/%	≥70	NB/T 14003.1—2015 NB/T 14003.2—2016 NB/T 14003.3—2017
2	CST比	<1.5	
3	结垢趋势	无	
4	悬浮固体含量（现场无检测条件时）/(mg/L)	≤1000	

2）压裂液

压裂液现场检测指标及参照标准见表3-4-5，室内检测指标及参照标准见表3-4-6。

表3-4-5 压裂液现场检测指标及参照标准

序号	检测内容		指标	参照标准
1	pH值		6~9	SY/T 6376—2008 SY/T 5107—2005
2	线性胶配伍性		与现场滑溜水混合无沉淀	
3	连续混配溶解时间/s		≤40	
4	线性胶表观黏度/(mPa·s)		<50	
5	交联时间/s		按设计要求	
6	现场取小样交联情况		可挑挂	
7	破胶性能	破胶时间/min	≤240	
8		破胶液黏度/(mPa·s)	≤5.0	
9		破胶液表面张力/(mN/m)	≤28.0	

表 3-4-6　压裂液室内检测指标及参照标准

序号	检测内容	指标	参照标准
1	残渣含量 /（mg/L）	≤150	SY/T 6376—2008 SY/T 5107—2005
2	降阻率 /%	≥70	
3	破胶液 CST 比	<1.5	

3）支撑剂

支撑剂现场检测指标及参照标准见表 3-4-7，室内检测指标及参照标准见表 3-4-8。

表 3-4-7　支撑剂现场检测指标及参照标准

序号	评价参数	指标	参照标准
1	粒径组成	粒径范围内质量≥90%	SY/T 5108—2014
2	体积密度	根据设计要求	
3	视密度	根据设计要求	
4	圆度	≥0.7（陶粒），≥0.6（石英砂）	
5	球度	≥0.7（陶粒），≥0.6（石英砂）	
6	浊度 FTU	≤100（陶粒），≤150（石英砂）	
7	破碎率 /%	≤9（陶粒），≤10（石英砂） （若支撑剂规格不明，则在地层闭合压力条件下测试）	

表 3-4-8　室内检测指标及参照标准（支撑剂）

序号	评价参数	指标	备注	参照标准
1	圆度	≥0.7（陶粒），≥0.6（石英砂）	第1～第4项在现场不具备检测条件时采用	SY/T 5108—2014
2	球度	≥0.7（陶粒），≥0.6（石英砂）		
3	浊度 FTU	≤100（陶粒），≤150（石英砂）		
4	破碎率 /%	≤9（陶粒），≤10（石英砂） （若支撑剂规格不明，则在地层闭合压力条件下测试）		
5	酸溶解度	≤7%		

4）入井工具

（1）分段桥塞现场检测指标及参照标准见表 3-4-9，室内检测指标及参照标准见表 3-4-10。

表 3-4-9　分段桥塞现场检测指标及参照标准

序号	检验项目	指标	参照标准
1	外观质量检测	①桥塞表面光滑； ②零部件无缺陷裂纹； ③卡瓦齿和连接螺纹完整无变形	SY/T 7462—2019 Q/SY 07007—2017 Q/SY XN-0522—2019 NB/T 14020.2—2020
2	几何尺寸及重量检测	满足相应型号要求，外径尺寸公差 ±0.2mm，长度尺寸公差 ±0.5mm	
3	桥塞材质检测	①全金属可溶桥塞的主要材质为镁铝合金材质； ②常规可溶桥塞中的橡胶密封件的橡胶硬度 85±5	

表 3-4-10　室内检测指标及参照标准（分段桥塞）

序号	检验项目	指标	参照标准
1	外观质量检测	①桥塞表面光滑； ②零部件无缺陷裂纹； ③连接螺纹完整无变形	SY/T 7462—2019 Q/SY 07007—2017 Q/SY XN-0522—2019 NB/T 14020.2—2020
2	几何尺寸及重量检测	满足相应型号要求，外径尺寸公差 ±0.2mm，长度尺寸公差 ±0.5mm	
3	坐封性能检测	坐封力≤20tf	
4	常温耐压检测	15min 压降≤额定工作压力的 1%	
5	加温耐压检测	15min 压降≤额定工作压力的 1%	
6	有效密封时间检测	①最大瞬时压降和 24h 压降≤额定工作压力的 10% ②可溶性等级 1 ≤8h；可溶性等级 2 ≤24h；可溶性等级 3 ≤40h	
7	溶解性能检测	①残留物单体的任意方向最大尺寸≤20mm； ②残留物的质量占可溶桥塞总质量的比例应≤5%； ③（可溶性等级 1 ≤8d；可溶性等级 2 ≤15d；可溶性等级 3 ≤30d）	
8	免钻速溶检测	解封时间≤24h	

（2）趾端滑套现场检测指标及参照标准见表 3-4-11，室内检测指标及参照标准见表 3-4-12。

表 3-4-11　趾端滑套现场检测指标及参照标准

序号	检验项目	指标	参照标准
1	外观质量检测	①外表无变形、无损伤； ②零部件无缺陷裂纹； ③卡瓦齿和连接螺纹完整无变形	Q/SY XN 0521—2019
2	几何尺寸及重量检测	工具外径、螺纹类型与套管匹配	
3	开关状态检测	工具初始为关闭状态	
4	固井胶塞通过性测试	推力＜20kN	

表 3-4-12　趾端滑套室内检测指标及参照标准

序号	检验项目	指标	参照标准
1	外观质量检测	①桥塞表面光滑； ②零部件无缺陷裂纹； ③卡瓦齿和连接螺纹完整无变形	Q/SY XN 0521—2019
2	几何尺寸及重量检测	满足相应型号要求，外径尺寸公差 ±0.2mm，长度尺寸公差 ±0.5mm	
3	耐压性能检测	①按工具抗内压强度额定值进行试验，稳压 30 min，压降不大于 0.7MPa； ②按工具抗外挤强度额定值进行试验，稳压 30 min，压降不大于 0.7MPa； ③按工具最大绝对压力额定值进行试验，稳压 30 min，压降不大于 0.7MPa	
4	开启性能检测	①工具启动压力可调，调整精度≤15 MPa； ②工具启动机构触发后，在最大绝对压力额定值作用下压裂孔在 30min 内处于未暴露状态； ③套管启动滑套开启以压裂孔暴露为合格	

（3）其他入井工具。

其他井下工具在现场主要核实规格型号是否正确、外观是否完好、密封件有无破损、内外径是否正确、有无单只工具使用台账记录等。

五、施工资料录取

页岩气井压裂施工期间，资料录取包括基础数据的收集以及对相关监测资料的收集。在各项资料录取过程中，应注意时效性与准确性，同时，相关数据应压裂队、质量监督、施工监督、压裂指挥等多方核验（表3-4-13）。施工压力及排量的录取必须连续无间断，入井液量须按照施工曲线记录的时间、排量变化分阶段进行计算。

表3-4-13 页岩气井压裂施工基础数据资料内容及录取要求

序号	录取内容	录取要求
1	施工时间信息	施工日期、压裂启泵时间、压裂结束时间等
2	施工地层及段号信息	层序、层位、层号、井段、分段数、厚度、岩性等，均可通过压裂施工设计进行查阅录取
3	主压裂设备信息	名称、型号、数量等，可在平台/井压裂施工前的开工验收阶段要求施工方对压裂设备进行介绍
4	压裂井口装备信息	压裂井口装置规格型号、主通径、侧通径、压力级别、材料级别、性能级别、规范级别等，可在压前开工验收阶段明确
5	施工过程信息	施工最大泵压、最小泵压、平均泵压、破裂压力、停泵压力、停泵压力降、最大排量、最小排量、平均排量等，需在页岩气压裂施工期间进行记录
6	压裂液	名称、性质、使用阶段及相应黏度、用量、表观形态等
7	支撑剂	名称、粒径、加砂量、最低砂浓度、最高砂浓度、平均砂浓度、加砂强度等
8	施工曲线	压裂施工曲线、停泵监测井口压力下降曲线等，可由施工方通过仪表车电脑制图后导出

页岩气井压裂施工期间，还需要对相关现场监测资料进行收集录取，便于开展压后评价分析。

（1）微地震监测资料录取，压裂期间应记录异常事件点发生的时刻、能级、对应的液量、排量等关键参数，压裂完成后及时对监测结果进行解释，并录取解释结果。

（2）示踪剂返排监测资料应收集在压裂期间向地层注入示踪剂材料的型号、剂量等进行明确录取，以便后续检测分析。

（3）页岩气井压裂常用的其他的监测方式包括广域电磁法监测、井筒听诊器监测、四维影像监测、声呐监测、高频井口压力监测等，应根据各自技术特点录取相应的资料内容。

第五节 压裂监测

在水力压裂中，裂缝监测诊断技术是人们认识和评价压裂裂缝扩展的重要手段，压裂监测主要目的是压裂施工中依靠这些监测技术来识别页岩储层的改造区域、评估裂缝转向效果、分析裂缝的延伸轨迹、判断支撑剂是否进入新的目标裂缝,当压裂施工结束后可以对压裂效果进行定量和定性评价。压裂监测技术主要有微地震监测、压裂示踪剂监测、分布式光纤监测、地面测斜仪监测、广域电磁监测、井筒听诊器监测等技术。

一、微地震监测

微地震监测既能实时观测水力压裂施工效果,同时可以对压前取得的地质勘探认识成果相互验证,在非常规油气开发过程中有极其重要的作用(图 3-5-1)。

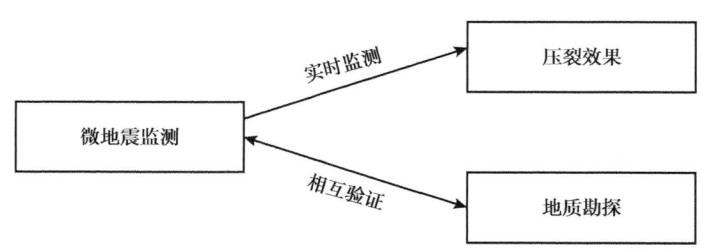

图 3-5-1　微地震监测在非常规油气开发过程中的作用

1. 监测原理

微地震监测是通过在地面(或邻井)布设检波器来实时监测水力压裂过程中产生的微地震波,通过地震事件进行定位,从而描述压裂产生裂缝的几何特征,包括裂缝高度、长度、方位、倾角和改造体积等信息。

声发射是指材料内部应变能力快速释放而产生的瞬态弹性波现象。微地震事件即为地下岩石破裂而产生的声发射现象。凯塞尔效应表明,声发射对材料载荷历史的最大载荷值具有记忆能力。凯塞尔效应是微地震监测技术评估地下岩石地应力大小的理论基础。

压裂进行过程中,地层原有应力受到压裂作业干扰,射孔作业位置出现应力集中,导致应变能量上升,井筒压力升高,当能量大于岩石抗压强度,将导致岩石破裂变形产生裂缝。与此同时,岩石破裂瞬时发射声波,布设在地面或邻井的检波器通过监测到的声波信号将微地震震源定位。在水力压裂作业过程中发生的微地震是相当复杂的,识别到的地震事件监测的灵敏度与地质特征、监测距离及检波器灵敏度相关。

微地震事件频谱高于常规地震勘探频谱,常规地震勘探频谱一般在 30~40Hz,大多数微地震事件频率范围介于 200~1500Hz 之间。微地震事件持续时间小于 1s,通常能量介于里氏 −3~+1 级,在地震记录上微地震事件一般表现为清晰的脉冲。一般采用三分量检波器对微地震信号进行记录。在三分量检波器记录上,每个分量上 P 波和 S 波成对出现,且 3 个分量上的 P 波波至时间和 S 波波至时间分别相同(图 3-5-2)。越弱的微地震事件,其频率越高,持续时间越短,能量越小,破裂的长度就越短,因此微地震信号很容易受其周围噪声的影响或遮蔽,岩石介质的吸收及不同的地质环境也会影响能量的传播。

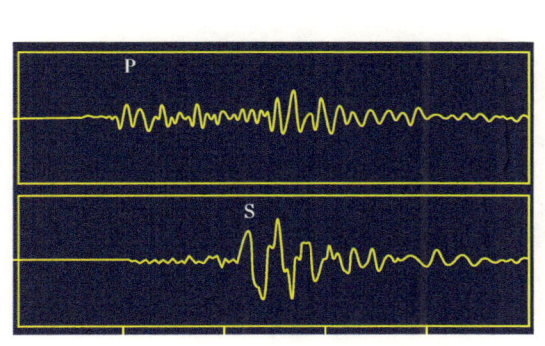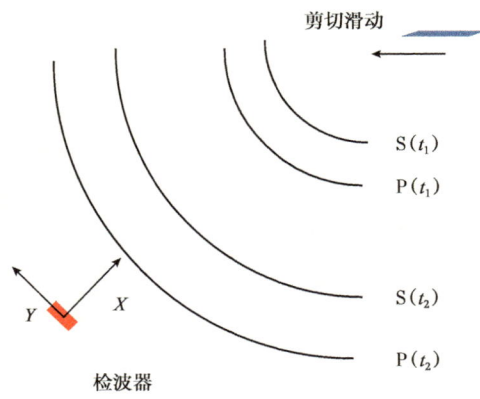

图 3-5-2　三分量检波器记录示意图

2. 监测手段

微地震监测一般采用地面或井下监测两种手段，井下监测必须有邻井作为监测井，否则只能选择地面监测方式。

1）地面微地震监测技术

地面微地震监测是在地表布设大量检波器，或将检波器埋置于浅孔中以减少地面噪声波动干扰，采用无线或有线地震仪器接收、监测压裂施工时产生的破裂信号，通过微地震反演定位研究压裂实时产生裂缝。与邻井井下监测相比，地面监测水平方向上分辨率更高、采集方便、不占用邻井资源、成本较低。此外，设置较多数量的检波器可以扩大监测范围。

由于地表各种噪声干扰非常严重，只能在目标区域的上方且检波器与压裂层段距离较远，地面监测需要优化地面检波器的布置方式和范围，增大信号信噪比，进而实现压裂裂缝的有效监测。地面接收排列的布设方式由压裂井的类型决定。若压裂井为直井，采用等臂长的放射状排列进行监测。若压裂井为水平井，则采用非等臂长的放射状排列监测。根据观测方式不同，地面监测可分为放射状观测、矩形观测、散点观测、片状观测、多浅井观测等。由于需要地面数千道检波器和采集站等配套采集设备，投入的设备和人员很多，采集成本较高，连续记录采集的数据量庞大，实时处理难度较大。事件点相对较少，高度控制差，不利于精细分析。

2）井下微地震监测技术

井下监测技术是指在监测目标区域，一个或数个高灵敏度传感器被部署在靠近压裂作业井的一口或多口邻井中。监测井通常尽量靠近震源，减小地震波衰减，提高信噪比，通常是现有生产井。井下监测技术由于干扰噪声比地面监测小很多，可探测有效信号更多，反演结果更准确。然而，由于同井监测技术需要将价格昂贵的检波器固定在套管外壁，施工难度大，且容易发生检波器损坏或数据传输故障。又由于在压裂施工时记录的多是套管流体的噪声，在压裂结束后才记录到少量的微地震事件，难以满足评估和指导压裂施工的需要，因此同井监测技术的实际应用较少。地面微地震监测主要检测器排列方式如图 3-5-3 所示，图 3-5-4 所示为微地震压裂井下监测示意图。

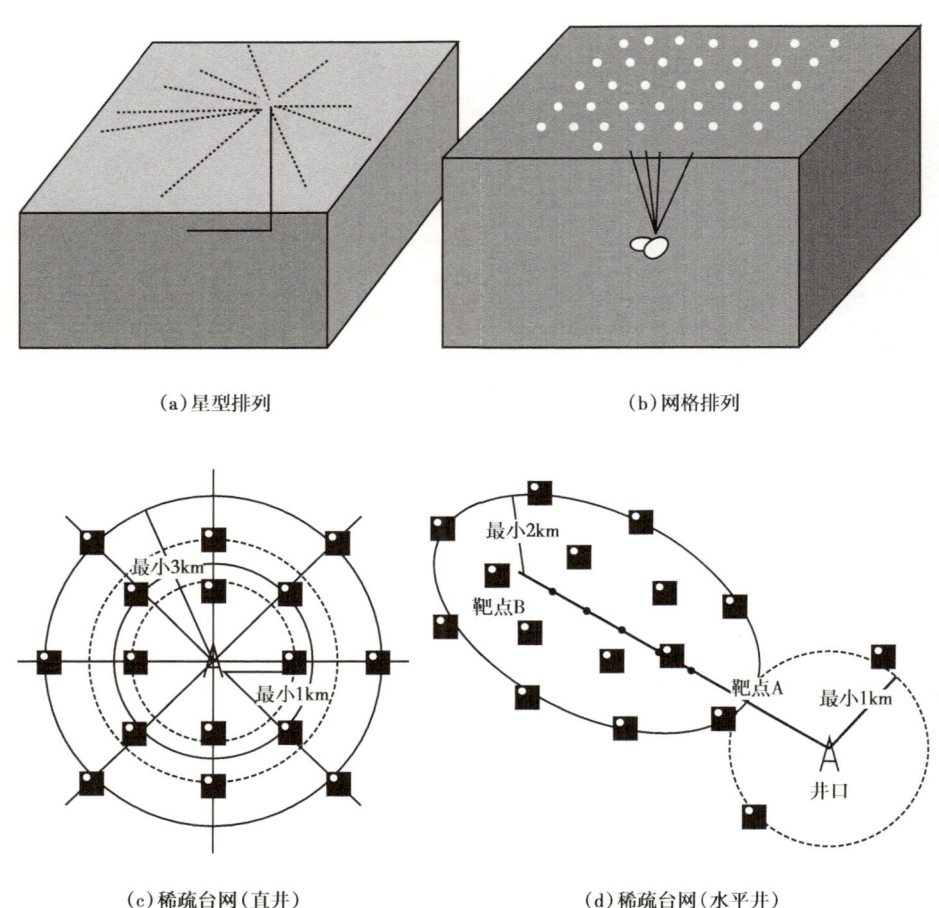

图 3-5-3 地面微地震监测主要检波器排列方式

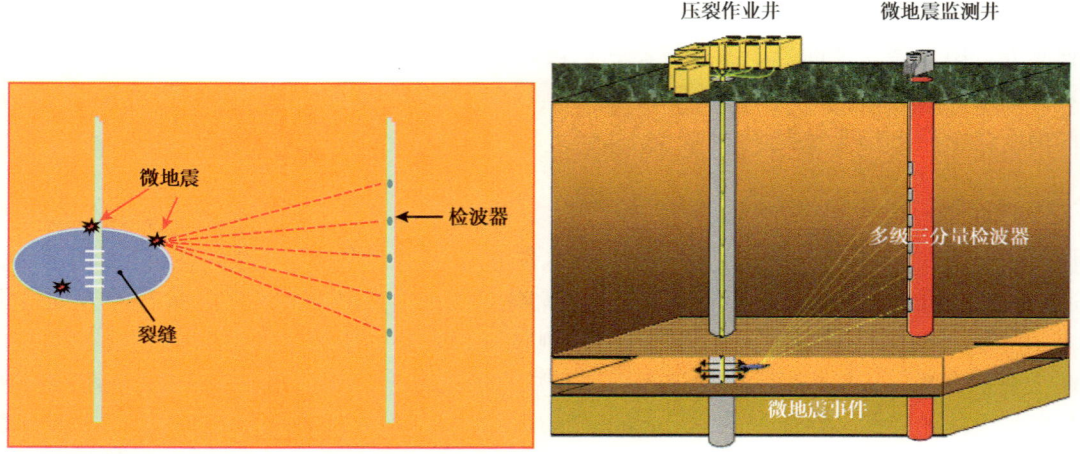

图 3-5-4 微地震压裂井下监测示意图

微地震监测技术目前广泛应用于非常规油气藏水力压裂施工监测中,利用微地震信息监测地下应力场分布变化、裂缝发育情况等,进而通过专用处理和解释软件,通过分离微地震信号定位微地震发生空间、位置、规模,反演求解压裂裂缝及缝网的发展过程,计算压裂有效改造体积 SRV(Stimulated Reservoir Volume)。图 3-5-5 所示为某页岩气井微地震压裂监测结果。

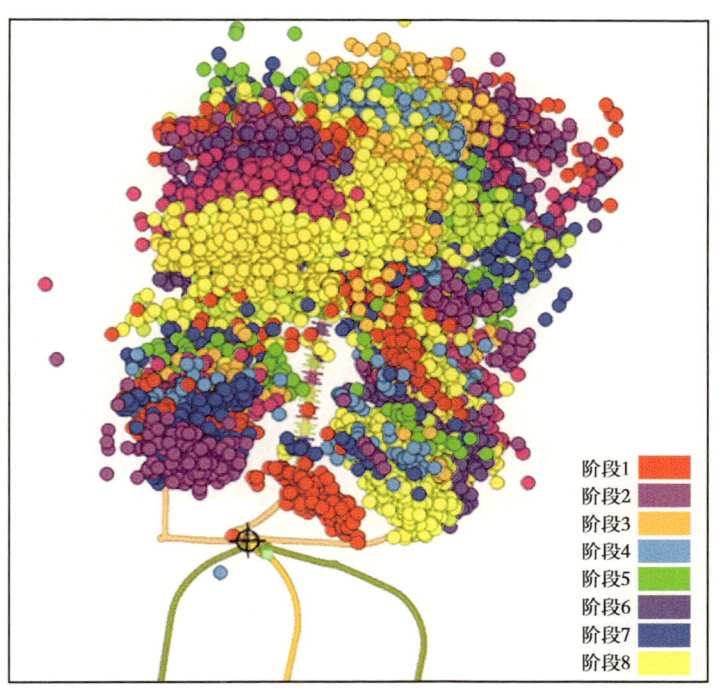

图 3-5-5　某页岩气井微地震压裂监测结果

二、压裂示踪剂监测

压裂示踪剂监测技术是指从注入井注入示踪剂,然后按一定的取样规定在周围产出井取样,通过示踪剂跟踪不同压裂段返排液特征,利用色谱理论,以确定压裂措施期间邻井沟通程度及不同压裂段相对产能,从而指导油气井开采的设计和油气田开发后期的调整。

1. 监测原理

示踪剂压裂产能监测原理是将示踪剂加入压裂液,在压后返排时密集采样监测示踪剂在返排液中的浓度变化(光强度值)。示踪剂的光强度值与产液的产出量成正比,利用其固定的激发与发射光谱,将产出滤液放置于比色皿中,设定激发波长与发射波长,在其返排时密集采集样品,监测示踪剂在返排液中的浓度变化(光强度值),据此判断各层段产出情况及贡献大小。

2. 监测分析

示踪剂按浓度分析分类,可分为放射性示踪剂和化学示踪剂两类。化学示踪技术在油气田开发中得到了较为广泛的应用，目前化学示踪剂有油剂、水剂和气剂等，油剂可以评价各段的产油贡献，水剂可以评价各压裂段产液贡献或压裂返排液产出贡献，气剂可以评价各压裂段的产气贡献（表3-5-1）。

表3-5-1 示踪剂分类

类别	非放射性化学示踪剂		
	油剂	水剂	气剂
作用	评价各段的产油贡献	评价各压裂段产液贡献，压裂返排液产出贡献	评价各压裂段的产气贡献

示踪剂按一定比例配制后，随携砂液注入地层。根据页岩气井需要测试的段数选择不同的示踪剂，每段选一种示踪剂；结合地层压力、地层岩性条件及单段产能确定示踪剂用量；压裂施工时，从混砂车或配好的压裂液中加入浓度相对统一的示踪剂，现场施工根据不同的施工排量均匀调整加入速度。

示踪剂取样检测，在压裂液返排期间按方案进行取样、检测，得出各种示踪剂浓度随时间而变化产出曲线；利用示踪剂解释模型对各种示踪剂产出曲线进行解释。得到各段的产出信息。排采阶段气样采集开始于见气，前10天采用8h/次取样方法，后20天采用12h/次取样方法进行取样分析，能够得出压裂各层段储层返排情况及与之对应各段返排趋势，并且分析井间的连通性。示踪剂投加工艺流程如图3-5-6所示。

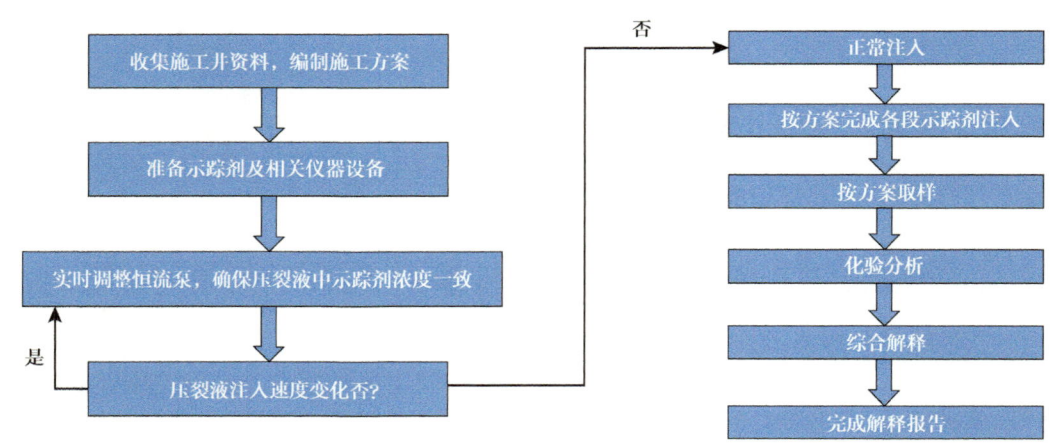

图3-5-6 示踪剂投加工艺流程

3. 现场应用实例

图3-5-7为长宁H11-2井的非放射性气相示踪剂解释成果，该井设计进行21段压裂改造，Ⅰ类储层钻遇率90.12%，压裂期间注入了气相示踪剂，压后排液期间见气后进行了连续30天的取样。根据解释成果，各压裂段均有产出贡献，表明各段均进行了有效改造。不同段的累计产出贡献在0.1%~11%之间，产出贡献差异较大。该井第3段、第16段、第18段和第19段压裂过程中加砂量较少，测试期间产出贡献也相对较少，特别是第18段和第19段累计产气贡献仅占0.1%。同时从各段不同时间段的产气比例变化可以看出，

各压裂段产气量在不同阶段有一定的变化。

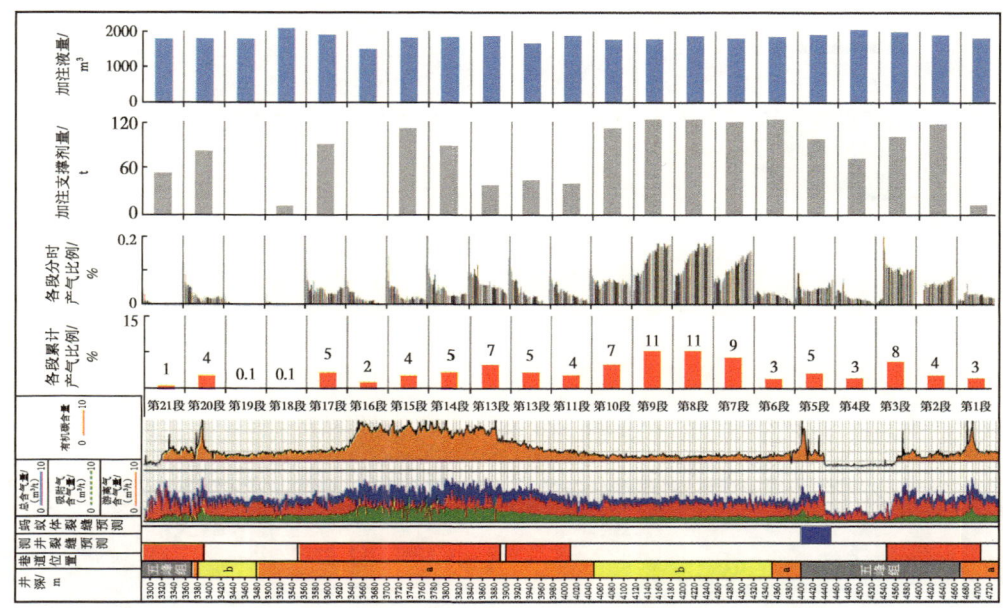

图 3-5-7 长宁 H11-2 井非放射性气相示踪剂解释成果
a—龙一 a 小层；b—龙一 b 小层

三、分布式光纤监测

分布式光纤传感是一种广泛应用于常规和非常规油气藏监测的先进监测技术。分布式光纤传感主要包括分布式光纤温度监测（DTS）和分布式光纤声波监测（DAS）。

1. 分布式光纤温度监测（DTS）

分布式光纤温度监测（DTS）硬件系统主要包括井口的 DTS 问答机和沿井光纤。在监测过程中，DTS 问答机会向沿井光纤发送实时激光脉冲，由探测器接收，沿井温度会影响反斯托克斯波长强度，通过信号处理技术得到整个沿井的实时温度剖面。分布式光纤温度监测有较高的精度，精度可到达 0.1℃，分辨度可达到 0.01℃，如图 3-5-8 所示。

由于沿井光纤的安装方式不同，分布式光纤温度监测分为可回收式和永久式。如图 3-5-9 所示，可回收式光纤放置在油管内，可短时间内监测油管内流体的温度。永久式光纤放置在油管外和套管外，可永久实时监控油管壁和套管壁的温度。

在非常规油气藏监测领域，DTS 被广泛用于定位裂缝起裂点和定性评估压裂设计。近些年，DTS 通过与数学物理模型结合，在油气井生产时可以分析沿井筒的流速分布，进而定量分析每条裂缝的产量。在压裂完关井阶段，通过 DTS 回温曲线可以定量分析压裂液和支撑剂的分布。此外，DTS 数据结合历史拟合还可以定量分析裂缝的形态和导流能力。如通过温度场嵌入式离散裂缝模型来模拟复杂缝网的温度场。如图 3-5-10 所示，温度模型可以在三维空间模拟人工裂缝和天然裂缝的温度场，通过拟合回温阶段和生产阶段的 DTS 数据定量分析每一簇的流量分布和裂缝形态。

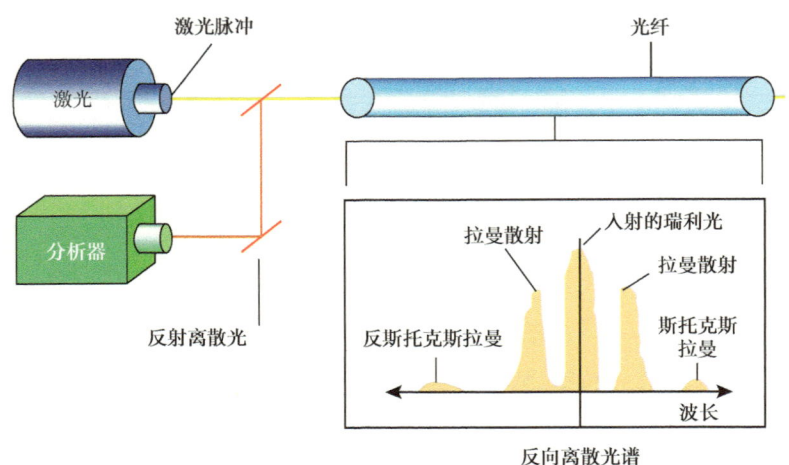

图 3-5-8　分布式光纤温度监测（DTS）工作原理示意图

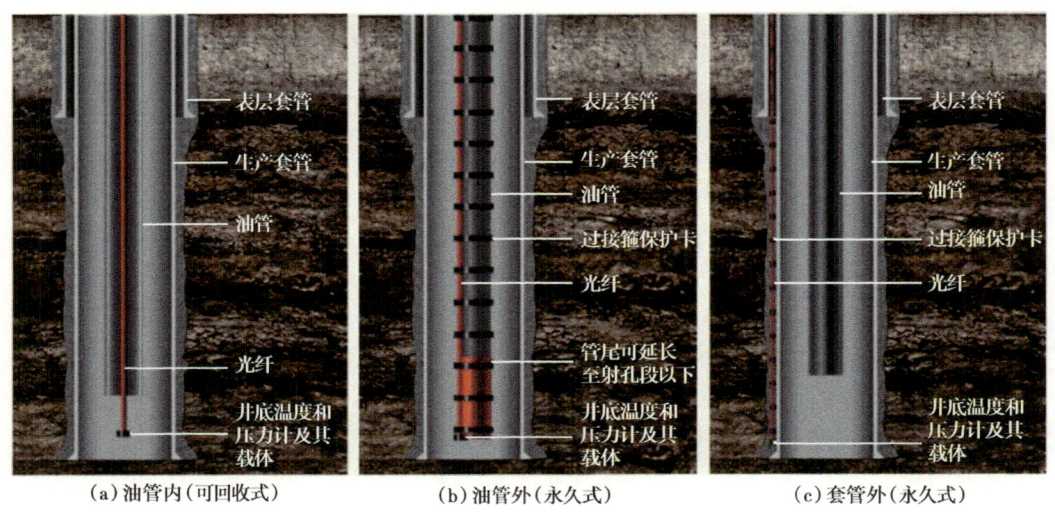

图 3-5-9　沿井光纤的安装方式

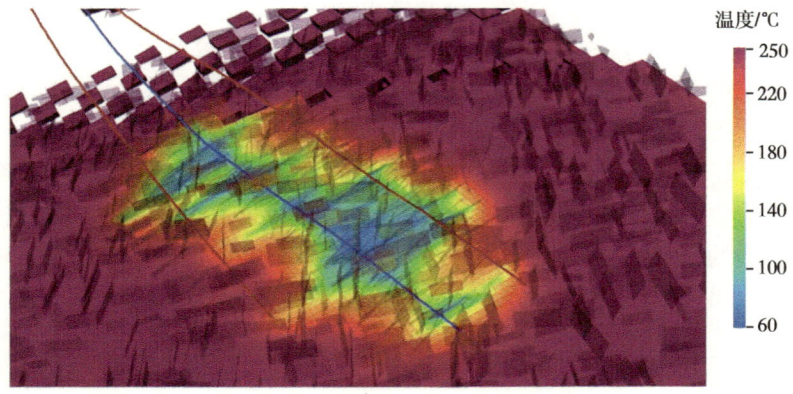

图 3-5-10　运用温度场嵌入式离散裂缝模型模拟的天然和复杂人工裂缝的温度

2. 分布式光纤声波监测（DAS）

分布式光纤声波监测（DAS）需要激光器沿着光纤发出光脉冲，一些光以反向散射的形式与入射光在脉冲内发生干涉，反向反射的干涉光回到信号处理装置，进而得到沿光纤方向的应变，引起光纤应变的因素包括岩石变形、温度变化和流体流动引起的声波变化等。在石油与天然气工程领域，DAS 可应用于水力压裂监测。如图 3-5-11 和图 3-5-12 所示，DAS 数据可分为高频和低频两个部分。高频 DAS 数据收集于压裂井，低频 DAS 数据通过对收集于压裂井附近的监测井的数据进行低频处理得到。

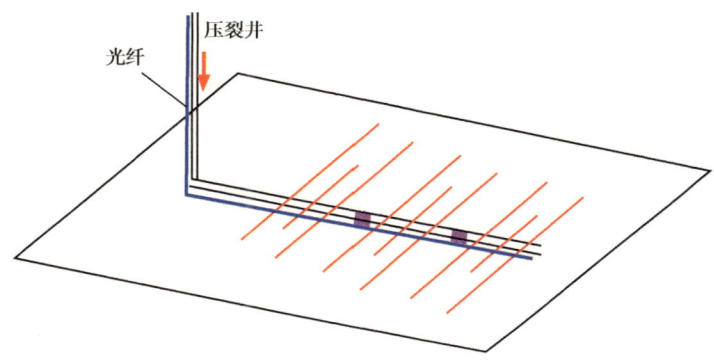

图 3-5-11　压裂水平井高频 DAS 监测

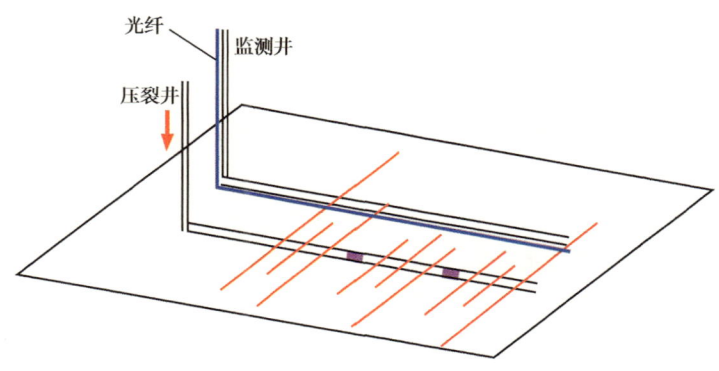

图 3-5-12　压裂井附近的监测水平井低频 DAS 监测

低频 DAS 信号主要由裂缝诱发的岩石应变和温度变化引起。如图 3-5-13 所示，在一个单簇裂缝扩展过程中，不同时间段的光纤应变不同。当裂缝尖端离监测井很远时（时间段 1），光纤监测到微弱的拉伸，随着裂缝尖端逐渐接近监测井（时间段 2），光纤拉伸逐渐增加；当裂缝恰好到达监测井的时刻（时间段 3），裂缝与监测井接触点的光纤被拉伸，其他部分的光纤被压缩；裂缝穿过监测井之后（时间段 4），光纤可以持续监测裂缝扩展过程；当压裂结束之后（时间段 5），裂缝可能闭合，导致光纤产生和压裂期间相反的响应。

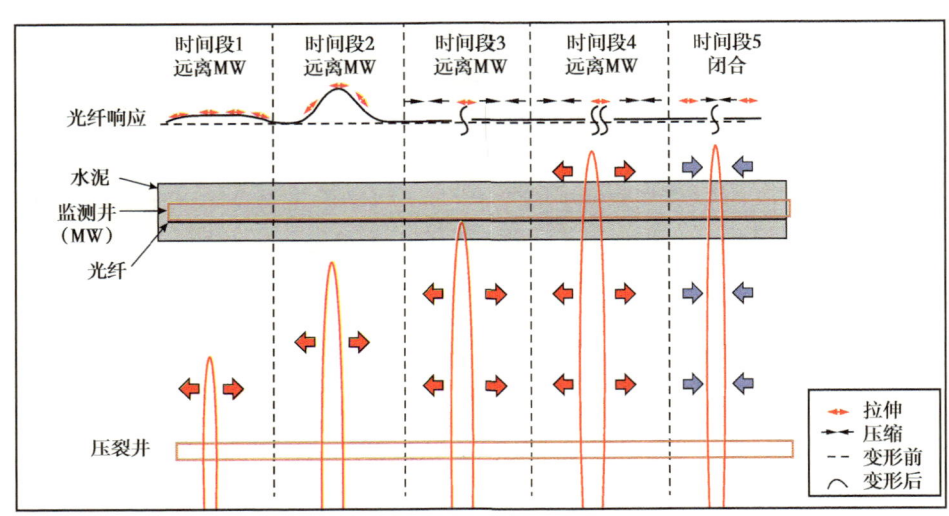

图 3-5-13 单簇压裂过程中不同时间的光纤监测响应示意图

目前，石油工业中的分布式光纤声波监测的测量点间距一般为 1m，标距长度一般为 5m 或 10m。高频 DAS 监测主要应用于评估单井压裂效率、估计压裂液在裂缝间的分布等。低频 DAS 监测是近几年的研究重点，由于其可以精确监测水力裂缝引起的岩石应变，可定量描述裂缝。低频 DAS 监测技术目前主要应用于页岩油气领域，通过邻井监测，判断压裂井人工裂缝到达监测井的裂缝数量和时间。

四、地面测斜仪监测

测斜仪水力裂缝监测技术是常用的裂缝监测技术之一，可用来确定裂缝的形态、方位和倾角等参数。

1. 监测和解释原理

水力压裂过程中，裂缝的张开和延伸会引起储层岩石形变，变形场向各个方向辐射，引起地面的倾斜变化，这种倾斜变化虽然非常微小，但通过极为精密的测斜仪工具，在压裂井周围地面不同位置测量倾斜量和倾斜方向（图 3-5-14）。测斜仪水力裂缝测量的原理非常简单，传感器类似于"木匠水平仪"（图 3-5-15），测量倾斜量的传感器非常精密，精度可达 10^{-9} rad。传感器内有充满可导电液体的玻璃腔室，液体内有一个小气泡，仪器倾斜时，气泡产生移动，通过精确的仪器探测到两个电极之间的电阻变化，这种变化是由气泡的位置变化所导致，通过布置地面监测仪器测量压裂裂缝引起的地面倾斜变形。水力裂缝引起的倾斜量通常在几十到几百纳弧度，数值非常小，但这些倾斜量含有裂缝方位、形态等独特的信息。地面测斜仪裂缝解释技术是通过对倾斜量的反演拟合裂缝参数，该方法基于误差最小化的模式，通过预先建立的裂缝模型，模拟不同裂缝理论上引起的地面变形矢量，与实际监测获得的变形矢量相比较，通过寻找最佳拟合结果来确定实际裂缝的几何形状、方位等参数。该监测方法，变形场结果直观，解释方法相对简单，对压裂裂缝的形态和方位认识非常有效。

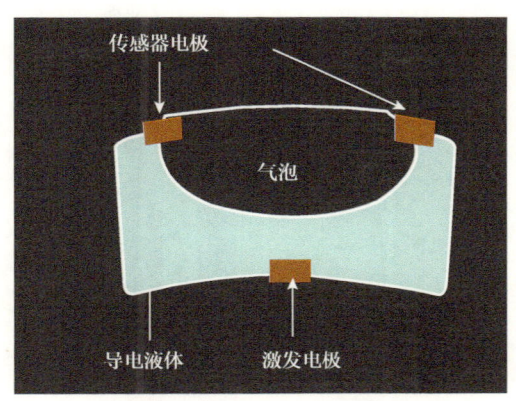

图 3-5-14　水力裂缝引起的地层倾斜变形示意图

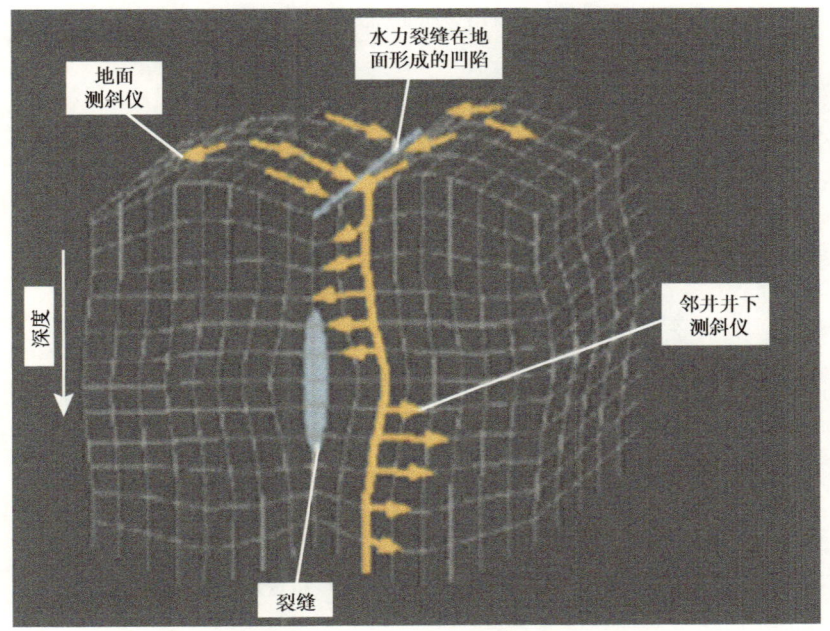

图 3-5-15　测斜仪传感器示意图

2. 地面测斜仪布置

地面测斜仪监测时需要把仪器放置在深度 12m 的地面监测井中，监测井下 ϕ110mm 的 PVC 套管并用水泥固井（图 3-5-16），以便使地层的倾斜变形有效地传递给测斜仪。监测所需仪器的数量与压裂井欲压层的垂直深度和压裂规模有关，一般需在地面布置几十支监测仪器，布置的方式是以压裂井预压层射孔段在地面垂直投影为圆心，以压裂井预压层平均垂深的 25%、50% 和 75% 为半径范围内随机布置监测井（图 3-5-17），避免径向连成直线，并使井眼密度分布大致均匀，对于水平井则需要覆盖所有压裂段。不同井所需测斜仪的数目与井深、施工规模等因素有关，一般来说，井越深、规模越小，需要的测试仪器越多。

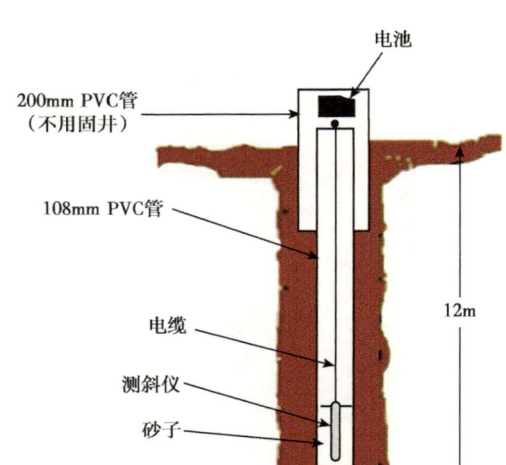

图 3-5-16 地面观测井示意图

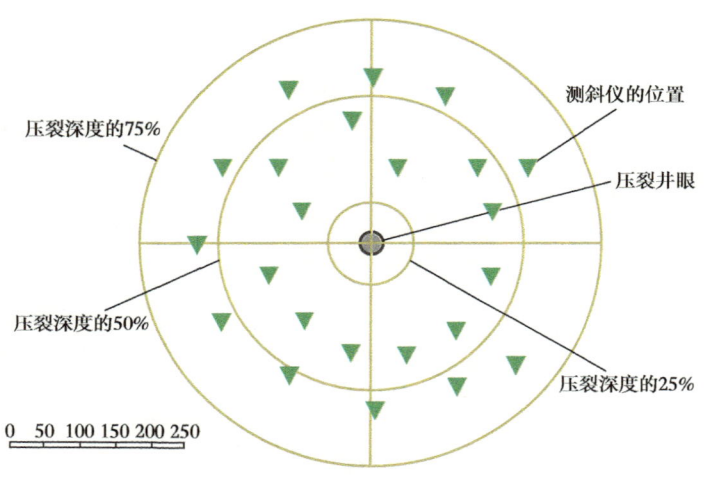

图 3-5-17 地面测斜仪观测点布置示意图

3. 测斜仪监测技术现场应用

地面测斜仪在页岩储层水平井 N3-3 井压裂裂缝进行了监测，该井水平井平均垂直深度 2465m，水平段长 1000m，分 8 段压裂。监测结果发现，页岩储层中水平层理对裂缝垂向延伸具有显著限制作用，水平缝体积占裂缝总体积近一半。图 3-5-18 是 N3-3 井第 3 段地面三维变形场及变形矢量。

4. 测斜仪监测技术的优缺点

地面测斜仪压裂裂缝监测方法需要的储层力学参数少，地面变形模式几乎不受储层性质的影响，通过地面测斜仪解释技术可以获得裂缝形态、方位、倾角、水平裂缝与垂直裂缝的体积及所占比例等丰富的信息，该技术不需要邻井做观测井，有很好的适应性。其主要的局限性在于不能分辨单一裂缝和复杂裂缝的尺寸，测量的精度随着深度增加而降低，且不能够监测缝宽及裂缝的导流能力。

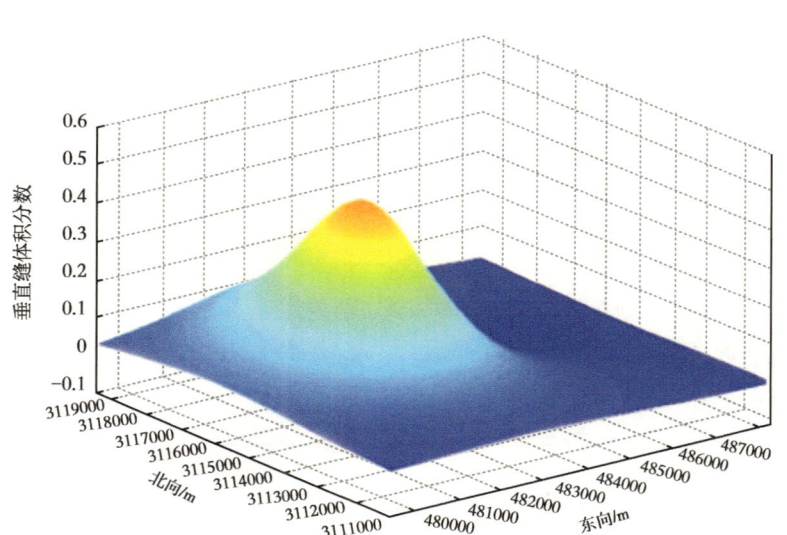

图 3-5-18 N3-3 井第 3 段地面三维变形场

五、广域电磁监测

页岩气三维电磁实时监测技术可以在压裂过程以及压裂完成之后获取压裂诱导裂缝的主网缝性质、几何特征、生长动态、延伸状况、改造体积以及导流能力等诸多信息。页岩气压裂电磁实时监测的关键在于通过高质量的数据采集，对由压裂液引起的微小电性变化，通过广域电磁法的方式进行测量。它可以评估现场施工质量，并制订有利的油田开发方案来提高页岩气采收率。

1. 监测原理

广域电磁监测技术监测原理为"地下导体天线效应"，当进行压裂作业时，井筒和压裂液形成一体化的地下导体，通过井筒供入交流电磁波，地下导体产生天线效应（图 3-5-19）。在地表部署测点，测量压裂改造异常体变化在地表天线效应的信号分布与变化，推断压裂液波及范围。现场应用时在压裂井覆盖水平段区域地面布设测点，通过井筒向大地供电，测量压裂层引起的电位变化，进而反映压裂液波及范围。

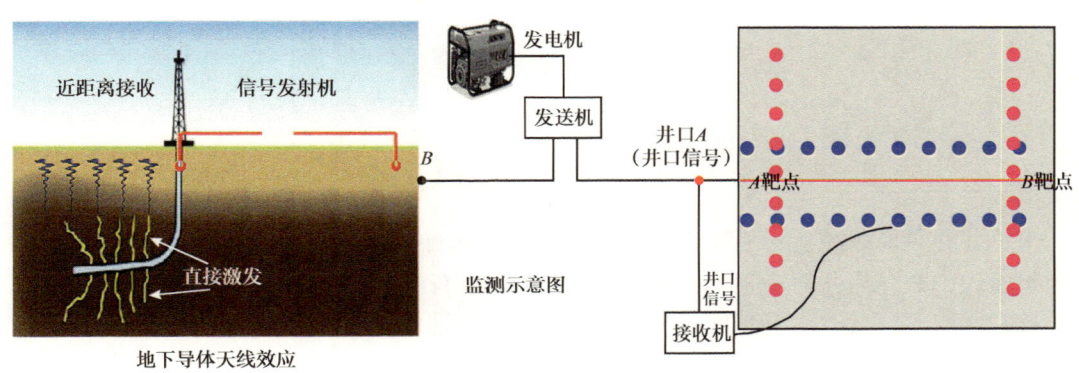

图 3-5-19 广域电磁监测示意图

2. 监测数据采集

广域电磁监测数据采集系统包括发送系统、接收系统、数据采集控制终端、数据处理中心等四部分，其中发送系统功能是实现单频、多频伪随机信号混合编码，发送电压：20V~500V；接收系统功能是实现多通道数据采集系统集成、控制及通信；数据采集控制终端功能是实现数据传输网络组建、设备控制、数据收集等功能；数据处理中心功能是实现采集数据的综合处理及成图。

3. 广域电磁监测布线方式

目前常用广域电磁监测布线方式有3种，分别为水平井常规布线（覆盖全井段的双平行测线）、直井环形布线（覆盖全井段的环形测线）、水平井井字形布线（覆盖全井段的井字形测线）（图3-5-20至图3-5-23）。

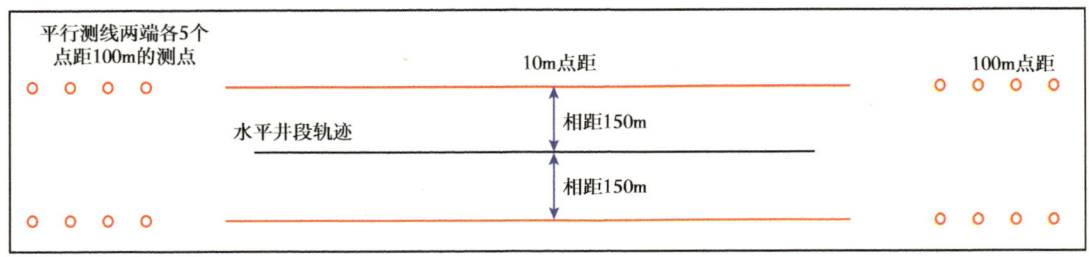

图3-5-20 水平井常规布线方式示意图

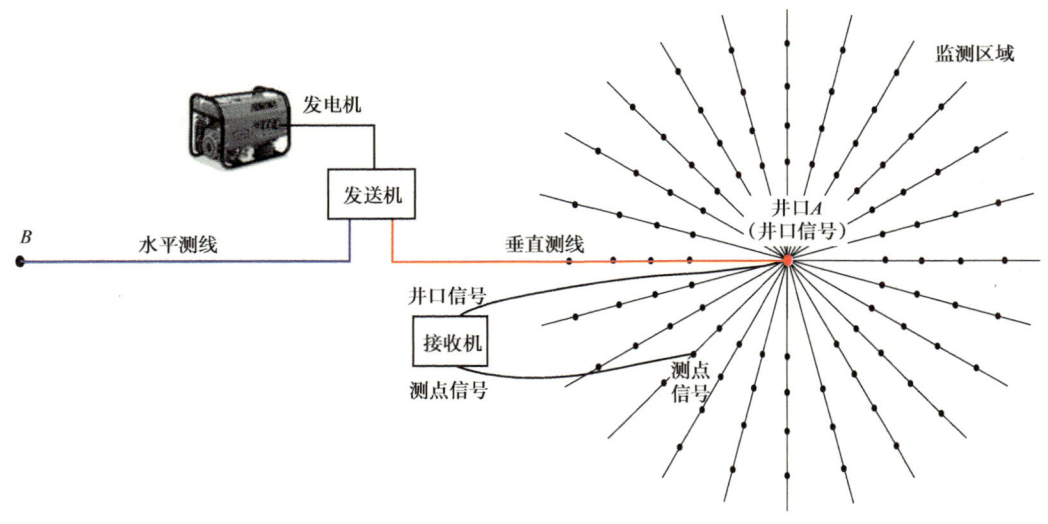

图3-5-21 直井环形布线方式示意图

水平井井字形测线是基于椭球体理论布设井字形测线，其中两条平行测线一般选定为以压裂段为中心，沿井轨迹垂直方向各延伸150m左右的地方进行平行布置，在压裂段长度过长时，测线可以做适当增长；两条垂直测线一般选定为两个相邻压裂段的中间，综合所监测的目的层深度和信号的强弱确定点距，一般设置5~50m，在重点监测区域可以适当加密测点。

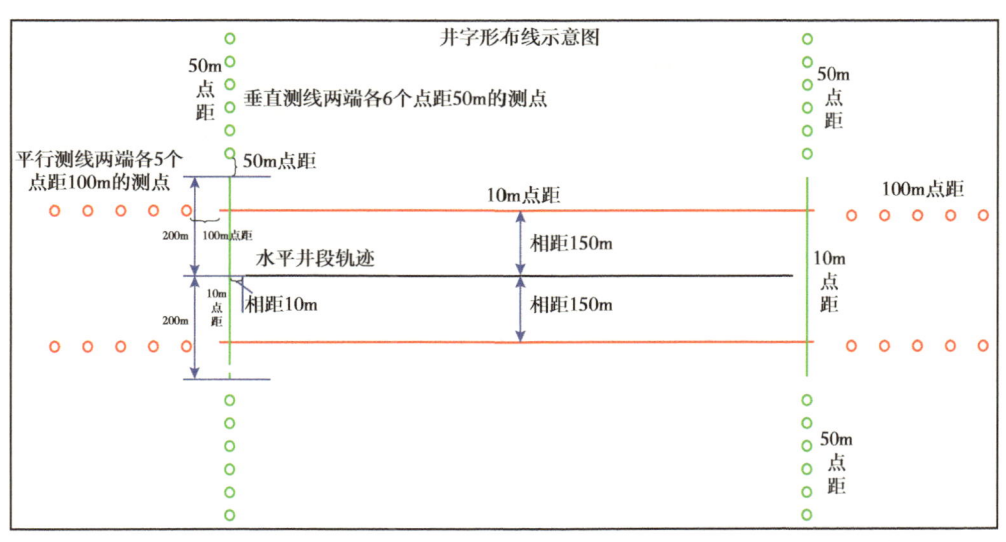

图 3-5-22 水平井井字形布线方式示意图

图 3-5-23 水平井井字形布线方式现场图

平台多口井测线布设，可以共用中间测线（图 3-5-24 和图 3-5-25）。当一个平台存在相邻的多口井的同一段上进行压裂时，可在相邻的井轨迹之间布设多个共用测点以减少各自压裂段的施工工序，此时该共用测点布设好之后即可先后监测两个井在该压裂段上的工作。单平台多井压裂监测施工相较于单井监测施工更为复杂，因此在进行施工设计优化后，能够起到减少施工工作量，提高施工监测效率的作用。

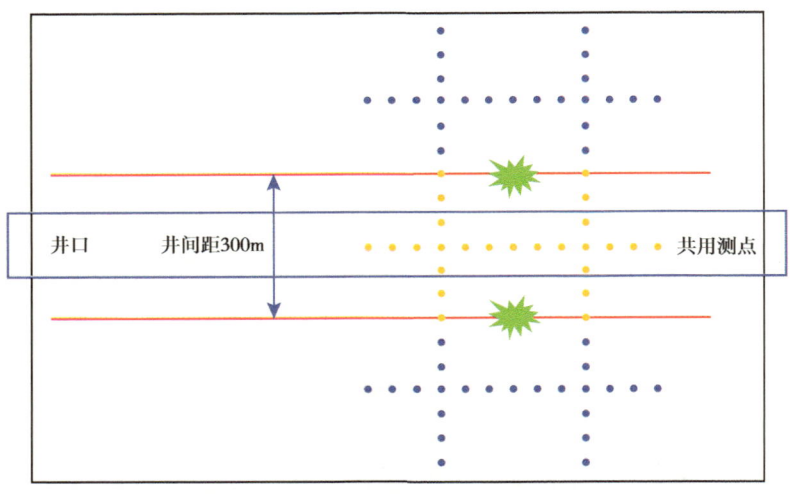

图 3-5-24　平台多口井测线布设示意图

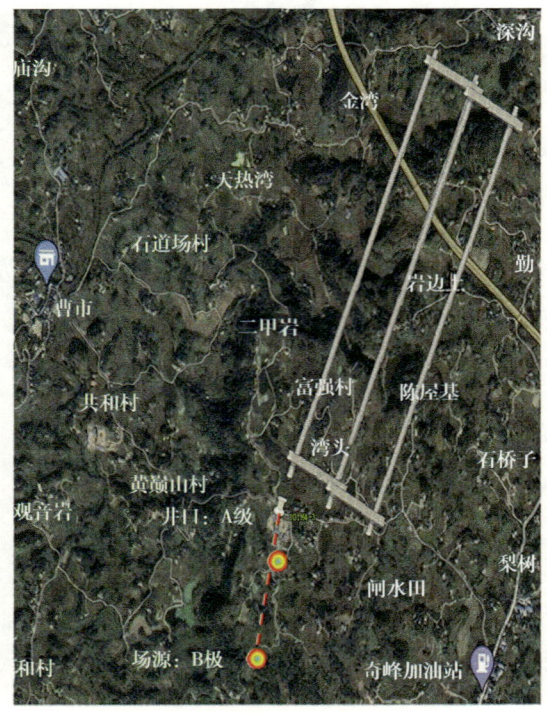

图 3-5-25　平台多口井测线布设现场图

六、井筒听诊器监测

井筒听诊器监测技术是一种非干扰的实时监测技术,通过采集压裂施工过程中水击振荡变化而产生的压力波信号,对高频压力信号作去噪处理,然后基于贝叶斯统计的管路波速模型识别信号源激发的波频率与波速,从而有效定位信号源深度。

1. 监测原理

压裂施工过程中,压力是持续记录的数据,停泵后被记录下的压力振荡被称为水击效应。水击现象是由管路中的压力波从井底到井口来回往复形成。通常在压力振荡全部衰减前,压力计能够采集到部分周期性的压力振荡产生的压力信号,则可以对这段水击压力信号进行反算,获取进液点深度即"倒频谱分析"。通过进液点深度数据,可以在不同工程应用场景判断未充分改造井段是否需要进行二次封隔措施或调整改造规模,从而实现压裂资源的有效配置。

井筒听诊器监测技术利用地面压力计采集高频压力波信号,过滤噪声获得有用信号。有用信号可分为压力源脉冲信号和井筒反射波信号,通过逆频分析抽取处反射信号,利用水击周期与波速即可计算得到进液点位置(图 3-5-26)。再采用优化算法并对历史数据进行修正,缩小频域的不确定性。最后将实际与预测数据结果进行比较,迭代校正全部波速与频率计算结果,保证评价结果与进液点位置的准确性。

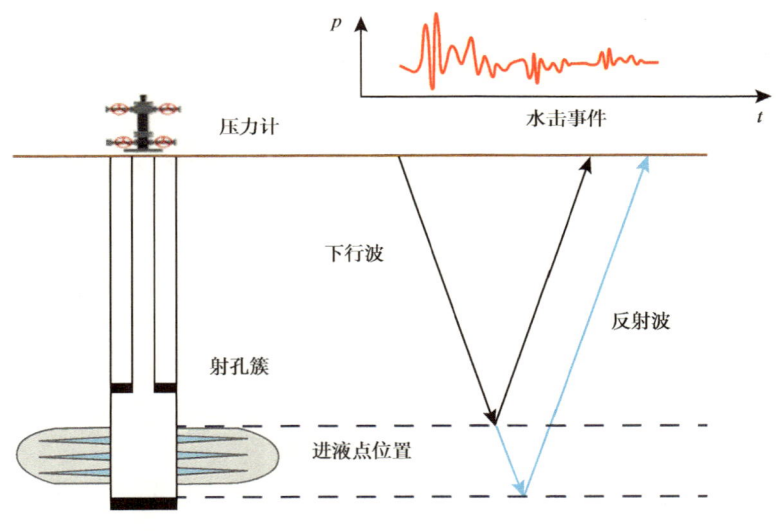

图 3-5-26 井筒听诊器监测技术工作原理示意图

2. 监测分析

与其他监测工艺相比,井筒听诊器监测技术具有总资源占用率低,现场动员便捷,实施难度小,不影响压裂施工效率等优点。井筒听诊器监测技术处理流程主要包括信号采集、信号过滤、信号处理和解释评价 4 个方面(图 3-5-27)。

(1)信号采集:通过高频压力信号采集器获取超过 200 点 /s 的数据,保证分析结果的准确度;

（2）信号过滤：对采集的高频原始压力信号进行时域噪声过滤及频率不确定性处理，进而获得有用信号；

（3）信号处理：根据流体性质、温压数据及井筒参数，通过优化算法迭代获取准确的压力信号；

（4）解释评价：通过快速的数据采集与计算实现实时解释，并将解释结果可视化呈现，帮助现场快速决策。

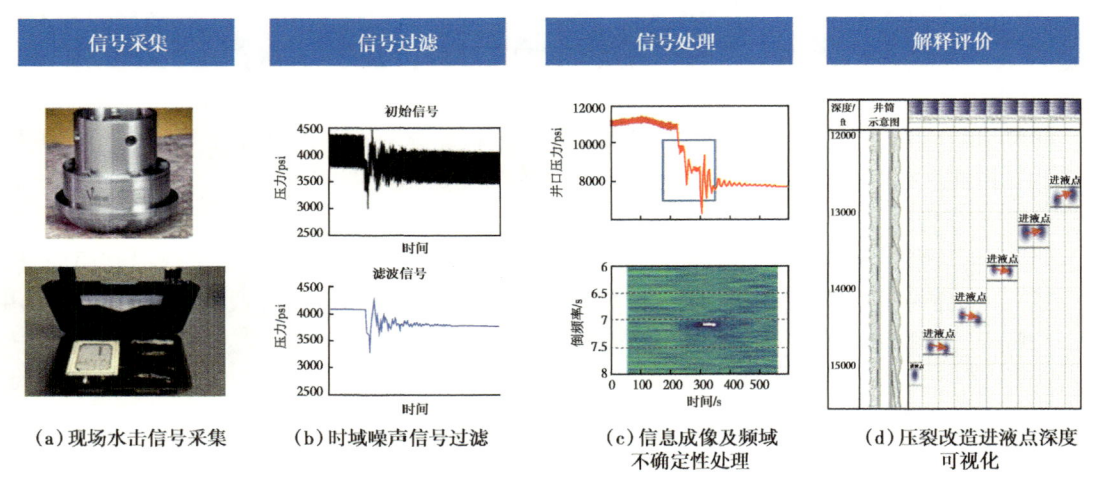

图 3-5-27　井筒听诊器监测技术处理流程示意图

七、其他监测技术

除了上述开展的监测裂缝扩展、单段与单簇产能等方面的技术，压裂监测还包括对簇效率和施工压力的动态监测。

1. 射孔成像监测技术

射孔成像监测技术又称井下成像技术（或井下电视），通过沿套管下入特种摄像头至射孔段获取大量射孔孔眼图像。射孔成像采用阵列环扫井下成像技术，具有 360° 无死角连续环扫测量的功能，并且其数据传输率可达 25 帧/s，能够有效识别相对较小的孔眼。通过配套数字图像分析软件，可以精确计算不规则孔眼的面积，通过计算孔眼的磨蚀面积（孔眼在压裂前后的面积改变量）反映孔眼的磨蚀程度。

基于阵列环扫井下成像技术可得到压裂后的孔眼面积，再减去压裂前的孔眼面积即得到孔眼的磨蚀面积。孔眼的磨蚀面积与支撑剂进入量呈正相关关系，对比各簇孔眼的磨蚀面积，能够很好地反映各簇孔眼改造程度，进一步可推测各簇孔眼起裂的均匀程度。采用井下成像技术比较容易获得压裂后各簇孔眼的图像，但是很难获得压裂前的孔眼图像，这涉及实际操作的经济性。

2. 施工曲线分析

通过对设计泵注程序与泵注曲线的分析，可为后续井段的施工提供一定借鉴意义。对施工曲线分析可以发现压力波动较大的事件，如某页岩气井主压裂施工曲线图，可以分析该井压裂中的 6 处压力波动事件（图 3-5-28，以绿色圆圈为提示）：

(1)新地层开启现象。测试压裂 80min 后,液体没直接走原先的裂缝,新的孔眼处起裂形成新的裂缝,然后与原裂缝连通。

(2)降阻剂液添设备供液不畅。

(3)降阻剂液添设备供液问题解决。

(4)地层对 100kg/min 的 40/70 目支撑剂较为敏感,在近井地带有堵塞现象。

(5)切换成冻胶后,堵塞现象解除。

(6)在冻胶加砂阶段砂浓度 270kg/m³ 时砂堵,此时,泵入地层液量 1300m³(加砂压裂设计液量 1430m³),入井砂量 44t,其中 100 目 18t,40/70 目 26t。

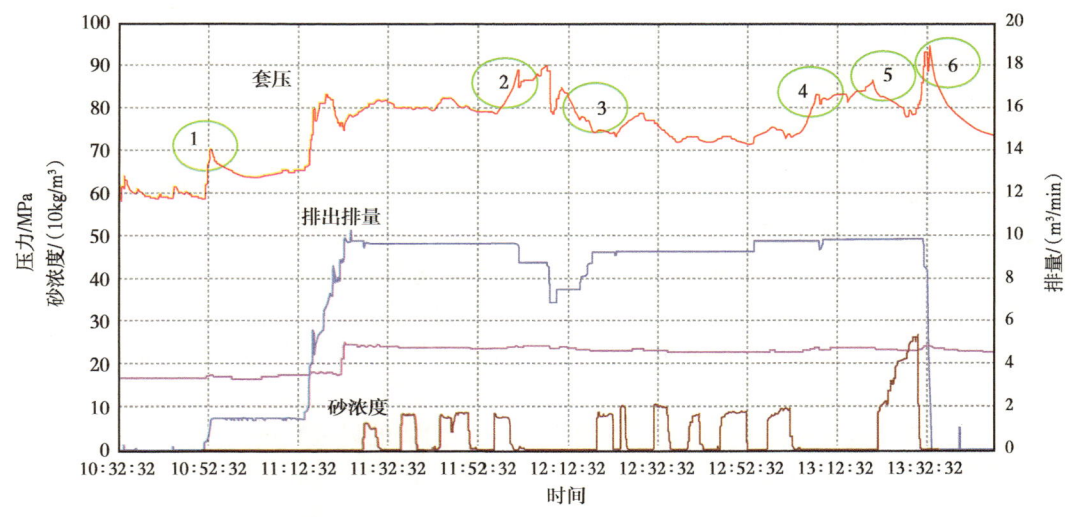

图 3-5-28　某页岩气井主压裂施工曲线图

3. 施工曲线拟合与诊断

施工压力拟合分析是最简单的定量描述裂缝延伸、估算压裂参数的方法,常用的辅助软件有 FracPro PT、StimPlan 和 Meyer 等,包括压裂裂缝模拟、复杂的裂缝诊断、压后压降分析及压裂实时监控(在施工过程中可实时调整),为后续压裂方案设计提供参考。

通过排量不变情况下的压力降可以估算地层的破裂压力;由阶梯升排量测试结果可以计算地面延伸压力,孔眼摩阻大小反映射孔效率,弯曲摩阻反映近井是否存在裂缝扭曲或多裂缝起裂,净压力拟合分析结果定性、半定量表征压裂形成的裂缝网络复杂程度。

长期以来,国内外学者一直在研究压裂施工过程中的压力特点和初期的裂缝扩展特征,Nolte 与 Smith(1981)率先根据压力响应的形状来解释分析裂缝的几何形状,其压力分析类型包括两类:闭合前分析——考察泵送过程中的压力。用施工压力减去闭合压力是确定裂缝几何尺寸与滤失情况的关键参数;闭合分析——压裂泵注过程结束后,压力开始降低,这和传统的不稳定试井压降测试很相似。由于储层压裂产生裂缝,裂缝又处于动态,经过一段时间后张开的裂缝会重新闭合。闭合前裂缝在压裂过程中存储的能量驱动下继续扩展。裂缝闭合的压力分析可以解释得出裂缝和多孔介质体系综合的滤失特性,裂缝闭合后对压力特征的连续分析也可以提供渗透率及其他储层特征信息。

上述两类分析都需要知道或确定闭合压力 p_c 及相关信息，Nolte（1986）引入了一个无量纲函数——G 函数（有时也叫 G 时间）。Castillo（1987）发现在压裂泵注测试后用 G 函数对压力降进行绘图，理想情况下为一条直线，其斜率可用来计算压裂液滤失系数。

压力拟合是一个反问题，其输入（如压裂施工程序）和输出（如压裂压力）用于确定未知模型参数（如产层应力、滤失系数）。任何一个反问题，其固有的限制是非唯一解产生的重要原因。多数控制裂缝特性的参数具有非线性，在压力拟合过程中，在使用一些不确定参数来预测未知参数时会造成错误的结果；参数的非唯一性会造成裂缝几何模型预测的错误及不当的加砂施工设计。

现在大多数压裂施工使用 Nolte-Smith 曲线（通常称之为净压力曲线），经典的 Nolte-Smith 分析的目的是用来解释以二维模型设计的压裂施工中某点的净压力，并且假设人工裂缝是垂直的，后续大量学者和工程师也以此发展出多种施工曲线诊断方法，并形成了多种衍生算法。

研究表明，缝高增长主要由岩石就地应力和其他岩石力学特性控制。在某些情况下类似的岩性存在非常大的差别，而实际岩石力学特性可能变化不大，这说明人造垂直裂缝垂向增长可能会超过横向裂缝延伸。在 Nolte-Smith 曲线分析时假设为 PKN 模型，净压力的解释假定流体的压力随裂缝的延伸而增加。由于裂缝增长或过多的滤失使净压力降低。Nolte 和 Smith 建立了典型的净压力曲线特征，裂缝的几何形状可以用这些曲线的斜率或斜率模型进行解释，最重要的是几何形状可以表示"临界压力"或脱砂压力都是可能的。

在压裂施工中，过分依赖净压力曲线可能导致施工过程决定困难，虽然净压力能够作为水力压裂施工过程中的基本假设，但了解净压力曲线的局限性也很重要，特别是结合其他解释分析时。净压力值的计算需要求取储层的闭合压力，在缺少测定的闭合压力条件下，通常在施工前假设一个闭合压力值，这对净压力的双对数曲线影响很大，导致施工过程中净压力分析不可靠，因此建议施工前通过小型压裂测试或者其他方法来求取储层的闭合压力值。

4. 井下压力与温度无线监测技术

随着油气勘探开发的深入，压裂过程及后期生产测试中对井底温度和压力数据需求越来越重视，常规井底数据获取成本和工期相对较高。

井下温度与压力无线监测技术是完井下套管时，将监测工具和套管相连后一起入井，通过电磁波信号传输，实时将井下温度和压力数据传输至地面。工具中有绝缘短节，使上下套管柱等效于偶极天线，偶极天线的两极通过地层构成信号的传输回路，将地层压力和温度信息传输至地面接收机，经过放大、滤波、解算，得到需要的分析数据，通过地面发射机向井下工具传输指令，井下工具根据接收到的指令，改变发射时间间隔或进入休眠模式等。

井下压力与温度无线监测技术可无线实时获取压裂施工过程中的井下真实压力，支撑裂缝扩展模式和施工参数调整，现场技术人员可根据泵压和排量准确计算液体的沿程摩阻，增加压裂液性能评价手段。通过井下压力计的使用，可以有效校正压裂施工曲线诊断时的理论净压力不准的问题。

井下温度与压力无线监测与广域电磁监测两种监测方法的信号发射和传输与无线监测工具原理基本一致，都采用低频电磁波，现场监测时二者信号易互相干扰，任何一方开机工作，另外一方则无法正常工作。因此，井下温度与压力无线监测与广域电磁监测两种监测方法不能同时进行。

参 考 文 献

[1] 何骁，桑宇，郭建春，范宇，等. 页岩气水平井体积压裂技术 [M]. 北京：石油工业出版社，2021.
[2] 温庆志，胡蓝霄，翟恒立，等. 滑溜水压裂裂缝内砂堤形成规律 [J]. 特种油气藏，2013，20（3）：137-139.
[3] 熊颖，刘友权，梅志宏，等. 四川页岩气开发用耐高矿化度滑溜水技术研究 [J]. 石油与天然气化工，2019，48（3）：62-65，71.
[4] 刘雨舟，张志坚，王磊，等. 国内变黏滑溜水研究进展及在川渝非常规气藏的应用 [J]. 石油与天然气化工，2022，51（3）：76-81，90.
[5] 谢宋雷，桂志先，赵成，等. 水力压裂诱生微震资料处理方法 [J]. 石油天然气学报，2009，31（4）：81-82.
[6] 刘振武，撒利明，巫芙蓉，等. 中国石油集团非常规油气微地震监测技术现状及发展方向 [J]. 中国地球物理勘探，2013，48（5）：843-853.
[7] 张山，刘清林，赵群，等. 微地震监测技术在油田开发中的应用 [J]. 石油物探，2002（2）226-231.
[8] 钟尉，朱思宇. 地面微地震监测技术在川南页岩气井压裂中的应用 [J]. 油气藏评价与开发，2014，406：71-74.
[9] 赵争光，马彦龙，刘颖，等. 油气田水力压裂地面微地震监测技术研究 [J]. 能源技术与管理，2014，39（1）：1-3.
[10] Stevenson P R. Microearthquakes at Nathead Lake, Montana：A Study using Automatic Earthquake Processing[J]. Bulletin of the Seismological Society of America, 1976, 66（1）：61-80.
[11] 雷群，胥云，蒋廷学，等. 用于提高低—特低渗透油气藏 改造效果的缝网压裂技术 [J]. 石油学报，2009，30（2）：237-241.
[12] 翁定为，雷群，胥云，等. 缝网压裂技术及其现场应用[J]. 石油学报，2011，32（2）：280-284
[13] 王凤江，丁云宏，路勇. 低渗透油田重复压裂技术研究[J]. 石油勘探与开发，1999，26（1）：71-73
[14] 赵政嘉，顾玉洁，才博，等. 示踪剂在分段体积压裂水平井产能评价中的应用[J]. 石油钻采工艺，2015，37（4）：92-95.
[15] 黄山，李武广，张鉴，等. 基于非放射性示踪剂技术的页岩气水平井生产效果评价[C]. 第31届全国天然气学术年会，2019.
[16] 修乃岭，王欣，严玉忠，等. 不同类型储层水力压裂裂缝扩展特征地面测斜仪监测[C]. 2021油气田勘探与开发国际会议论，2021.
[17] 黄嘉林，刘德华，商玉锋. 页岩储层压裂体积规模监测方法研究进展 [J]. 辽宁化工，2022，51（5）：662-666.
[18] 李海涛，罗红文，向雨行，等. DTS/DAS技术在水平井压裂监测中的应用现状与展望 [J]. 新疆石油天然气，2021，17（4）：62-73.
[19] Wu K, Liu Y, Jin G. Fracture Hits and Hydraulic-Fracture Geometry Characterization Using Low-Frequency Distributed Acoustic Sensing Strain Data[J]. Journal of Petroleum Technology, 2021（7）：73.
[20] Parkhonyuk S, Fedorov A, Kabannik A, et al. Measurements While Fracturing：Nonintrusive Method of Hydraulic Fracturing Monitoring[C]// SPE Hydraulic Fracturing Technology Conference and Exhibition, 2018.

[21] Panjaitan M L, Moriyama A, Mcmillan D, et al. Qualifying Diversion in Multi Clusters Horizontal Well Hydraulic Fracturing in Haynesville Shale Using Water Hammer Analysis, Step-Down Test and Microseismic Data[C]// SPE Hydraulic Fracturing Technology Conference and Exhibition, 2018.

[22] Bogdan A V, Keilers A, Oussoltsev D, et al. Real-Time Interpretation of Leak Isolation with Degradable Diverter Using High Frequency Pressure Monitoring[C]. SPE Asia Pacific Oil & Gas Conference & Exhibition.

[23] Nolte K G, Smith M B. Interpretation of Fracturing Pressures[J]. J. Pet. Technol, 1981, 33(9): 1767–1775.

[24] Pirayesh E, Soliman M Y, Rafiee M, et al. A New Method To Interpret Fracturing Pressure—Application to Frac Pack[J]. SPE Journal, 2015, 20(3): 508-517.

[25] 赵金洲, 付永强, 王振华, 等. 页岩气水平井缝网压裂施工压力曲线的诊断识别方法[J]. 天然气工业, 2022, 42(2): 11-19.

第四章　闷井与压裂液返排

页岩气井完成体积压裂后，储层中存积了大量人工注入的液体及支撑剂。页岩储层中游离气或解吸气从储层进入井筒，前期需要合理高效返排出部分注入的液体，同时尽可能将支撑剂保留在人工裂缝中维持人工裂缝的导流能力；后期需要根据气井产水和产气特征，建立最优气相渗流路径，以获得最大气相渗透率。本章将介绍闷井机理与制度、返排规律与制度、返排井筒与地面流程、气井初期产能评价和返排液再利用等内容。

第一节　闷井机理与制度

页岩组分复杂且黏土矿物含量高、层理和天然裂缝发育。大规模水力压裂使得压后页岩储层水—岩作用普遍存在。因此，页岩气井压后闷井制度的制订主要基于两方面考虑：支撑剂回流控制和水—岩作用。现场应用方面，支撑剂回流控制遵循页岩气井停泵后缝内流体压力降低到闭合压力以下，作为最低开井要求，即闷井时间的下限。室内实验方面，考虑水—岩作用页岩气井压后闷井制度主要基于水—岩作用诱发储层微改造和储层伤害双重效应的综合考虑，进而确定闷井时间的上限。

一、闷井机理

聚焦闷井时间的上限，考虑水—岩作用的闷井机理主要基于水化膨胀、水化促缝和吸水蠕变，本节重点对水—岩作用机理及实验评价展开阐述。

1. 水—岩作用机理

页岩水—岩作用的主要机理为水化膨胀、水化促缝和吸水蠕变。页岩吸水诱发黏土矿物水化膨胀，进而产生膨胀应力，协同作用诱发裂缝萌生、扩展。然而，黏土矿物水化膨胀作用下，若裂缝扩展或新裂缝萌生不能发生，则会压缩原生孔缝的孔隙空间，同时水相滞留减小气相渗流通道，并加剧页岩蠕变损伤，形成储层伤害。

1) 水化膨胀

页岩富含由伊利石、伊/蒙间层矿物、绿泥石和高岭石组成的黏土矿物，其晶体结构和物理—化学性质决定了页岩强水化能力。水分子和水化阳离子在黏土矿物层或黏土矿物晶层表面吸附、聚集形成双电层，增大层间的排斥力并扩大层间距，造成黏土矿物水化膨胀。黏土矿物水化膨胀包括内部膨胀（晶间膨胀）和外部膨胀（粒间膨胀）：内部膨胀指水分子和阳离子进入黏土矿物晶层之间，导致层间距增加；外部膨胀指水分子和阳离子进入黏土矿物层之间，使得黏土矿物层间距增加。

2) 水化促缝

硬脆性泥页岩具有较显著的毛细管效应，协同岩石矿物颗粒间微孔缝吸水后产生较强的水化作用，促使微裂纹的产生、扩展与连通。微裂纹不断发展成裂缝并贯通，使岩石最终发生宏观破坏。断裂力学理论认为，材料的破坏源于内部微裂缝的产生、扩展和贯通。由于页岩胶结致密但微裂缝发育，黏土矿物水化产生的膨胀应力容易在裂缝尖端形成应力集中。随着水化膨胀应力不断变大，一旦水化应力超过裂缝尖端临界应力强度因子，微裂缝不断扩展延伸致使页岩破裂、垮塌。

水化作用虽然不会改变页岩内有机质孔隙，但会导致有机质与无机矿物之间、无机矿物内部产生或衍生出微裂缝。水化使得页岩非黏土矿物颗粒脱落，形成孔径跨度从几微米到几十微米的无机孔隙。在储层条件下，这些无机孔隙可能不会产生，而是表现为黏土矿物与非黏土矿物颗粒之间的微裂缝，继而造成岩石水化损伤。水化损伤主要沿页理面或原生裂缝发育方向延伸。页岩水化损伤可分为3个阶段：大孔隙裂纹发展阶段，小孔隙产生、大孔隙裂纹加剧扩展阶段和小孔隙加剧扩展、大尺寸孔隙裂纹归并贯通至水化破坏阶段。水化微观损伤在黏土矿物表面水化、离子水化和渗透水化共同作用下逐渐演变为宏观破坏，反映为岩石局部力学强度的连续性损失。黏土矿物含量越高，发生水化损伤的可能性越大，页岩结构破坏越严重且破坏发生的时间越短。水化损伤加剧页岩在应力作用下的宏观破裂。

3）吸水蠕变

泥页岩在应力与水化的共同作用下，岩石的蠕变表现为多种变形，即瞬弹性、黏塑性和膨胀等共存的复杂过程。当应力水平较高时，蠕变过程呈现明显的衰减蠕变、稳定蠕变和加速蠕变3个阶段。水化作用破坏岩石的结构，使其内部缺陷增加，导致岩石稳定蠕变阶段持续的时间缩短，岩石蠕变速率迅速增大，在较短的时间内进入加速蠕变阶段。因此，岩石在应力与水化的共同作用下较快进入加速蠕变阶段，直至岩石崩解破坏。

2. 水—岩作用实验评价

针对页岩水—岩作用主要机理的室内评价，目前仅以针对性地开展单因素评价实验为主，多次机理相互叠加影响尚未涉及。

1）页岩水化膨胀

详情见第二章第二节。

2）页岩水化促缝

本实验主要通过CT扫描并重构三维数字岩心的方式对水—岩作用前后的孔隙和裂缝形态变化进行识别（图4-1-1）。在灰度切片图中，从黑色到白色，表示灰度从小到大。灰度越小表示这个像素点处物质衰减系数越小，反之，则表示物质衰减系数越大。为了模拟页岩在地下的真实温度和含水变化情况，选取页岩岩心进行如下处理与扫描：

（1）实验前先将岩心进行扫描，确定初始的微观结构形态；

（2）将岩心在80℃恒温箱中静置24h，并进行扫描，重复这一阶段，直至这些微观结构不再变化；

（3）将岩心再次通过恒温箱在80℃的环境温度下，静置24h，再进行快速冷却，然后进行微纳米CT扫描；

（4）在有水的条件下，将岩心在80℃恒温箱中浸泡24h，再进行CT扫描。

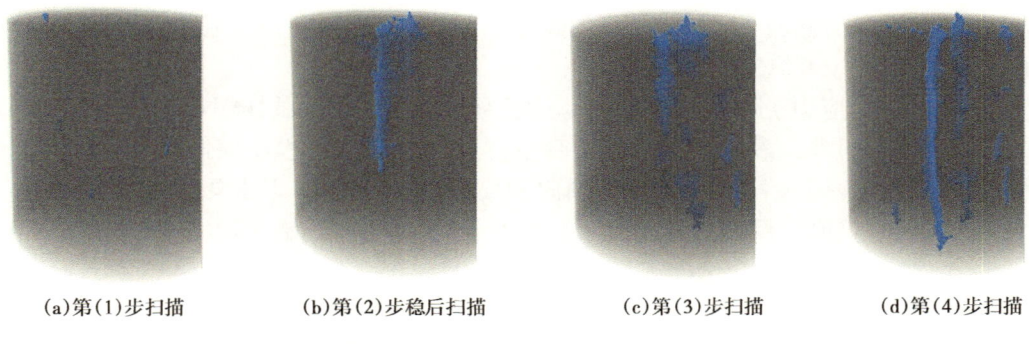

(a) 第(1)步扫描　　(b) 第(2)步稳后扫描　　(c) 第(3)步扫描　　(d) 第(4)步扫描

图 4-1-1　页岩水化过程裂缝变化情况

3) 页岩吸水蠕变

岩石不稳定蠕变曲线可分为 3 个阶段：第 1 阶段曲线向下弯曲，历时较短，这阶段的蠕变称岩石瞬时蠕变，如将所加荷载骤然卸去，应变可随着时间恢复到零，即无残余变形；第 2 阶段曲线具有近似不变的斜率，这阶段蠕变称岩石稳态蠕变，在该阶段内卸载岩石有残余变形；第 3 阶段曲线的斜率逐渐变陡，这阶段的蠕变称岩石加速蠕变，蠕变速率增长，最终使岩石脆性断裂或塑性破坏。岩石蠕变是缓慢而不易察觉的，但这种缓慢变形的积累可造成严重后果，如山崩、洞室坍塌等。岩石蠕变在室内用单轴压缩、三轴压缩和扭转试验研究，试验结果用蠕变曲线表示。采用分数阶 Kelvin 蠕变模型对页岩蠕变实验数据进行拟合（图 4-1-2），获得岩样的蠕变参数，包括黏性模量、分数阶求导阶数和弛豫时间。

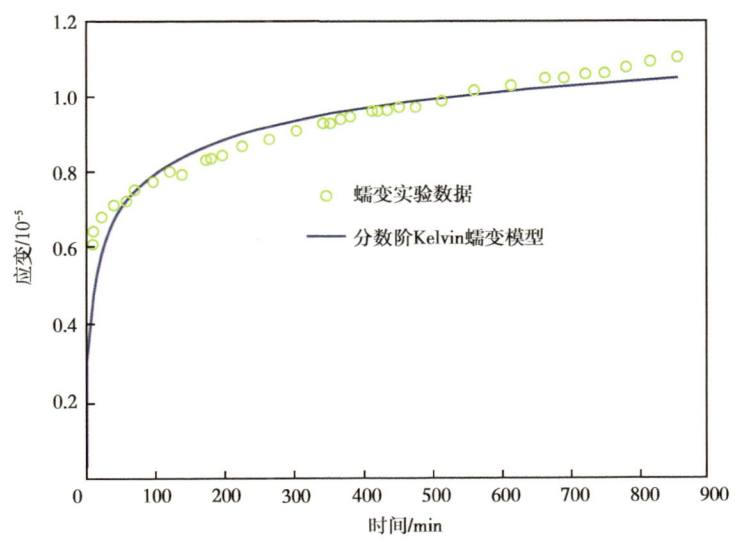

图 4-1-2　页岩蠕变实验曲线及拟合结果

测试按照 GB/T 50266—2013《工程岩体试验方法标准》；美国材料与试验协会（ASTM）测试标准：ASTM D2664-04《三轴测试》、D4543-04《岩样制备》；国际岩石力学学会（ISRM）《岩石力学试验建议方法（上集）》执行。钻取标准岩心柱塞样进行三轴力学蠕变实验，全部岩样加工成标准长度的圆柱体，两端切磨平整且与圆柱体轴线垂直，两端面的不平行度小于 0.015mm。

岩石三轴（地应力）压缩实验的试验程序为，岩样处理、试样塑封及各类传感器加装、传感器进行调零、液压油充装、抽真空排气和实验控制程序编制。在施加轴向荷载的过程中，同步记录各级应力下的轴向和横向变形值。启动油泵，加 0.5MPa 差应力，加围压到指定值，保持围压、各类位移传感器清零，开始执行实验程序，采用应变控制，增加轴向应力直至试样破坏。

二、闷井制度

综合考虑闷井水化膨胀、促缝和蠕变对页岩气井生产效果的影响，页岩气井合理闷井制度设计应考虑两方面的内容：

（1）保证支撑剂稳定夹持，当井底流压等于地层闭合压力时，裂缝完全夹持住支撑剂，开井返排后支撑剂不易回流。要求页岩气井开井井底压力小于地层闭合压力，地层闭合压力通过 DFIT 测试（微注测试）确定，气井井底压力通过井口压力和静液柱压力折算获得。

（2）保证渗吸造缝程度最大：当井口压力降出现拐点则表明渗吸造缝基本达到最大程度，持续闷井已不再有利于提高气井生产效果。通过对同一区域内多口气井的闷井压力求导，可做出闷井压降变化规律示意图（图 4-1-3），利于井口压力降拐点判断。

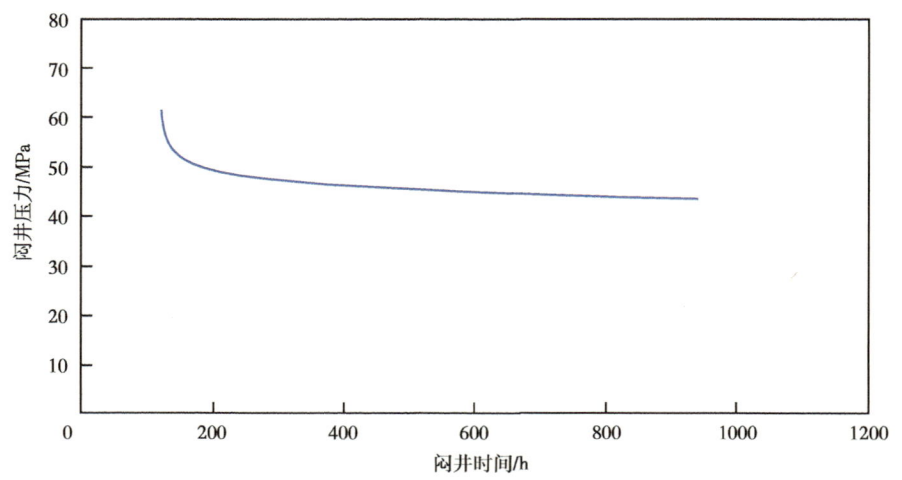

图 4-1-3 页岩气井闷井压力变化规律示意

综合考虑支撑剂夹持、缝网延伸体积等因素，将中深层和深层页岩气井闷井压降曲线划分出 3 个节点：①4 天左右——支撑剂被稳定夹持；②8~12 天（深层）/6~8 天（中深层）——缝网延伸速度减缓；③40 天+——缝网延伸体积达到最大。井底压力降至闭合压力时开井为闷井时间的最低要求，建议中深层区块气井最长闷井时间不超过 8 天，深层区块气井最长闷井时间不超过 12 天（图 4-1-4）。

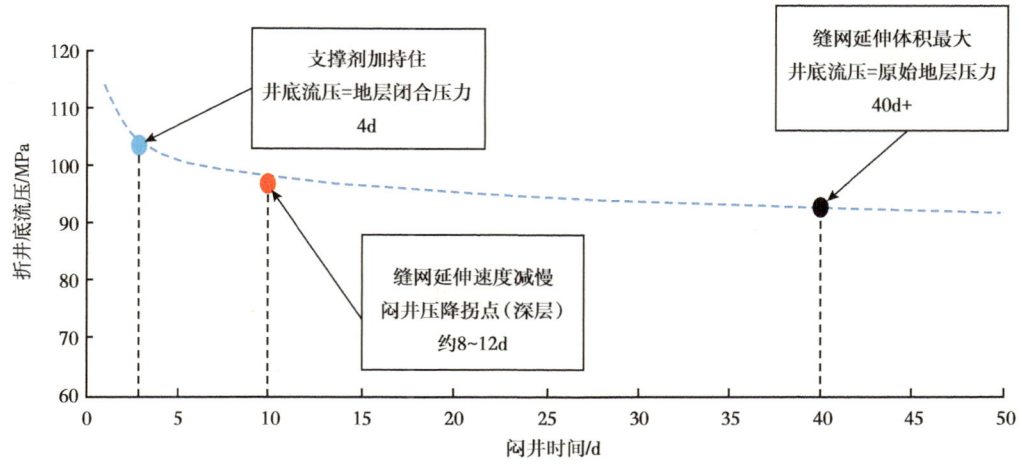

图 4-1-4　页岩气井合理闷井时间判断图版

第二节　返排规律与制度

压裂后排液是一种不稳定泄流和压裂液向地层滤失同时进行的过程，其过程非常复杂，影响返排率的因素很多。压裂液返排的主要目的，就是在控制支撑剂回流的同时，科学合理地排出压裂液残液，以获取较好的气产量。明确聚焦人工裂缝导流能力变化的返排规律，有利于返排制度的合理设计。

一、返排规律

人工裂缝导流能力评价，有助于客观认识返排过程人工裂缝导流能力变化规律及主控因素。支撑裂缝导流能力评价聚焦有效应力、围压和压裂液流速影响下支撑剂的回流率、破碎率及嵌入率的变化规律。

1. 人工裂缝长期导流能力测试方法

页岩人工裂缝长期导流能力测试实验，通常参照 SY/T 5358—2010《储层敏感性流动实验评价方法》。

1）实验设备与驱替流体

以压裂现场配制压裂液为驱替流体，并将其储存于中间容器内。利用增压泵通过管线使压裂液填充有支撑剂的岩心（图 4-2-1），并从出口端流出；部分支撑剂在驱替流体的作用下，被携带至空腔；实验过程中定期记录压差、流量，计算渗透率和导流能力变化，实验结束后，计算支撑剂回流、破碎、嵌入率。

2）岩样制备

使用岩心钻取机对块状岩心钻孔，再进行切割、打磨，获得表面平整无凹陷的柱塞状岩心（直径 25mm，长 2~5cm）。岩心造缝后，按照图 4-2-2 进行支撑剂填充。

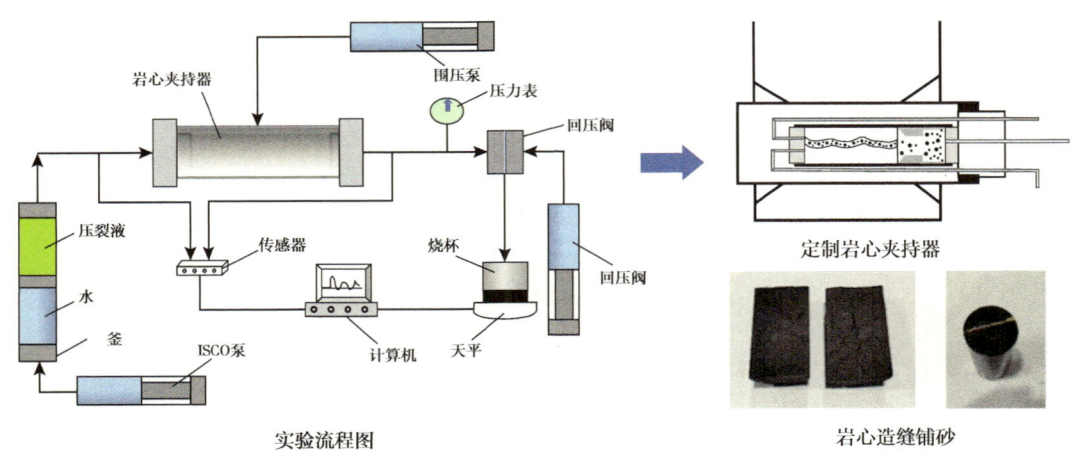

图 4-2-1　页岩人工裂缝长期导流能力实验流程图及定制岩心夹持器示意

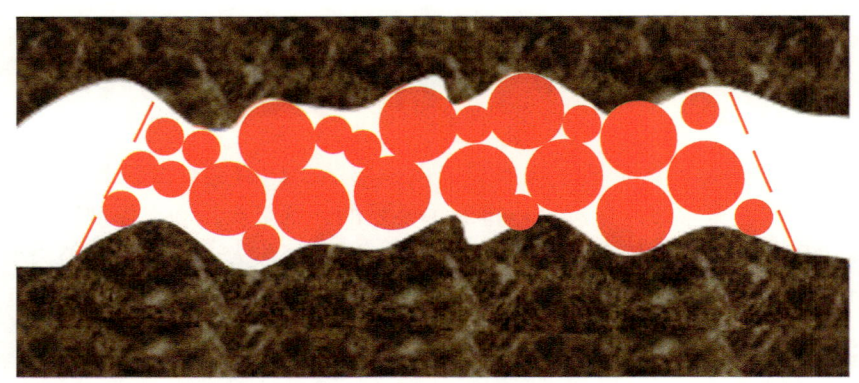

图 4-2-2　支撑剂梯形排布示意图

3）渗透率表征

流体在页岩裂缝岩样中流动符合达西定律，渗透率计算式：

$$K = \frac{Q\mu L}{A\Delta p} \quad (4-2-1)$$

式中　K——渗透率，mD；

　　　Q——液体通过岩心的流量，cm³/s；

　　　μ——测试条件下的液体黏度，mPa·s；

　　　L——岩心长度，cm；

　　　A——过流面积，cm²；

　　　Δp——岩心上下游压差，MPa。

4）裂缝宽度计算

裂缝宽度受支撑剂回流、破碎和嵌入影响，裂缝宽度计算式：

$$d_{\mathrm{f}} = \sqrt{30\pi b (K - K_{\mathrm{m}})} \qquad (4\text{-}2\text{-}2)$$

式中 d_{f}——人工裂缝宽度，μm；
    b——岩心直径，cm；
    K——岩心渗透率，mD；
    K_{m}——岩心基质渗透率，mD。

5）导流能力的计算

根据岩样上下游驱替压力、流体通过岩样的流量、流体黏度、岩心长度直径可以得到裂缝的导流能力，计算公式为：

$$K d_{\mathrm{f}} = \frac{Q \mu L}{d \Delta p} \qquad (4\text{-}2\text{-}3)$$

式中 $K d_{\mathrm{f}}$——裂缝导流能力，D·cm；
    Q——液体通过岩心的流量，cm³/s；
    μ——测试条件下的液体黏度，mPa·s；
    L——岩心长度，cm；
    d——岩心直径，cm；
    Δp——岩心上下游压差，MPa。

6）支撑剂回流率、破碎率和嵌入率的计算

回流率为支撑剂回流量占实际裂缝中支撑剂量的百分比；
破碎率为支撑剂破碎量占实际裂缝中支撑剂量的百分比；
嵌入率为支撑剂嵌入量占实际裂缝中支撑剂量的百分比。

2.有效应力对裂缝导流能力的影响

实验方法。采用变流压测试方法，对比在相同有效应力下，围压（应力）高低对裂缝导流能力变化规律的影响。

实验参数设计。围压30MPa条件下设置流压分别为10MPa、15MPa、20MPa、25MPa和30MPa，围压40MPa条件下设置流压分别为10MPa、15MPa、20MPa、25MPa和30MPa，驱替速度均为0.5mL/min，时长均为30h以上，压裂液驱替总量均为1L。

实验流程如下：

（1）将实验仪器按流程图所示连接，通入N_2，检查实验装置气密性。

（2）将填充好支撑剂的岩样，用裁纸刀将岩样其中一面沿裂缝切开一个小口，水平放置岩样，模拟支撑剂在储层中形成的梯形结构，称量倒出的支撑剂，记录数据。

（3）将带有小口的一面朝上放入岩心夹持器中，用黑色热缩管包裹固定，使用热风枪加热热缩管至与假岩心及空腔处紧密密封。

（4）将夹持器放入壳体中固定，将围压升至30MPa，压裂液以0.5mL/min的流速开始驱替，至釜中压裂液（1L）驱完后停止实验。

（5）实验过程中记录上下游压力及驱出液体质量变化规律，并换算出驱出液实际流量绘制成图。拆除实验装置，取下岩心，冲洗夹持器空腔，收集回流出的支撑剂，放入恒温箱中烘干称量，计算回流率。

（6）缓慢切开岩样，置于恒温箱中烘干后，毛刷轻刷支撑剂，获得未嵌入的支撑剂后，用力将嵌入的支撑剂刷下称量，计算嵌入率。

（7）将所有支撑剂倒入筛网（120目）筛选，收集发生破碎的支撑剂并称量，计算破碎率。

如图4-2-3所示，不同应力条件下的裂缝长期导流能力有着相似的变化规律，初始阶段均先快速下降，后缓慢降低。根据实验初始及结束时裂缝导流能力计算，有效应力为10MPa时，实验结束裂缝导流能力保持率为49%；当有效应力超过15MPa之后，裂缝导流能力损失大幅上升，有效应力增大至30MPa后，裂缝导流能力保持率降低至18%，裂缝导流能力保持率与有效应力近似呈指数关系（图4-2-4）。

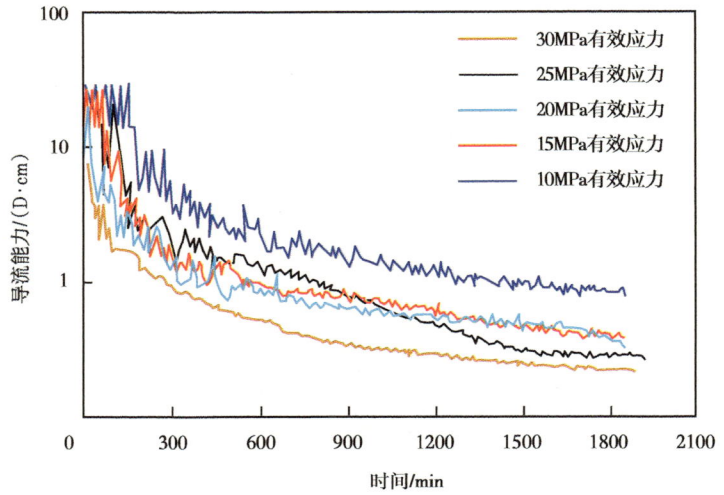

图4-2-3 不同有效应力条件下人工裂缝导流能力变化情况

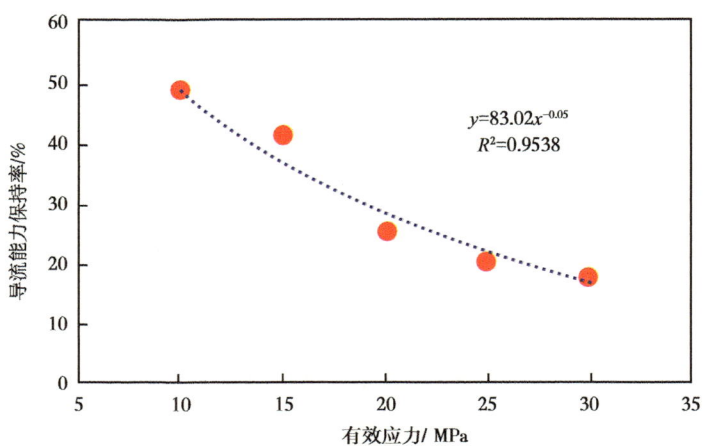

图4-2-4 不同有效应力条件下裂缝导流能力保持率

实验结束后，拆开装置取出岩心，对"空腔"内的支撑剂进行称量，获得裂缝内支撑剂回流率；用毛刷轻刷裂缝表面，将未发生嵌入的支撑剂取下，再用力将已发生嵌入的支撑剂取出并称量，计算嵌入率；最后将所有支撑剂置于120目的筛网，振动5min后将发生破碎的支撑剂收集称量，计算破碎率。支撑剂回流率、破碎率和嵌入率随有效应力的变化情况如图4-2-5所示。

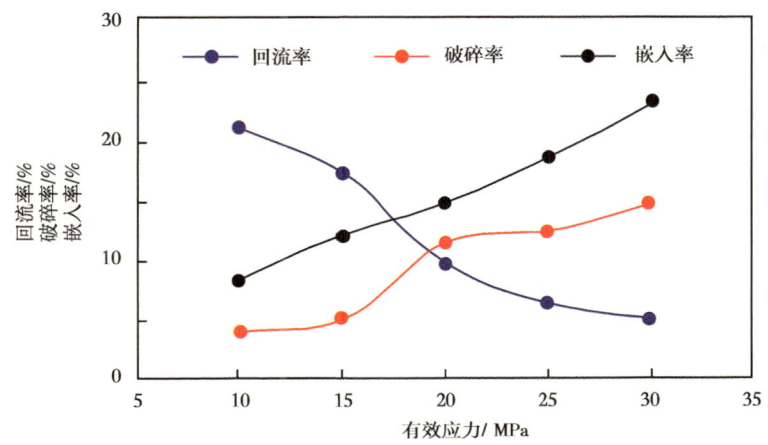

图4-2-5 不同有效应力下支撑剂回流率、破碎率和嵌入率曲线

有效应力为10MPa时，裂缝闭合程度较小，裂缝对支撑剂的"夹持"作用较弱，在驱替流体和压差作用下，支撑剂易发生运移，回流率达到21%。此后，随有效应力增大，裂缝闭合程度增大，对支撑剂的"夹持"作用增强，支撑剂回流率迅速下降，在25MPa时，支撑剂回流率约为6%。进一步地，通过对支撑剂破碎程度分析发现，在有效应力较低（10MPa、15MPa）时，未发生运移的支撑剂主要发生塑性形变，实验结束后泄压，支撑剂可恢复至原来的形状，支撑效果较好，并未存在明显的破碎作用，破碎率仅为4%~5%。当有效应力增大至30MPa时，支撑剂破碎率达到15%左右。此外，在压裂液浸润作用下，人工裂缝表面将被软化，在有效应力的作用下，支撑剂会逐渐嵌入裂缝表面。在有效应力为10 MPa时，嵌入率约为8%，随着有效应力增大，嵌入率以线性关系快速增大。至有效应力为30 MPa时，嵌入率增大至23%，有效应力与嵌入率关系为：

$$y=0.7012x+1.2456 \quad (4\text{-}2\text{-}4)$$

$$R^2=0.9934 \quad (4\text{-}2\text{-}5)$$

式中 y——支撑剂嵌入率；

x——有效应力，MPa；

R^2——方差。

综上所述，在压裂液冲刷作用下，裂缝内的支撑剂发生了回流、破碎及嵌入等多种复杂作用，这些作用共同决定着裂缝宽度和裂缝导流能力的变化。

3. 围压对裂缝导流能力的影响

实验方法。采用变流压测试方法，对比在相同有效应力下，围压（应力）高低对裂缝导流能力变化规律的影响。

实验参数设计。设计围压40MPa，流压分别设置为10MPa、15MPa、20MPa、25MPa和30MPa，驱替速度均为0.5mL/min，时长均为30h以上，压裂液驱替总量均为1L。进行流压变化下的页岩人工裂缝导流能力测试实验。

实验步骤如下：

（1）将实验仪器按流程图所示连接，通入N_2，检查实验装置气密性。

（2）将填充好支撑剂的岩样，用裁纸刀将岩样其中一面沿裂缝切开一个小口，水平放置岩样，模拟支撑剂在储层中形成的梯形结构，称量倒出的支撑剂，记录数据。

（3）将带有小口的一面朝上放入岩心夹持器中，用黑色热缩管包裹固定，使用热风枪加热热缩管至与假岩心及空腔处紧密密封。

（4）将夹持器放入壳体中固定，将围压升高至30MPa，压裂液以0.5mL/min的流速开始驱替，至釜中压裂液（1L）驱替完后停止实验。

（5）实验过程中记录上下游压力及驱出液体质量变化规律，并换算出驱出液实际流量绘制成图。拆除实验装置，取下岩心，冲洗夹持器空腔，收集回流出的支撑剂，放入恒温箱中烘干称量，计算回流率。

（6）缓慢切开岩样，置于恒温箱中烘干后，毛刷轻刷支撑剂，获得未嵌入的支撑剂后，用力将嵌入的支撑剂刷下称量，计算嵌入率。

（7）将所有支撑剂倒入筛网（120目）筛选，收集发生破碎的支撑剂并称量，计算破碎率。

根据实验得到的围压40MPa时不同有效应力下的裂缝导流能力变化曲线，结合上一节中围压30MPa时的裂缝导流能力变化曲线，绘制相同有效应力下裂缝导流能力对比曲线如图4-2-6所示。

可以看出，无论何种有效应力及围压条件下，页岩人工裂缝导流能力均呈现早期快速下降、后期逐渐变缓的趋势。同时，在低有效应力（≤15MPa）下，无论何种受力方式，二者初始导流能力及最终导流能力基本无差别；在高有效应力（>15MPa）下，改变人工裂缝受力方式，裂缝初始导流能力存在明显的差别，且随着围压升高而增大，但最终导流能力相近。

由于不同样品制样后裂缝初始导流能力存在一定的差异，为便于对比相同有效应力下围压高低对裂缝导流能力变化规律的影响，将裂缝导流能力变化曲线按照初始导流能力进行归一化处理，得到相同有效应力、不同围压条件下的归一化裂缝导流能力变化曲线如图4-2-7所示。可以看出，在低有效应力（≤15MPa）下，相同有效应力下裂缝导流能力变化规律相近，导流能力仅受有效应力控制，围压高低对裂缝导流能力变化影响不大；而在高有效应力（>15MPa）下，同一有效应力值下40MPa围压裂缝导流能力明显低于30MPa围压情况导流能力，除受有效应力控制，还与围压大小有关，围压越大导流能力损失也越高。

不同围压下支撑剂回流率、嵌入率、破碎率随有效应力的变化规律总体相近，随着有效应力的增加，支撑剂回流率逐渐降低，而破碎率、嵌入率则随着有效应力的增加而变

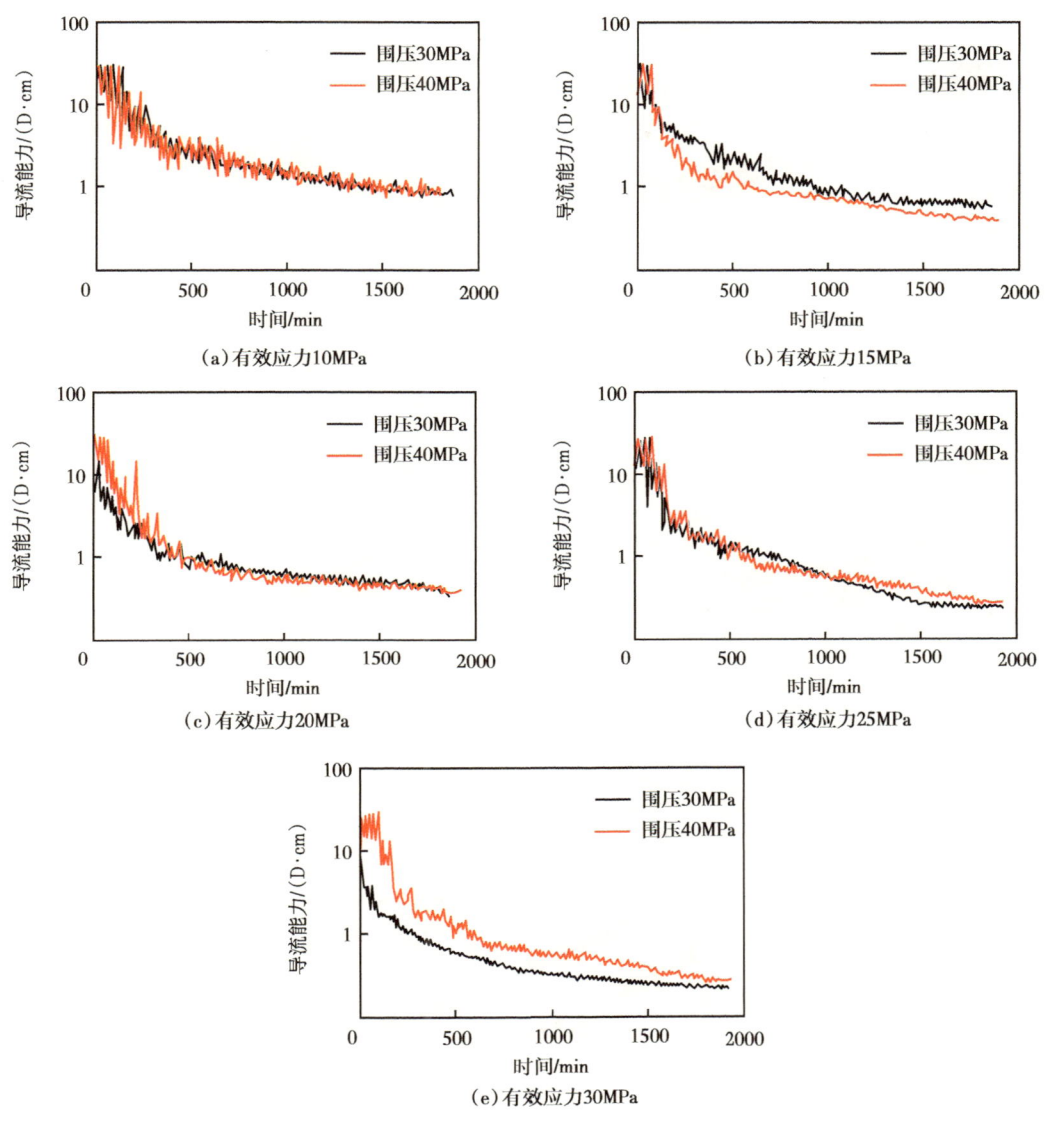

图 4-2-6 不同围压下裂缝导流能力变化曲线对比

大。在相同有效应力下,围压为 40MPa 时的支撑剂回流率高于围压 30MPa 时的支撑剂回流率,这主要是由于在高围压条件下保持相同有效应力时所需的流压更高,支撑剂更易被携带出裂缝。而支撑剂的嵌入率与破碎率则仅与有效应力直接相关,围压高低对其影响不大(图 4-2-8 至图 4-2-10)。因此,对于围压(应力)较大的气藏,更需采取控压返排制度,减缓有效应力上升速度,以降低支撑剂回流的不利影响。

4.压裂液流速对裂缝导流能力影响

实验方法。通过固定岩样受到的围压与流压,对压裂液返排速率(0.2mL/min、0.5mL/min、1mL/min、2mL/min 和 5mL/min)进行调整,探索不同压裂液返排速率下对支撑剂的回流率、破碎率和嵌入率的变化规律,研究不同压裂液流速对人工裂缝长期导流能力的影响规律。

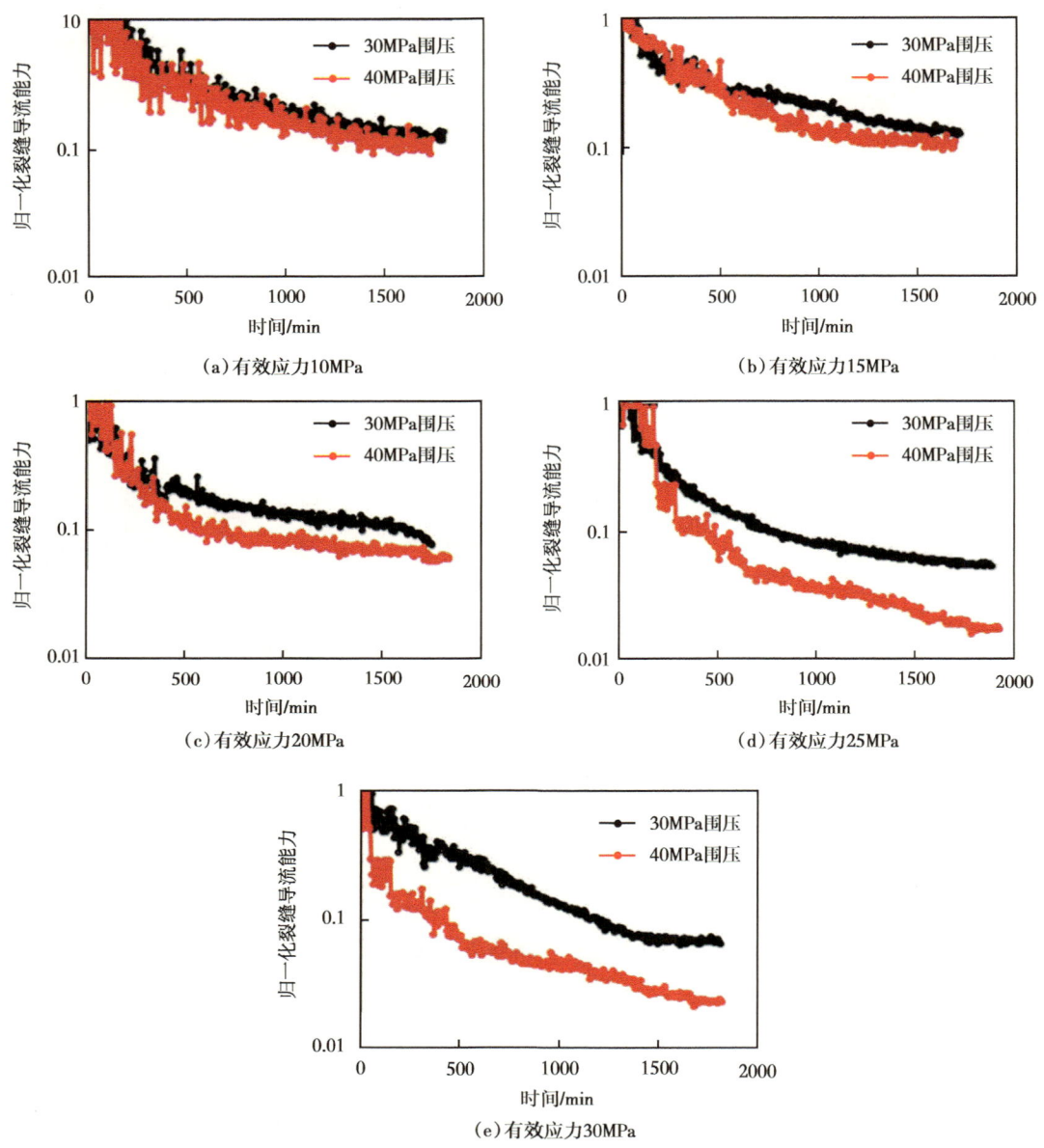

图 4-2-7　不同围压下归一化裂缝导流能力变化曲线对比

实验人工裂缝岩样制备。将质量分数 30% 的 70/100 目石英砂与质量分数 70% 的 40/70 目陶粒的支撑剂混合，置于振动机上使之混合均匀，按照理论裂缝宽度及铺砂质量将支撑剂填入人工裂缝中。

实验参数设计。通过改变注入泵的流速，将压裂液以不同的流速注入，由于实验条件的局限性，每组实验注入 1L 压裂液，流速分别设置为 0.2mL/min、0.5mL/min、1mL/min、2mL/min 和 5mL/min，共开展 5 组实验进行研究。支撑剂浓度设定为 $2kg/m^2$。

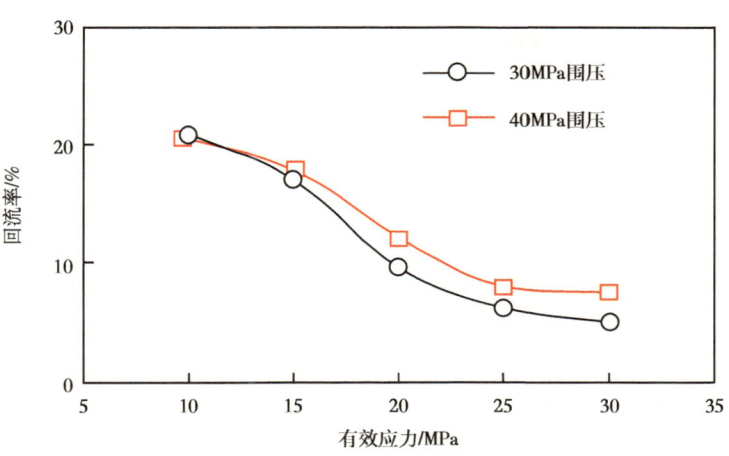

图 4-2-8　不同有效应力下的支撑剂回流率曲线

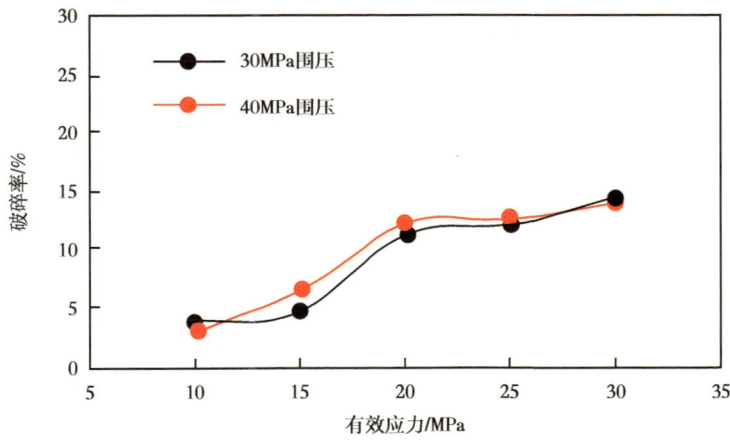

图 4-2-9　不同有效应力下的支撑剂破碎率曲线

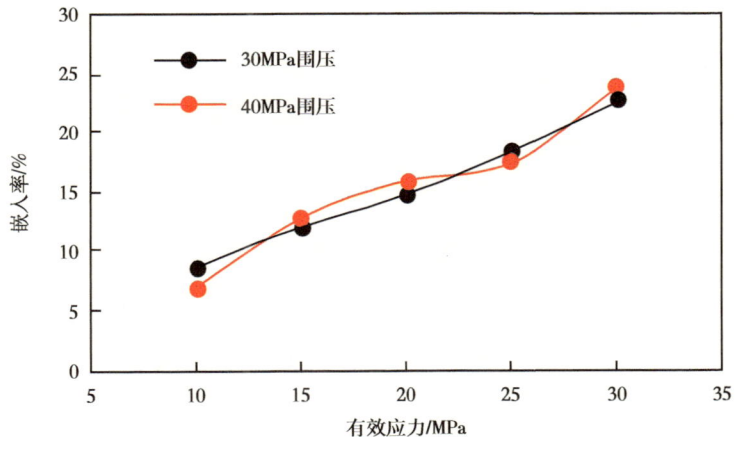

图 4-2-10　不同有效应力下的支撑剂嵌入率曲线

具体实验步骤如下：

（1）按照实验平台示意图连接实验仪器。

（2）将填充好支撑剂的岩样，用裁纸刀将岩样其中一面沿裂缝切开一个小口，水平放置岩样，缓慢滚动2~3周，模拟支撑剂在地下的梯形结构称量倒出的支撑剂，记录数据；

（3）将岩样带有小口的一面朝上放入岩心夹持器中，用黑色热缩管包裹固定，使用热风枪将热缩管与夹持器接触的位置进行密封。

（4）将实验装置安装完毕后，开启注入泵，将压裂液以 0.2mL/min 的流速注入，末端用烧杯和天平进行压裂液的收集。采用压力跟踪模式进行升压，压差为 5MPa，流压上升到 10MPa，围压上升到 15MPa。再固定流压为 10MPa，围压上升至 30MPa。

（5）实验过程中记录上下游压力及驱出液体质量变化规律，并换算出驱出液实际流量绘制成图。拆除实验装置，取下岩心，冲洗夹持器空腔，收集回流出的支撑剂，放入恒温箱中烘干称量，计算回流率。

（6）缓慢切开岩样，置于恒温箱中烘干后，毛刷轻刷支撑剂，获得未嵌入的支撑剂后，用力将嵌入的支撑剂刷下称量，计算嵌入率。

（7）将所有支撑剂倒入筛网（120目）筛选，收集发生破碎的支撑剂并称量，计算破碎率。

将围压设置为 30 MPa，流压设置为 10MPa，驱替速度分别为 0.2mL/min、0.5mL/min、1mL/min、2mL/min 和 5mL/min，驱替时长约 1800min，以探索不同压裂液返排速度下裂缝长期导流能力的区别，结果如图 4-2-11 所示。

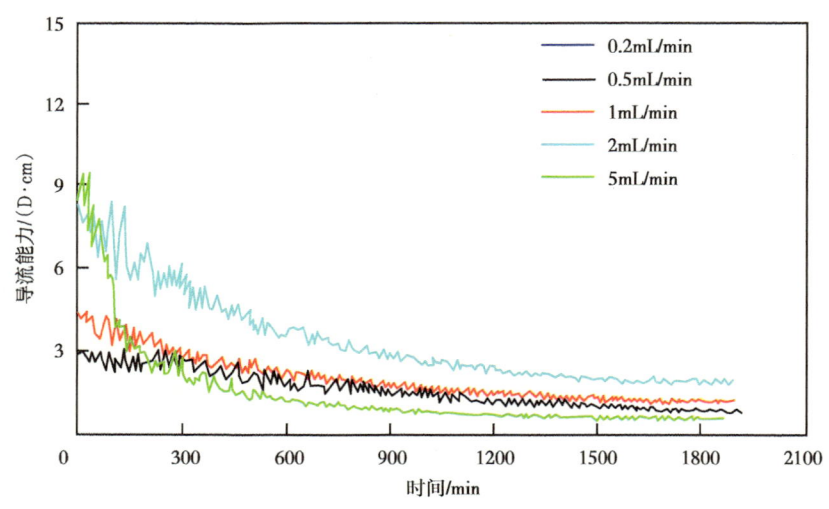

图 4-2-11 不同压裂液流速下裂缝长期导流能力变化曲线

裂液返排速度对裂缝长期导流能力的影响效果明显。在压裂液流速仅为 0.2mL/min 时，裂缝导流能力的变化幅度并不明显，仅从 0.91D·cm 逐渐降低至 0.31D·cm。这是由于，当 20MPa 的有效应力作用在支撑剂上，支撑剂发生较大程度的破碎及嵌入，且过低的流速导致支撑剂的回流程度较低。因此，低流速下的裂缝长期导流能力波动不大。随着流速增大，支撑剂回流程度增强。特别地，支撑剂发生破碎后，由于压裂液返排速率较大，破碎后的小粒径支撑剂颗粒被带出裂缝，因此其人工裂缝导流能力波动较大。流速为 5mL/min 时，裂缝导流能力从 9.32D·cm 快速降至 0.53D·cm。

为排除不同岩心制样后初始导流能力的差异性影响，将各时间点裂缝导流能力与初始裂缝导流能力的比值定义为归一化导流能力，得到不同流速下裂缝归一化导流能力，如图 4-2-12 所示。可以看出，压裂液返排速率对裂缝长期导流能力的影响效果明显。在压裂液流速较低时，裂缝导流能力变化较平缓，而高流速下裂缝导流能力则呈现一个快速下降的趋势。

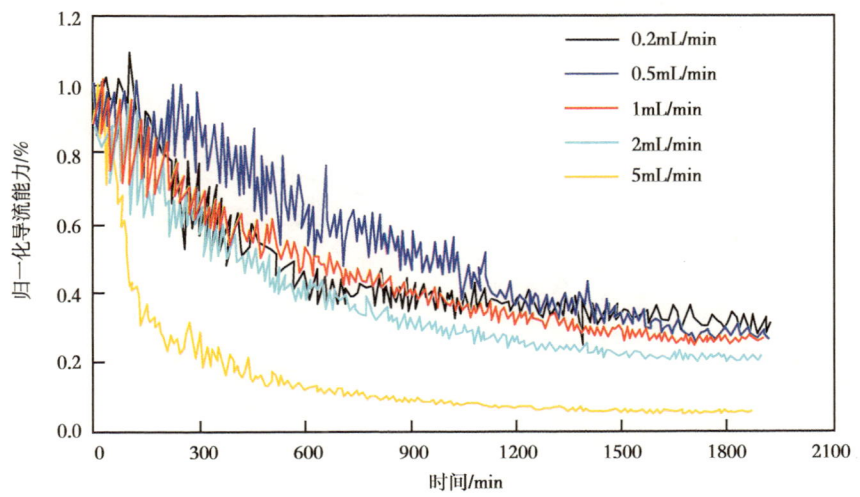

图 4-2-12　不同压裂液流速下归一化导流能力变化曲线

从裂缝导流能力保持率对比来看（图 4-2-13），当压裂液流速为 0.2mL/min，导流能力的下降幅度最小，导流能力保持率为 28%。随着流速的增加，归一化导流能力下降幅度

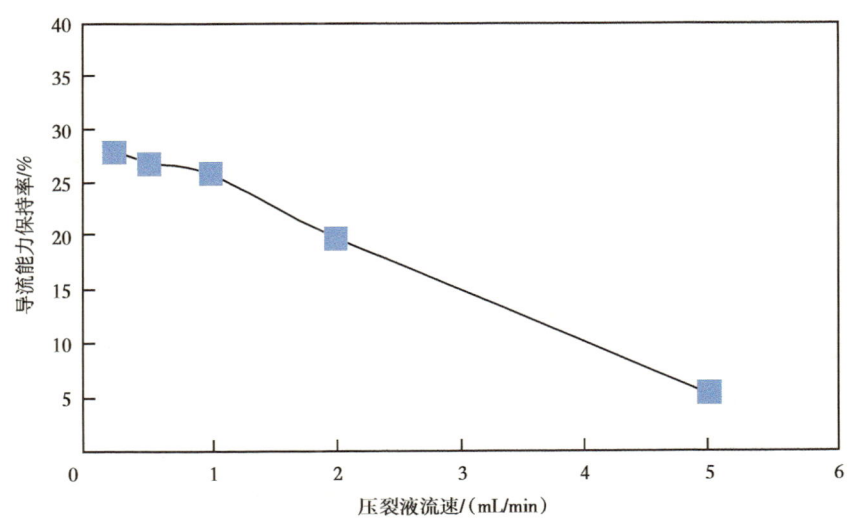

图 4-2-13　不同压裂液流速下导流能力保持率曲线

逐渐增大，导流能力损失也随之增加。在流速为2mL/min时，导流能力保持率降至20%。继续增加压裂液流速至5mL/min，归一化导流能力迅速降低，导流能力保持率也降至6%。

从支撑剂支撑效果对比来看（图4-2-14），在流速较低时，支撑剂的回流率很低，当流速超过1mL/min后，支撑剂回流率大幅增加，在当前实验条件下，压裂液临界流速为1mL/min。不同流速下支撑剂的破碎率及嵌入率变化不大，流速高低主要通过影响支撑剂回流而对裂缝导流能力产生影响。因此，控制返排液流速是降低支撑剂回流的重要手段，而其中控制单缝的流速则是关键。

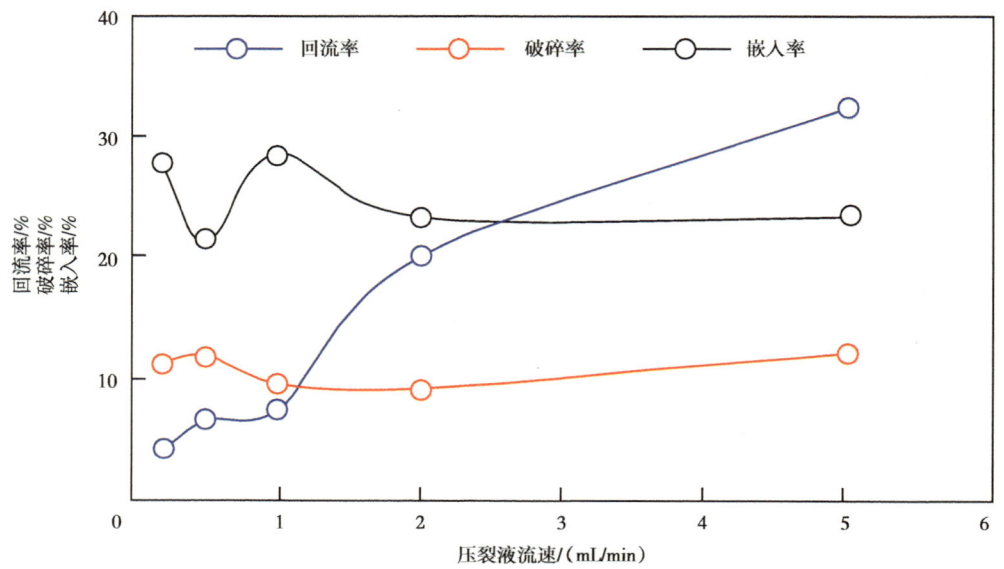

图4-2-14　不同压裂液流速下支撑剂支撑效果

二、返排制度

页岩气井实施返排的目的是通过连续排液快速建立以气占主导、液为辅的稳定流动通道，让基质中的气体通过扩散作用逐渐进入人工裂缝，人工裂缝中的气体压差作用下进入井筒中，然后被逐渐采出地面，当稳定的气液流动通道建立后，整个流动过程会呈现一种"惯性"，使得气井生产过程中消耗地层能量最少，可以发挥气井最大的生产潜力。

根据页岩气井返排动态特征，可划分出典型井和非典型井两类排采特征井，典型页岩气井返排过程细分为3个阶段。阶段1，开井，未见气，产液量持续上升，井口套压先降后升；阶段2，见气，液量、气量、井口套压同时升高，液量、井口套压达峰值；阶段3，气量达峰值，液量、气量、井口套压下降。各阶段的特征曲线如图4-2-15所示。

1. 阶段1：气井见气前

该阶段的特征是井口压力先降后升，日产液量迅速增加，井口尚未出现明显气流。

该阶段油嘴相对较小，地层有效应力较小，需重点防止支撑剂回流，因此应重点控制返排速度。

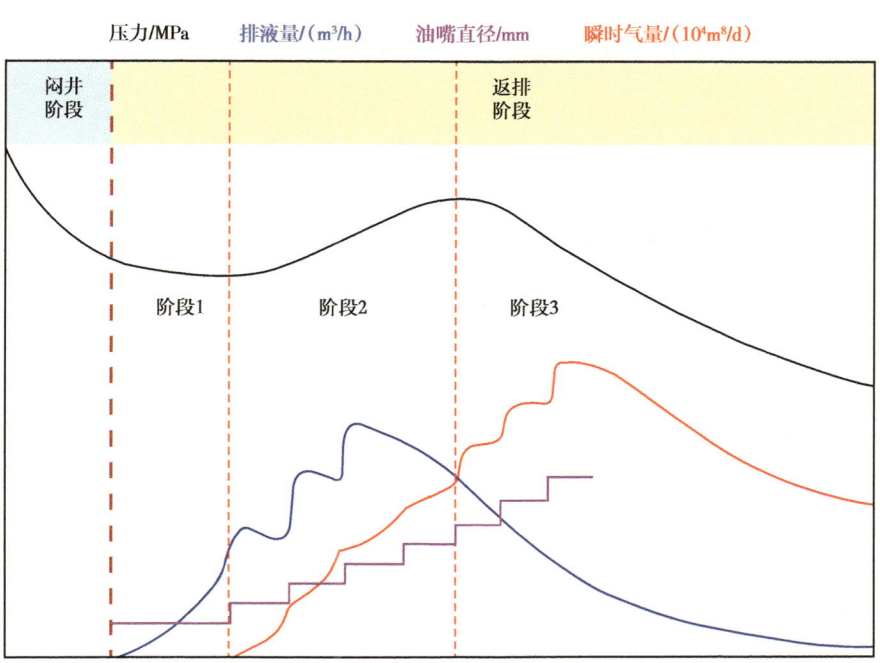

图 4-2-15 典型页岩气井返排特征曲线

为了减小人工裂缝内支撑剂回流概率,在返排阶段 1,要求在满足日产液量低于 200m³ 的条件下,油嘴尺寸根据需要从 2mm 开始逐级上调直至见气。

2. 阶段 2:气井见气至井口压力峰值

该阶段的特征是井口压力逐渐增加至峰值,日产液量也持续增加至峰值后开始迅速回落,井口见气且随着油嘴逐级增大,气量迅速上升。

该阶段是油嘴快速上调,建立气液稳定流动通道的关键阶段。随着油嘴逐级上调,地层中的有效应力迅速增加,人工裂缝内的支撑剂破碎和嵌入的概率大大提高,从而导致人工裂缝导流能力不断降低。

井口压力达峰值时代表井筒内气体所占体积达到最大,井筒内整体形成"气占主导、液为辅"的环雾流状态,压裂液在气体的携带作用下以较为缓慢的速度沿着井筒内壁流至井口,这是一种最理想的流动状态。在此阶段要求:3~5 天上调 1 级油嘴,保证气液稳定返排,以井口压力达峰值时的油嘴作为最大油嘴,不再上调。

3. 阶段 3:井口压力峰值后

该阶段的特征是井口压力达到峰值后逐渐下降,随着油嘴继续增大,瞬时气量受气井生产能力影响呈阶梯式或抛物线式上升,产液量在油嘴调整激动后先上升后持续下降。

油嘴持续上调会使"人工裂缝→井筒→井口"出现气液两相流动不稳定阶段(图 4-2-16),气体作为主要流动相的稳定状态被打破,液体再次占据主要通道,液相渗透率上升,出现"水锁"效应,进而导致"产气不连续、地层压力损失增加",因此,若上调油嘴后待气液两相达动态平衡后再上调下一级油嘴,则可以减少建立"气占主导"的通道所耗费的地层能量,尽可能地保证气井生产潜力不受影响。

基于中深层（埋深3500m以浅）和深层（埋深3500~4500m）页岩气井实际返排动态特征，建议可参照表4-2-1的各级油嘴返排日均压降要求来实施油嘴调整。

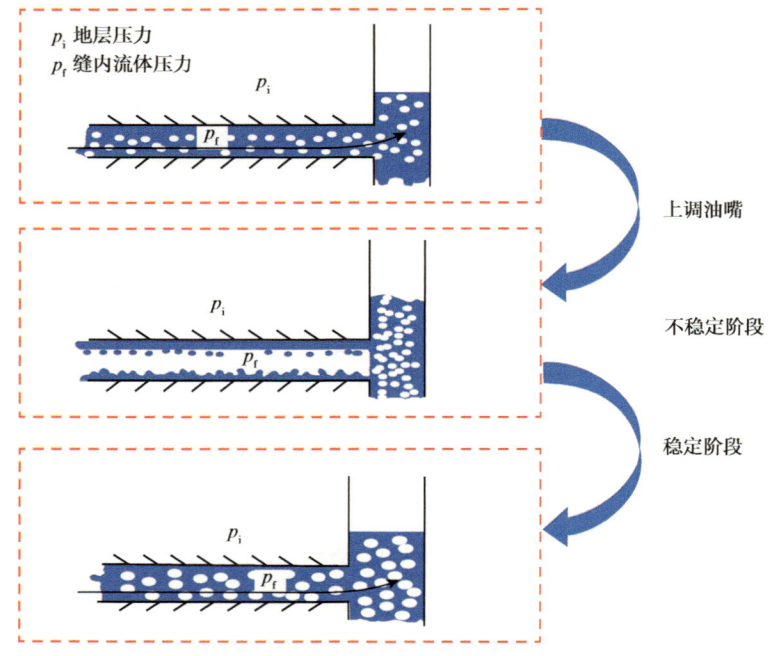

图4-2-16 油嘴制度变化气液流动状态变化示意图

表4-2-1 中深层与深层气井返排油嘴调控参数

油嘴尺寸/mm	日均压降/MPa	
	中深层	深层
4	<0.1	<0.25
5		<0.30
6	<0.2	<0.35
7		<0.40
8	<0.3	<0.45
9		<0.50
10	<0.4	<0.55
11		<0.60
12	<0.5	<0.65
13		<0.75

第三节 返排井筒与地面流程

页岩气水平井体积压裂通常采用可钻/可溶桥塞，完成分段压裂施工后，需要采用连续油管钻磨井筒内全部桥塞，并将桥塞碎屑洗出井筒以保持井筒畅通。

一、排液井筒准备

近年来，可溶桥塞逐步替代可钻桥塞应用于页岩气水平井筒的封隔分段。可溶桥塞相比可钻桥塞拥有可自然溶解的优点，但因井况以及地层产出流体性质差别，可能发生溶解不完全残留固体块堵塞井筒或井口油嘴等，仍需要采用连续油管下入桥塞钻磨工具通井至人工井底。

1. 连续油管钻磨桥塞工艺

连续油管钻磨桥塞工艺主要是采用连续油管底带专用螺杆钻具及磨鞋下到预定位置后，通过地面泵车循环工作液为井下钻具提供动力进行钻磨桥塞作业。其技术优点主要表现在，连续油管管柱同径且直径适中，可以在不接单根的情况下进行连续钻进，能很好地解决水平井钻磨桥塞时因接单根引起的卡钻问题。

1）工作原理

连续油管钻磨桥塞工艺原理：连续油管作业机驱动连续油管及其前端的钻磨工具到达目标点探到磨铣物位置后，通过地面压裂泵车泵注工作液进入工具串驱动螺杆马达，带动磨鞋转动，再通过合理工作压差和钻压控制，对井内桥塞进行削磨，形成的碎屑在高压水射流冲击作用下迅速离开井底而流向环空，通过工作液循环带出井筒，从而达到保持井筒畅通、沟通产层的目的。地面液体循环及连续油管钻磨桥塞流程如图 4-3-1 和图 4-3-2 所示。

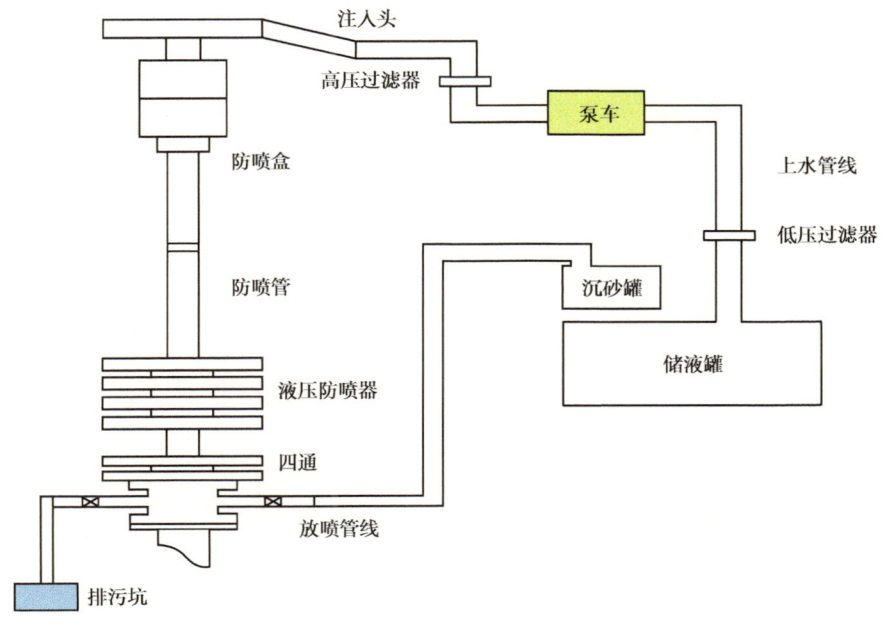

图 4-3-1　地面液体循环流程

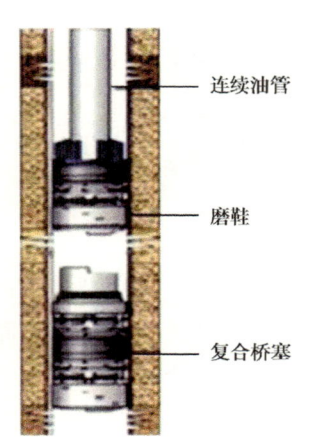 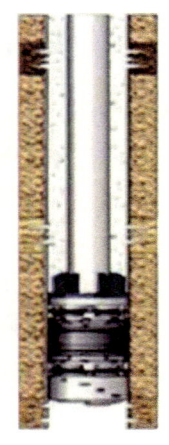 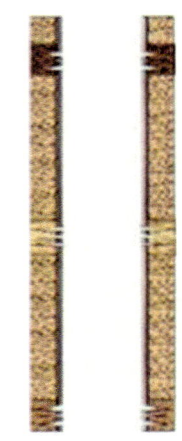

(a)连续油管下入磨铣工具　　　(b)钻磨复合桥塞　　　(c)钻塞完成，井筒畅通

图 4-3-2　连续油管钻磨桥塞流程

钻塞过程关键点主要是：缓慢钻进，保证钻屑细小，同时根据实际井底情况可增加短起次数，便于循环防止卡油管。其管柱结构通常为：连续油管＋外卡瓦连接器＋双瓣式单向阀＋双向震击器＋液压丢手＋井下液动马达＋磨鞋。通常的钻磨工具串参数见表 4-3-1。

表 4-3-1　钻磨工具串参数

序号	工具名称	外径/mm	内径/mm	长度/mm	连接螺纹类型		备注
1	外卡瓦接头	73.00	38.10	260	上	外卡瓦	用于 2in CT
					下	2⅜ in PAC-P	
1	单流阀	73.00	35.00	420	上	2⅜ in PAC-B	
					下	2⅜ in PAC-P	
3	震击器	73.00	—	1659—2159	上	2⅜ in PAC-B	
					下	2⅜ in PAC-P	
4	液压丢手	73.00	22.00	520	上	2⅜ in PAC-B	投球：23mm 剪切值：3950psi
					下	2⅜ in PAC-P	
5	震荡器	78.00	—	770	上	2⅜ in PAC-B	
					下	2⅜ in PAC-P	
6	马达	73.00	—	4090	上	2⅜ in PAC-B	
					下	2⅜ in PAC-B	
7	磨鞋	114	—	170	上	2⅜ in PAC-P	
					下		
8	工具串（总长）			7889~8389			

其应用局限性主要表现为连续油管车身较长，对于井场及道路要求高，多数泥泞低洼的老井场不具备施工条件；国产连续油管螺杆钻具处于研发试用阶段，在深井高温井方面目前仍有一定的局限性，国内连续油管作业依旧依赖于进口生产的连续油管螺杆钻具。由于进口螺杆钻具受技术垄断影响，导致服务价格昂贵；连续油管钻磨桥塞工具串较长，下钻过程中可能会遇到瞬间遇阻折断工具串或连续油管；钻磨过程中容易出现憋泵，引起砂卡、砂埋、地层吐砂等现象；易发生卡钻、磨穿套管或无进尺等问题；连续油管因其柔韧性导致工具深度误差大，钻磨时水平井段加压困难，需要施工前采用专业软件进行模拟，要求施工指挥具有丰富的施工操作经验。

2）钻磨参数优选

（1）钻压设计。

连续油管钻磨桥塞过程中，可根据油管悬重和地面泵压来确定钻压的大小。总结现场作业情况，随着钻压的提高，虽然可短时间内提高钻磨速度，但是产生的磨屑尺寸较大，不易返排，易形成卡堵。较大钻压形成的另外一个问题是形成的大磨屑重量较大，容易聚集到磨鞋底部，造成反复钻磨，引起跳钻，导致磨鞋底部切削齿掉落，使磨鞋的切削能力减弱，从而撕扯复合桥塞的橡胶，产生更大的磨屑，如此反复，形成恶性循环。因此，采用"低钻压、高转速、小进尺"设计思路，尽可能将桥塞钻磨成细小的碎屑，便于钻磨液携带返出井口。结合现场实际工作经验，综合推荐钻压为 1.0~1.5tf。

（2）钻磨进尺优化。

在钻磨过程中获得最佳钻磨进尺是靠经验、操作手的观察和作业后的分析：①监测钻磨复合桥塞的下钻速度；②持续监测连续油管悬重，保持稳定在最小值；③作业后对钻速数据进行分析，总结作业规律和经验。推荐连续油管进尺每次控制在 1~2cm。

（3）短起频率及速度。

短起，通常都是钻磨掉 2~5 个桥塞后才进行。短起的目的有两方面：一方面是把碎屑带到垂直井段，易于返到地面；二是减少托压效果，提高钻塞效率。现场作业时，随着钻磨桥塞数量增加，钻磨更深处桥塞的钻磨进尺明显放缓，且连续油管和井下工具也时而会卡。建议通过丰富的经验观察和作业记录来确定短起前钻磨桥塞的最优化数量。

通常短起速度控制在 10~15m/min。井下工具引起的局部固体流态化效果会帮助固体碎屑的带出。在短起时，马达上没有载荷，应该增加泵排量，加快短起速度。

（4）钻速方程。

桥塞的长度通常介于 0.5~1.0m 之间，钻磨单个桥塞的钻头磨损量较小，在单塞钻磨过程中切削齿被磨损的高度可视为一个定值。要优化钻塞效率，则应首先考虑如何快速高效地钻磨掉单个桥塞。在现场钻磨桥塞施工过程中，钻速方程为：

$$v = kNh(F)\frac{60Q\eta}{q} \quad (4-3-1)$$

式中　v——钻塞速度，mm/s；

　　　k——钻速方程修正系数，桥塞段的结构越复杂，对应的系数值越小，通常取 0.15~0.45；

　　　N——钻头翼数；

$h(F)$——钻头压入桥塞的深度（是钻压 F 的函数），深度可由不同工况下的钻压求得，mm；

Q——泵排量，m^3/min；

η——螺杆钻具容积效率；

q——螺杆钻具每转排量，m^3/min。

由表达式可知，钻压越大，钻塞速度就越快。但是受连续油管力学特性影响，钻压如果超过一定值，会导致连续油管螺旋屈曲，继续增大钻压并不会增加钻头切削桥塞的钻压；连续油管钻塞的转矩由螺杆钻具提供，而不同型号的螺杆钻具都有额定的输出转矩，当切削转矩小于额定转矩时，螺杆钻具正常工作；反之则会出现憋钻，影响螺杆钻具使用寿命和钻塞效率。

由钻速方程可知，钻速不仅取决于泵排量、钻压等参数，还取决于钻头、桥塞和螺杆钻具的结构参数。当桥塞、钻头和螺杆钻具选定后，可求解出最佳的排量和钻压，使钻塞速度达到最大。

在切削转矩小于额定转矩，并且施加钻压满足大于螺旋屈曲钻压、小于输出额定转矩施加钻压的情况下，使钻速最大，此时的钻速即为最优钻速。

2. 连续油管钻磨工具及作业装备

1）钻磨工具

钻磨工具主要由连接器、马达头总成、震击器、螺杆马达、水力振荡器、磨鞋、单流阀和丢手等组成，其中，螺杆钻具为磨鞋提供扭矩，实现桥塞钻除；单流阀起到防止螺杆钻具反转的作用；震击器可在卡钻时提供震击力，实现解卡，无法解卡时通过丢手工具丢手后，再进行弥补措施。工具串可通过油管或连续油管下入指定位置，但大多选择连续油管带工具串进行钻磨。其中，螺杆钻具和钻头是其中的关键部分，直接影响了工具的使用寿命和钻磨桥塞的效率。

（1）马达头总成。

马达头总成包括双活瓣单流阀、丢手工具和循环接头，如图 4-3-3 所示。循环接头装有高额定抗压值的破裂盘，如若发生卡钻且循环不通畅时可以从破裂盘打开，从而在马达上方形成流道，可以改善局部流动，在卡钻时更好地清理井筒。

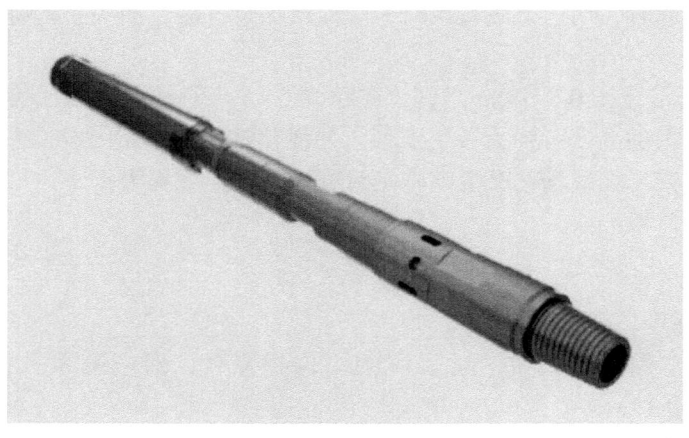

图 4-3-3　马达头总成

（2）震击器。

震击器可分为：机械式震击器、机械液压式震击器、液压式震击器。磨铣碎屑卡在震击器以下工具串和管壁之间时，震击器可产生上下两个方向的附加震击力，有助于解卡。尤其是在长水平段井中，受连续油管限制，施工排量往往不高，导致水平段碎屑上返困难，在起下油管时卡阻现象明显，震击器的使用有助于油管的正常起下。

①机械式震击器。机械式震击器在井下一般是锁紧状态，卡瓦齿条嵌入其心轴槽内，如图4-3-4所示。工作时，心轴带动卡瓦移动，压缩弹性套储存能量，继续加大轴力，当达到标定释放力时，卡瓦张开，卡瓦心轴与卡瓦分离，储存的弹性能在这一刻转换成动能使心轴加速运动，直到震击偶发生碰撞，产生轴向震击力。

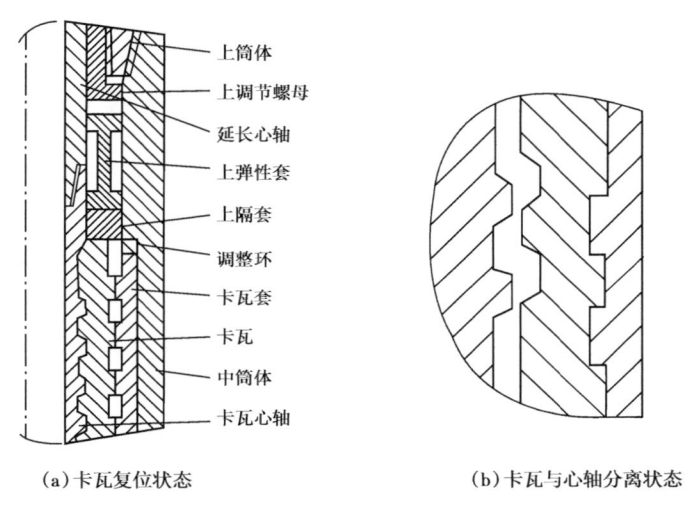

图4-3-4　机械式震击器工作原理示意图

②机械液压式震击器。常见的机械液压式震击器一般是上半部分安装上下击阻尼阀，下半部分安装机械卡瓦机构。上、下震击作业时，释放力时，锁紧装置随即松开，先是机械卡瓦起锁紧作用，当拉力达到锁紧机构的标定之后进入液压延时阶段，阀体通过憋压区后产生震击力。

③液压式震击器。液压式震击器是通过在阀体延时机构的憋压区产生憋压效果，如图4-3-5所示。继续施加轴向力，钻具产生弹性压缩或者拉伸现象，从而储存弹性势能，当阀体通过憋压区时，如图4-3-6所示，弹性势能转换为动能，心轴加速运动，直到震击偶发生碰撞，产生震击力。

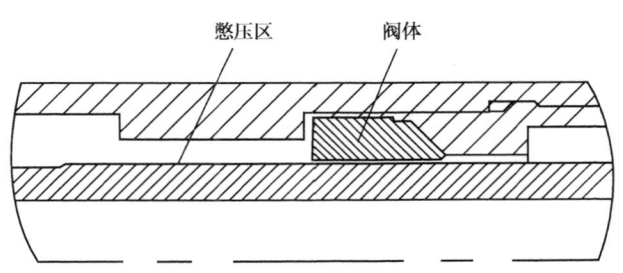

图4-3-5　阀体达到憋压区示意图

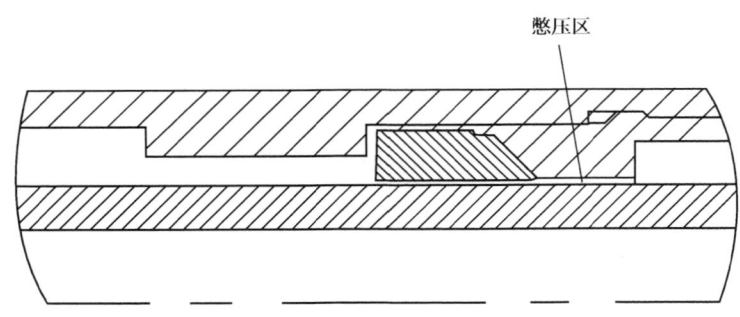

图 4-3-6　阀体通过憋压区示意图

机械式震击器的特点在于卡瓦机构起到的锁紧作用,所以不易产生误震,但是一旦下井后,震击力就无法调节;机械液压式震击器震击力可调,并且有机械卡瓦作为锁紧机构大大减少误震现象,其缺点在于震击器总长度会变长。液压式震击器可以通过控制轴向力的大小和施加轴向力的速度来控制震击力大小,但是在复位的时候偶尔会有误震的情况发生。全液压式连续油管作业双向震击器的结构如图 4-3-7 所示。

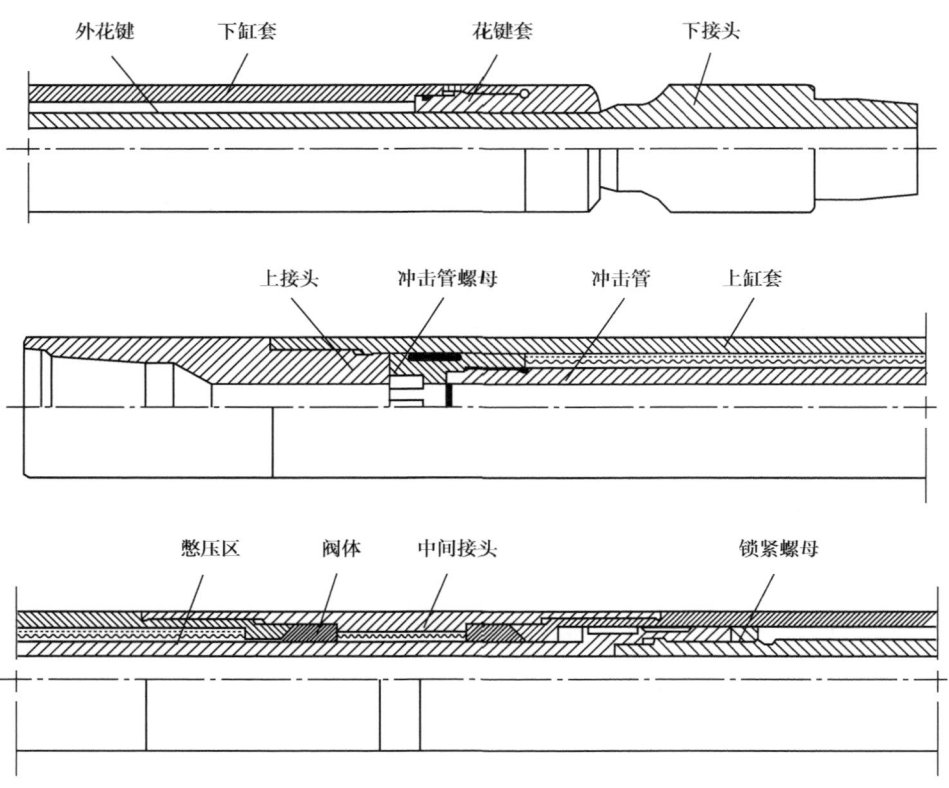

图 4-3-7　全液压式连续油管作业双向震击器结构示意图

下入震击器主要是为了在遇卡时通过震击让井下工具解卡。下入震击器也有一定的风险,震击器有一段裸露的活塞部分外径较小,桥塞复合材料容易聚集在此处,若桥塞碎屑聚集，震击器就只能震击一次，没有方法重新设置震击器再震击一次。如果下了液压震击器，工具长度会增加，投球所需丢手工具的位置需要考虑。常规作业方法是把丢手工具置于震击器下方，但钻磨复合桥塞作业中，震击器活塞也是造成卡钻的原因之一。

（3）螺杆马达。

目前国内大部分页岩气井完井套管都是 ϕ139.7mm，所使用的马达外径通常都是 ϕ73mm。这种小尺寸马达均采用金属转子、橡胶定子。ϕ73mm 马达通常流量限制在 450L/min，最大作业扭矩大约是 540N·m。马达流量限制了循环最大排量，在没有严重影响油管疲劳寿命时会需要更高的循环排量来提高返屑率。通常可使用两种方法来提高最大循环排量，第一种方法是在转子中心

第二种方法是在马达上方的井下工具的某个接头处钻眼。但是这样会把动力以上的系统变成开放系统，当马达停转时，扭矩就不存在了，从而降低了马达从停转情况下的自我恢复能力。建议增大马达尺寸来增加最大循环排量。ϕ85.7mm 马达的流量通常限制在 600L/min，最大作业扭矩接近 950N·m，转速接近 350r/min。大马达，具有较高的最大流速，可保持大水眼的清洗，减少短起时间，减少卡钻风险。

螺杆马达虽然具有很好的过载性能和硬机械特性，但是在现场应用中经常遇到问题，造成钻塞失败。在钻磨作业中可能会造成以下问题：①泵注压力太高，出口不返；②钻塞无进尺；③壳体脱扣；④壳体折断；⑤传动轴折断；⑥钻塞过程中造成卡钻。

（4）水力振荡器。

水力振荡器是钻磨桥塞时最常见的可选择工具，如图 4-3-8 所示，它的核心原理是通过压力脉冲产生水击效果。压力脉冲是通过一瞬间内部活塞或马达截面开关几次产生的。当水力振荡器处于关闭位置时，马达截面上产生的流量暂时减少，引起压力上涨；而工具打开时，流量增大，压力很快降低，这种快速压力脉冲会沿着连续油管产生水击效果。

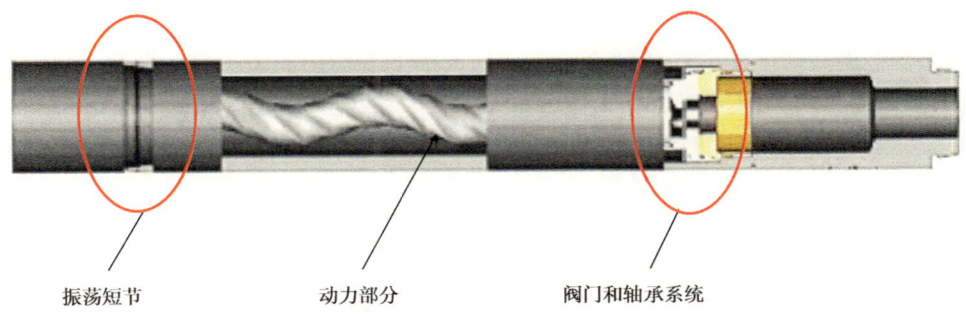

图 4-3-8　水力振荡器结构示意图

这种水击效果会沿着连续油管产生拉伸载荷，其主要作用有两个：第一，因为压缩载荷明显减小，连续油管能下入井筒更深位置；第二，黏着滑动的现象直到油管下入井筒更深处才会出现，钻磨深处桥塞的时间会减少。

水力振荡器通过钻井泵将液压能转化为机械能，改变钻进过程中仅靠下部钻具的重力给钻头施加钻压的方式，使钻头或下部钻具与钻柱中的其他部分的连接变为柔性连接，从而达到提高滑动机械钻速的目的，作用主要有以下几点：

①改善井下钻压传递效果。改变钻头的加压方式，单纯的机械式加压改为机械与液力相结合的加压方式，为钻头提供真实、有效的钻压。

②减少摩阻，防止托压。水力振荡器在钻进过程中准其上下钻具在井眼中产生纵向的往复运动，使钻具在井下的静摩擦变成动摩擦，大大降低了摩擦阻力，工具可以有效地减少因井眼轨迹而产生的钻具托压现象，保证有效的钻压。

③MWD/LWD工具的兼容性。水力振荡器与MWD/LWD配套使用不会破坏MWD/LWD工具和干扰系统信号增加了水力振荡器的实用性。

④与各种钻头均配合良好。可同牙轮钻头和PDC钻头一起使用，对钻头牙齿或轴承无冲击损坏，延长了PDC钻头使用寿命。

⑤加强定向钻进，提高机械钻速。防止钻具重量叠加在钻具的一点或者一段，从而更好地控制工具面。配合PDC钻头提高定向能力，使PDC钻头滑动钻进更加容易，显著提高定向钻进和转盘钻进速度。

（5）磨鞋。

通常钻塞时，桥塞的复合和金属部件在磨鞋下会滚成球状，导致载荷变化大，引起较大冲击力，导致磨鞋牙齿破碎失败。有两种常见磨鞋用于复合桥塞钻塞：一种是刀翼式平头磨鞋，另一种是平底磨鞋。刀翼式平头磨鞋比平底磨鞋更锋利，刀翼式平底磨鞋将会承受更多的点载荷，这些点容易作用在套管上，在水平井中则易沿井眼作用在井的较低处；而平底磨鞋的整个截面受力更均匀。因此，水平井中平底磨鞋更适用。磨鞋也应该有个凹面确保桥塞碎屑位于磨鞋面下，从而碾磨成更小的碎屑块。磨鞋面偏离中心处应该略微上点碳化合金涂层，能确保桥塞碎屑在磨鞋下面滚动碾磨，不脱离磨鞋面中心。根据现场经验，磨鞋尺寸应该是通径尺寸的95%~98%。太大的磨鞋，太接近通径尺寸，可能无法顺利通过井筒，而太小的磨鞋将使较大碎屑上返，增加卡钻可能性。

在相同的工况及施工参数下，磨鞋的选择是影响钻塞施工的主要因素之一。磨鞋选型的影响主要表现在切削能力和切削形成碎屑的大小上。切削能力不足，导致进尺缓慢，切削形成的碎屑大，导致返排困难，易造成卡钻等复杂情况，影响施工的正常进行。

另外，磨鞋水眼尺寸的选择与磨鞋及地层结构、钻磨进尺率等因素有关。水眼太大，马达轴承不能得到很好的润滑，同时还会使马达承受钻压的能力降低；水眼太小，泵压达到额定值时，流量相对较小，马达的最佳性能就无法发挥出来。若流量达到额定值，系统压力会偏高，马达推力轴承的寿命就会受到影响。在磨鞋外径的选择上过小，易形成较大碎屑或造成桥塞"扒皮现象"；过大，因受套管内径的限制，可能在过射孔炮眼位置遇阻。

（6）液力加压器。

液力加压器是一种广泛应用于钻井作业的能量转换装置，利用泵压为动力将工作液液压能转换为钻压的新型工具。1995年，地质矿产部石油钻井研究所成功研制了水力加压工具。近年来，我国根据钻井施工的需要又开发了双行程水力加压器和带测位装置的水力加压器。美国Baker Hughes公司研制开发了小尺寸的水力加压器，用于解决水平井或套管开窗侧钻井中施加钻压的问题。将液力加压器用于修井钻磨作业，其加压方式减轻了。磨鞋在纵向上的振动，并且对扭转振动和横向振动有减振作用，主要是因为它将管柱振动与磨鞋的振动分离开了，具有减振作用，对于改善钻具受力变形、减少钻具疲劳损坏以及提高机械钻速具有显著效果。液力加压器一般由上接头、活塞、缸体和心轴组成，结构如图 4-3-9 所示。液力加压器的上接头与单向循环阀连接，下连缸体。多级活塞包容在缸体内，主活塞与心轴为一体并连接钻头。扭矩通过缸体的花键传递给心轴来给钻头加压。

图 4-3-9　液力加压器结构示意图
1—心轴；2—花键体；3—半环；4—活塞杆；5—连接体；6—上接头

液力加压器主要技术参数如下：外径 95mm，下端连接螺纹 73.0mm，工作行程 300mm，水眼直径 32mm，活塞级数 2，活塞面积 48.3cm^2，长度 3202mm。工艺原理：当磨鞋接近桥塞面时，开泵循环清洗井筒，循环液体经钻柱由液力加压器的上接头进入各级缸筒。当循环液体经磨鞋流出时，因磨鞋喷嘴的节流作用，导致在缸筒内产生了压力。液力加压器具有液力减振作用，利用液体弹性吸收的原理，结合钻井液柔性连接关系，可有效地保护钻具和钻头，而且在行程内能够实现自动送钻功能，当钻完 1 个行程后，指重表悬重上升，然后下放钻柱，进行第 2 个行程。

2）连续油管作业机

连续油管作业机由载车、连续油管卷筒、注入头、井口防喷器组组成，结构如图 4-3-10 所示。

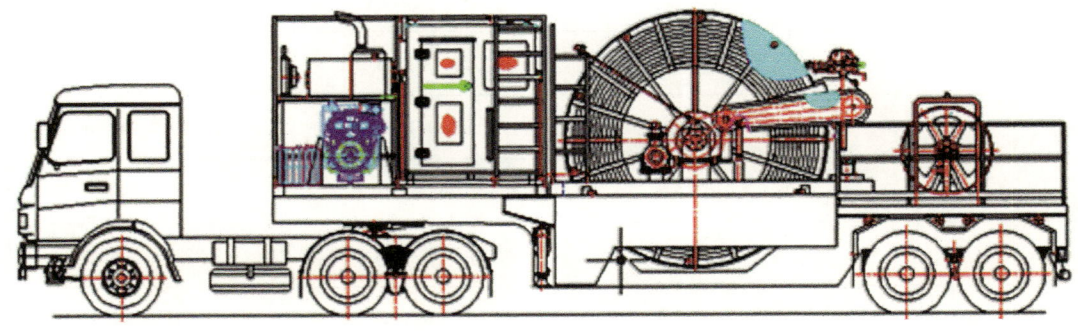

图 4-3-10　连续油管载车结构示意图

（1）连续油管卷筒。

连续油管卷筒为钢制焊接结构，通过液马达传动。在连续油管入井时，液马达保持较小的背压，使注入头拉曳管子时保持一定的拉力。起出时，液马达的压力增加使卷筒与注入头起出连续油管的速度保持一致。卷筒的前面装有自动排管器和长度计数器，卷筒还装有轴向气动刹车装置，用于注入头与卷筒之间的连续油管突然断开时刹住卷筒，不能用于控制下放速度。主要结构如图 4-3-11 所示，基本参数见表 4-3-2。

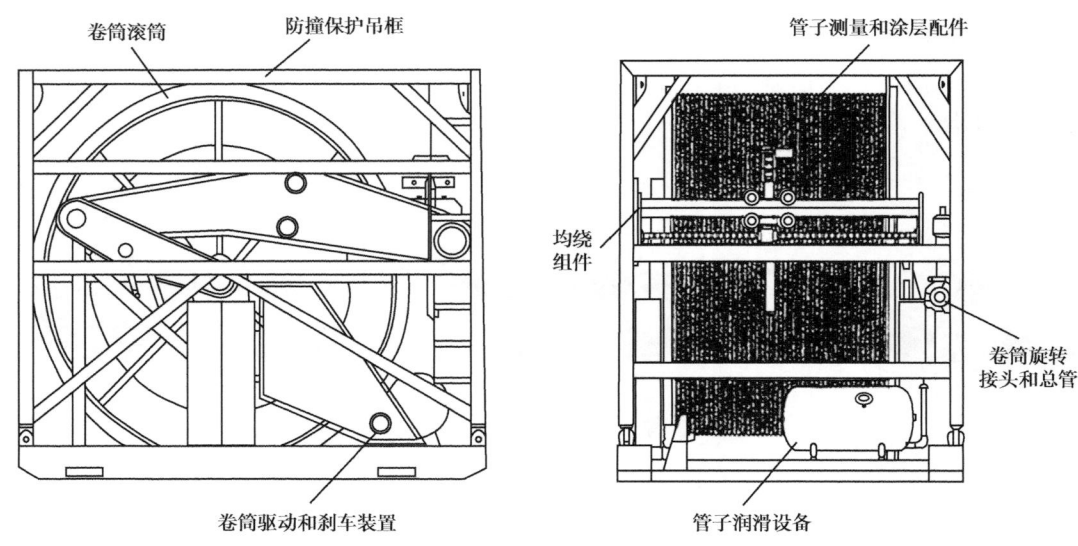

图 4-3-11 典型的连续油管卷筒

表 4-3-2 不同尺寸连续油管的弯曲屈服半径、管子卷筒中心半径和管子导向拱半径的比较

连续油管外径 /mm	弯曲屈服半径 /mm	管子卷筒中心半径 /mm	管子导向拱半径 /mm
19.05	4089.4	609.6	1219.2
25.4	5435.6	508.0~762.0	1219.2~1371.6
31.75	6807.2	635.0~914.4	1219.2~1828.8
38.10	8153.4	762.0~1016.0	1219.2~1828.8
44.45	9525.0	889.0~1219.2	1828.8~2438.0
50.80	10896.6	1016.0~1219.2	1828.8~2438.0
60.33	12928.8	1219.2~1371.6	2286.0~3048.0
73.03	15646.1	1371.6~1473.2	2286.0~3048.0
88.90	19050.0	1651.0~1778.0	2286.0~3048.0

（2）注入头。

连续油管注入头是利用两条相对的齿轮驱动牵引链控制连续油管柱，该牵引链由反向旋转液压发动机提供动力。在牵引链条的外侧嵌装内锁式鞍状油管卡子，链里的鞍形油管卡子由液压压辊使卡子压紧在油管上，产生所需要的牵引力，实现人为控制。连续油管作业装备注入头主要结构如图 4-3-12 所示，基本参数见表 4-3-3 至表 4-3-7。

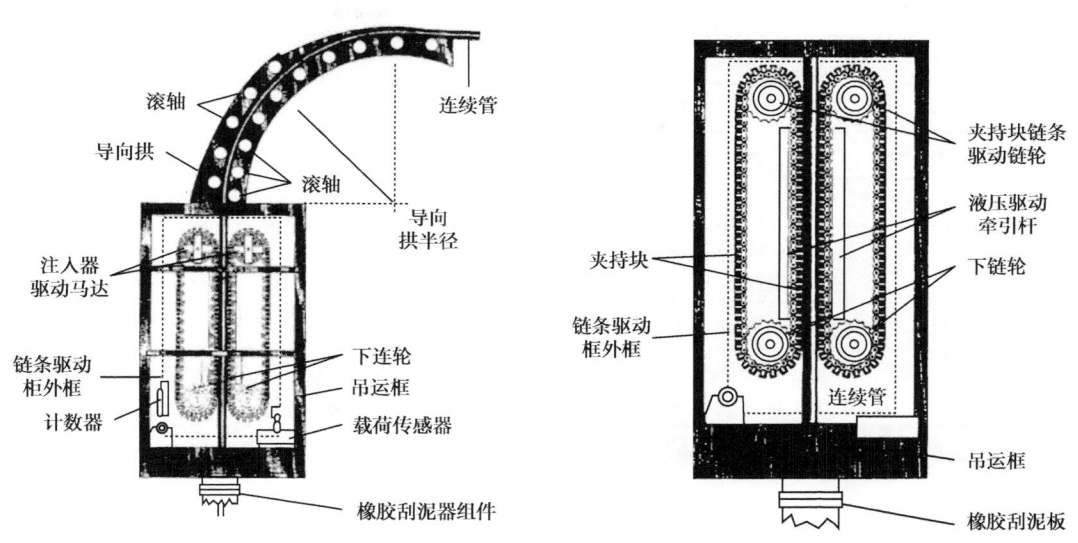

图 4-3-12　连续油管作业装备注入头主要结构示意图

表 4-3-3　加拿大 DKECO 能源服务有限公司注入头基本参数

性能参数		DTI30	DTI40	DTI60	DTI90	DTI120
最大拉力 / kN	间歇工作工况下，最大间歇压力为 24.5MPa 时	148.33	177.93	297.28	430.41	533.79
	连续作业工况下，最大压力为 21MPa 时	127.13	152.57	254.81	368.94	462.17
油管尺寸 / mm	最大尺寸	60.3	60.3	60.3	88.9	88.9
	最小尺寸	25.4	25.4	25.4	38.1	38.1
最大下入速度 / (m/min)	低速		37.5	33.9	23.4	18
	中速				35.4	
	高速	64.2	75	68.1	70.5	36.0
液体流量 / (m³/min)		0.49	0.34	0.49	0.49	0.49
液压驱动马达性能	最大间歇压力 /MPa	24.5	24.5	24.5	24.5	24.5
	连续工作压力 /MPa	21	21	21	21	21
	最大间歇速度 / (r/min)	300	300	300	300	300
	连续工作速度 / (r/min)	200	200	200	200	200
	21MPa 时的扭矩 / (kN·m)	5.52	12.34	12.34	18.51	12.34×2
注入头总质量 /kg		3230.0	3697.0	4386.3	5085.7	8849.8

表 4-3-4　美国 Hydra Rig 公司注入头基本参数

项目	基本参数		
规格型号	HR560	HR580	HR5100
连续油管举升力 /kN	266.89	355.86	444.82
强行下入能力 /kN	115.85	177.93	222.41
最大下入速度 /（m/min）	60（最小位移）37.8（最大位移）	45.6（最小位移）30.6（最大位移）	52（最小位移）25.2（最大位移）
驱动系统	特制齿轮传动、单液压马达等	特制齿轮传动、单液压马达等	特制齿轮传动、单液压马达等
链条系统	"快接"夹紧器，橡胶悬挂系统，注入头链条润滑系统等	"快接"夹紧器，橡胶悬挂系统，注入头链条润滑系统等	"快接"夹紧器，橡胶悬挂系统，注入头链条润滑系统等
连续油管尺寸 /mm	25.4~60.3	38.1~88.9	38.1~88.9
质量 /kg	3673.43	5215.37	7891.07

表 4-3-5　哈里伯顿公司注入头基本参数

项目	基本参数		
规格型号	HES60K	HES80K	HES100K
连续油管举升力 /kN	266.89	355.86	444.82
强行下入能力 /kN	133.45	177.93	222.41
连续油管尺寸 /mm	31.75~60.3	31.75~73.0	38.1~88.9

表 4-3-6　BOWEN 公司注入头基本参数

注入头型号	液压马达型号	最大额定拉力	连续油管尺寸 /mm
25MD	H-20 POCLA	高速：23.1MPa 时为 55.6kN 低速：23.1 MPa 时为 111.2kN	19.05、25.4、28.575、31.75
40MD	H-20 POCLA	高速：24.15MPa 时为 88.7kN 低速：24.15MPa 时为 176.4kN	25.4、31.75、38.1、44.45、50.8
60MD	H-20 POCLA	高速：22.4MPa 时为 133.4kN 低速：22.4MPa 时为 266.9kN	25.4、31.75、50.8、44.45、50.8、60.3

表 4-3-7　美国 CUDD 公司注入头基本参数

型号	125 Hydra Rig	240 Hydra Rig	260 Hydra Rig	440 Hydra Rig	800 S&S	800L S&S	480 Hydra Rig	3120 Hydra Rig
最大拉力 /kN	142.34	177.93	266.89	266.89	355.86	355.86	444.82	444.82
向下下入能力 /kN	44.48	66.72	66.72	88.96	177.93	177.93	177.93	266.89
注入头质量 /kg	3401	3628	5306	3265	2970	3220	6122	8299
连续管尺寸范围 /mm	25.4~44.45	25.4~44.45	25.4~60.3	25.4~60.3	19.05~88.9	19.05~88.9	31.75~88.9	50.8~114.3

（3）井口防喷器组。

连续油管作业的防喷器组一般由4个液压防喷器组成。最小工作压力一般为68.95MPa。井口防喷器组最低配置包括全封心子、剪切心子、卡瓦心子和半封心子等4个部分，主要结构如图4-3-13所示，还可根据需要加装相应的组件。

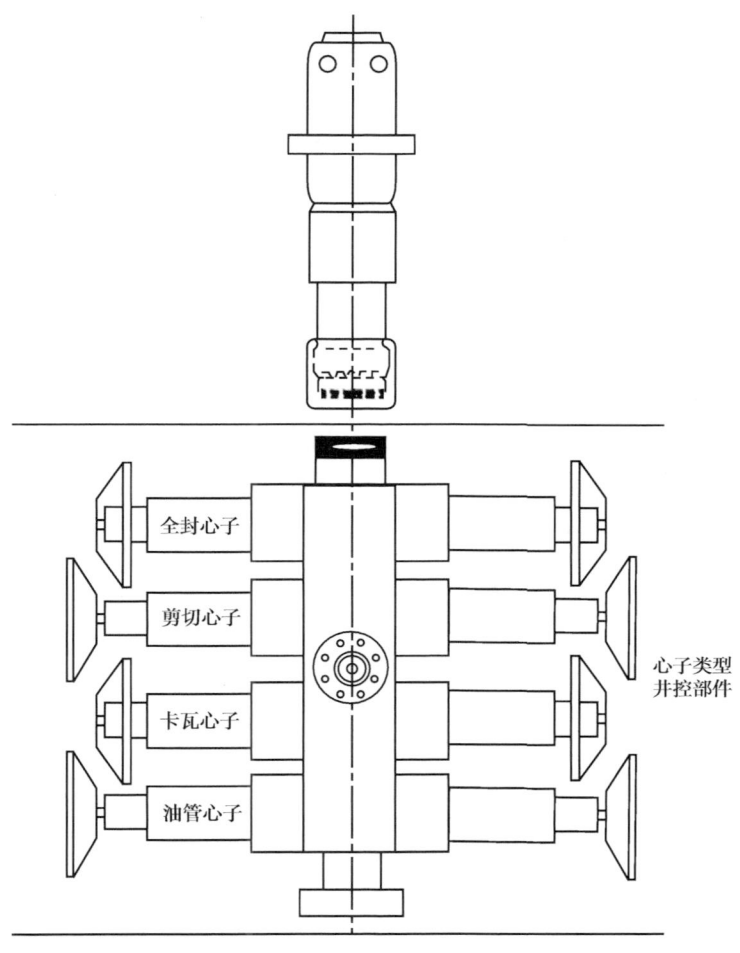

图4-3-13　推荐的最小井控装置

二、地面排采工艺

页岩气地面排液测试技术作为认识页岩气区块，验证地震、测井和录井等资料准确性的最直接、有效的手段，是石油勘探开发的一个重要组成部分。通过地面排液测试设备，可以记录井口压力、温度，测量比重及天然气和水产量等数据，可以得到页岩气层的压力和温度等动态数据、计量出产层的气/水产量、测取流体成分等资料，计算出页岩气藏的产能、采气指数等数据。因此，地面排液测试技术，对于取全取准资料尤为重要，对油气田的勘探开发意义重大。

1. 地面排液测试流程

常规地面测试作业，通常是一口井配一套地面流程设备，以完成井筒流体降压、保温、分离、计量测试等作业。但是，在进行如页岩气工厂化地面测试作业时，将面临如下难题：(1) 由于页岩气藏特殊的井下作业及储层改造措施，地面流程还需要具备捕屑、除砂、连续排液等更多的功能，所需地面流程设备较常规地面流程更多；(2) 若仍然按照一口井配一套流程作业，不仅作业平台没有足够的空间摆放地面设备，同时也大大增加作业成本，降低了页岩气井组开发效率；(3) 页岩气平台井组的完井试油作业往往涉及多工序同时交叉作业，怎样确保地面排液测试作业的安全顺利进行成为难题。

因此，页岩气藏的地面工艺流程设计，总体原则就是以模块化地面排液测试技术为依据，减少地面流程的使用套数。同时，能满足多口井同时作业，满足多口井不同工况作业的同时进行。目前，大多数页岩气平台进行工厂化开发，井场普遍为6口井，下面以较为复杂的6口井平台为例进行介绍。现在将页岩气地面排液测试流程大致划分为井口并联模块、捕屑除砂模块、降压分流模块和分离计量模块，提出了利用多流程井口并联模块化布局，以解决整个页岩气平台丛式井组的地面排液测试需求。具体地面流程如图 4-3-14 所示，该流程可同时满足 6 口井分别进行加砂压裂、钻塞洗井、返排测试等不同工况的排采作业。

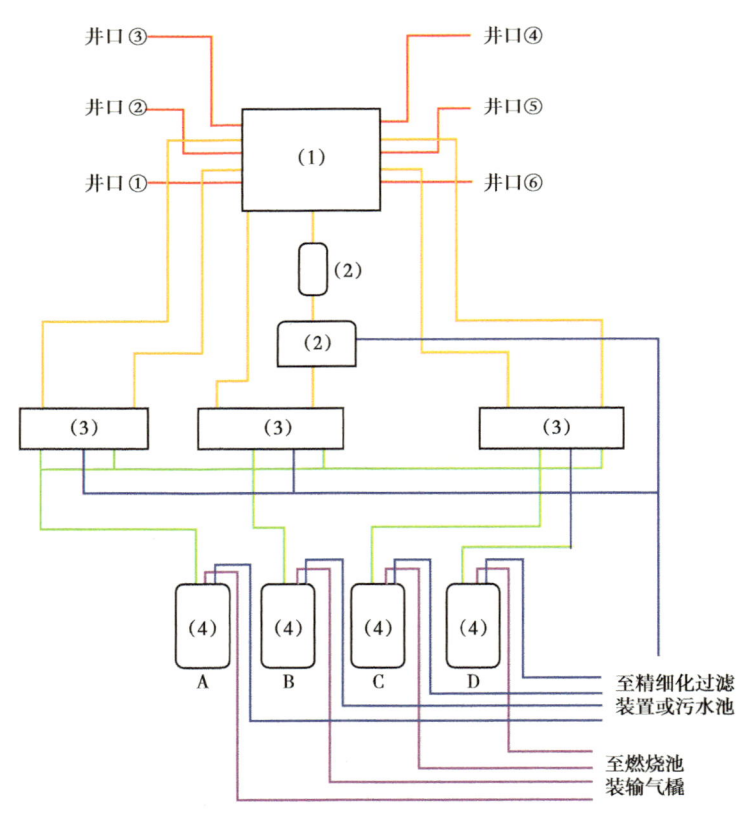

图 4-3-14 丛式井组地面流程示意图
(1)—井口并联模块；(2)—捕屑除砂模块；(3)—降压分流模块；(4)—分离计量模块

具体设计时,将原先每口井需要使用一套地面测试流程的设计,合并为6口井同时使用4套地面流程,精简了地面测试计量流程设备。其流程设计主要特点为:

(1)井口并联模块是采用多个65-105闸阀组成的管汇组直接与平台上各井口连接,现场能够满足平台上各井能同时开井且井间不窜压、任意井单独压裂砂堵后解堵、任意井单独钻磨捕屑、任意井单独高压除砂、任意井单独测试。

(2)捕屑除砂模块采用1套捕塞器+1套除砂器串联后,直接与井口并联模块相连,由井口并联模块倒换接入需要钻磨桥塞、捕屑除砂的单井。若排液测试中出砂量大,可以采用2个捕屑除砂模块。

(3)降压分流模块是采用3个油嘴管汇橇并联组成,与井口并联模块之间采用65-105法兰管线连接,以满足6口井不同工况下的作业。

整个流程简明清晰,一目了然,功能齐全,而且便于操作。可以实现同井组不同井的不同作业不受干扰。每口井都能实现单独的排液测试,若要合并作业,流程同样能够实现。应用模块化地面测试技术,通过不同功能区块的划分,实现了对整套地面流程设备的充分利用,满足了页岩气平台井组压裂改造的同时进行排液及产能测试的需要,以较少的测试设备(仅4套)完成对全井组的连续排液作业,很好地体现了页岩气藏工厂化、批量作业新需求。

2. 地面排液测试装备

1)105MPa捕屑器

(1)结构组成。

捕屑器主要由本体、滤管、相应的阀门与变径法兰等构成(图4-3-15);捕屑器本体主要采用180-105法兰管线,滤管装于捕屑器本体之内,常用的滤网为5mm、6mm和8mm。

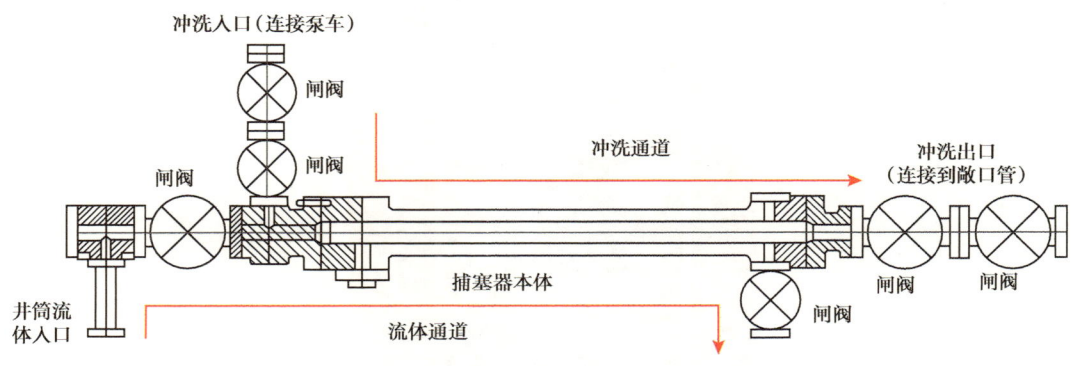

图4-3-15 捕屑器设计图

(2)主要参数及技术标准。

工作压力:105MPa;

捕屑方式:滤网式;

工作温度:-19~120℃;

工作环境:酸性、碱性、含硫、含砂、含屑流体介质环境;

滤管尺寸：$\phi180mm×\phi150mm×3300mm$；

捕屑容积：$54435825mm^3$；

过滤孔直径：$\phi5mm$、$\phi6mm$、$\phi8mm$；

环空尺寸：$\phi180mm×\phi150mm$（单边6mm）；

结构：可以在线连续冲洗；

防硫等级：EE级。

执行技术标准：

API Spec 6A《井口装置和采油树设备规范》；

NACE MR 0175—2003《油田设备用抗硫化氢应力开裂的金属材料》。

（3）作业原理。

主要用于页岩气等非常规气藏钻桥塞或水泥塞作业中担任捕屑角色，安装在流程最前端，从井筒返出的携砂流体，首先进入滤筒内部，内置滤筒拦截钻塞过程中井筒流体带出的桥塞等碎屑，经滤筒过滤后的流体再从侧面流出，碎屑被滤筒挡在其内部，从而实现碎屑和流体的分离，避免桥塞碎屑等固体颗粒大量进入下游，能有效地防止流程油嘴被堵塞或节流阀被刺坏，保障作业过程中流程设备和管线的安全，保证作业的连续性。

2）105MPa旋流除砂器

（1）结构组成。

105MPa旋流除砂器由旋流除砂筒、集砂罐、管路、阀门、除砂器框架和仪表管路等几部分组成（图4-3-16）。

图4-3-16　105MPa旋流除砂器设备结构图

（2）主要参数及技术标准。

工作压力：105MPa；

除砂方式：旋流式；

工作温度：-19~120℃；

最大气处理量：$100×10^4m^3/d$；

最大液处理量：690×10⁴m³/d；
工作环境：酸性、碱性、含硫、含砂流体介质环境；
除砂效率：95%以上；
结构：可以连续排砂；
防硫等级：EE级。
引用标准：
TSG R0002—2005《超高压容器安全技术监察规程》；
GB 150—2011《压力容器》；
JB 4732—1995《钢制压力容器分析设计标准》（2005年确认版）；
GB/T 22513—2013《石油天然气工业 钻井和采油设备 井口装置和采油树》；
NACE 0175《防硫化氢应力裂纹的油田设备金属材料》；
SY/T 5612—2018《石油天然气钻采设备 钻井液固相控制设备规范》；
JB/T 7703《热喷涂陶瓷涂层技术条件》；
TSG 21—2016《固定式压力容器安全技术监察规程》；
橇装管线设计标准 ANSI B31.3；
NB/T 47023—2012《长颈对焊法兰》；
容器的油漆、包装、运输要求参照 NB/T 10558—2021《压力容器涂敷与运输包装》。
（3）作业原理。

旋流除砂器是一种配合地面测试使用的高压除砂设备，适用于压裂后洗井排砂和出砂地层的测试或生产。

105MPa 旋流除砂器是通过在超高压除砂罐内设置旋流筒，将井流切向引入旋流筒内，产生组合螺线涡运动，利用井流各相介质密度差，在离心力作用下实现分离，砂子从容器底部的排砂口排出，气、液则从容器顶部排出。

3）105MPa 动力油嘴

（1）结构组成。

105MPa 动力油嘴系统主要由两大部分组成，包括动力油嘴阀体（图 4-3-17）及远程液压控制装置（图 4-3-18），阀体是节流控压的主要部件，而远程液压控制装置主要用于远距离控制动力油嘴的开关。

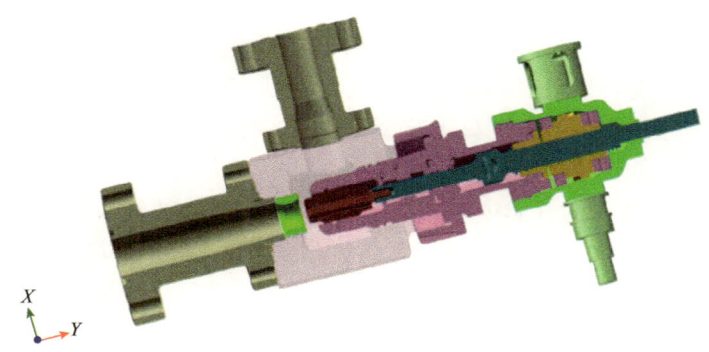

图 4-3-17 105MPa 动力油嘴

动力油嘴系统具体组成包括：刻度指示标尺、动力总成、油嘴总成、油嘴本体、防磨护套、入口法兰短节、出口法兰短节和远程液压控制系统。该装置主要安装于排砂管线上，其中动力总成部分主要由液马达、涡轮、蜗杆、壳体组成，壳体通过螺栓与油嘴本体连接，液马达由远程液压控制系统驱动；油嘴总成主要由油嘴、油嘴套、油嘴阀座、连接杆等组成。油嘴总成安装在油嘴本体内，动力总成通过涡轮心部的螺杆与油嘴总成中的连接杆相连，刻度指示标尺与动力总成的螺杆相连。进口法兰短节和出口法兰短节分别连接于油嘴本体的上下游。

（2）主要参数及技术标准。

公称通径：65mm；

额定工作压力：105MPa；

额定温度级别：P.U（-29~121℃）；

图4-3-18 动力油嘴远程液压控制装置

材料代号及类别：75K/EE；

连接形式：API 6BX型法兰连接；

进口连接：BX 2 9/16 in-15K；

出口连接：BX 3 1/16 in-15K；

最大节流通径：2in（50.8mm）；

阀芯行程：2in（50.8mm）；

产品规范级别：PSL3；

性能要求级别：PR1；

执行标准：API 6A 19；NACE MR 0175油田设备用抗硫化应力裂纹的金属材料。

（3）作业原理。

流程上游流体通过入口法兰短节进入油嘴装置，通过油嘴与油嘴阀座之间的环形间隙后流经出口法兰至下游。油嘴与油嘴阀座之间的间隙通过动力总成来实现调节，动力总成与远程液压控制系统相连，通过远程液压控制系统带动动力总成液压马达工作，驱动蜗杆蜗轮并带动螺杆前进与后退，由于螺杆与油嘴连接杆相接，从而螺杆的运动将带动油嘴连接杆和油嘴的前后运动，达到增加或减少油嘴与油嘴阀座之间间隙的目的，实现节流开度的任意调节。节流开度可以通过刻度指示标尺进行观察，也可通过在蜗杆后端安装位置指示传感器，在液压控制面板上直接显示节流开度的大小。

控制系统配有蓄能器和手动增压泵，采用气体驱动方式，以压缩空气为驱动气源，通过输出的液压油控制油嘴的开启或关闭，油嘴的开启度实时显示在控制面板的数显仪表上；面板上可以手动操作手动控制阀开大或关小油嘴，同时可以监控阀前或者阀后压力（两路）。通过调节速度调节阀可以控制动力油嘴的开关速度。液压系统采用气动增压泵供液，同时备有1台手动泵，当气泵出现故障或低压气源中断时，通过备用手动泵也能保证系统应急工作。液压控制回路能够实现自动补压功能和超压自动排放功能；控制柜系统适应现场的全天候、连续运行、操作。具体原理示意图如图4-3-19所示。

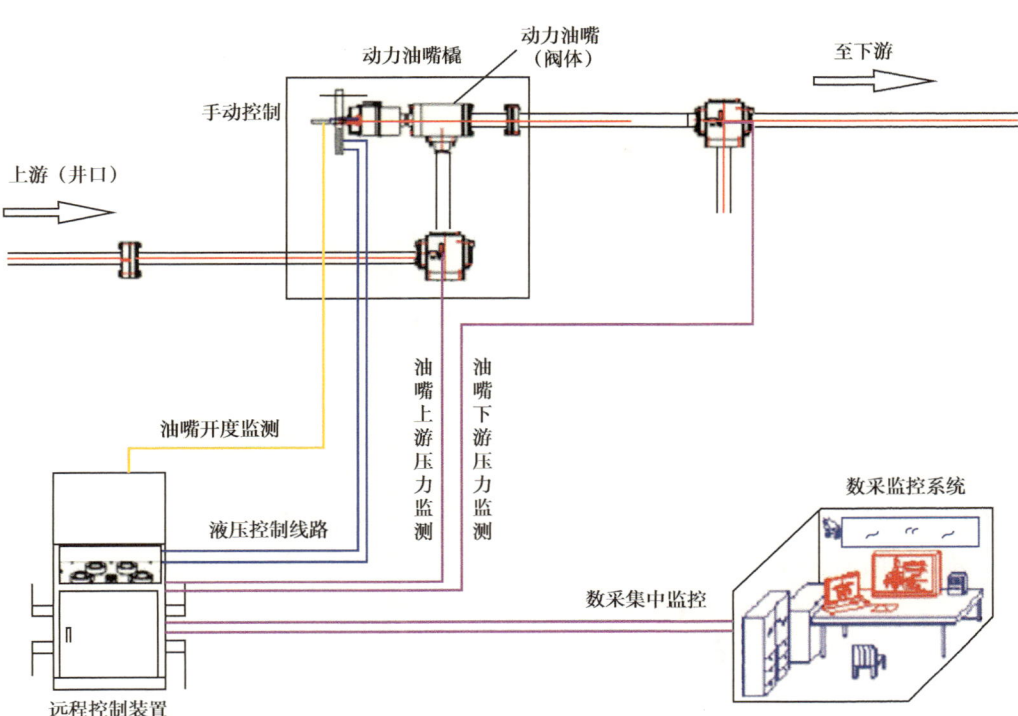

图 4-3-19　105MPa 动力油嘴系统工作原理示意图

4）探砂仪

（1）结构组成。

探砂仪在地面测试领域主要应用于测量地面流程流体中固相颗粒的含量，有效地指导现场施工，以便减少固体颗粒对设备的侵蚀，可起到安全防范作用。它是由探砂仪探头、数据传输线、探砂仪主机及计算机（安装探砂仪软件）等部分组成，如图 4-3-20 所示。

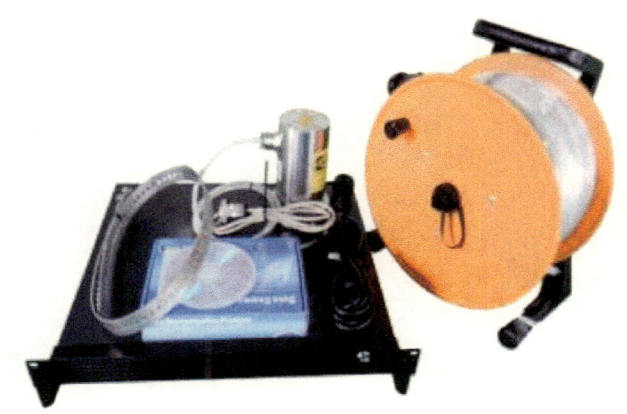

图 4-3-20　探砂系统组成示意图

（2）主要参数及技术标准。

电功率：0.8W；

工作温度：-40~225℃；

最远距计算机位置：2000m；

质量：2.0kg（4.4 lb）；

尺寸（直径×高度）：800mm×800mm（3.15in×3.15in）；

外壳材质：316 不锈钢；

输出信号：RS485（Multi-Drop）/4~20mA/Relay；

外壳标准：IP 56；

本安标准：EEx ia Ⅱ B T3-T5（DNV-99-ATEX-1004X）Ⅱ 2G。

（3）工作原理。

设备基于"超声波智能传感器"技术。这种传感器安装在第一根弯头后面，返排流体中的固相颗粒碰击管壁的内壁，产生一种超声波脉冲信号。超声波信号通过管壁传输，并由声敏传感器接收。探头被调节或校验到在频率范围内提取声音后，将它传给计算机之前的智能部分（探砂仪主机）做电子处理。再将处理后的信号传给计算机，通过探砂仪计算软件计算出地面流程流体中固相颗粒的含量，并显示曲线。

第四节　气井初期产能评价

页岩气井初期产能评价方法因返排制度的不同而有所差异，主要包括放压返排和控压返排制度下的两种方法。

一、放压返排制度下的气井产能评价方法

放压返排制度，即开井后通过逐级放大油嘴衰竭式排液，各级油嘴普遍持续时间不超过 2 天，最大油嘴不超过 10mm。放压返排制度可在返排初期快速确定气井最大生产能力，但大油嘴返排带来的支撑剂回流、人工裂缝应力敏感等负面影响会显著影响页岩气井长期生产能力。

新区新层系、关键试采区块、需要进行重点测试的区域应选取符合条件的典型气井实施放压人工测试定产，快速获取相关区域气井生产能力，为产能建设、地面集输配置提供支撑。

放压返排气井通过人工测试定产评价产能，人工测试定产分为两步：

（1）放压排液。开井后以不大于 3mm 油嘴控制排液，在每级油嘴持续时间不低于 24h 的情况下逐步放大油嘴，每级油嘴应保持井口压力、产气量及产水量相对稳定，没有明显出砂，持续观察井口压力、排液、出砂及见气情况。

（2）测试定产。排液至日产气量达峰值时开始测试求产，要求日产气量波动范围小于 5%；当日产气量大于 $50×10^4m^3$ 时，井口压力平均日波动幅度不大于 0.7MPa；当日产气量为 $20×10^4$~$50×10^4m^3$ 时，井口压力平均日波动幅度不大于 0.5MPa；当日产气量小于 $20×10^4m^3$ 时，井口压力平均日波动幅度不大于 0.3MPa；井口压力和产量稳定时间要求不小于 5 天。

通过人工测试定产获得的气井稳定测试产量作为放压返排制度页岩气井产能评价结果，返排及测试过程中的具体技术要求参照 Q/SY《页岩气井排液试气作业规范》执行。

二、控压返排制度下的气井产能评价方法

控压返排制度,即开井后通过逐级放大油嘴控压排液,各级油嘴普遍持续时间在 2 天以上,最大油嘴不超过 10mm,日均压降 0.3MPa 以内。控压返排相比放压返排可大大减小返排初期支撑剂回流概率,减少人工裂缝应力敏感现象,最大程度保证人工裂缝长期导流能力,显著提高页岩气井长期稳定生产能力,是页岩气井的推荐返排制度。

控压返排气井无法通过快速放大油嘴人工测试定产,因此需通过选取合理的评价阶段,通过稳定产量和压力数据计算气井测试产量评价气井产能。

控压返排气井计算测试产量分为三步:

(1)评价阶段选择。选取井口压力达峰值时为初期产能评价的起点(图 4-4-1),此时储层和井筒内流动状态由液相主导转为由气相主导,具备评价气相生产能力的条件。

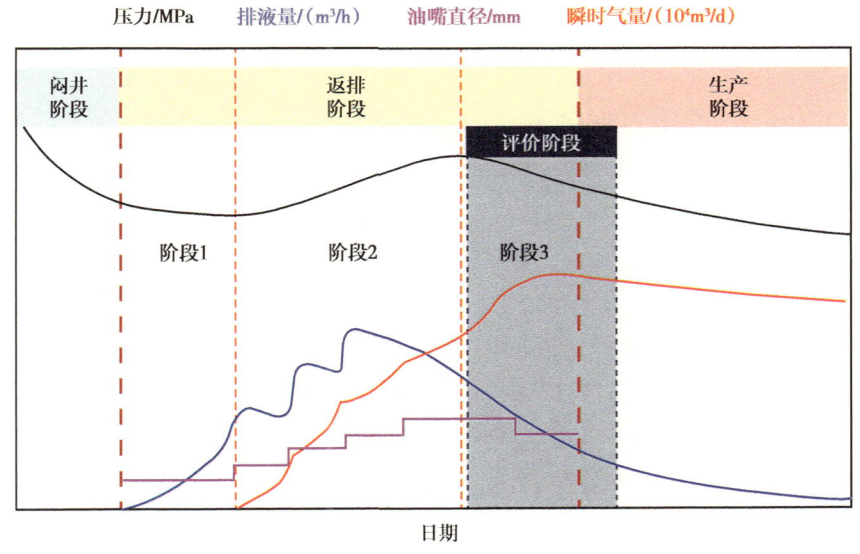

图 4-4-1 控压"闷井→返排"模式及阶段划分

(2)产能指数计算。以井口压力达到峰值时为起始点,录取压力峰值后第一个月日均产气量、压力峰值对应井底流压与压力峰值后第一个月底井底流压差 3 项关键参数,通过压力峰值后第一个月日均产气量与单位压降程度(压力峰值对应井底流压与压力峰值后第一个月井底流压差的比值)的比值作为气井产能指数,有:

$$Q = \overline{q} / (\Delta p_{wf} / p_{wf}) \tag{4-4-1}$$

式中 Q——产能指数,$10^4 \text{m}^3/\text{d}$;

$\overline{q}$——峰值井口压力后评价期内日均产气量,$10^4 \text{m}^3/\text{d}$;

p_{wf}——峰值井口压力时对应井底流压,MPa;

Δp_{wf}——峰值井口压力后评价期内井底压降,MPa。

(3)测试产量计算:以目标区块评价试采期人工测试定产气井的测试产量为基础,计算其返排阶段产能指数,绘制出测试产量与产能指数的相关关系曲线(图 4-4-2),即可通

过新井产能指数确定其测试产量,评价产能。

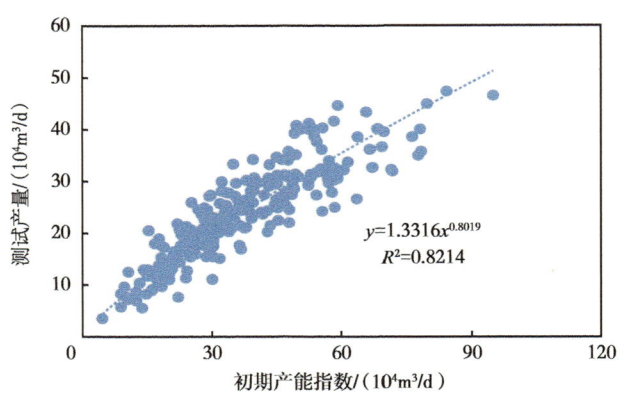

图 4-4-2 产能指数与测试产量关系图

第五节 返排液再利用

页岩气采用大规模体积压裂的模式进行开发,所需的压裂液量大,产生的返排液多,且含有大量的杂质,由此带来了一系列的生态环保问题:一是无害化处理成本高,直接排放存在环境污染问题;二是现场压裂过程中配液用水不足,施工时集中用水,造成井场周边用水供需矛盾突出;三是返排液现场存储过程中易发黑变臭,影响周边环境。在页岩气大规模开发时期,压裂返排液回用是解决现场用水缺乏和压裂返排液处理难题的最佳途径[1-3]。然而,返排液直接回用对施工液体性能以及储层改造效果都存在影响,需要采用合适的处理工艺对返排液进行处理,水质达标后实现大规模回用。

一、返排液水质

返排液中含有各种压裂液添加剂以及地层中的离子、机械杂质或悬浮物、细菌等,其污染物种类繁多,成分较为复杂,矿化度高,COD 和氨氮含量较高。不同页岩气区块的返排液水质不同,表 4-5-1 是某典型页岩气区块压裂返排液的水质[4]。

表 4-5-1 某页岩气区块压裂返排液水质

序号	参数	单位	返排液水质指标		
			最小	平均	最大
1	总悬浮物含量	mg/L	438	914	1840
2	硅含量	mg/L	23	27	30
3	浊度	mg/L	102	453	931
4	总溶解固体	mg/L	27500	62571	88800
5	钡含量	mg/L	21	934	1510
6	钙含量	mg/L	1990	3743	5280

续表

序号	参数	单位	返排液水质指标		
			最小	平均	最大
7	镁含量	mg/L	193	356	490
8	氯化物含量	mg/L	23900	47514	59900
9	锰含量	mg/L	5	14	17
10	铁含量	mg/L	33	46	79
11	锶含量	mg/L	141	762	1150
12	硫化物含量	mg/L	0.04	0.08	0.19
13	硼含量	mg/L	39	49	55
备注	目前，我国页岩气区块不产油，返排液中的微量油主要来源于钻井过程中的油基钻井液以及压裂过程中的乳液降阻剂引入的油相。				

从表 4-5-1 可以看出，返排液水质较为复杂，且杂质含量变化范围大，总悬浮物含量、总溶解固体以及二价金属离子含量均较高。由于我国页岩气开发越来越多采用变黏滑溜水压裂液，使得配制压裂液的乳液降阻剂用量大幅提升，进一步增加了返排液中的油含量，导致目前返排液中的油含量较页岩气开发初期有明显上升，进一步恶化了返排液水质。

二、返排液回用要求

回用是目前页岩气压裂返排液无害化处置的主要措施。在压裂施工作业的同时，应配备满足返排工艺要求的压裂返排液回收设施，并应符合国家和所在地方环保部门的相关法律法规和现行有关标准的要求[5]。回收设施应具有计量、调储及外输等功能。

返排液回用既可以在井场处理，也可通过输水管线输送或罐车拉运至处理站（厂）集中处理，达到返排液回用水质要求后用于接替井压裂作业。

1. 返排液关键水质对回用的影响

1）总矿化度、总硬度和总铁离子含量

返排液的总矿化度、总硬度和总铁离子含量等对其回用时的滑溜水降阻率影响较大。在我国页岩气开发初期，受制于滑溜水耐盐性的技术水平，返排液的总矿化度超过 20000mg/L，总硬度超过 800mg/L，总铁离子含量超过 10mg/L 后，其回用时的降阻率大幅降低，不能满足降阻率不小于 70% 的现场施工技术要求。随着近年来的技术进步，在滑溜水关键的降阻剂添加剂分子结构中引入 2-丙烯酰胺-2-甲基丙磺酸（AMPS）等耐盐基团，大幅提升了压裂液耐盐性能，使得返排液回用时总矿化度控制在 $5×10^4$mg/L 以内，总硬度控制在 2000mg/L 以内，总铁离子含量控制在 10mg/L 以内时，均能满足降阻率不小于 70% 的现场施工技术要求。

2）悬浮物含量

国外对于悬浮物的控制没有明确要求，麻省理工学院认为将返排液悬浮物含量控制在 1500mg/L 以内是合适的[6]。国内现行标准在制定悬浮物控制指标时，主要是考虑悬浮物对于返排率的影响。在填砂管中紧密充填 40~70 目陶粒砂，利用不同悬浮固体含量的返排液饱和填砂管，饱和后在 10kPa 的驱替压力下用氮气驱替，记录 5min 后液体流出质量，利用流出液质量与饱和液体质量计算返排率。采用高悬浮物含量返排液稀释的方式配制了不同悬浮物含量的返排液，测试了悬浮物含量对返排率的影响（表 4-5-2）。

表 4-5-2 悬浮物含量对返排率的影响

悬浮固体含量 /（mg/L）	返排率 /%
0	41
100	43
300	39
500	39
700	38
1000	32
1500	26

悬浮固体含量在 1000mg/L 以下，对返排率影响小于 20%，超过 1000mg/L，对返排率的影响加大。

目前，关于返排率高低对于页岩气开采效果的影响还没有统一的认识。最初大家都认为页岩气体积压裂后的返排也应与常规油气压裂类似，需要尽快彻底地将压裂液返排出地层，减小因压裂液滞留带来的地层伤害。然而，随着勘探开发的深入，部分学者认为快速地将压裂液返排，会造成地层能量浪费，不利用后期页岩气的开采；同时，部分井实施的"闷井"工艺与常规的快速返排理论也是相冲突的。因此，国内外对于页岩气压裂液返排率高低也存在较大的争议。基于上述原因，利用返排率来确定返排液中悬浮物含量的控制指标可能存在一定的不确定性。参照国外实验方法[7]，通过岩心剖缝测试了含有悬浮物的返排液对裂缝渗透率的伤害情况，见表 4-5-3。

表 4-5-3 含有悬浮物的压裂返排液对人造裂缝渗透率的伤害情况

压裂返排液	H13	H36	H25	H49	H1
渗透率伤害率 /%	64.9	55.3	54.4	65.3	66.5
伤害程度	高	高	高	高	高
压裂返排液	H25B	H25A	H4A	H36A	2%KCl
渗透率伤害率 /%	48.9	57.7	52.6	42.2	19.8
伤害程度	中	高	高	中	低

含有悬浮物的返排液对于人造裂缝的渗透率有较大影响。页岩极其致密，悬浮物难以进入页岩基质，不会对页岩基质渗透率产生明显影响；但返排液中的悬浮物会进入体积压裂形成的微细裂缝内部，造成堵塞，也可能在岩石表面或浅表部位附着、桥堵，降低岩石

表层渗透率,影响压裂改造效果。页岩体积压裂裂缝形态十分复杂,裂缝宽度分布广,工程上对页岩体积压裂微细裂缝宽度也没有定量模拟。虽然室内采用人工剖缝的方式测试出悬浮物对微细裂缝有伤害,但伤害程度的绝对值难以判定,只能说明存在伤害趋势。在现有研究认知条件下,难以证实悬浮物控制在什么范围内对储层改造效果的影响忽略不计,因此,建议按照现行标准要求,将悬浮物含量控制在1000mg/L以内,但在实际回用过程中,应通过各种方式尽量降低悬浮物含量,降低潜在的地层伤害风险。

3)细菌含量

页岩气返排液中细菌主要以硫酸盐还原菌(SRB)、铁细菌(FB)和腐生菌(TGB)为主。它们不仅会引起水体变质恶化,存储过程中"变黑发臭",还会带来细菌腐蚀问题。SRB能够将硫酸根还原成二价硫离子,产生硫化氢对金属造成腐蚀,特别是在二氧化碳、水的共同作用下,部分井甚至出现了严重的油管腐蚀穿孔问题。但迄今,究竟将细菌含量控制在什么范围内是合适的,在业内还没有定量的实验验证。考虑到油藏注水与返排液回用都是将水注入地层,有一定的相似性,因此借鉴SY/T 5329对注水中细菌控制的理念,按照压裂后微细裂缝的渗透率为0.05~0.5mD考虑,需将SRB控制在25个/mL、FB控制在10^4个/mL、TGB控制在10^4个/mL以内。目前,现场检测返排液的细菌含量部分超标,在回用过程中,要求在压裂液配方中添加杀菌剂进行杀菌,从而满足回用水质要求。在现有技术条件下,难以通过杀菌方式绝对避免压裂液在返排过程中滋生细菌,且细菌需在二氧化碳和水的共同作用下才会对管柱和管线造成明显腐蚀,因此,在实际回用和生产过程中要加强细菌的监测,定期实施杀菌作业。

2. 返排液回用水质指标

1)回用水质基本要求

(1)回用水质应控制悬浮固体含量、细菌含量。

(2)回用水质稳定,无结垢趋势,与现场使用化学添加剂配伍性良好。

(3)不同气井的返排液,或者与其他水源混合使用时,混合后不产生沉淀。

2)回用水质主要控制指标

如表4-5-4所示,回用水质主要控制指标主要参照NB/T 14002.3—2022《页岩气 储层改造 第3部分:压裂返排液回收和处理方法》,结合现场压裂液添加剂对水质进行控制。

表4-5-4 回用推荐水质主要控制指标

序号	参数	单位	指标
1	总矿化度	mg/L	≤50000
2	总硬度	mg/L	≤2000
3	总铁含量	mg/L	≤10
4	悬浮固体含量	mg/L	≤1000
5	pH值		6~9
6	硫酸盐还原细菌(SRB)含量	个/mL	≤25

续表

序号	参数	单位	指标
7	铁细菌（FB）含量	个/mL	≤ 10^4
8	腐生菌（TGB）含量	个/mL	≤ 10^4
9	结垢趋势		无
10	配伍性		无沉淀，无絮凝

三、返排液回用处理

1. 推荐工艺

页岩气压裂返排液回用处理工艺主要是各种除悬浮物、水质软化以及杀菌和污泥脱水处理工艺的组合运用。近年来，在污水处理方面中发展起来的电化学法、生物法污水处理工艺也被应用于页岩气压裂返排液回用处理。参照 NB/T 14002.3—2022《页岩气 储层改造 第3部分：压裂返排液回收和处理方法》，压裂返排液回用处理工艺推荐流程如图 4-5-1 所示。

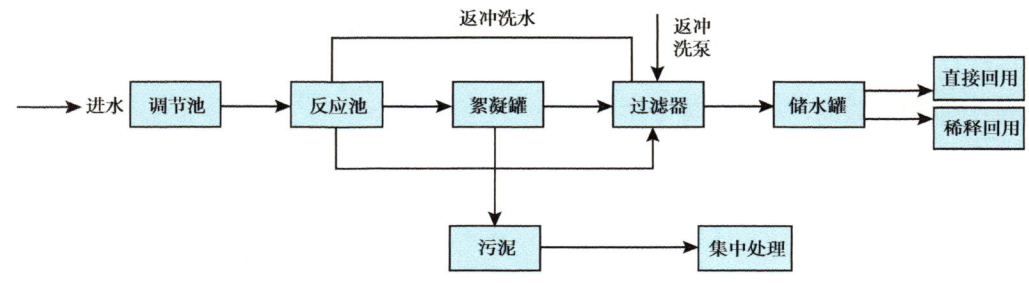

图 4-5-1 页岩气压裂返排液回用处理推荐流程图

图 4-5-1 是行业标准给出的页岩气压裂返排液回用推荐处理工艺，实际回用处理还需根据现场情况以及接替井的压裂方案及开发方案统一规划，优化回用处理工艺。

2. 常规工艺

对于水质较好的压裂返排液，特别是在页岩气区块开发初期，压裂返排液尚未有被大规模反复循环利用，其各种杂质含量均较低，矿化度较低，仅需通过自然沉降除去大颗粒固体杂质后，采用清水稀释即可满足回用重新配制压裂液的水质要求，工艺如图 4-5-2 所示。

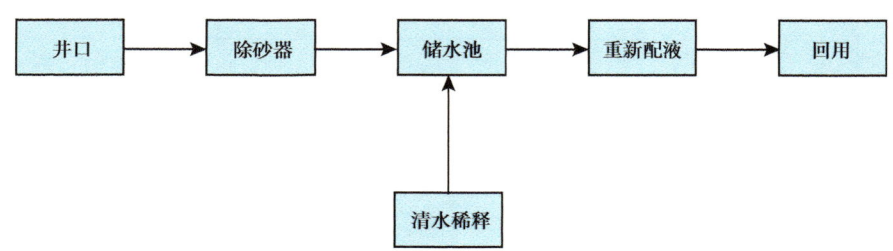

图 4-5-2 压裂返排液自然沉降和清水稀释的回用处理工艺

压裂返排液从井口返排出来,经除砂器除砂后进入储水池,在储水池存放的过程中,通过自然沉降来除去大颗粒固体杂质。压裂返排液回用时,适当增大配制压裂液的添加剂用量,确保压裂液性能达到施工要求。部分地区在压裂返排液回用时采用清水进行稀释来降低压裂返排液中各种杂质的含量,进一步提高压裂返排液的水质。

自然沉降和清水稀释这类压裂返排液回用处理工艺是目前国内页岩气压裂返排液的主要处置方式。在页岩气开发的初期,对压裂返排液进行自然沉降后,在回用施工时均采用大量的清水对压裂返排液进行稀释,以保证重新配制的压裂液性能,清水与压裂返排液用量的比例通常达到4∶1。随着近年来技术的不断进步,清水与压裂返排液用量的混合比例逐步降低,目前已可采用全压裂返排液配制压裂液,大大减少了清水的用量。

该方法工艺简单,处理成本低,但增大了后续重新配制压裂液的添加剂用量,增大了添加剂成本,且施工时性能不稳定,在等待接替回用井时易因细菌滋生而变黑发臭,特别是在夏季高温天气,对周边环境造成了影响。

3. 精细处理工艺[8]

1)工艺流程

精细处理主要是在原有的自然沉降基础上,进一步去除悬浮物、软化水质、杀灭细菌,提高压裂返排液水质,同时也避免了因细菌滋生造成的压裂返排液变黑发臭问题。目前,对压裂返排液进行精细处理通常是通过组合式的压裂返排液处理装置来实现的。压裂返排液处理装置通常包括加药单元、絮凝沉降单元、过滤单元、污泥脱水单元、杀菌单元等(图4-5-3)。

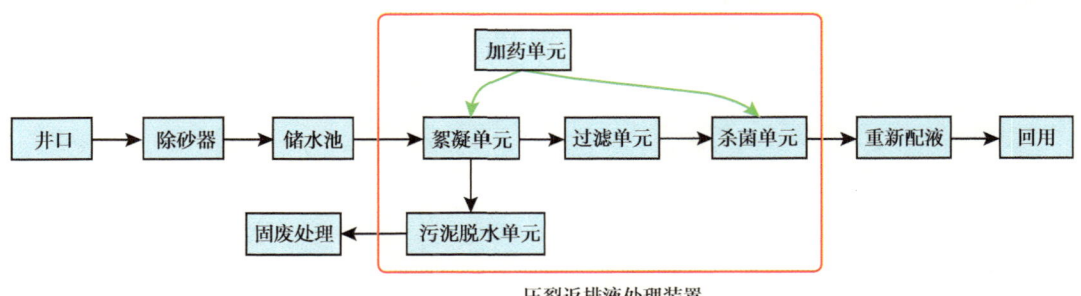

图4-5-3 压裂返排液精细回用处理工艺

压裂返排液从井口返排出来,经除砂器除砂后进入储水池,在储水池存放的过程中,通过自然沉降来除去大颗粒固体杂质。将压裂返排液用污水泵泵至压裂返排液处理装置,通过加药单元和絮凝沉降单元进行水质软化和絮凝沉降,降低压裂返排液中对回用影响较大的高价金属离子含量(钙离子、镁离子以及铁离子等)和悬浮物含量;再经过滤单元进一步降低悬浮物含量;最后利用杀菌单元杀灭压裂返排液中的细菌;絮凝沉降单元产生的污泥经污泥脱水单元脱水后当作固废处理。

一些现场压裂返排液储水池表面浮有少量油污,因此在设计压裂返排液回用处理工艺时,增加了除油单元。由于我国的页岩气田不产油,压裂返排液储水池中表面浮有的少量油污主要来源于储水池本身原来盛装过废弃的油基钻井液以及钻井过程中油基钻井液漏失地层、压裂过程中乳液降阻剂引入的少量油相,其含量低,且大部分在压裂返排液絮凝沉降、过滤等处理过程中随絮体以及悬浮物一起除去，因此对于不产油的页岩气田，压裂返排液回用处理可以不单独考虑除油单元。

2）关键处理单元

返排液回用精细处理工艺的关键处理单元为絮凝沉降单元和过滤单元。

（1）絮凝沉降单元。

絮凝沉降单元主要是利用药剂以及沉降装置（通常为斜管/斜板沉降装置）对水质进行软化，并将沉淀物和悬浮物絮凝沉降下来，清水进入过滤单元，污泥进入污泥脱水单元。该单元的关键在于沉降装置的设计，确保絮体有足够的时间沉降下来，否则会大大加重后续过滤单元的负荷。

絮凝沉降主要有化学絮凝和电絮凝两种方式。

化学絮凝主要是利用带电荷的絮凝剂与压裂返排液中带相反电荷的悬浮物接触，降低其电势，使其脱稳，并利用其聚合性质使得这些颗粒集中，特别是通过高分子物质的吸附、架桥、网捕等作用聚集成矾花，逐渐聚集沉降下来。化学絮凝剂主要包括无机高分子絮凝剂（聚合氯化铝、聚合硫酸铝、聚合氯化铁等）和有机高分子絮凝剂（聚丙烯酰胺等）（图4-5-4）。通常先加入无机高分子絮凝剂使悬浮物絮凝出来，再加入有机高分子絮凝剂使絮体聚集成大块，依靠重力使其沉降下来。该方式的絮凝效果好，但药剂用量大，对压裂返排液的pH值有一定的要求。

电絮凝主要是利用铝、铁等金属为阳极，在直流电的作用下，阳极被溶蚀，产生铝、铁等离子，经一系列水解、聚合及亚铁的氧化过程，使返排液中的胶态杂质、悬浮杂质凝聚沉淀而分离（图4-5-5）。同时，带电的污染物颗粒在电场中泳动，其部分电荷被电极中和而促使其脱稳聚沉，起到絮凝的作用。可添加少量的有机高分子絮凝剂使产生的絮体快速聚集成团，提高絮凝效果。该方式药剂用量少，但絮凝时间较长，能耗高。

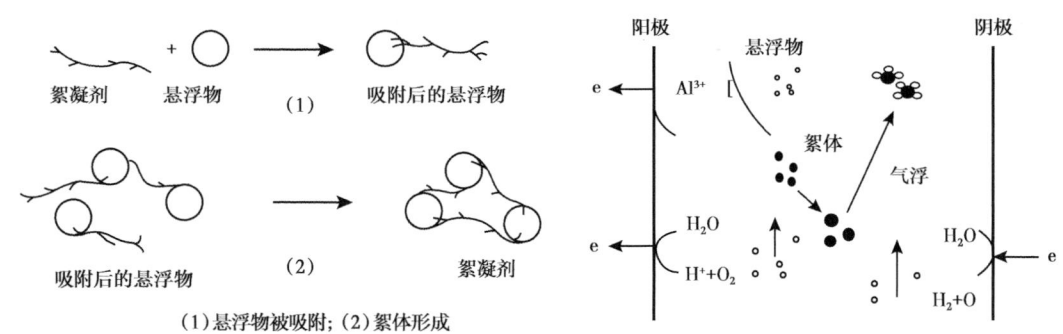

图4-5-4　压裂返排液化学絮凝示意图　　图4-5-5　压裂返排液电絮凝示意图

在絮凝沉降的过程中，根据返排液水质，可加入水质软化剂进行化学沉淀软化水质处理。化学沉淀软化水质原理主要是利用氢氧根离子和碳酸根离子对返排液中的钙、镁和铁等高价金属离子进行化学沉淀。化学沉淀药剂主要有石灰、氢氧化钠、碳酸钠等。该方式的水质软化效果较好，速度快，处理能力大，在软化水质的同时也能降低压裂返排液中对压裂返排液变黑和压裂返排液回用性能影响很大的铁离子含量，但需要大量的化学沉淀药剂。絮凝沉降产生的污泥主要通过叠螺机或板框压滤机进行脱水，达到减量化处理目的。

（2）过滤单元。

过滤单元主要利用各种过滤器对絮凝沉降后的压裂返排液进行过滤，进一步降低悬浮物含量，并限制悬浮物粒径大小。常用的过滤器有石英砂过滤器、核桃壳过滤器、自清洗过滤器、袋式过滤器以及活性炭过滤器等。

自清洗过滤器是目前在压裂返排液回用精细处理方面运用最多的一种过滤器，采用较高精度的滤芯或滤网物理拦截悬浮物（图4-5-6）。通常，压裂返排液由自清洗过滤器下部进入过滤器的壳体，自下而上通过转盘进入滤芯的内腔，再通过滤芯向外流出，过滤后得到的清水由过滤器上部的出水口流出，悬浮物被截留在滤芯的内侧。当进行反冲时，无须切断进水水流，过滤器马达驱动滤芯转盘旋转，并打开反冲洗排污阀，每个滤芯依次经过反冲出水管进行冲洗。由于过滤器中的水压与大气压之间的压差，造成滤液逆向流动可去除截留在滤芯上的杂质。在转盘旋转一周后，反冲洗结束，反冲阀关闭，电动机驱动停止。不同厂家的自清洗过滤器的滤芯不同，过滤精度也不同（通常5~20μm），设计上也有一定差异，但基本原理都相似。

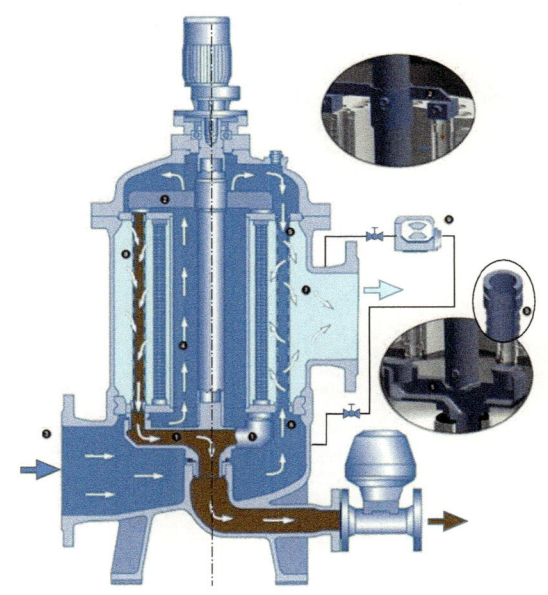

图4-5-6　压裂返排液用自清洗过滤器示意图

石英砂过滤器也被用于压裂返排液回用精细处理，通过填充不同粒径级配的石英砂作为过滤层，起到拦截悬浮物的作用。石英砂过滤器的处理能力大，价格便宜，但需要人工倒换流程进行反冲洗。现场一般常采用两台石英砂过滤器交叉过滤，利用一台过滤器产生的清水去反冲洗另一台过滤器。石英砂过滤器现场应用中最大的问题在于压裂返排液中软而细的悬浮物容易造成石英砂层的板结，反冲洗频繁，且不易冲洗干净。此外，过滤器还包括袋式过滤器、核桃壳过滤器、活性炭过滤器等，但实际应用不多。

返排液中含有有机质，易滋生细菌，会造成水质恶化（变黑发臭），其代谢产物还会在回用时对储层微细裂缝造成堵塞。因此，在返排液回用处理过程中常采用杀菌剂或紫外线进行杀菌。考虑到杀菌剂既能杀灭细菌，又能在一定时间内抑制细菌滋生，因此实际处理过程中主要还是以杀菌剂杀菌为主。

参 考 文 献

[1] 熊颖，周厚安，熊钢．基于臭氧与超声氧化降低页岩气压裂返排液COD[J]．化工进展，2022，41（4）：1834-1839．

[2] 熊颖，刘雨舟，刘友权，等．长宁—威远地区页岩气压裂返排液处理技术与应用[J]．石油与天然气化工，2016，45（5）：51-55．

[3] 熊颖，宋彬，唐永帆，等．基于多级反渗透的页岩气压裂返排液处理技术[J]．科学技术与工程，2021，21（18）：7814-7819．

[4] 汤林，宋彬，唐馨，等．页岩气地面工程技术[M]．北京：石油工业出版社，2022．

[5] 熊颖．页岩气压裂返排液回用关键水质指标的适应性[J]．天然气工业，2022，45（S1）：66-70．

[6] Karapataki C. Techno-economic Analysis of Water Manage-ment Options for Unconventional Natural Gas Developments in the Marcellus Shale[D]. Cambridge：Massachusetts Institute of Technology, 2012.

[7] Sun H, Stevens R F, Cutler J L, et al. A Novel Nondamag-ing Friction Reducer：Development and Successful Slickwater Frac Applications[C]//Tight Gas Completions Conference, San Anto-nio, SPE-136807-MS, 2010.

[8] 吴奇，汤林，王立坤，等．油气田污水污泥处理关键技术[M]．北京：石油工业出版社，2017．

第五章 采气工艺技术

采气工艺技术是维持页岩气井持续稳定生产的重要手段,它贯穿于页岩气井全生命周期。合理的采气工艺技术有助于延长页岩气井的稳产期、提高单井 EUR、降低生产成本、确保页岩气井经济有效的开采。本章重点介绍了页岩气井采气常用计算,气井生产分析,及优选管柱、柱塞、泡排、气举、采气数字化等技术。

第一节 采气工艺常用计算

采气工艺常用计算主要涉及单相气体管流、气液两相管流、携液临界流量、冲蚀临界流量等计算。它们是进行气井井筒计算、节点分析、系统分析的基础。主要用于采气工艺设计、气井生产分析、方案编制。

一、单相气体管流

气井井筒压力计算方法通常有平均温度和平均偏差系数方法、Cullender 和 Smith 方法,这里只介绍平均温度和平均偏差系数方法。单相气体静压力通常采用式(5-1-1)计算:

$$p_{ws} = p_{ts} e^s \tag{5-1-1}$$

其中

$$s = \frac{0.03418 \gamma_g H}{\overline{T}\,\overline{Z}} \tag{5-1-2}$$

$$\overline{T} = (T_{ts} + T_{ws})/2 \tag{5-1-3}$$

式中 p_{ws}, p_{ts}——气体的井底和井口静压,MPa;
  s——指数;
  γ_g——天然气相对密度;
  H——井口到气层中部井深,m;
  $\overline{T}$——井筒静气柱平均温度,K;
  T_{ts}——井口温度,K;
  T_{ws}——井底温度,K;
  $\overline{Z}$——井筒静气柱平均偏差系数。

气井井筒流动压力通常采用式(5-1-4)计算:

$$p_{wf} = \sqrt{p_{tf}^2 e^{2s} + 1.32 \times 10^{-18} f \left(q_{sc} \overline{T}\,\overline{Z}\right)^2 \left(e^{2s} - 1\right) / D^5 \times \frac{L}{H}} \tag{5-1-4}$$

式中　p_{wf}，p_{tf}——气井井底流压和井口流压，MPa；
　　　f——温度 T 和压力 p 下的摩阻系数；
　　　$\overline{T}$——井筒或井段平均温度，K；
　　　$\overline{Z}$——井筒或井段气体的平均偏差系数；
　　　q_{sc}——标准状态下气井产气量，m^3/d；
　　　D——油管内径，m；
　　　H——垂深，m；
　　　L——斜深，m。

二、气液两相管流

由于气液两相管流流型的多变性及其机理的复杂性，要寻求适用于一般油气井生产系统流动条件严格的管流压力计算方法是相当困难的。目前，实用的处理方法是从稳定流动压降方程出发，基于现场试验或地面实验观测，并应用相关量纲分析法得出不同流型下的两相流特性参数（如两相流持液率和摩阻系数等）的近似公式。由于实验条件的限制和差异，半个世纪以来，出现了多种适用于不同油气井条件的气液两相管流计算方法。表5-1-1为各种多相流计算方法适应条件，多相流不同方法计算结果相差较大。多相流计算复杂，需计算机迭代，主流软件都提供了多种多相流计算方法，计算前都需要进行多相流方法拟合优选合适的方法。在日常工作应用中，通常采用本井、相似井测试压力或油管与套管压力数据拟合多相流方法，然后进行其他各种计算。根据经验，四川大水量气井Hagedorn-Brown方法、Duns-Ros方法拟合较好，气液比较大的小水量气井则Lockhart & Martinelli方法、Gray方法拟合较好。对于页岩气由于初期水量较大，通常采用Hagedorn-Brown方法，后期水量较小，通常Gray方法较为合适（pipsim软件）。

表5-1-1　多相流适应条件

计算方法	考虑流态及适应条件
Bukler 方法	划分流型，适用水平管线
Aziz 方法	划分流型，适用垂直油气井
Duns-Ros 方法	考虑泡流、段塞流、雾流。适用气液两相垂直管流
Beggs-Brill 方法	考虑管斜角，流型，流向变化，基于一个类似水平流动的条件下确定的流态图，适用于气液两相水平和倾斜管流
Orkiszewski 方法	考虑泡流、段塞流、过渡流、环雾流。适用于气液两相垂直管流
Govier & Aziz and Forgasi 方法	适用于凝析气井，气液比范围为694~208385m^3/m^3
Hagedorn-Brown 方法	适用于气液两相，小直径垂直管流
Mukherjee-Brill 方法	考虑泡状流、段塞流、环雾流，考虑管斜角，适用倾斜管流
Gray 方法	主要适合于雾状流
Ansari 方法	考虑泡流、段塞流和环状流，用于向上两相流动
Lockhart & Martinelli 方法	适用于小水量气井

哈盖登－布朗（Hagedorn-Brown）(1965)针对垂直井中油、气、水、三相流动，基于单相流体的能量守恒原理，建立了压力梯度模型，并在装有油管的457m深的试验井中，以黏度10.0mPa·s、30.0mPa·s和110.0mPa·s的油、空气和水混合物进行了大量的现场试验，通过反算持液率，提出了用于各种流型下的两相垂直上升管流压降关系式。此压降关系式不需要判别流型，适用于产水气井的流动条件。由于动能变化引起的压降梯度甚小可忽略不计，则总压降梯度方程为：

$$\frac{dp}{dz} = \rho_m g \sin\theta + f_m \frac{G_m^2}{2DA^2 \rho_m} \quad (5-1-5)$$

$$\rho_m = \rho_L H_L + \rho_g (1 - H_L) \quad (5-1-6)$$

$$G_m = G_g + G_L = A(v_{sL}\rho_L + v_{sg}\rho_g)$$

式中 ρ_g，ρ_L，ρ_m——气相、液相、气液混合物密度，kg/m³；
g——重力加速度常数，m/s²；
A——管子流通截面积，m²；
D——管子内径，m；
G_m——气液混合物质量流量，kg/s；
G_g，G_L——气相、液相质量流量，kg/s；
v_{sg}，v_{sL}——气相、液相表观速度，m/s；
q_g，q_L——气相、液相体积流量，m³/s；
H_L——持液率，表示在气液两相流动中，液体所占单位管段容积的份额。

两相摩阻系数 f_m 采用 Jain 公式[式(5-1-7)]计算，其中两相雷诺数由式(5-1-8)确定，即：

$$\frac{1}{\sqrt{f_m}} = 1.14 - 2\lg\left(\frac{e}{d} + \frac{21.25}{Re^{0.9}}\right) \quad (5-1-7)$$

$$Re_m = \frac{\rho_{ns} v_m D}{\mu_m} \quad (5-1-8)$$

$$\mu_m = \mu_L^{H_L} \mu_g^{1-H_L} \quad (5-1-9)$$

式中 Re——雷诺数；
d——管径；
e/d——相对粗糙度，对于不同管材的各种直径管子，相对粗糙度可查有关手册或取 $e=0.00001524$ 进行有关计算；
μ_g，μ_L，μ_m——气相、液相、气液混合物黏度，mPa·s；
v_m——混合物流速，m/s；
ρ_m——无滑脱混合物密度，kg/m³；
λ_L——无滑脱持液率，$\lambda_L = v_{sL}/v_m$。

Hagedorn 和 Brown 在试验井中进行两相流实验，得出了持液率的 3 条相关曲线（图 5-1-1 至图 5-1-3），使用这 3 条曲线时，需要计算下列 4 个无量纲量：

液相速度数

$$N_{Lv} = v_{sL}\left(\frac{\rho_L}{g\sigma}\right)^{\frac{1}{4}} \quad (5\text{-}1\text{-}10)$$

气相速度数

$$N_{gv} = v_{sg}\left(\frac{\rho_g}{g\sigma}\right)^{\frac{1}{4}} \quad (5\text{-}1\text{-}11)$$

液相黏度数

$$N_L = \mu_L\left(\frac{g}{\rho_L\sigma^3}\right)^{\frac{1}{4}} \quad (5\text{-}1\text{-}12)$$

管径数

$$N_D = D\left(\frac{\rho_L g}{\sigma}\right)^{\frac{1}{2}} \quad (5\text{-}1\text{-}13)$$

式中 σ——气液表面张力，N/m。

其他符号意义同前文。

持液率 H_L 的计算步骤如下：

（1）计算流动条件下的上述 4 个无量纲量；

（2）由 N_L-CN_L 关系曲线（图 5-1-1），根据 N_L 确定 CN_L 值；

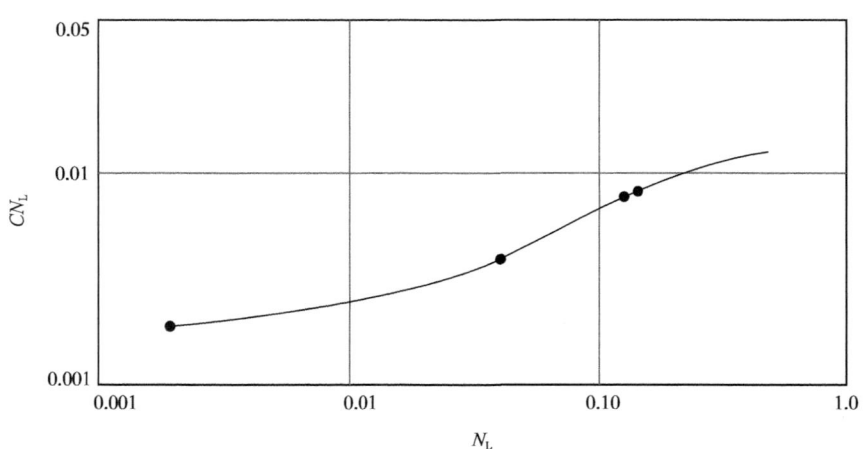

图 5-1-1　N_L-CN_L 关系曲线

（3）由图 5-1-2，根据 $\left(\dfrac{N_{Lv}}{N_{gv}^{0.575}}\right)\left(\dfrac{\bar{p}}{p_{sc}}\right)^{0.10}\left(\dfrac{CN_L}{N_D}\right)$ 值，确定比值 $\dfrac{H_L}{\psi}$；

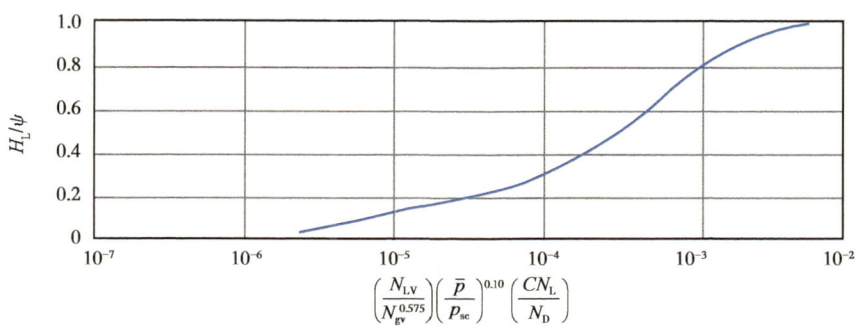

图 5-1-2 持液率系数曲线

（4）由图 5-1-3，根据 $\left(\dfrac{N_{gv}N_L^{0.380}}{N_D^{2.14}}\right)$ 确定修正系数 ψ 值；

（5）计算持液率，$H_L=\left(\dfrac{H_L}{\psi}\right)\times\psi$。

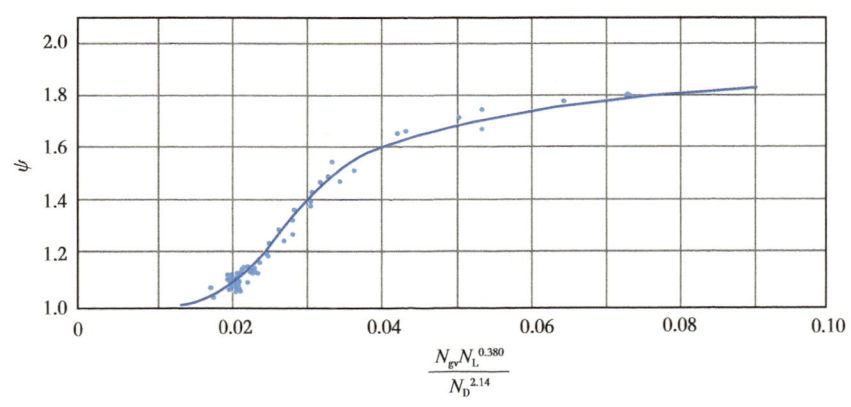

图 5-1-3 修正系数曲线

由于压力梯度方程式（5-1-4）等号右边函数包含了流体物性、运动参数及其有关的无量纲变量，无法求其解析解。因此，对于气液两相管流习惯采用迭代法。

三、携液临界流量

1. 直井携液临界流量

气井开始积液时，井筒内气体的最低流速称为气井携液临界流速，对应的流量称为气井携液临界流量。当井筒内气体实际流速小于临界流速时，气井带液困难。携带最大液滴的气井携液临界流速和气井携液临界流量计算式：

$$u_{\text{cr直井}} = 7.15\left[\frac{10^{-3}(\rho_L - \rho_g)}{\rho_g^3}\right]^{\frac{1}{4}} \quad (5\text{-}1\text{-}14)$$

$$q_{\text{cr直井}} = 2.5 \times 10^4 \frac{Apu_{\text{cr}}}{ZT} \quad (5\text{-}1\text{-}15)$$

式中 $q_{\text{cr直井}}$——气井携液临界流量，$10^4 \text{m}^3/\text{d}$；
$u_{\text{cr直井}}$——气井携液临界流速，m/s；
ρ_L——液体的密度，kg/m³；
ρ_g——气体的密度，kg/m³；
σ——气水界面张力，N/m。
A——油管面积，m²；
p——压力，MPa；
T——温度，K；
Z——井气体偏差系数。

由式（5-1-15）可知，临界流速和临界流量与压力和温度有关，应把井筒中临界流速和临界流量最大的位置点作为它们的计算条件。

由于携液临界流量是在液滴物理模型下推导的，因此通常只适用于雾状流状态。表 5-1-2 为不同尺寸油管在不同压力情况下对应的携液临界流量。

表 5-1-2 不同尺寸油管携液临界流量

井口压力/MPa	携液临界流量/(10⁴m³/d)					
	连续油管尺寸		常规油管尺寸		空套管	油套环空
	1½ in	2 in	2⅜ in	2⅞ in	5½ in	2⅜~5½ in
2	0.71	1.33	1.86	2.79	7.31	5.26
4	1.02	1.91	2.67	4.01	10.49	7.56
6	1.27	2.38	3.32	4.99	13.03	9.39
8	1.49	2.78	3.88	5.83	15.24	10.98
10	1.68	3.14	4.39	6.58	17.21	12.40

2. 水平井携液临界流量

从垂直井筒到水平井筒，液体重力作用越来越小。随着倾斜角的变化，井筒内气液两相流型也会发生明显变化。直井段中，液体主要沿井筒四周分布呈环状流，而水平井段中分层流是主导流型。液相重力作用的减小与流型的变化都会对连续携液临界流速产生影响。Belfroid 等结合 Fiedler 模型，将 Turner 液滴模型增加了角度相关项使之适用于水平井，其连续携液临界流速和气井携液临界流量为：

$$u_{\text{cr水平井}} = 7.15\left[\frac{10^{-3}(\rho_L - \rho_g)}{\rho_g^3}\right]^{\frac{1}{4}}\frac{[\sin(1.7\theta)]^{0.38}}{0.74} \quad (5\text{-}1\text{-}16)$$

$$q_{\text{cr水平井}} = 2.5 \times 10^4 \frac{Apu_{\text{cr}}}{ZT} \quad (5\text{-}1\text{-}17)$$

式中　θ——管段与水平方向的夹角，向上为正，(°)；
　　　$u_{\text{cr水平井}}$——气井携液临界流速，m/s；
　　　ρ_L——液体的密度，kg/m³；
　　　ρ_g——气体的密度，kg/m³；
　　　σ——气水界面张力，N/m；
　　　$q_{\text{cr水平井}}$——气井携液临界流量，10^4m³/d；
　　　A——油管面积，m²；
　　　p——压力，MPa；
　　　T——温度，K；
　　　Z——井气体偏差系数。

四、冲蚀临界流量

高速流体在管内流动的时候会发生冲蚀，产生明显冲蚀的流速称为冲蚀临界流速，通过计算冲蚀临界流速可以知道一定内径的油管不发生冲蚀的最高流速，冲蚀速度计算公式为：

$$v_e = \frac{C}{\rho^{0.5}} \quad (5\text{-}1\text{-}18)$$

式中　v_e——冲蚀速度，m/s；
　　　ρ——气体密度，kg/m³；
　　　C——常数，常规油管取122，耐蚀合金材质取150~170。

冲蚀临界流量为：

$$Q_e = 1.291 \times 10^4 \pi d^2 \sqrt{\frac{p}{ZT\gamma}} \quad (5\text{-}1\text{-}19)$$

式中　Q_e——冲蚀临界流量，10^4m³/d；
　　　d——管内径，mm；
　　　p——管内压力，MPa；
　　　Z——气体偏差系数；
　　　T——流动温度，℃；
　　　γ——相对密度。

表5-1-3 不同尺寸油管在不同压力情况下对应的冲蚀临界流量。

表5-1-3　不同尺寸油管冲蚀临界流量

井口流压/MPa	冲蚀临界流量/(10^4m³/d)				
	内径42.8mm	内径50.67mm	内径62mm	内径76mm	内径100.53mm
3	10.1	13.97	20.63	30.65	39.27
6	14.4	20.6	30.31	45.42	79.11
10	18.76	26.15	38.82	58.08	101.88

续表

井口流压/MPa	冲蚀临界流量/($10^4 m^3/d$)				
	内径42.8mm	内径50.67mm	内径62mm	内径76mm	内径100.53mm
20	25.74	36.14	54.20	81.79	145.53
30	30.03	42.31	63.74	96.44	171.76
40	33.85	47.68	71.66	108.02	190.12

第二节 气井生产分析

在气井生产过程中，时常需要对气井进行产能、积液和其他异常情况分析。气井产能分析是通过最终可采储量（Estimated Ultimate Recovery，EUR）计算，来评估气井当前的生产潜力；而气井积液诊断分析是指通过判断气井井筒内是否存在液体聚集导致影响生产的现象，从而及时优化调整气井的合理排采措施，以恢复气井的正常生产；其他异常情况还包括油管穿孔、油管堵塞等情况。本节将详细介绍页岩气 EUR 的计算方法、气井积液诊断分析方法以及其他异常情况分析。

一、页岩气井 EUR 计算方法

对于资源量巨大的页岩气藏，要想准确评估其开发潜力，并实现规模效益开发，EUR 的评价尤为重要。EUR 的评估过程和计算结果是页岩气藏开发的基础，关系着气井产量计划及工作制度的制订，是实现气田高效、科学开发的必要研究对象。

目前常用的页岩气井 EUR 计算方法主要包括：经验产量递减法、现代产量递减法、解析模型法、数值模拟法（表 5-2-1）。其中解析模型法通过建立分段压裂水平井解析模型，考虑吸附气解吸附效应，可实现气井 EUR 预测，应用范围较广，适用于不同生产制度的气井，成为目前油田企业预测页岩气井 EUR 的常用方法。解析模型法的使用首先需要求取解析模型储层物性及井筒参数，然后才能进行气井 EUR 预测。

表 5-2-1 EUR 计算方法统计表

方法	数据需求	适用条件及操作难度	预测结果可靠性
经验产量递减法	气井产量数据	气井生产达到边界控制流动阶段，易操作	纯经验公式，气井生产初期预测结果误差大，中后期低压生产阶段误差减小
现代产量递减法	气井产量、井底流压数据	气井生产达到边界控制流动阶段，易操作	渗流理论与经验公式结合，气井生产初期预测结果误差大，中后期低压小产阶段误差减小
解析模型法	气井产量、压力、储层物性参数、井筒参数等	适用于不同生产制度气井，中等操作难度	模型建立较复杂，但结合渗流理论，可综合考虑页岩气吸附解吸效应，结果较可靠
数值模拟法	气井产量、压力、储层物性参数、井筒参数等	适用于不同生产制度气井，操作过程较复杂，耗时长	参数输入多、模型建立复杂且耗时，预测结果与数据资料质量强相关，可靠性无法掌握

1. 解析模型储层物性及井筒参数求取

通过 DFIT（Diagnostic Fracture Injection Testing）测试、压力系数折算等确定储层原始地层压力，根据测井、岩心实验确定有效储层厚度、孔隙度和含气饱和度等，结合井筒参数（井筒温度梯度、井轨迹、油套管尺寸、射孔位置等），为气井解析模型建立提供基础数据保障。表 5-2-2 为基础参数取值来源表。

表 5-2-2 基础参数取值来源表

关键输入参数	取值来源
初始地层压力	DFIT、压力系数折算、XPT
有效储层厚度	测井、岩心实验
孔隙度	测井、岩心实验
含气饱和度	测井、岩心实验
兰氏体积	TOC 与兰氏体积关系图版
兰氏压力	TOC 与兰氏压力关系图版

2. 气井 EUR 预测

（1）通过解析模型计算气井井底压力（图 5-2-1），根据动态监测资料（井底流压点测或静压点测）对计算的井底压力进行校正（图 5-2-2），确保井底压力计算准确性。

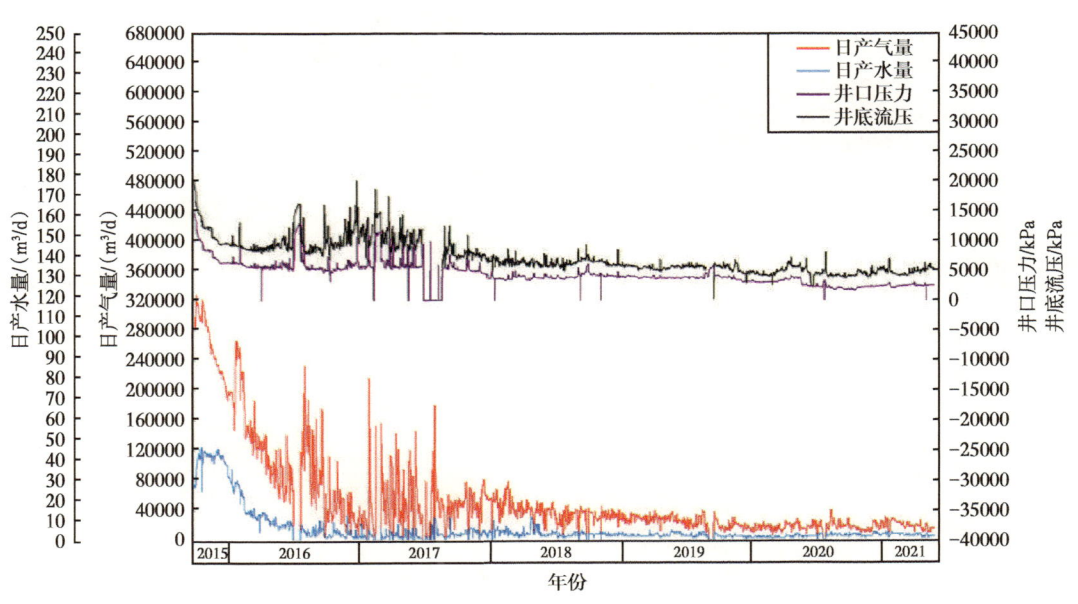

图 5-2-1 长宁某页岩气井井底流压计算图

（2）根据气井流态诊断曲线，判定线性流动阶段与拟边界流动阶段（图 5-2-3），若未达到拟边界流动阶段，则以井距作为泄气距离，从而确定气井井控储量；若到达拟边界流动阶段,则以线性流结束时作为泄气距离,从而确定气井井控储量。一般达到拟边界流动阶段后,井控储量较为可靠。

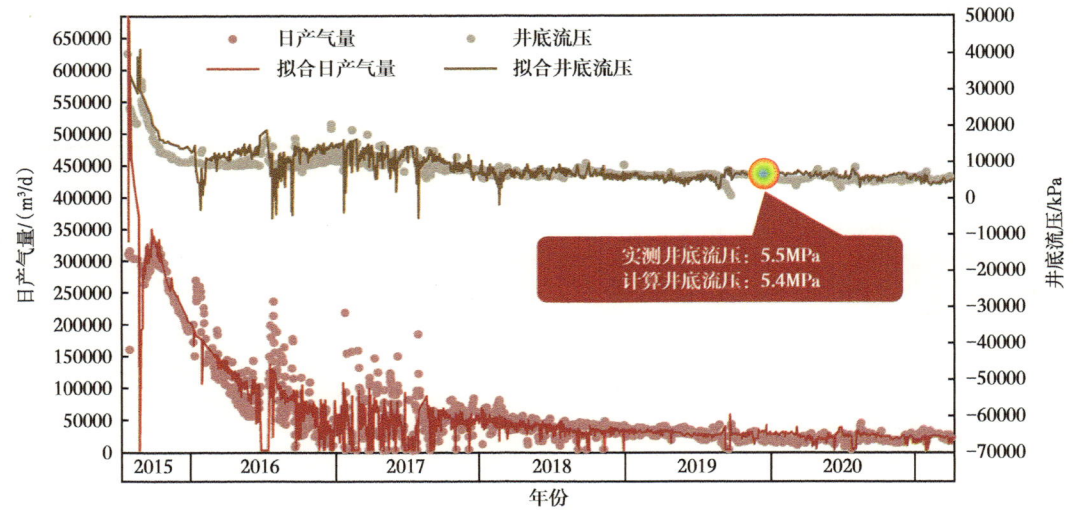

图 5-2-2　长宁某页岩气井井底流压校正图

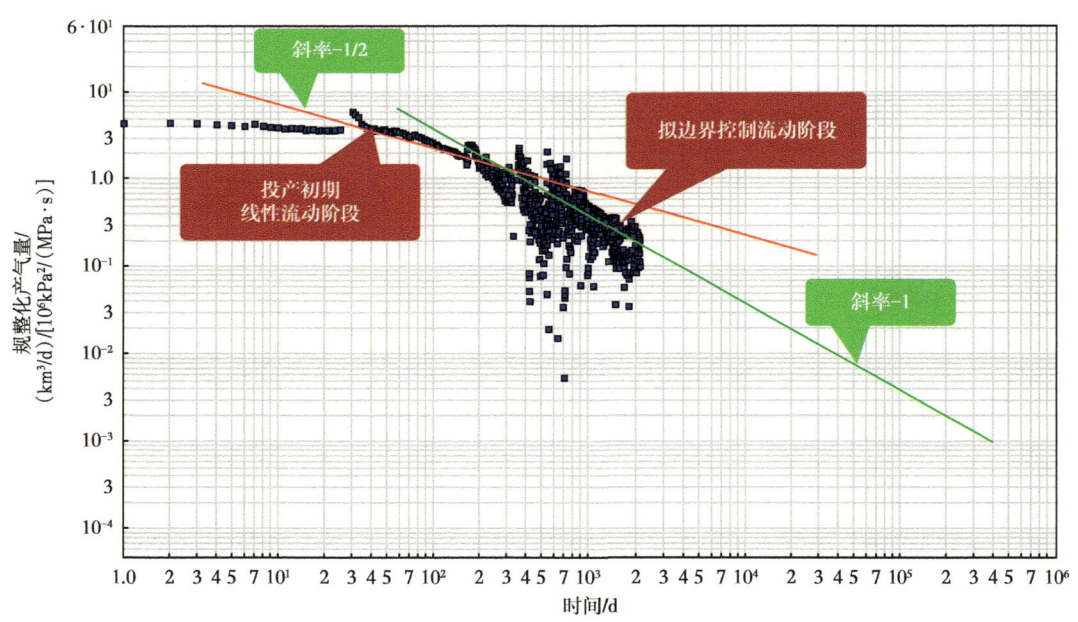

图 5-2-3　长宁某页岩气井流态诊断图

(3) 在井控储量确定的基础上,将裂缝半长(x_f)、无量纲裂缝导流系数(F_{CD})、压裂改造区渗透率(K_{SRV})和基质渗透率(K_{matrix})等变量参与生产历史拟合,设置气井废弃条件(废弃压力、产量),预测气井生产 20 年(图 5-2-4),其累计产气量即为气井 EUR。

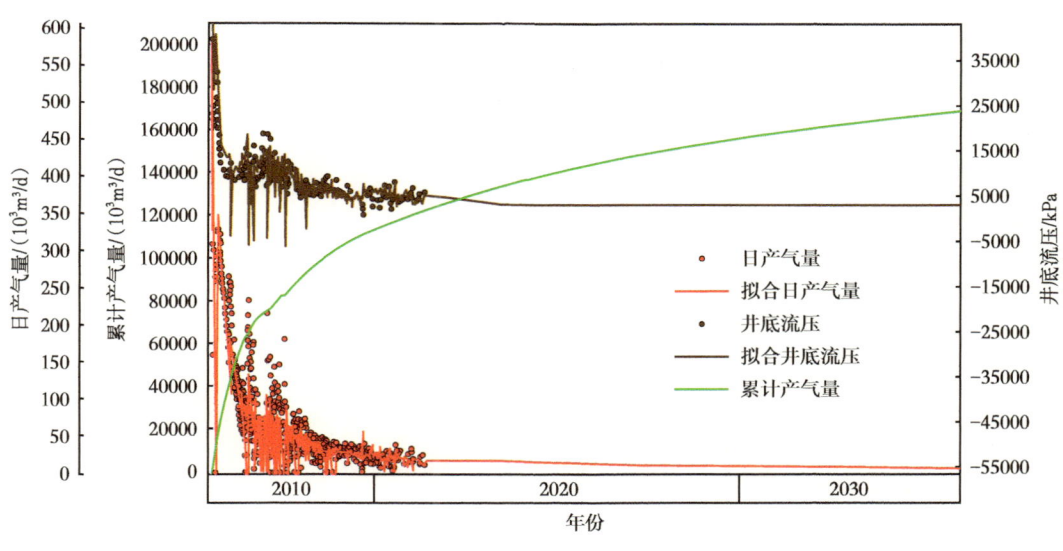

图 5-2-4　长宁某页岩气井 EUR 预测图

二、积液诊断技术

页岩气井生产过程中，具有初产高、递减快、长期处于低压小产的特点。在低压小产阶段，气井带液能力下降，无法依靠自身能量将液体带出井口，液体逐渐在井底堆积形成积液，增大井底流压，使得地层向井底流入越来越困难，最终导致气井产量降低或停产[1]。当气井井筒发生积液时，如果诊断及时，可以将气井产量的损失降到最低。而如果诊断不及时，就可能对气井或气藏造成暂时甚至永久性的伤害。因此，应及早发现井底积液，依靠积液诊断技术指导工艺措施的介入和调整，维护气井稳定生产。

国内外现有的积液常用诊断方法主要有 3 种，即压力剖面测试法、回声仪测试法和生产数据分析法。下面详细介绍 3 种方法的适应条件和优缺点。

1. 压力剖面测试法

页岩气井压力剖面测试法是确定气井井筒液面或气井是否积液的最直观方法。通常分为静压测试或流压测试，就是在测量关井或生产过程中，得到不同深度的压力、压力梯度曲线与井深的变化关系。

而由于气体的密度远远低于液体的密度，当测试工具在井筒内遇到液面时，压力梯度曲线斜率会有明显变化。因此，压力剖面测试法是一种精确的确定井筒中液面的方法。典型案例分析如图 5-2-5 和图 5-2-6 所示，通过压力测试可以确定井底积液。该井井口压力 5.1MPa，井筒内气液混合，较为明显的气液面位于井深 1225m（垂深 1221.29m）。

在页岩气水平井中下入测试工具，通过引入扶正、低摩阻等配套施工工具，下入深度一般不超过井斜 60°，而页岩气井中后期普遍产液量较少，因此可能出现测试工具以上无液面的情况，对于单相流体，如图 5-2-7 所示，压力随深度基本呈线性变化。该井井口压力 2.4MPa，压力梯度 0.2MPa/100m，测试结果分析 2760m 以上无液面。

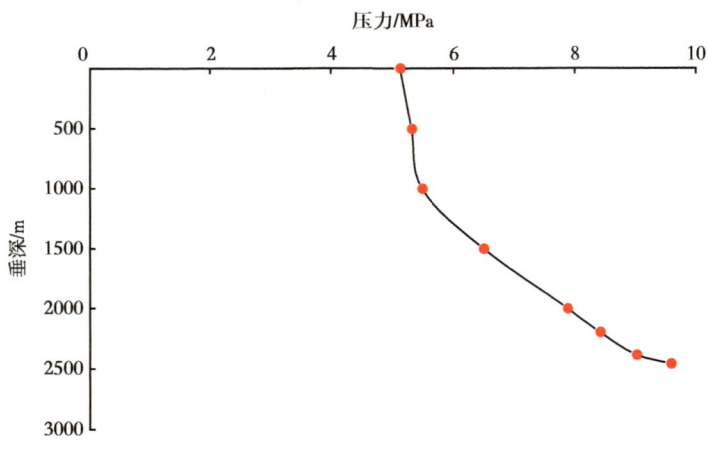

图 5-2-5　典型井 CNH10-3 压力剖面实测数据分析

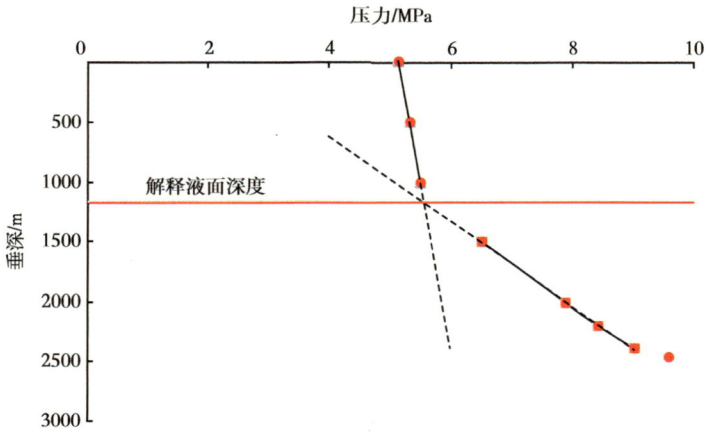

图 5-2-6　典型井 CNH10-3 解释液面深度分析

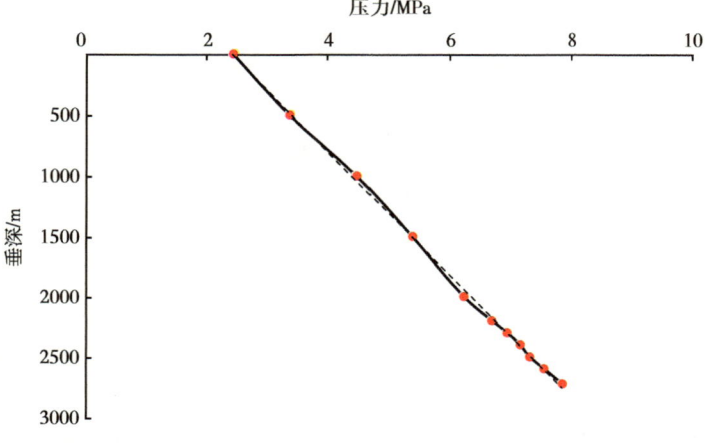

图 5-2-7　典型井 CNH13-1 压力剖面实测数据分析

压力剖面测试法的优点是测试结果准确；缺点是需要安排测试作业队伍，施工成本高，耗时长，且水平井施工难度大，测试深度受井斜限制等。

2. 回声仪液面测试法

回声仪液面测试法是一种较为常用的方法，由技术人员依靠测试工具获取的声波曲线，分析气井井筒液面位置。具体操作为技术人员通过测试仪器，从地面向井底发出声波信号，当声波向下传播的过程中，遇到接箍、液面等障碍物时会产生反射波动，地面的测试主机接收信号后，将会在电脑上反映出声波传播曲线，技术人员可通过声波曲线的波动特征，判断井下液面的位置。如图5-2-8所示，技术人员通过软件分析，获得CNH2-2井油套环空内液面深度为2304m。

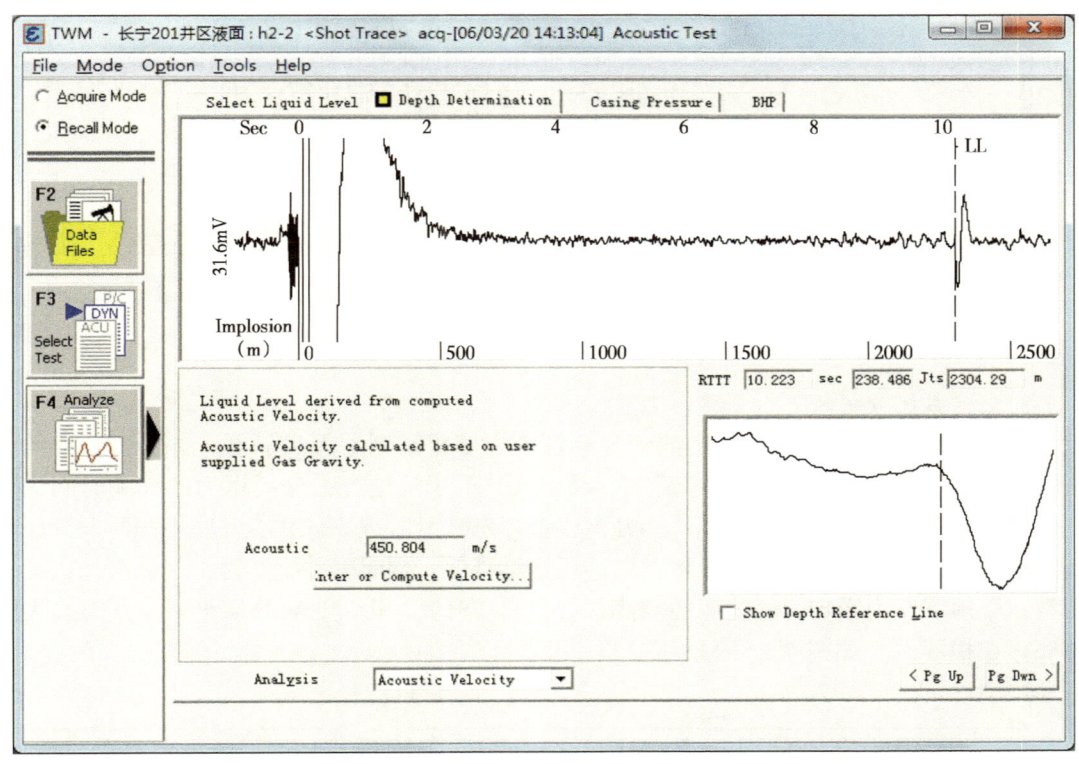

图5-2-8 软件分析典型井CNH2-2井回声仪液面测试声波曲线

在页岩气平台井测试过程中，可能出现噪声干扰的情况。这是由于，一方面该井产气量较大，气体流动产生较为明显的声波干扰；另一方面是邻井开井生产，也可能出现噪声过大，影响测试曲线的情况。如图5-2-9所示，CNH2-5井测试的声波曲线因干扰波动剧烈，无法分辨出明显液面反射波。

回声仪液面测试法的优点是成本低，操作简单。缺点是测试结果的解释精度有限，同时容易受外界噪声干扰，如开井状态下的气流噪声干扰或泡排工艺的泡沫面干扰等。因此在页岩气井管柱设计时，推荐一体化考虑配备回音标，有利于深度校核，提高回声仪测试液面解释精度，同时应尽可能地减少测试环境中的噪声干扰。

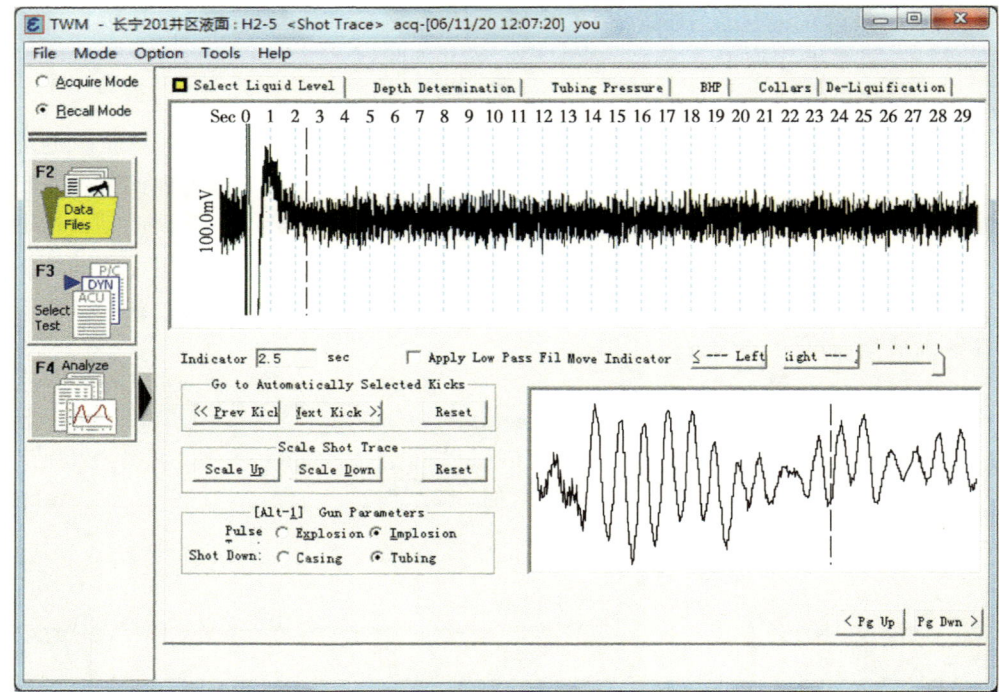

图 5-2-9　软件分析典型井 CNH2-5 回声仪液面测试声波曲线

3. 生产数据分析法

生产数据分析法是一种根据油管与套管压力变化来判断无封隔器气井是否积液的方法。气井油管与套管压力曲线的变化可以反映井下积液情况，分析压力曲线随时间的变化，可以发现与正常曲线的区别。当井筒内液体出现滑脱现象，并在井底堆积时，井底积液将增加流体对地层的回压，导致井口油压逐渐降低，同时气井生产时，气体会进入油套环空，受地层压力影响，气体压力较高，导致套压升高。因此，油压降低且套压升高表明井底存在积液[1]，如图 5-2-10 所示。

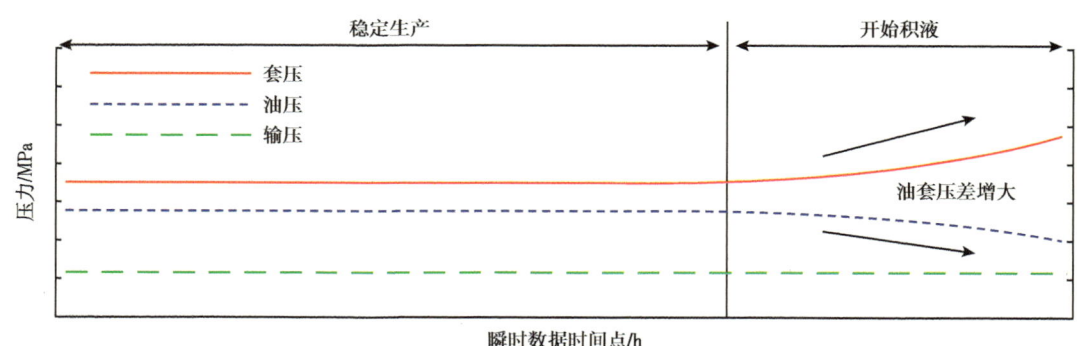

图 5-2-10　典型油压降低套压上升曲线

页岩气井生产中后期油压普遍降低至与输压持平，此时发生积液，因为油压没有进一步下降的空间，因此油压和套压两条曲线表现出的特征为套压上升同时油压与输压持平，如图 5-2-11 所示。

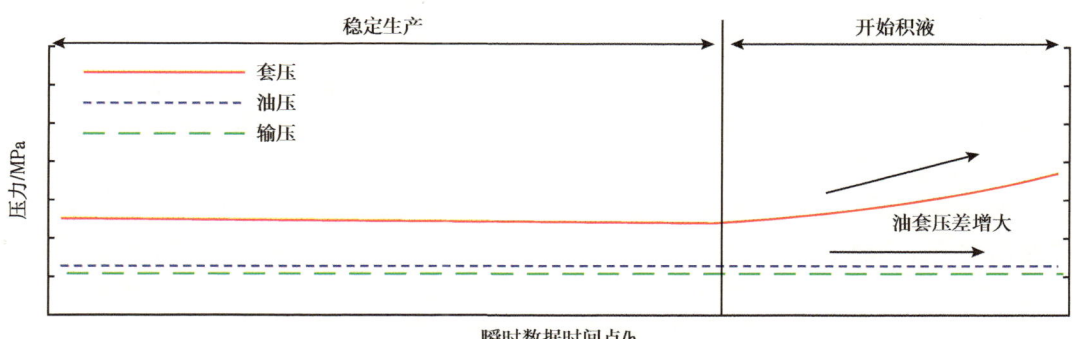

图 5-2-11　典型油压与输压持平及套压上升曲线

生产数据分析法的优点是操作方便，缺点是无法准确分析积液的深度位置。在页岩气井生产管理过程中，使用频率最高的是生产数据分析法，技术人员或管理人员会经常对气井生产数据进行分析，从而判断气井是否积液。

三、其他异常分析

1. 油管穿孔异常

当气井在生产过程中发生油管穿孔时，将严重影响气井的排采效率。技术人员可以通过油套压差变化来判断油管穿孔情况，如气井正常生产时，由于油管内的摩阻损失，油压会小于套压。而当油管穿孔时，油管和油套环空之间形成一条新通道，油套压差将会减小，且穿孔点越接近井口，油套压差越小直至持平。造成油管穿孔的影响因素有很多，如腐蚀、磨损、材质缺陷[1]等。典型井生产曲线如图 5-2-12 所示。

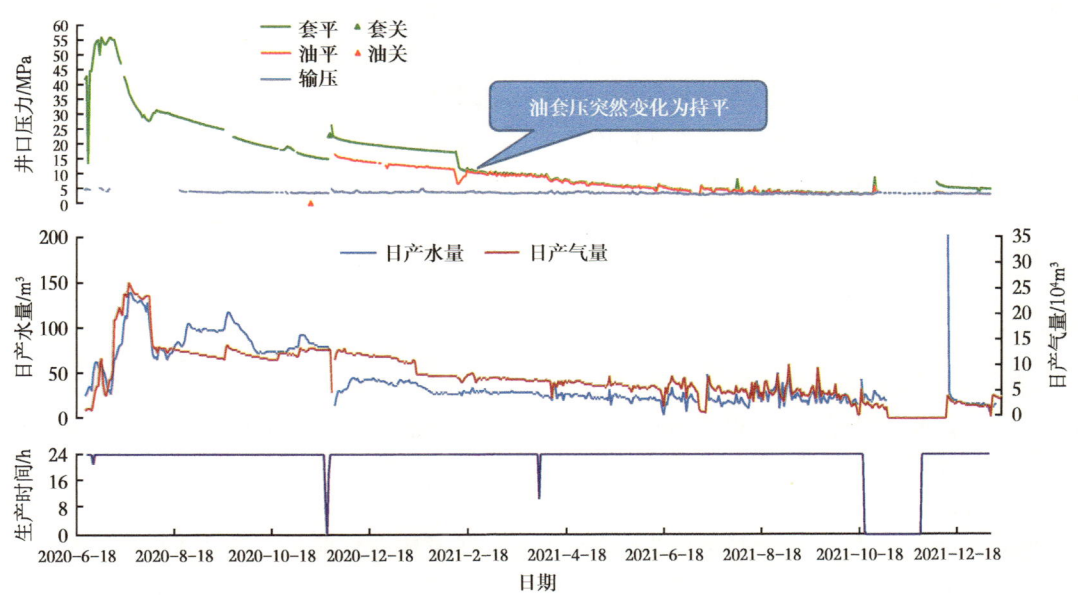

图 5-2-12　足 203H1-3 井生产曲线

针对川渝地区，腐蚀是油管穿孔的主要因素。通过现场实际检测、油管材料失效分析和室内模拟评价分析，认为CO_2和硫酸盐还原菌的耦合作用是引起油管腐蚀的主控因素。

2. 油管堵塞异常

油管作为天然气生产的必经通道，若出现油管堵塞，不仅影响气井的正常生产，给修井作业也会带来一定程度的影响[2]。生产过程中的堵塞表现为，套压基本不变，油压下降较快，产量波动不稳定，同时生产中产水量减小，甚至无水产出等生产异常现象。

针对川渝地区，油管堵塞的主要原因有，钻完井过程中未排尽的井下脏物堵塞、地层严重出砂与井下腐蚀产物混合后引起的堵塞等。为有效防止油管堵塞，建议根据产层特性，选择合适的完井方式和合理的管串结构，防止产层出砂、油套管环形空间狭小引起的井下堵塞。同时气井完井后必须彻底循环洗井，尽可能排尽井下脏物。

第三节　优选管柱排水采气技术

页岩气井投产初期，地层能量充足，返排液量大，一般采用管径较大的套管生产，以提高气井返排率。随着地层能量和产气量双递减，气体携液能力逐渐下降，井筒积液日益严重，影响气井连续生产，因此在页岩气生产过程中需及时调整管柱尺寸，采用小直径油管生产，以减小流体流动面积，增大流体流速，减少举升滑脱损失，提高气井的排液能力，延长气井自喷周期。目前已形成页岩气一体化优选管柱技术，基于井筒流动规律合理确定管柱尺寸、下深、时机等设计参数，同时考虑页岩气井全生命周期生产需求，配备回音标、柱塞工作筒、四通等关键工具实现工艺一体化设计。

一、工艺原理

优选管柱排水采气技术是以充分利用气井自身能量的排水采气方法，其关键在于确定气井的产量，使其满足于气井连续排液的临界流动条件。通过缩小生产管柱的尺寸，增大气体流速，使之高于气井连续携液临界流量，以确保气流通过自喷管柱时，有足够大的举液速度，把流入井筒的液体能全部连续排出井口，最终恢复产水气井正常生产。在现有气井产气量不变的情况下，随着生产管柱内径的减小，气井连续携液临界流量也随之减小，极大地减少气水两相流动的滑脱损失。但需要注意的是，生产管柱内径的减小并非不受限制。其原因在于气水两相流动的摩擦损失会随之增大。另外，生产管柱内径的减小也会限制后期生产过程中相关作业工具的下入。

二、关键工具

优选管柱排水采气技术的主体设备是油管，为了实现管柱—工艺—监测运维功能集合，避免后期重复作业，通常配备排水采气工艺、液面监测等相关工具，包括回音标、固定式柱塞工作筒以及破裂盘等，同时在井口预置四通。

1. 回音标

回音标解决回声仪测试液面的解释精度难题，通过建立数据库，指导环空及油管内测试解释，辅助试井测试解释等。推荐页岩气油管柱上带回音标，下入深度距井口1000m左右，其通径需与油管内径一致，回音标如图5-3-1所示。

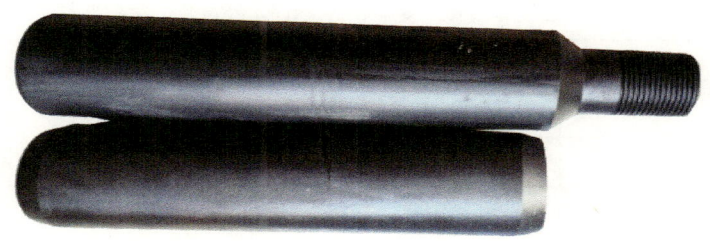

图 5-3-1 回音标实物图

2. 固定式柱塞工作筒

固定式柱塞工作筒为柱塞气举排水采气工艺的主要工具，可分为 X/XN 型工作筒、带缓冲弹簧工作筒两类，X/XN 型工作筒需后续投放卡定器装置实现限位功能，带缓冲弹簧工作筒无须后续作业，可降低在大斜度段钢丝作业坐放卡定器缓冲弹簧的风险，保障柱塞有效沉没度。带缓冲弹簧工作筒如图 5-3-2 所示。

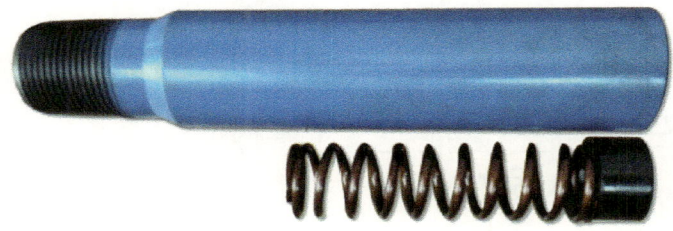

图 5-3-2 带缓冲弹簧工作筒实物图

3. 破裂盘

带压下管柱时，气井井口压力大于 14MPa，管柱结构上配备 2 个破裂盘；井口压力小于 14MPa，管柱结构上配备 1 个破裂盘。破裂盘如图 5-3-3 所示，其关键参数见表 5-3-1。

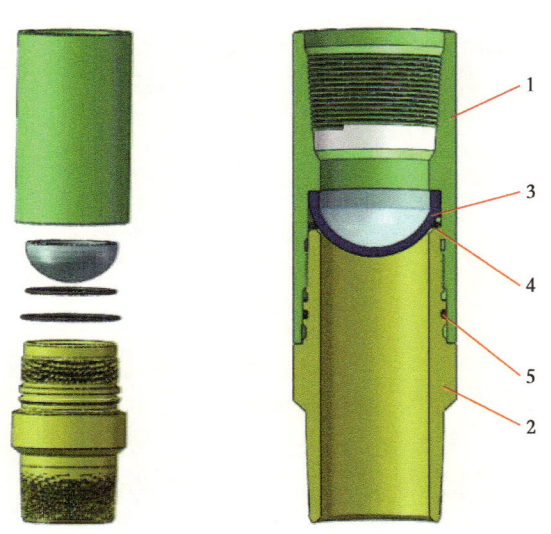

图 5-3-3 破裂盘结构图

1—上接头；2—下接头；3—陶瓷片；4—密封圈；5—密封圈

表 5-3-1　破裂盘基本参数（参考 MAGNUM 公司破裂盘零部件手册）

型号	外径 /mm	内径 /mm	温度级别 /℃	额定工作压力 /MPa	正向破碎压差 /MPa
$2^3/_8$ in	77.7	50.8	230	70/105	7
$2^7/_8$ in	93.2	63.5			

4. 采气树

采气树主通径应与油管、油管挂等的内径匹配，便于柱塞工艺开展；$2^3/_8$ in 油管要求采气树主通径为 52mm，$2^7/_8$ in 油管要求采气树主通径为 65mm。采气井口应考虑实施化学药剂加注、柱塞举升、气举等排水采气工艺措施需求，采气树生产翼宜配备适用于柱塞举升及气举作业的四通，四通置于生产闸阀与井口紧急切断阀之间，便于柱塞井口工艺流程的快速安装。页岩气采气井口示意图如图 5-3-4 所示。

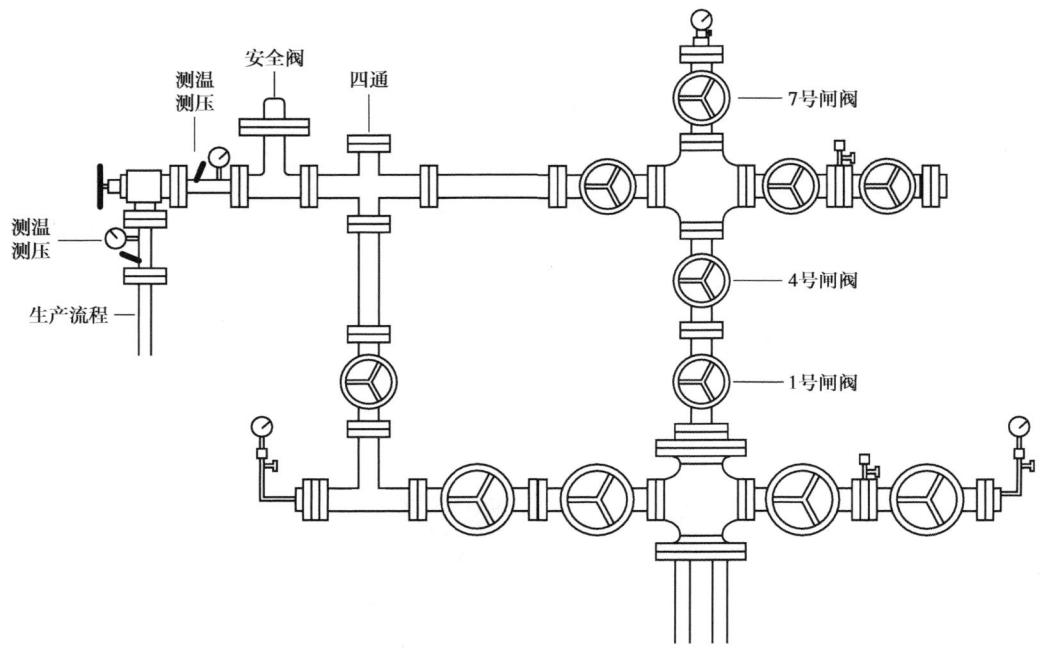

图 5-3-4　页岩气采气井口示意图

三、工艺设计

1. 设计原则

页岩气投产后，采用套管生产，随着地层压力及产量下降需下入油管维持气井稳定生产。优选管柱工艺设计应充分考虑全生命周期气井生产需求，在满足井筒携液的同时，兼顾考虑后期实施排水采气工艺措施。下入生产管柱时配套采气工具，形成油管+柱塞工作筒一体化生产管柱。

2. 设计内容

优选管柱设计应同时考虑生产能力、携液能力和油管强度 3 个方面。

1)管柱结构设计

为避免后期重复作业,下油管时预置 X/XN 型工作筒或带缓冲弹簧工作筒并保证每个平台至少一口井预置回音标设备,形成"筛管+破裂盘+油管+回音标+油管+双公短节+油管挂+油补距"的管柱结构(图 5-3-5),其中回音标下入深度距井口 1000m 左右。考虑绳索作业能力及大斜度段坐放柱塞卡定器的风险,推荐 X/XN 型工作筒下深为井斜 55°~60°,带缓冲弹簧工作筒下深可至井斜 70° 左右。

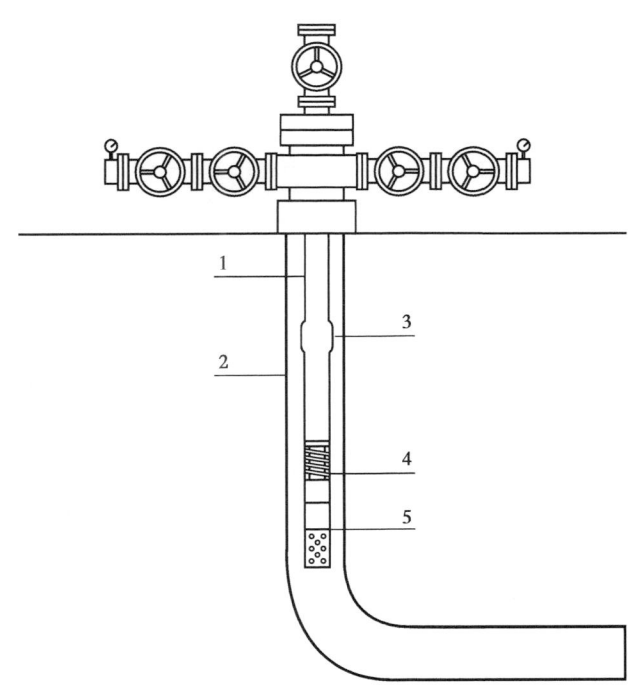

图 5-3-5 生产管柱结构示意图
1—油管;2—套管;3—回音标;4—工作筒;5—筛管

2)油管选型

页岩气井油管尺寸选择,应根据不同区块的生产特征,以有利于气井安全、经济、有效带液生产为原则,同时综合考虑理论最大产气量、井筒压力损失、抗气体冲蚀能力、携液能力、排水采气工艺实施、井筒清洁、解堵作业等需求。中深层页岩气(埋深 3500m 以浅)推荐使用 $2\frac{3}{8}$ in 油管,深层页岩气(埋深 3500m 以深)推荐使用 $2\frac{7}{8}$ in 油管。

3)下入时机设计

应根据不同尺寸生产管柱临界携液流量,摸清页岩气套管井生产递减规律后在流量降至临界携液量之前下入油管。

根据现有页岩气井生产数据统计,下油管生产井普遍产量提高,产量趋于稳定。空套管生产数月后下入油管的井,油管下入后仍出现生产不稳定、产量波动大的情况。页岩气生产压力平输压的平均时间为 6 个月,该时段下油管,已发生积液的井稳产能力差。考虑整个平台的作业周期,同时避免憋破裂盘后因井内液柱回压导致不能复喷,中深层页岩气井井口压力不低于 10MPa 前下入油管,深层页岩气井井口压力不低于 17MPa 前下入油管。

4）油管下深设计

页岩气井直井段、斜井段和水平井内流动规律差异大，滑脱现象主要出现在斜井段。结合油管强度参数、排液需求及水平段压降分析，上倾井油管宜下至 A 点以上（图 5-3-6），且管鞋垂深应高于射孔最大垂深 10~20m，井斜角宜 70°~80°；下倾井油管宜下至射孔段顶部以上 10m 左右，如图 5-3-7 所示。

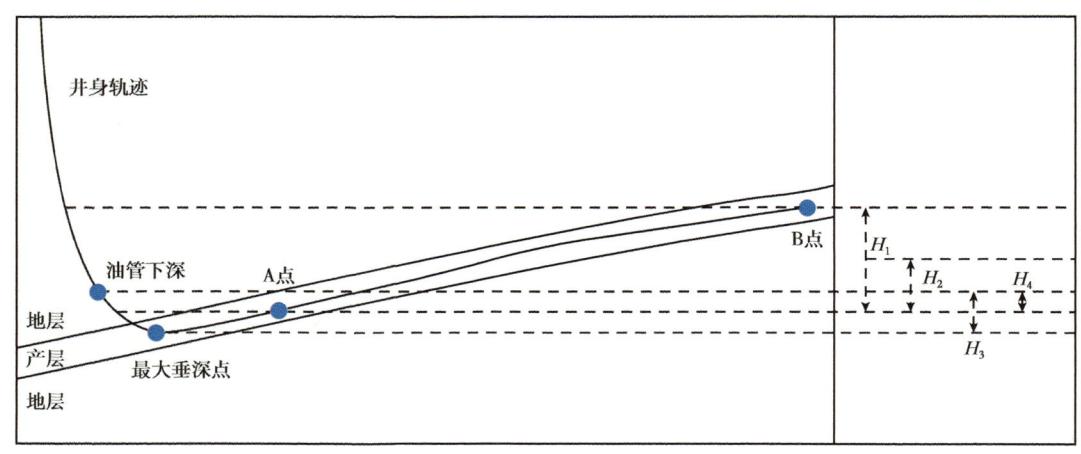

图 5-3-6　上倾井油管下深示意图

H_1—A 点到 B 点垂深的距离，m；H_2—A 点到 B 点垂深的一半的距离，m；H_3—油管下深距离最大垂深点的距离，m；H_4—油管下深距离 A 点垂深的距离，m

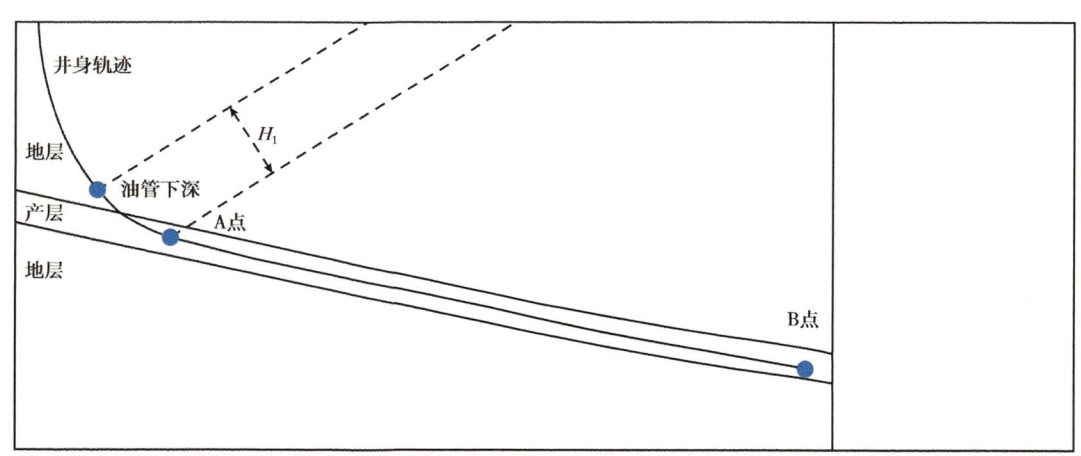

图 5-3-7　下倾井油管下深示意图

H_1—油管下深距离 A 靶点斜深距离，m

5）管柱强度校核

页岩气井完井管柱强度需满足管柱抗拉、抗挤要求，完井油管抗拉安全系数应大于 1.5，抗挤安全系数大于 1.2。

6）管柱防腐设计

页岩气井应有管柱防腐方案，对于细菌和二氧化碳腐蚀共存环境腐蚀气井，宜采用加注杀菌缓蚀剂、涂层油管等方式进行管柱防腐。若使用涂层油管，下入油管前应对涂层进行耐蚀性能评价。

四、实施与管理

1. 实施要求

（1）采用带压作业方式下入油管，施工过程中，保持套管生产状态，应注意观察井口压力变化情况，必须满足井口压力低于带压作业施工压力的规定和要求。

（2）下油管前，应确保井筒的清洁、畅通，同时必须对每根入井油管、短节及其他入井工具进行通井作业。

（3）若作业过程中油管无法下到设计井深，可调整下深位置：要求实际垂深与设计垂深相差50m以内，若调整下深后仍无法完井，则上报建设方，对井筒进行专项清洁或修井作业，并另做设计。

（4）恢复井口装置时，应确保井口通径与油管尺寸匹配；若井口通径与油管尺寸不匹配，可在井口加装衬套或直接更换井口。

（5）采用制氮车注氮气方式憋破裂盘，使油管保持畅通。

（6）根据实际生产情况，可选择性地采用油管、油套环空或油套同产3种不同生产方式；若不能自喷，则采取气举措施。

2. 运行管理

（1）油管生产过程中，依据产气量、产液量、油压和套压等数据对生产状态进行诊断。

（2）油管生产异常情况及解决措施见表5-3-2。

表 5-3-2　油管生产异常情况及解决措施

序号	异常现象	原因分析	解决措施
1	产水量大，采用油管无法正常生产	油管管径较小，井筒压力损失增大	先采用环空生产，后期产量下降后再转为油管生产
2	油套压值基本保持一致，且呈现出同升同降的趋势	油管腐蚀穿孔	开展修井作业，并做好防腐措施
3	气举复产时存在憋压现象，注气压力过高	油管内部通道堵塞	大排量洗井解堵或进行修井作业更换油管

第四节　柱塞气举排水采气技术

柱塞气举工艺以间歇开关方式利用气井自身能量排液，因投运及运维成本低、对低压小产井有效期长、稳产效果好等优点，是目前页岩气井主体排水采气工艺技术之一。本节从工艺原理、配套工具、工艺设计、实施与管理4个方面详细介绍柱塞气举工艺，为现场工艺优化提供参考。

一、工艺原理

柱塞气举工艺将柱塞作为积液与气体之间的固体分界面,减少气体穿过液体段塞所造成的滑脱损失和液体回落,提高排液效率,在井下和井口之间周期运动以实现排液目的。柱塞气举工艺原理如图 5-4-1 所示,一般可分为 3 个阶段:

(1)关井压力恢复阶段。柱塞在自身重力的作用下沿油管下降,依次通过气体、液体段塞,最终停在井下限位器所在位置。随着天然气在环空中或井底聚集,气井能量逐渐恢复,待压力恢复至满足柱塞及其上部液柱举升压力要求时开井。

(2)柱塞举液阶段。开井后,油管液面至井口段的气体从井口排出,导致井口油压迅速下降,在一定的压差条件下,环空中的高压气体推动液体向油管转移,此时油管中的液面不断升高。当环空液面下降至油管鞋位置时,柱塞及柱塞上部液体段塞在高压气体的推动下开始沿油管上升,最终将液体推送至井口排出,直到柱塞到达井口。

(3)续流生产阶段。到达传感器探测柱塞到达井口后,柱塞控制器按照预设制度维持气井自喷生产,即进入续流生产阶段。

设定的续流生产时间结束后,关闭井口控制阀,柱塞再次下落,开始下一个周期的举升过程,通过重复上述运行过程,不断将井筒积液举升至地面。

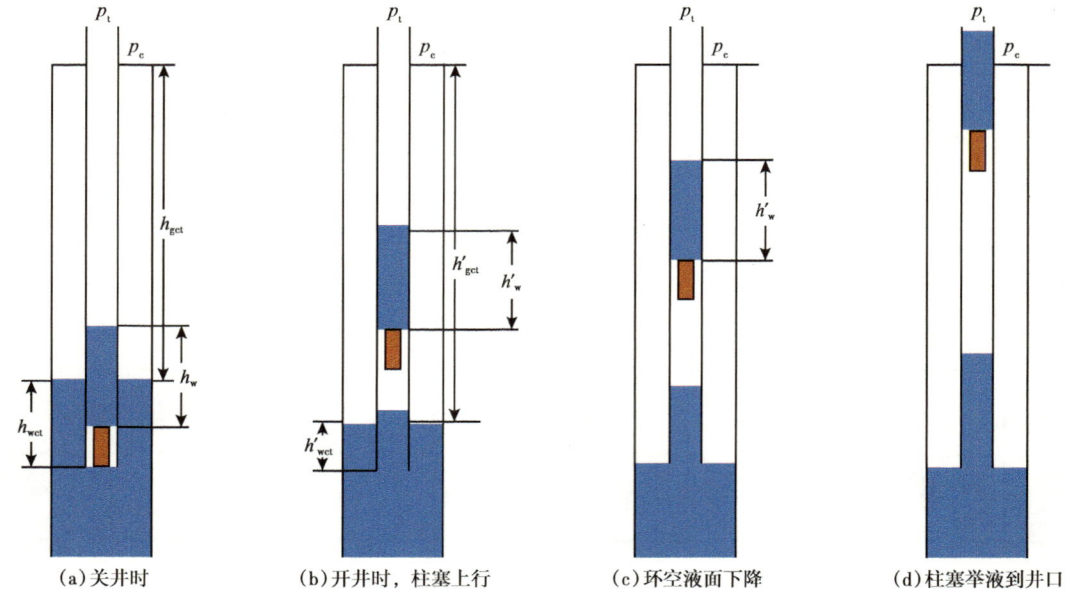

(a)关井时 　　(b)开井时,柱塞上行 　　(c)环空液面下降 　　(d)柱塞举液到井口

图 5-4-1　柱塞气举工艺原理示意图

选用柱塞工艺的页岩气井,需满足下述条件[3]:

(1)气井能实现连续或间歇生产。

(2)生产管柱通畅无穿孔。

(3)生产管柱及井口宜保持等通径。

(4)气井日产水量宜不超过 30m³。

（5）井深宜小于5000m，每千米井深气水比宜大于200m³/m³。
（6）关井套压宜不小于1.5倍井口节流后压力。

二、主要工具

柱塞工艺配套包括井下工具与地面设备两部分。井下工具包括：（1）井下限位器，用于缓冲柱塞下落冲击、限制柱塞下落深度；（2）柱塞，用于隔离气水界面、周期循环带液。地面设备包括：（1）防喷管捕捉器总成，用于缓冲柱塞上升冲击、捕捉柱塞工具；（2）控制阀，用于实现开关井控制；（3）控制器，用于自动记录柱塞运行参数、调控柱塞运行制度；（4）柱塞到达传感器，用于检测柱塞是否上升至井口，并反馈信号给控制器。

1. 井下工具

1）井下限位器

井下限位器是柱塞下落的止动装置，决定了柱塞下落的最大井斜。常用的柱塞井下限位器为预置式和活动式两种，预置式限位器以柱塞工作筒为主，包括带缓冲弹簧工作筒和X/XN型工作筒两类；活动式限位器以柱塞卡定器缓冲弹簧总成为主，包括卡瓦式卡定器和卡箍式卡定器两类。

对动液面在井下限位器以下，日产水量满足限位器配套单流阀功能发挥的气井，选用的卡定器缓冲弹簧总成均应具备单向截流功能，防止关井后积液回落水平段影响柱塞带液效率。推荐卡定器结构为缓冲弹簧—单流阀—卡定装置一体式结构，同时满足柱塞止动、防积液回落和工具坐封需求。

（1）卡定器缓冲弹簧总成。

EU、NU等常见螺纹类型油管，油管接箍处无腐蚀和结垢，可采用卡箍式或卡瓦式卡定器缓冲弹簧总成（图5-4-2和图5-4-3）；油管接箍结垢、腐蚀以及BGT气密封螺纹类型等油管，推荐采用卡瓦式卡定器缓冲弹簧总成。

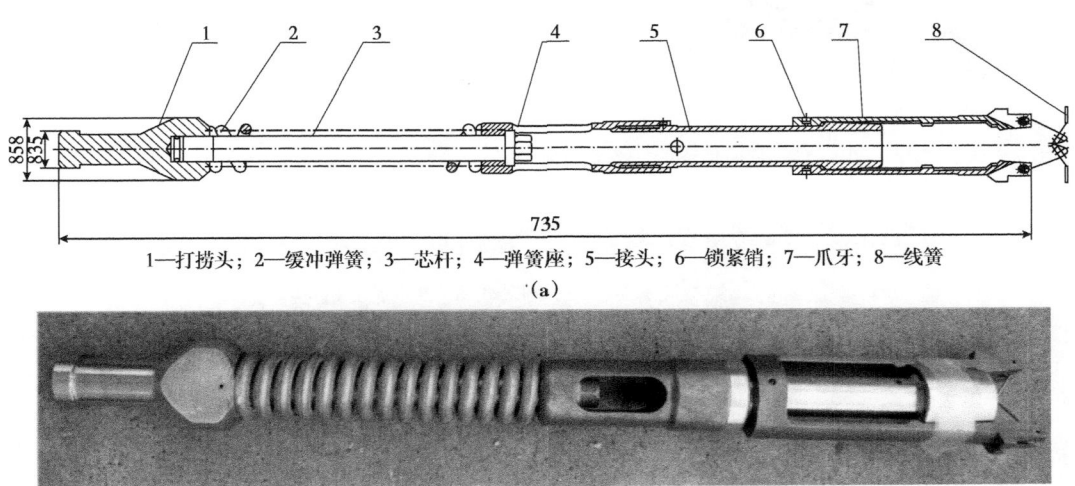

1—打捞头；2—缓冲弹簧；3—芯杆；4—弹簧座；5—接头；6—锁紧销；7—爪牙；8—线簧

图5-4-2 卡箍式卡定器缓冲弹簧总成结构（a）及实物图（b）

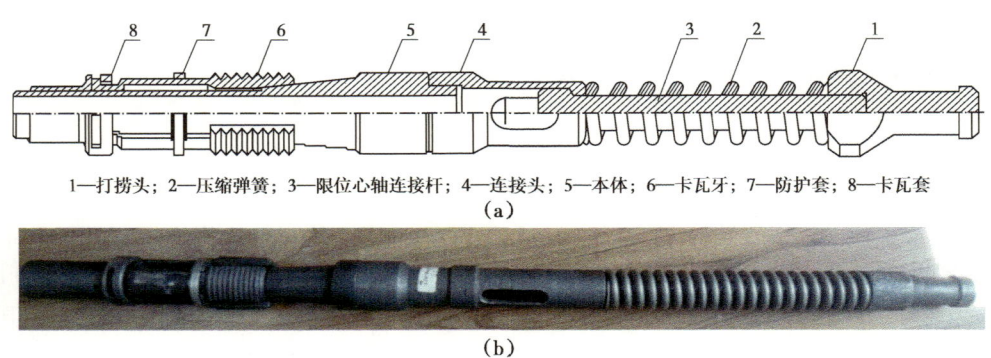

1—打捞头；2—压缩弹簧；3—限位心轴连接杆；4—连接头；5—本体；6—卡瓦牙；7—防护套；8—卡瓦套
(a)

(b)

图 5-4-3　卡瓦式卡定器缓冲弹簧总成结构（a）及实物图（b）

（2）柱塞工作筒+卡定器缓冲弹簧总成。

针对修井作业后需实施柱塞工艺的气井，在修井过程中可在柱塞工艺设计位置下入专用坐放工作筒，后期通过钢丝作业将卡定器缓冲弹簧总成坐放于工作筒上，该类工具坐放成功率高，后期卡定器移位风险小。与工作筒配合使用的弹块式卡定器缓冲弹簧总成和配套的工作筒如图 5-4-4 和图 5-4-5 所示。

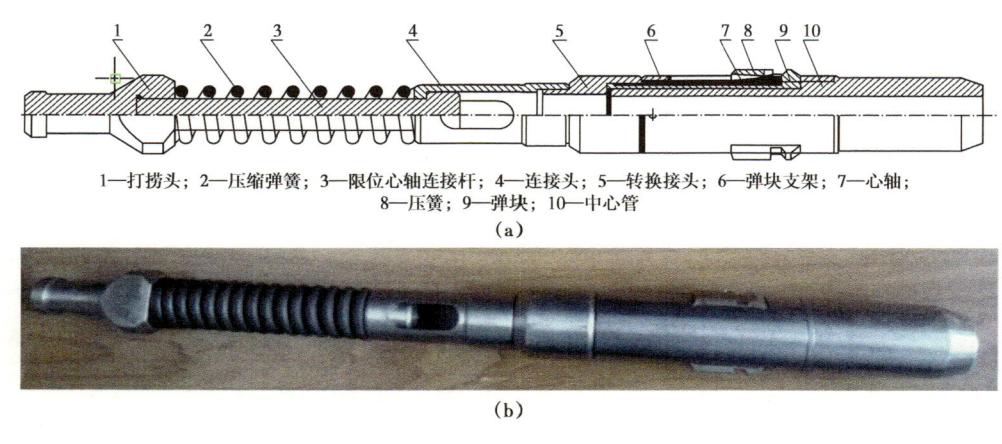

1—打捞头；2—压缩弹簧；3—限位心轴连接杆；4—连接头；5—转换接头；6—弹块支架；7—心轴；
8—压簧；9—弹块；10—中心管
(a)

(b)

图 5-4-4　弹块式卡定器缓冲弹簧总成结构（a）及实物图（b）

图 5-4-5　弹块式卡定器缓冲弹簧配套工作筒实物图

（3）带缓冲弹簧柱塞工作筒。

带缓冲弹簧柱塞工作筒结构及功能见优选管柱工艺部分。

2）柱塞

柱塞是在油管内缓冲弹簧至井口之间往复运动的钢制工具，通过形成固定的机械面，减少气体滑脱。已在页岩气井试用的柱塞类型包括柱状、分体、弹块、刷式柱塞等，由于页岩气井大斜度、出砂等特点，不宜使用弹块柱塞、分体柱塞等类型，推荐选用柱状柱塞（包括鱼骨式、文丘里式、旋转式柱塞等）。由于刷体易损，刷式柱塞的使用寿命较其他柱塞短，仅在出砂、结蜡及杂质多的井中初期清洁时使用，对井筒清洁效果较好。表 5-4-1 为页岩气井适用的柱塞工具参数及实物表。

表 5-4-1　页岩气井适用的柱塞工具参数及实物表

柱塞类型		工具特点	实物图片	柱塞参数		
				规格型号/mm	长度/mm	最大外径/mm
柱状柱塞	鱼骨式	（1）实心金属柱身； （2）距平行凹槽，形成流体湍流		50.3	355	47.5
	旋转式	（1）金属柱身+中空孔道； （2）不等距倾斜凹槽，逐级压缩气体提升密封效果； （3）中空孔道使气体喷射，辅助柱塞居中		62.0	355	59.2
	文丘里式	（1）金属柱身+中空文丘里结构； （2）不等距倾斜凹槽，逐级压缩气体提升密封效果； （3）文丘里孔道减少柱塞下落时间		50.3	482	49.1
刷式柱塞		（1）金属柱身+尼龙刷毛； （2）刷毛处外径更大，提升密封效果； （3）提升井筒异物清洁效率		62.0	482	60.1

2. 地面设备配套

柱塞举升工艺的井口流程图如图 5-4-6 所示，地面配套包括柱塞防喷管、捕捉器、控制阀、柱塞到达传感器、柱塞控制器等。

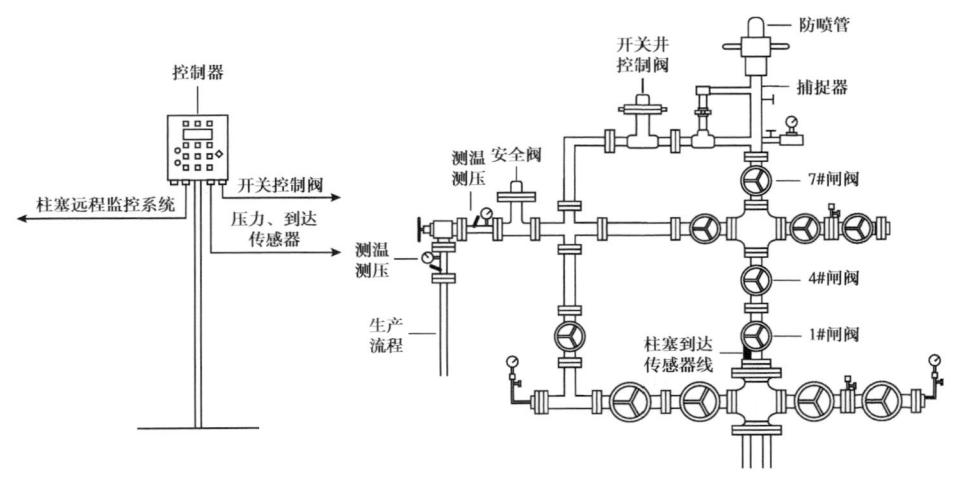

图 5-4-6　柱塞举升工艺井口流程示意图

1）防喷管捕捉器总成

柱塞防喷管和捕捉器应与柱塞尺寸相匹配，柱塞捕捉器与防喷管连接螺纹类型选用活接头型（图 5-4-7 和图 5-4-8）。防喷管内设弹簧结构，用于缓冲柱塞上行时的冲击力，产出的天然气通过捕捉器的旁通出口进入输气管线，需要对柱塞进行检查及更换时，捕捉器用于捕捉柱塞。

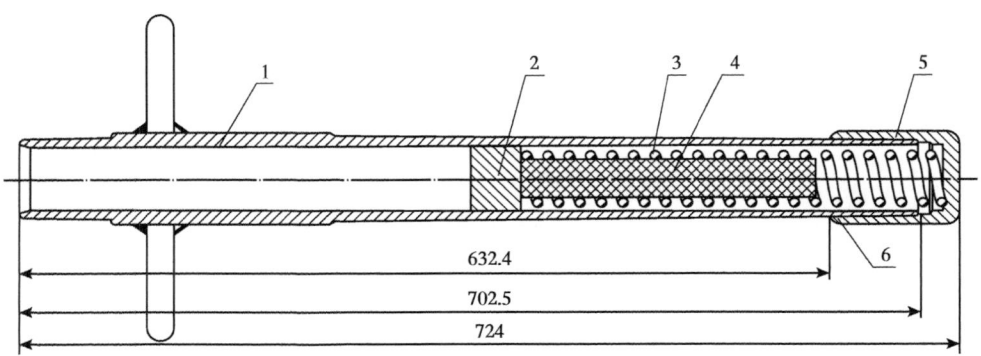

图 5-4-7　防喷管结构示意图

1—防喷管本体；2—挡块；3—弹簧；4—减振棒；5—防喷管盖帽；6—O 形密封圈

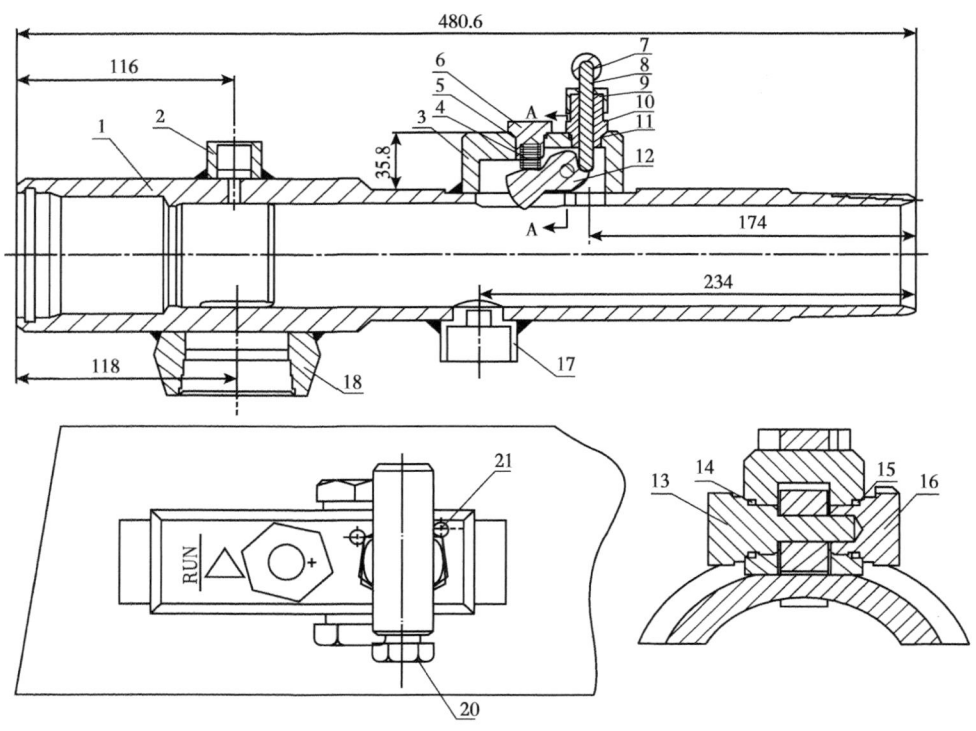

图 5-4-8　柱塞捕捉器结构示意图

1—捕捉器本体；2—压力表接头；3—捕捉器开关外壳；4—弹簧；5,11,14,15,19—O 形密封圈；6—弹簧座；7—捕捉器开关手柄；8—捕捉器开关顶杆；9—捕捉器开关锁紧螺母；10—捕捉器开关中间螺母；12—捕捉块；13—捕捉器开关定位螺钉；16—捕捉器开关定位螺母；17—柱塞到达传感器支座；18—生产管线出口；20—锁紧螺钉；21—管柱锁销柱塞井口生产流程采用开关井控制阀、防喷管捕捉器等组成的整装式结构,避免井场焊接等动火作业。

2)控制阀

控制阀阀芯结构以截止阀和孔板阀为主,其中直流式孔板阀结构受出砂冲蚀损伤相对较小,更适用于页岩气井出砂工况(图5-4-9和图5-4-10)。页岩气井常用控制阀按其使用能源可分为气动、电动两类,对不具备良好供电条件的平台,宜选用气动阀,宜配备仪表风提供气源,并配套气源调压阀分液罐(图5-4-11);对具备良好供电条件的平台,宜选用电动阀。

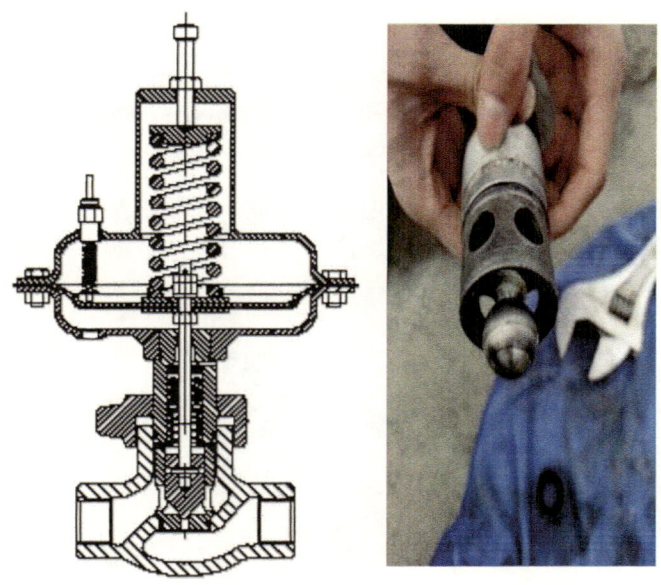

图 5-4-9　薄膜阀结构原理图(球心截止阀)

图 5-4-10　直流式孔板阀实物图

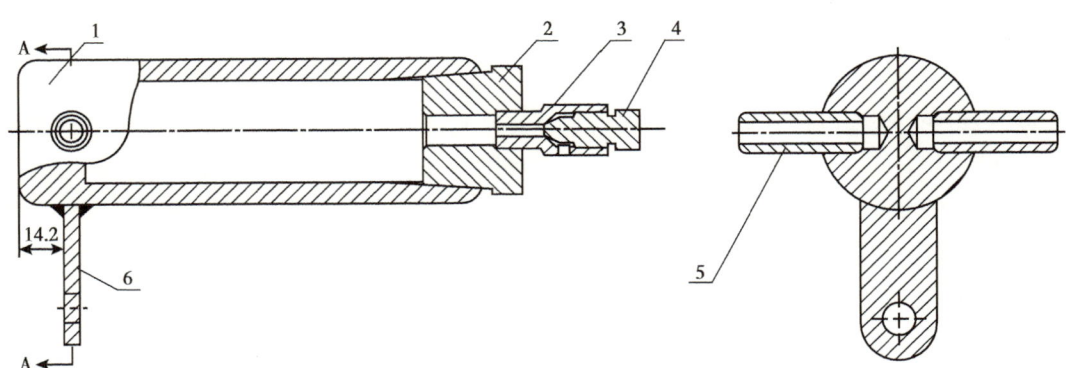

图 5-4-11 气源调压阀分液罐设计图
1—分液罐本体;2—螺母;3—过渡套;4—卸压排液阀;5—接头;6—支架

3)控制器

控制器由控制面板、蓄电池及太阳能电池板组成,控制柱塞井开关,通常有时间、压力和产量等多种控制模式,实时采集压力、产量等井口生产数据,具备数据远传远控功能(图 5-4-12)。

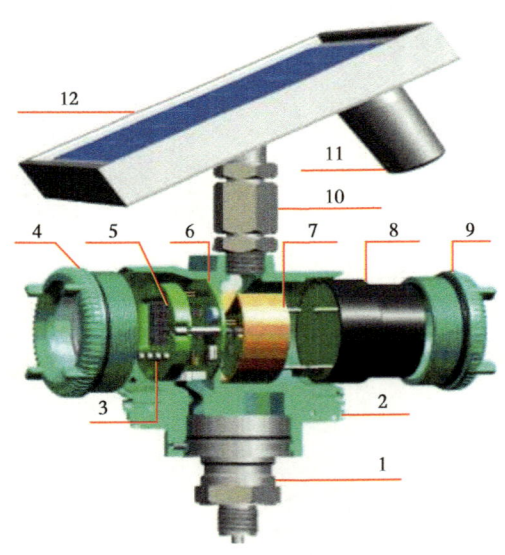

图 5-4-12 带远传远控功能的柱塞控制器结构组成及主板实物图
1—压力传感器;2—铝合金外壳;3—键盘;4—前盖;5—显示器;6—主板;7—接线盒;8—电池;9—后盖;
10—太阳能板方位角调节螺栓;11—传输天线;12—太阳能电池板

柱塞工艺多以"关井→柱塞上升→续流生产"循环运行,页岩气井多用时间和压力两种控制模式。时间模式下,预设关井、柱塞上升及续流生产时长,柱塞按预设参数值定时运行;压力模式下,预设关井、开井条件下的套管压力或套管压差值,开井后套管压力下降至关闭压力/压差值则执行"关井",关井后套管压力恢复至开启压力/压差值则执行"开井"。图 5-4-13 所示为"关井→开井→续流生产"柱塞循环运行示意图。

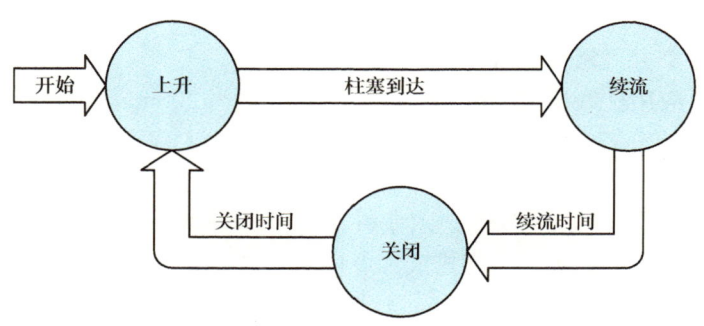

图 5-4-13 "关井→开井→续流生产"柱塞循环运行示意图

4）柱塞到达传感器

到达传感器用于检测柱塞是否到达井口。当柱塞经过到达传感器时，到达传感器将向控制器发送脉冲，控制器依据柱塞到达情况判定下步运行程序（图 5-4-14）。到达传感器安装在防喷管捕捉器总成下端外壁，若采气树主通径与油管不匹配，则安装在 1 号阀下端外壁。

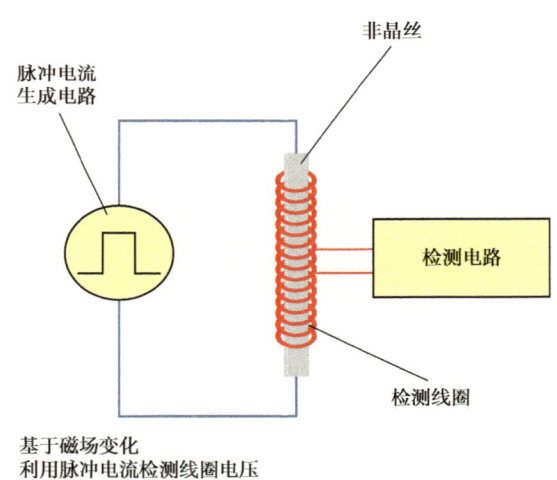

图 5-4-14 柱塞到达传感器运行示意图

三、工艺设计

柱塞工艺设计包括投运时机、限位深度设计、主体工具选型、运行制度设计等内容。柱塞工艺设计实例可参照 SY/T 7623—2021《柱塞气举技术规范》。

1. 工艺投运时机

日产气量高于 1.2 倍携液临界流量前，或在分离器压力稳定条件下，气井井口压力和气水产量出现周期性变化时，投运柱塞气举排水采气工艺。

2. 井下限位器下深

井下限位器最大下深计算公式为：

$$H_{\max} = \frac{W_{\text{GLR}}}{\text{GLR}_{\min}} \quad (5\text{-}4\text{-}1)$$

式中 H_{max}——限位器最大下入深度,m;
　　　W_{GLR}——生产井气液比,m^3/m^3;
　　　GLR_{min}——应用柱塞所需的最小气液比,经验值为200m^3/($m^3\cdot$1000m)。

限位器下深需综合考虑井筒积液位置和钢丝作业能力,确定最佳限位深度。

1)井筒积液位置

由式(5-1-16)可得,在同样的产水条件下,井筒积液更易发生在斜井段,其中井斜角50°附近携液临界流速最大,柱塞排液深度应大于井斜角50°位置。

2)钢丝作业能力

带单流阀卡定器以胶筒结构实现密封和积液止回功能,需通过震击剪断销钉实现坐放。大斜度井段的工具坐放存在失效风险,现场卡定器密封失效的现象主要发生在井斜角65°以深。此外,目前钢丝通井最大深度在井斜角70°左右,结合现场实践表明,X/XN型工作筒下深宜在井斜55°~60°,带缓冲弹簧工作筒下深可至井斜70°左右。已下入X/XN型工作筒,卡定器在工作筒深度投放,单独投放卡定器时,投放深度宜在井斜55°~60°。

3. 工具选型

1)井下限位器选型

井下限位器在页岩气井的适用工况汇总见表5-4-2。

表5-4-2　井下限位器在页岩气井的适用工况汇总表

井下限位器类型	适用工况	结构要求
卡箍式卡定器缓冲弹簧总成	①EU、NU等常见螺纹类型油管; ②油管未结垢; ③要求限位深度井斜角60°左右	①动液面接近油管鞋、日产水3m^3以下时:应具备缓冲弹簧、单流阀、卡定装置 ②日产水长期3m^3以上时:应具备缓冲弹簧、卡定装置
卡瓦式卡定器缓冲弹簧总成	①BGT等特殊螺纹类型油管; ②油管存在结垢; ③要求限位深度井斜角60°左右	
弹块式卡定器缓冲弹簧总成	①已下入X/XN型柱塞工作筒; ②要求限位深度井斜角60°左右	
带缓冲弹簧柱塞工作筒	①后期不考虑下入卡定器缓冲弹簧总成; ②要求限位深度井斜角70°左右	—

2)柱塞选型

页岩气井初期推荐使用柱状柱塞(包括鱼骨式、文丘里式、旋转式柱塞等),后期根据产量、排液情况优化柱塞类型(表5-4-3)。

表5-4-3　页岩气井不同阶段的适用柱塞类型汇总表

产气量/(10^4m^3/d)	柱塞类型
3~4	柱状、快速回落型、刷式
1~3	柱状、刷式
<1	柱状(轻重量)

3）控制阀选型

控制阀选型应优先考虑阀芯抗冲蚀能力，推荐选用直流式孔板阀结构。对不具备良好供电条件的平台，宜选用气动式阀，并配套气源调压阀分液罐；对具备良好供电条件的平台，宜选用电动式阀。

4. 运行制度

（1）平台井数超过3口时，推荐以错峰方式设置平台柱塞制度，保证平台瞬产气总量高于增压设备最低运行要求，并尽可能保证同一时刻至少2口井处于开井状态，以防止单井异常停产影响增压设备运行。

（2）单井关井时长：应不低于柱塞下落时间，并保证气井压力恢复至最小关井套压。

①最小关井套压：

$$p_{c\min} = \left[\left(p_p + p_{lp} + p_a + (p_{lw} + p_{lf})L \times 6.29\right)\left(1 + \frac{D}{K}\right)\right] \quad (5\text{-}4\text{-}2)$$

式中 $p_{c\min}$——最小套管压力，MPa；
   p_p——克服柱塞重量举升到地面的压力，MPa；
   p_{lp}——井口回压，MPa；
   p_a——当地大气压力，MPa；
   p_{lw}，p_{lf}——举升每立方米液体所需的压力及产生的摩阻，MPa/m³；
   L——积液高度，m；
   D——柱塞限位器深度，m；
   K——气体摩阻造成的压力损耗常数，内径50.3mm油管为10210.8，内径62.0mm油管为13716。

②柱塞下落时间：推荐开展回声仪测试，通过井口声波反射情况实测柱塞下落时间。若不具备实测条件，可通过柱塞在气体和液体介质的经验下落速度估算下落时间。

$$t_{dg} = H_f / v_{fg} \quad (5\text{-}4\text{-}3)$$

$$t_{dl} = (H_z - H_f) / v_{fl} \quad (5\text{-}4\text{-}4)$$

式中 t_{dg}，t_{dl}——柱塞在气体、液体中的下落时间，min；
   H_f、H_z——关井时液面恢复深度和井下限位器深度，m；
   v_{fl}——柱塞在液体中的下落速度，经验值15~40m/min，m/min；
   v_{fg}——柱塞在气体中的下落速度，经验值60~150m/min，m/min。

（3）单井开井时长：应不低于柱塞上升时间，并在续流生产期间无积液水淹风险。

柱塞上升时间：设计阶段可通过安全运行经验值计算柱塞上升时间，待柱塞正常运行后，可通过到达传感器实测。

$$t_{up} = H_z / v_r \quad (5\text{-}4\text{-}5)$$

式中 t_{up}——柱塞上升时间，min；
   v_r——柱塞平均上升速度，安全运行时的经验值为200~300m/min，m/min。

（4）柱塞循环次数计算：

$$C_\mathrm{y} = 1440 / \left(t_\mathrm{dg} + t_\mathrm{dl} + t_\mathrm{up} + t_\mathrm{fl} + t_\mathrm{cb} \right) \qquad (5\text{-}4\text{-}6)$$

式中　C_y——柱塞日循环次数；

　　　t_fl，t_cb——续流生产时间和套管压力恢复时间，min。

四、实施与管理

1. 工艺现场施工

1）施工准备

（1）井下限位器入井前应开展通井作业，通井规最大外径和长度应不小于入井工具串尺寸，不同规格油管适用的通井规尺寸见表5-4-4。

表5-4-4　不同规格油管适用的通井规尺寸表

油管内径/mm	通井规最大外径/mm
76.0	73.5
62.0	59.5
50.8	48.5

（2）选用卡定器缓冲弹簧总成时，通井深度应大于井下限位器设计深度10~20m，选用X/XN型柱塞工作筒、带缓冲弹簧柱塞工作筒时，通井深度为工作筒深度，通井过程要求无阻卡。

2）投放井下限位器

（1）投放卡箍式卡定器缓冲弹簧总成时，下放工具串过程中严禁上提，下放至设计深度以下10~20m，上提工具串使卡箍座卡到油管接箍处，向下震击坐放井下卡定器。

（2）投放卡瓦式卡定器缓冲弹簧总成时，下放至距设计深度以上3~5m，快速下放工具串使井下卡定器卡瓦张开并卡定在油管本体内，向下震击坐放井下卡定器。

（3）坐放弹块式卡定器缓冲弹簧总成时，下放至柱塞工作筒位置震击坐放。

3）地面设备安装

（1）柱塞井口设备承压等级应不低于气井最高关井压力1.25倍。

（2）对油管尺寸与采气树内径不匹配的井，到达传感器宜安装在1号阀附近。

（3）流程安装完成后，在关井状态下检查控制器开关井控制阀是否能正常联动工作。

2. 工艺运维管控

1）投运前检查

（1）柱塞投运前宜对气井开展间歇生产试验，取全取准井口压力变化情况。

（2）若选用气动薄膜阀，需检查气源管线压力是否在30psi左右。

2）初期试运行

（1）试运行期间需满足载荷系数不大于0.5。

（2）初期运行宜采用长关井短开井制度，确保柱塞能够多周期到达井口、单次举升液量及柱塞上行速度稳定。

3）制度优化

（1）柱塞工艺长期运行宜选用时间控制模式，平台瞬产气量需满足地面增压设备正常运行需求。

（2）若出现柱塞上行速度明显小于200m/min、瞬产气量较上一周期降低20%、关井油套压差较上一周期增加20%以上等情况时，存在水淹停产风险，应开展制度优化。

（3）应在柱塞到达井口后关井调整制度，缩短开井时间至柱塞上升时长左右，延长关井时间至气井压力充分恢复。

（4）待消除水淹风险后，逐步提高柱塞运行频次，单次时长调整宜低于30min。

4）设备检查

（1）柱塞：运行平稳前应保证每周检查1次，确保无明显磨损、腐蚀情况；连续运行6个月后宜每季度检查1次，若柱塞磨损量大于原尺寸的2%，需及时更换。

（2）防喷管：每半年维护保养1次以上，确保防喷管内弹簧、捕捉器开关正常工作。

（3）调压阀：若使用气动薄膜阀，需在现场巡井或读取数据时检查调压后压力是否在30psi左右。

（4）分液罐：若使用气动薄膜阀，需每周排液1次以上，防止液体进入薄膜阀。

3. 常见故障及解决措施

正常运行柱塞工艺井的生产特征曲线包括：

（1）柱塞到达传感器各周期均正常感应柱塞到达，井口油压、套压周期规律变化。

（2）柱塞上升阶段，井口油压、套压同步下降，油压下降速度大于套压下降速度。

（3）柱塞到达井口时油压下降至最低，井口开始出液，油压短暂上升后再次下降（图5-4-15）。

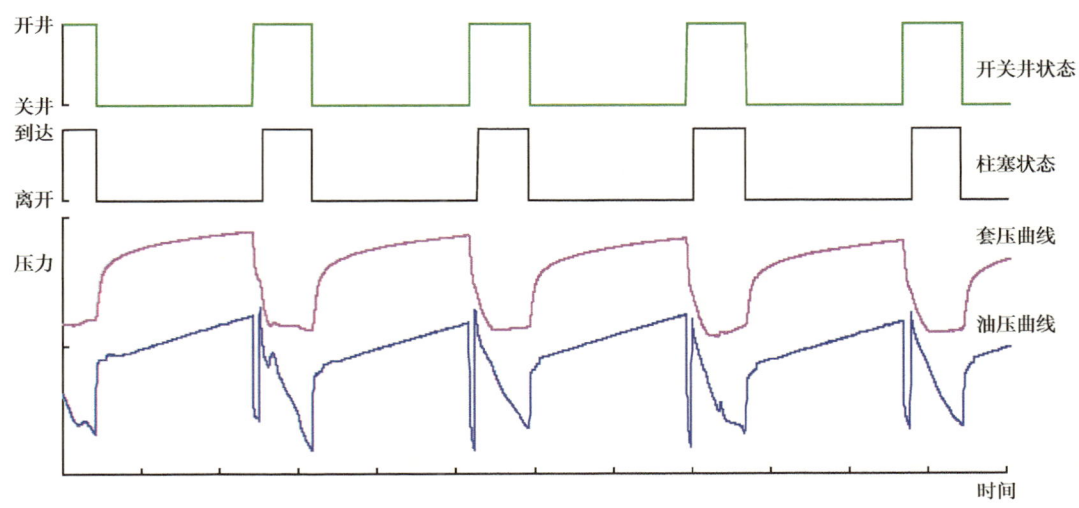

图5-4-15　正常柱塞周期运行曲线图

常见的柱塞工艺运行异常诊断分析及故障解决措施见表5-4-5，常见的柱塞气举装置及设备运行故障、解决措施可参照SY/T 7623—2021《柱塞气举技术规范》。

表 5-4-5 柱塞运行异常诊断分析及解决措施

异常类型	原因分析	异常诊断	异常曲线	解决措施
阀后压力增大至 5~6MPa	外部电源电压不稳	平台增压设备停机		平台柱塞保持关井，至增压设备正常运行后恢复原制度
	平台瞬产气量不满足增压设备运行需求			调整平台柱塞错峰制度，保证任一时刻至少 2 口井开井
柱塞未到达	上升时间设置过短	开井时间小于柱塞上升时间	—	延长开井时间，保证柱塞正常到达井口，运行速度为 200~300m/min
	气井能量不足	关井后未恢复至最小关井套压		延长关井时间，保证关井压力大于最小关井套压
	井筒异物影响柱塞运行	关井 40min 以上，回声仪测试限位器上部存在明显声波反射		钢丝作业通井，或投运小尺寸柱塞清理井筒
	油管穿孔	油套压同升同降，开井后瞬产气快速下降	—	修井作业，完成后恢复柱塞运行
柱塞上升速度明显小于 200m/min	单周期举液量过大	柱塞到达井口时油压变化大于 0.3MPa，分离器液位变化明显大于正常周期		延长关井时间，并逐步提高柱塞日带液频次

续表

异常类型	原因分析	异常诊断	异常曲线	解决措施
柱塞上升速度明显大于300m/min	限位器位移	柱塞上升时间小于3min	—	钢丝打捞限位器,通井后重新投放
	单周期举液量过小	柱塞到达井口时油压变化小于0.1MPa,分离器液位无明显变化	—	适当延长开井时间,若多周期不带液且日产水量小于1m³,可考虑取出柱塞转间开
	柱塞未落至井底	打捞柱塞,回声仪测试限位器上部存在明显声波反射	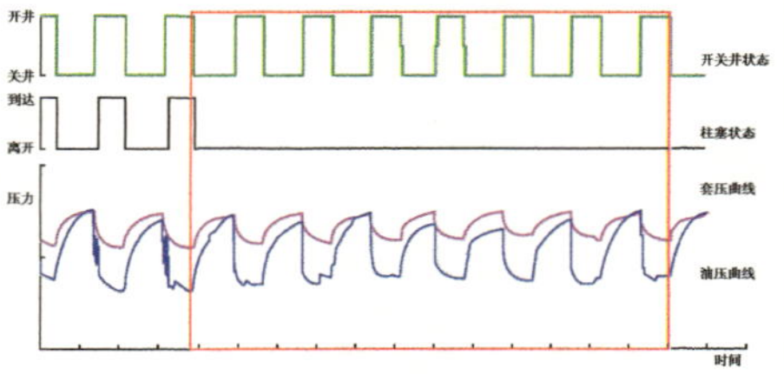 (曲线图)	钢丝作业通井,完成后恢复柱塞运行
		关井时间小于柱塞下落时间	—	延长关井时间至大于柱塞下落时间

第五节　泡沫排水采气技术

泡沫排水采气简称泡排,是有水天然气井排水稳产、延长开采周期、提高采收率的最为经济有效的技术之一。国内页岩气泡沫排水采气开始于2016年,是页岩气井主体排水采气技术之一,经历了3个阶段:2016—2017年为单井先导试验阶段,在长宁H3-1井和H3-2井开展了泡排工艺试验。2018—2019年为平台整体泡排阶段,以平台为单位进行泡排工艺设计、现场流程整改、装置安装调试以及泡排实施,采用平台多井泡排橇装自动加注装置、起泡剂单泵多井循环加注、消泡剂一井一泵连续加注,形成了页岩气泡排管理制度和操作流程。2019—2022年为区块整体泡排阶段,结合平台整体泡排,考虑对增压机及脱水流程的保护,在有增压机平台、增压站及集气站增加二级消泡[4];开展杀菌防腐复合药剂的研发及全面推广应用,制定《页岩气井泡沫排水工艺技术规范》标准。

一、工艺原理

泡沫排水采气是通过向井底注入起泡剂,降低井内液体的表面张力,在气流的搅动下产生泡沫,减少液体的滑脱、提高气流带液效率,实现连续自喷地排出井筒积液以维持气井正常生产的工艺方法,工艺原理如图5-5-1所示。

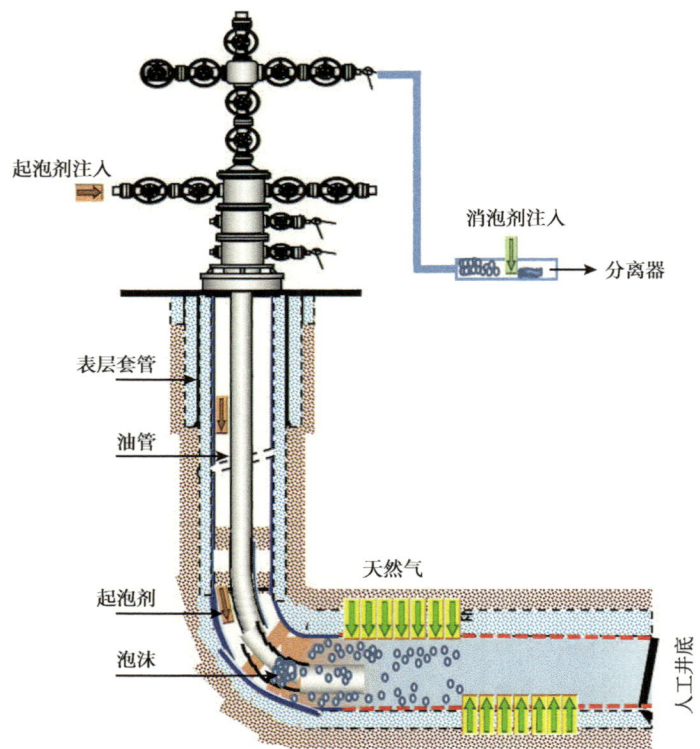

图 5-5-1　泡排工艺原理示意图

泡排药剂作用过程：

（1）起泡剂从油套环空注入井底后与地层出液混合，有封隔器的气井从油管内投加固体起泡剂；

（2）井底混有起泡剂的地层水在天然气的冲击下形成泡沫；

（3）泡沫随气体从油管带出，进入井口至分离器之间的采气管线；

（4）在井口至分离器间的管线中加注消泡剂；

（5）消泡剂与泡沫流体在管线内充分混合、消泡后进入分离器分成液体和气体，液体从分离器排至贮液罐，气体从分离器进入输气管汇。

参照西南油气田公司页岩气采气工艺指导意见（2021版）和 SY/T 6525—2017《泡沫排水采气推荐作法》，泡排适用条件为：

（1）已下油管，油套环空及油管通畅；

（2）能实现连续或间歇生产；

（3）气井因井筒积水导致气量下降，具有自喷或间喷能力，井筒内气流速度不小于 0.1m/s，井下管柱结构完好。

二、工艺设计

1. 药剂选择

页岩气井使用的泡排药剂包括起泡剂和配套的消泡剂。页岩气井产出水多为注入的压裂液残液，矿化度 10~70g/L，含细菌、CO_2，井温 90~150℃。根据气井产出水矿化度、地层温度以及细菌腐蚀情况选用起泡剂，针对选取的起泡剂并结合现场消泡要求通过系统评价选取消泡剂，药剂类型选择见表 5-5-1。

表 5-5-1 药剂选择

药剂种类	现场要求	起泡剂类型
起泡剂	无细菌腐蚀控制要求	常规起泡剂，与现场水配伍、适用矿化度 10~70g/L、耐温 90~150℃
起泡剂	有细菌腐蚀控制要求	具有杀菌缓蚀等多功能的复合起泡剂或与现场在用杀菌缓蚀剂配伍的起泡剂；与现场水配伍、适用矿化度 10~70g/L、耐温 90~150℃
消泡剂	不影响增压脱水工艺	消泡效果好，水分散稳定性好的消泡剂，避免雾化器频繁堵塞

2. 加注工艺选择

目前页岩气井泡排使用的加注装置主要有多井自动加注橇装装置和单井单泵加注装置。根据加注装置和气液分离计量方式的不同，泡排加注工艺流程分为以下 4 类，根据现场情况进行选择。

（1）集中计量平台的单井起泡和集中消泡流程[6]。

针对采用轮换计量橇装流程的平台，使用多井自动加注橇装装置，采用单井起泡、集中消泡工艺流程，起泡剂从各井油套管环空注入、消泡剂在计量橇装流程的分离器前进行雾化加注，如图 5-5-2 所示。

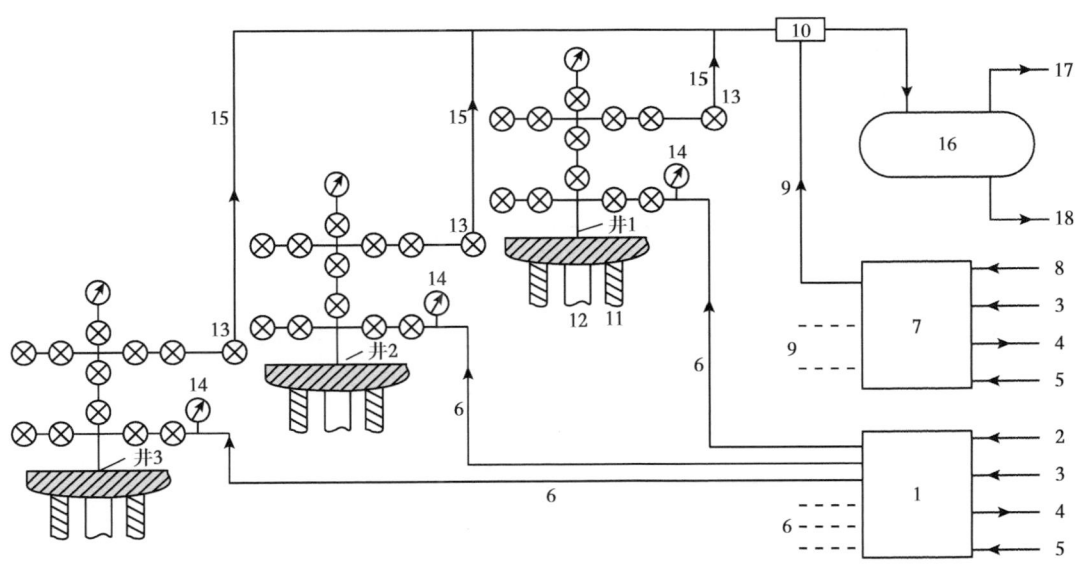

图 5-5-2 集中计量平台的单井起泡和集中消泡流程示意图

1—起泡剂加注装置；2—起泡剂管线；3—清水管线；4—信号线；5—电源线；6—起泡剂加注管线；7—消泡剂加注装置；8—消泡剂管线；9—消泡剂加注管线；10—雾化器；11—套管；12—油管；13—针阀；14—套压表；15—生产管线；16—分离器；17—天然气管线；18—排污管线

（2）集中计量平台的单井起泡和单井消泡流程[6]。

针对使用轮换计量橇装流程，使用多井自动加注橇装装置，采用单井起泡、单井消泡工艺流程，起泡剂从各井油管与套管环空注入，消泡剂在每口井井口一级针阀后进行雾化加注，如图5-5-3所示。

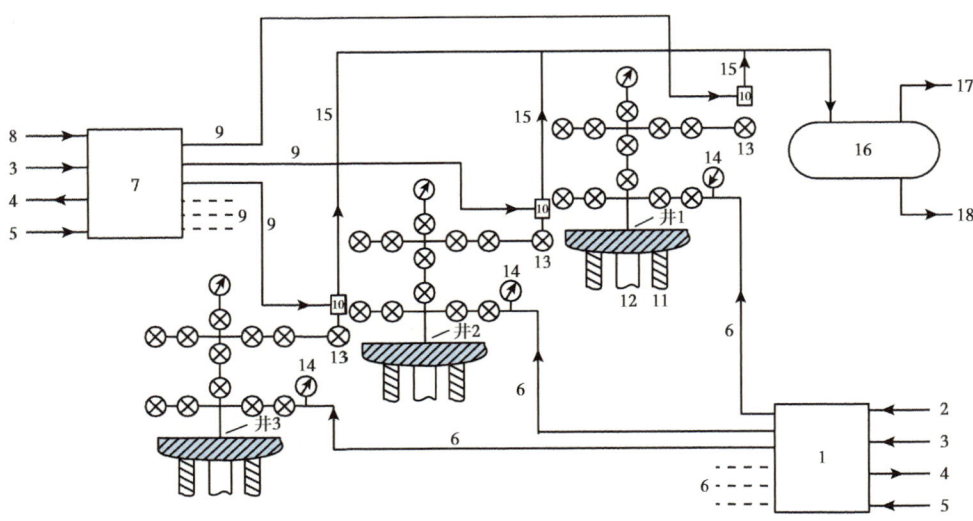

图5-5-3 集中计量平台的单井起泡和单井消泡流程示意图
1—起泡剂加注装置；2—起泡剂管线；3—清水管线；4—信号线；5—电源线；6—起泡剂加注管线；7—消泡剂加注装置；8—消泡剂管线；9—消泡剂加注管线；10—雾化器；11—套管；12—油管；13—针阀；14—套压表；15—生产管线；16—分离器；17—天然气管线；18—排污管线

（3）单井计量平台的单井起泡和单井消泡流程[6]。

针对使用单井计量橇装流程的平台，使用多井自动加注橇装装置，采用单井起泡、单井消泡流程，起泡剂从各井油套管环空注入，消泡剂在每口井井口一级针阀后进行雾化加注，如图5-5-4所示。

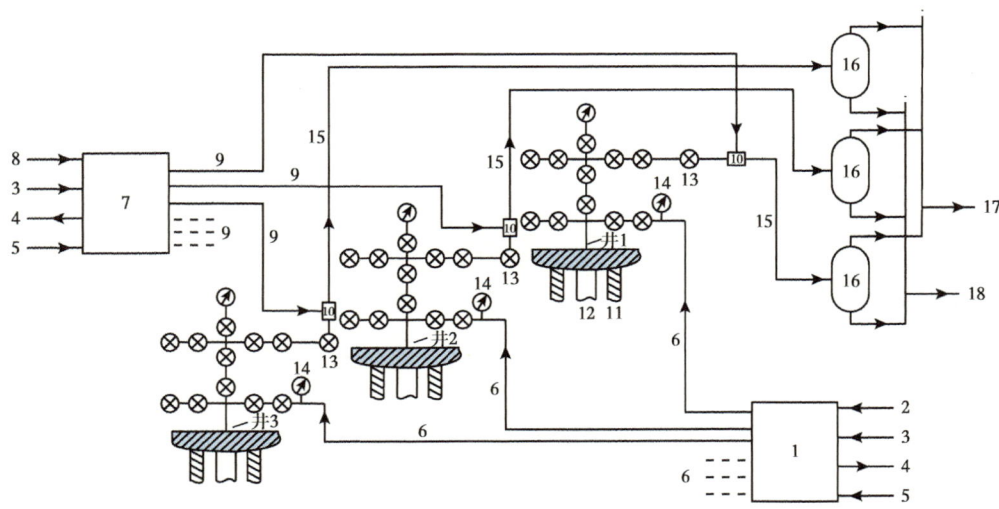

图5-5-4 单井计量平台的单井起泡和单井消泡流程示意图
1—起泡剂加注装置；2—起泡剂管线；3—清水管线；4—信号线；5—电源线；6—起泡剂加注管线；7—消泡剂加注装置；8—消泡剂管线；9—消泡剂加注管线；10—雾化器；11—套管；12—油管；13—针阀；14—套压表；15—生产管线；16—分离器；17—天然气管线；18—排污管线

(4)单井单泵加注流程。

针对使用轮换计量或单井计量橇装流程的平台,使用单井单泵加注装置时,采用单井起泡、单井消泡流程,或者使用单井起泡、集中消泡流程,起泡剂从各井油管与套管环空注入,消泡剂在生产分离器、计量分离器或单井分离器前的压力表处进行直接或在分离器前管线上进行雾化加注。单井单泵加注流程如图5-5-5所示。

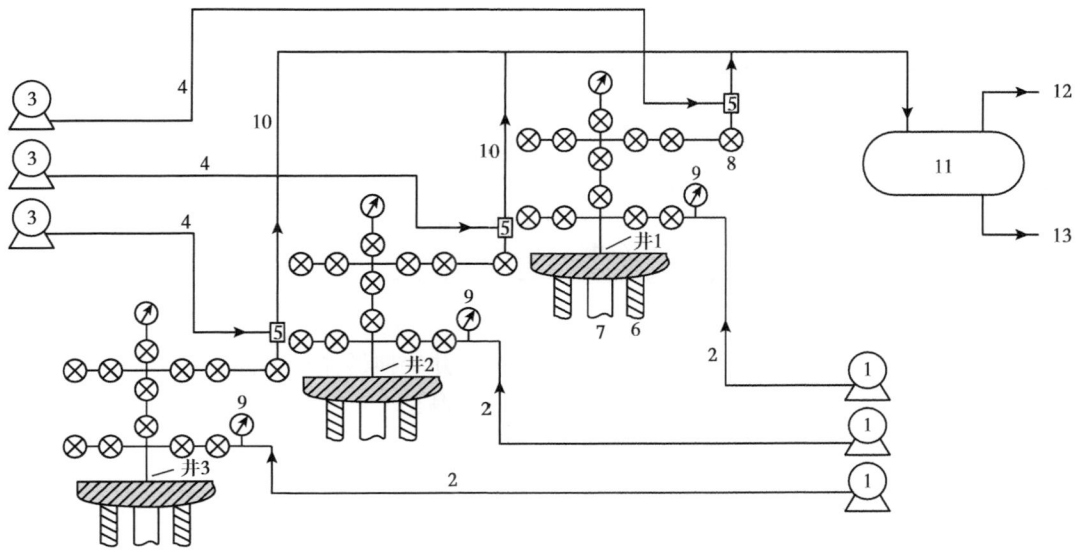

图5-5-5 单井单泵加注流程示意图

1—起泡剂加注泵;2—起泡剂加注管线;3—消泡剂加注泵;4—消泡剂加注管线;5—雾化器;6—套管;7—油管;8—针阀;9—套管压力表;10—生产管线;11—分离器;12—天然气管线;13—排污管线

4类加注工艺流程的优缺点见表5-5-2。

表5-5-2 加注工艺流程优缺点

起消泡剂加注装置	起消泡剂加注工艺	适用计量方式	优点	缺点
多井自动加注橇装装置	单井起泡、集中消泡	集中计量	消泡剂的加注点少,消泡剂加注装置结构较简单	消泡距离短,各井加注制度不同时轮换计量需要频繁调整各加注点的消泡泵排量,现场操作复杂
多井自动加注橇装装置	单井起泡、单井消泡	集中计量单井计量	消泡距离长,轮换计量时不需调整消泡泵排量,易于实现自动加注	消泡剂加注装置结构较复杂
单井单泵加注装置	单井起泡、集中消泡	集中计量	投运快	起泡剂一井一泵时需要泵多;使用化排车加注时人工轮换工作量大,加注不均匀影响消泡;消泡距离短,制度调整操作复杂
单井单泵加注装置	单井起泡、单井消泡	集中计量单井计量	投运快	起泡剂一井一泵时需要泵多;起泡剂使用化排车加注时人工轮换工作量大,加注不均匀影响消泡。消泡剂一井一泵需要泵多

页岩气井的泡排，优先选用使用多井自动加注橇装装置的单井起泡、单井消泡加注工艺，并根据目标平台的泡排井数、井况确定起消泡剂加注橇装装置内的泵的数量及工作压力、排量等参数。

3. 药剂加注制度确定

1）药剂用量

药剂用量根据气井产水量确定，见表 5-5-3。

表 5-5-3　药剂用量确定

药剂种类	用量确定方法
起泡剂用量确定	根据实际产水量按 1.5~2.0g/L 进行起泡剂用量的计算
消泡剂加注制度确定	根据各平台情况确定各井消泡剂用量为起泡剂用量的倍数，偏远、无增压机平台取 2.0 倍，距离中心站近、有增压机平台取 2.5 倍

2）药剂加注制度

使用多井自动加注橇装装置，起泡剂采取单泵多井轮换的循环加注方式、消泡剂采取一井一泵连续加注的方式，药剂加注制度基本要求见表 5-5-4。

表 5-5-4　药剂加注制度基本要求

药剂	基本要求
起泡剂	稀释比例根据起泡剂用量、起泡剂加注泵排量、每口井注入液体量综合考虑确定，起泡剂加注泵排量最大 30L/h，每口井注入液体量 48~240L/d，循环时间为 90~180min，每口井加注时间 10~90min
消泡剂	稀释比例根据消泡剂用量、各井消泡泵排量综合考虑确定，消泡泵排量最大 15L/h，每口井注入液体量 144~360L/d

起泡剂加注制度计算方法见表 5-5-5、消泡剂加注制度计算方法见表 5-5-6。

表 5-5-5　起泡剂加注制度计算方法

序号	设定及计算
1	设置循环时间、每井用量、最低注入液量，循环时间根据平台井数及各井加注时间取合适的值，各井加注时间 10~90min；每井用量按产水量计算，1.5~2.0kg/m³ 水
2	以起泡剂最低注入注量计算起泡剂配制比例
3	以每口井用量和配制比例计算每口井注入液量
4	以每口井注入液量计算起泡剂注入总液量
5	以注入总液量计算泵排量及泵头百分比，根据泵排量手动调整起泡剂泵头排量，泵排量控制在 10~30L/h，如果计算出泵排量高于 30L/h，则调低最小注入液量，如果泵排量低于 10L/h 则调高最小注入液量
6	以循环周期、注入液量和泵排量计算每井加注时间

表 5-5-6 消泡剂加注制度计算方法

序号	设定及计算
1	设定消泡剂用量为起泡剂用量的倍数（2.0~3.0倍）、单井最大注入液量（≤360L）
2	用起泡剂用量和消泡剂用量为起泡剂用量的倍数计算单井消泡剂用量：单井起泡剂用量 × 消泡剂用量为起泡剂用量的倍数
3	用最大注入液量和最大用量计算配制比例
4	用每井用量和配制比例计算每井注入溶液量
5	用每井注入溶液量计算每井泵排量及泵头百分比，根据泵排量调整消泡剂泵头排量，每井泵排量控制在6~15L/h，最大用量井的泵排量为15L/h，如果最小用量井泵排量低于6L/h则该井按6L/h加注

平台药剂加注制度示例见表 5-5-7。

表 5-5-7 平台药剂加注制度示例

井号	起泡剂					消泡剂				
	加量/kg/d	循环时间/min	配制比例	泵排量/L/h	泵头百分比/%	加注时间/min	加量/kg/d	配制比例	泵排量/L/h	泵头百分比/%
1	16	180	5	26	86.66	27	48	3	8	53.33
2	18					31	54		9	60
3	20					35	60		10	66.66
4	30					52	90		15	100
5	0					0	0		0	0
6	20					35	60		10	66.66

起消泡剂均采用单泵、单泵橇装装置进行加注时，起泡剂宜连续加注且泵排量不大于10L/h，消泡剂应连续加注且泵排量 7.5L/h~20L/h，其他药剂加注制度参数可参照确定。

起泡剂采用化排车进行加注时，宜将每天的起泡剂量用清水稀释成不超过 360L 的水溶液，按时间分 4 次以上进行低排量缓慢加注，避免一次加入过多、过快造成消泡困难；消泡剂采用单泵或单泵橇装装置进行连续加注，泵排量 7.5~20L/h。

4. 消泡控制[4]

页岩气泡排的难点之一是消泡，一旦消泡控制不好，将造成增压机损坏及脱水溶液发泡，通过 3 个方面的措施来确保消泡效果，见表 5-5-8。

表 5-5-8 消泡控制

序号	控制方法	方法要求
1	控制起泡剂用量	（1）在保证泡排效果的基础上，尽量降低起泡剂用量； （2）起泡剂用量控制在 2.0g/L 以内
2	提升消泡剂性能	选择消泡剂时，采用模拟现场起泡剂和消泡剂作用过程的高速搅拌评价消泡率的方法，评价加入消泡剂与不加入消泡剂时 100mL 起泡剂溶液经过 11000r/min 高速搅拌 1min 后初始及 3min 时的泡沫体积，并计算消泡率
3	加强消泡效果监控	（1）按消泡效果评价方法，定期进行评价监控； （2）通过有效地监控消泡情况，及时发现问题，并根据消泡情况调整消泡剂用量、改进提高消泡剂消泡性能，进一步改善消泡效果

三、装置与药剂

1. 加注装置

1)加注装置要求[6]

泡排加注装置包括起泡剂加注装置和消泡剂加注装置,采用多井自动加注橇装装置时,其结构与功能须与现场泡排工艺流程配套,满足橇装化、无人值守、远传远控的要求。平台起泡剂和消泡剂加注装置如图 5-5-6 所示,消泡剂雾化装置如图 5-5-7 所示,功能要求见表 5-5-9。

图 5-5-6　平台起泡剂和消泡剂加注装置

图 5-5-7　消泡剂雾化装置

表 5-5-9 加注装置功能要求

加注装置	要求
起泡剂加注装置	（1）由配液单元、泵单元和控制单元组成，采用橇装装置，对多口井进行加注。 （2）配液单元具有起泡剂和清水的自动吸入、自动搅拌功能。 （3）泵单元采用单泵多井轮换加注或一井一泵加注，宜配备一台备用泵。 （4）控制单元具有自动和手动两种控制方式；具备远传远控功能；具有加注井选择、自动切换加注井、定时加注、异常报警等功能
消泡剂加注装置	（1）由配液单元、泵单元、雾化装置、供电单元和控制单元组成，采用橇装装置，可对多口井进行加注。 （2）配液单元具有消泡剂和清水的自动吸入、自动搅拌功能。 （3）泵单元采用一井一泵或一个分离器一台泵加注，应配备一台备用泵。 （4）雾化装置安装于井口针阀后 1~3 m 或分离器前 15 m 以上的管线处。 （5）供电单元应包含满足 GB/T 24833—2009 中 8.2 规定的 UPS 电源。 （6）控制单元具有自动和手动两种控制方式；具备远传远控功能，可就地、远程操作；具有加注井选择、异常报警等功能
加注智能化	（1）采用信息化、数字化手段，实现泡排工艺的远程集中管理和泡排制度的智能优化，缩减操作人员，最优化并降低药剂用量，降低泡排工艺的运维费用。 （2）泡排工艺的集中管理，包括泡排井生产动态数据跟踪、分析，泡排装置远程监控、远程控制和制度调整，泡排井、泡排药剂自动统计，泡排启停、制度调整、维修维护等操作记录报表的自动形成。 （3）泡排的智能优化，利用 A2、SCADA 等生产数据管理系统，植入算法跟踪分析生产数据，评估当前药剂加注制度，确定新制度及新的加注参数

2）加注装置基本参数

药剂加注装置基本参数见表 5-5-10。

表 5-5-10 药剂加注装置基本参数

项目	起泡剂装置	消泡剂装置
药剂罐容积 /m³	1~5	2~5
加注井数量 /口	1~8	1~8
增压泵数量 /台	2	加注井数 +1（1 台备用）
单泵排量 /（L/h）	30	15
最高压力 /MPa	25	16
加注方式	自动轮换加注	一井一泵，连续
控制方式	手动、自动、远程	手动、自动、远程
报警事件	超压、低液位、泵空载	超压、低液位、泵空载
自控功能	自动配液、自动控制加注、自动参数调整；自动故障诊断、报警	自动配液、自动控制加注、自动参数调整；自动故障诊断、报警
制度调整方法	调整各井的加注时间、泵排量、起泡剂配制比例来实现各井不同的起泡剂加量。 固定泵排量和起泡剂配制比例，远程调整各井的加注时间	调整各井的泵排量来实现各井不同的消泡剂加量

采用单泵、单泵橇装装置进行连续加注时，泵工作压力不小于 25MPa，泵排量不大于 30L/h；采用化排车进行起泡剂加注时，泵工作压力不小于 25MPa，可在小于 100L/h 的排量下进行加注。

3）远传远控

起消泡剂加注装置植入 SCADA 站控系统进行远程监测和控制，远程监测装置的运行状态、加注井号、加注制度参数等，远程控制装置的启停、加注井的选取、加注制度参数的调整等，远传远控数据种类见表 5-5-11，远程监控界面如图 5-5-8。

表 5-5-11　泡排装置远传远控数据种类

功能	起泡剂装置数据	消泡剂装置数据
远传	液位及自动配液相关参数； 泵注压力； 各井加注状态； 各井加注时间及时间变动情况； 各泵排量及排量调整情况； 投运、启停、配液、制度调整等记录； 超压、失压、空载、故障等报警信息； 现场操作确认信息	液位及自动配液相关参数； 各井泵注压力； 各井加注状态； 各泵排量及排量调整情况； 投运、启停、配液、制度调整等记录； 超压、失压、空载、故障等报警信息； 现场操作确认信息
远控	装置启停、报警复位； 加注井选择； 各井运行时间设定； 循环周期时长设定； 泵模式设定； 配液起止液位设定； 药剂配制比例设定； 需要现场操作事件下发（如调整泵排量）	装置启停、报警复位； 加注井选择； 配液起止液位设定； 药剂配制比例设定； 需要现场操作事件下发（如各泵排量调整）

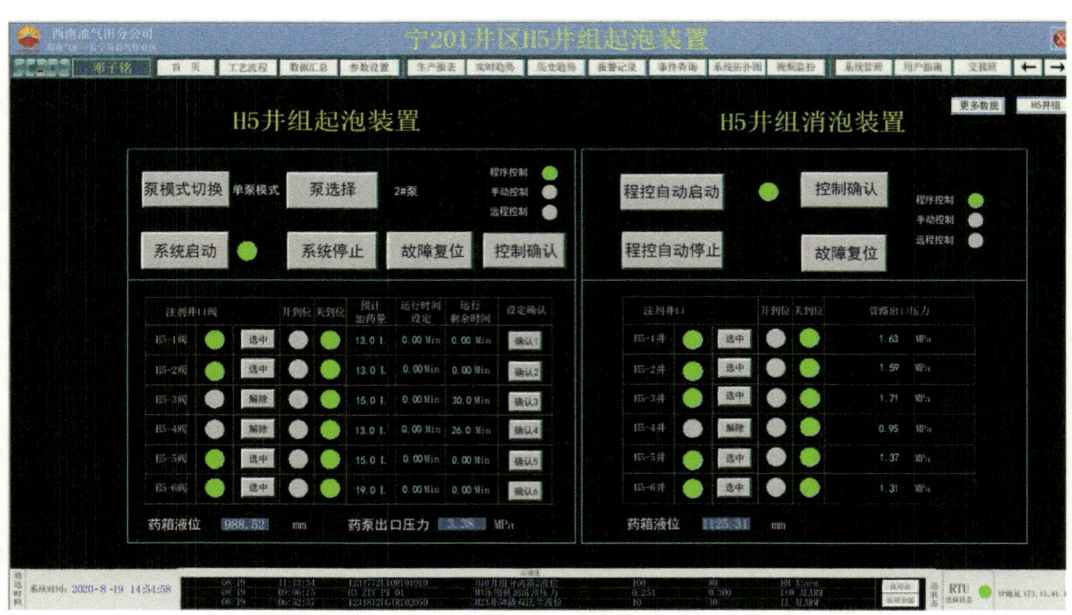

图 5-5-8　起消泡剂加注装置远程监控界面

4）现场整体布局

页岩气泡排整体工艺包括供水系统、供药系统、消泡剂加注装置和起泡剂加注装置，供药系统与消泡剂加注装置邻近，便于黏度较高的消泡剂的管输抽汲，页岩气平台泡排典型现场装置布局如图 5-5-9 所示。

图 5-5-9　页岩气平台泡排现场布局

2. 药剂

1）药剂性能要求

（1）起泡剂。

起泡剂性能应符合表 5-5-12 规定的要求。

表 5-5-12　起泡剂性能要求（NB/T 11045.3—2023）

项目		指标
外观		均相、透明液体，无肉眼可见杂质或悬浮物
发泡力	起始泡沫高度 /mm	≥ 100.0
	5min 泡沫高度 /mm	≥ 80.0
携液量 /（mL/15min）		≥ 120.0
配伍性		通过试验（澄明或无混浊）

（2）消泡剂。

消泡剂性能应符合表 5-5-13 规定的要求。

表 5-5-13　消泡剂性能要求

项目		指标
外观		均相液体或乳液，不分层、无沉淀
稀释稳定性		24 h 后稀释液为均匀液体或乳浊液，无肉眼可见沉淀、絮状物
消泡性	加消泡剂的初始泡沫体积 /mL	≤ 6.0
	加消泡剂的 3min 泡沫体 /mL	≤ 1.5
	初始消泡率 /%	≥ 98
	3min 消泡率 /%	≥ 99

2）起泡剂性能评价方法

（1）起泡力及稳泡性评价方法。

起泡剂的起泡力和稳泡性采用 GB/T 13173—2021 中罗斯·米尔（Rossmiles）法测定，实验装置如图 5-5-10 所示，可评价室温至 95℃下起泡剂的起泡力和稳泡性。在模拟井底温度、井筒尺寸和地层水水质条件下，评价不同起泡剂的发泡力和泡沫静态稳定性。

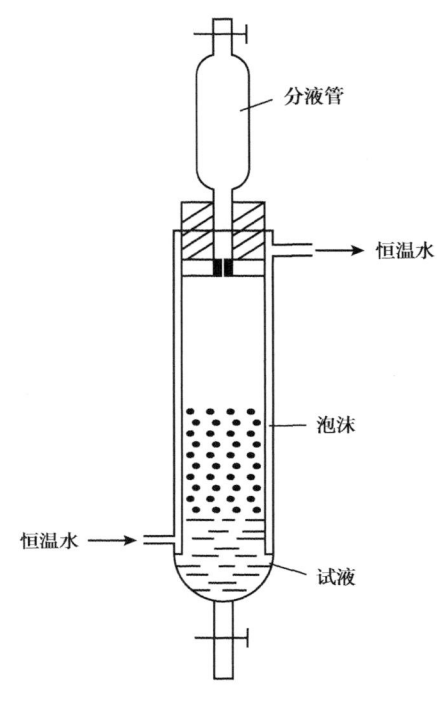

图 5-5-10　罗氏泡沫仪示意图

起泡力和稳泡性评价操作步骤见表 5-5-14。

表 5-5-14　起泡力和稳泡性评价操作步骤

序号	操作步骤
1	在罗氏泡沫仪中加入 50mL 发泡基液
2	用分液管装 200mL 发泡液体
3	从 900mm 的高度冲击泡高仪中的液面
4	以分液管中液体流完时的泡沫高度表示发泡能力，以 5min 钟的泡沫高度表示泡沫稳定性

（2）携液性能评价方法。

根据 API RP 46 推荐做法，采用图 5-5-11 中的泡沫携液量测定装置，测定起泡剂携液性能，可评价室温至 95℃下起泡剂的携液性能。在模拟井底温度、井筒尺寸、地层水水质的条件下，评价不同起泡剂携带液体的性能。

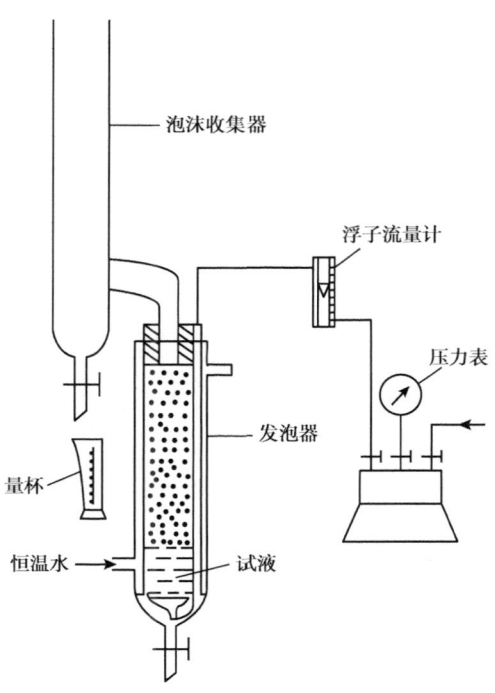

图 5-5-11 泡沫携液量测定流程图

携液性能评价操作步骤见表 5-5-15。

表 5-5-15 携液性能评价操作步骤

序号	操作步骤
1	在发泡管中加入 200mL 发泡液体
2	通 0.1MPa、3L/min 的氮气发泡,泡沫上升并进入泡沫收集器
3	用量筒收集泡沫收集器中消泡后的液体
4	以 15min 携带出的液体量表示起泡剂的携液能力

（3）高温高压泡沫稳定性评价方法。

采用高温高压泡沫评价系统，在模拟井筒尺寸、地层水水质、井内压力和温度条件下，以压缩氮气鼓泡，检测泡沫体积随时间的变化情况，可评价压力不大于 10MPa、温度不大于 180℃，如图 5-5-12 所示。高温高压泡沫稳定性评价操作步骤见表 5-5-16。

表 5-5-16 高温高压泡沫稳定性评价操作步骤

序号	操作步骤
1	通氮气加压并升温到确定的压力和温度
2	用氮气按 150mL/min 的流量鼓泡 240s
3	静置记录泡沫体积变化至 1000s
4	以自动记录的泡沫体积变化曲线反映起泡剂的泡沫稳定性能

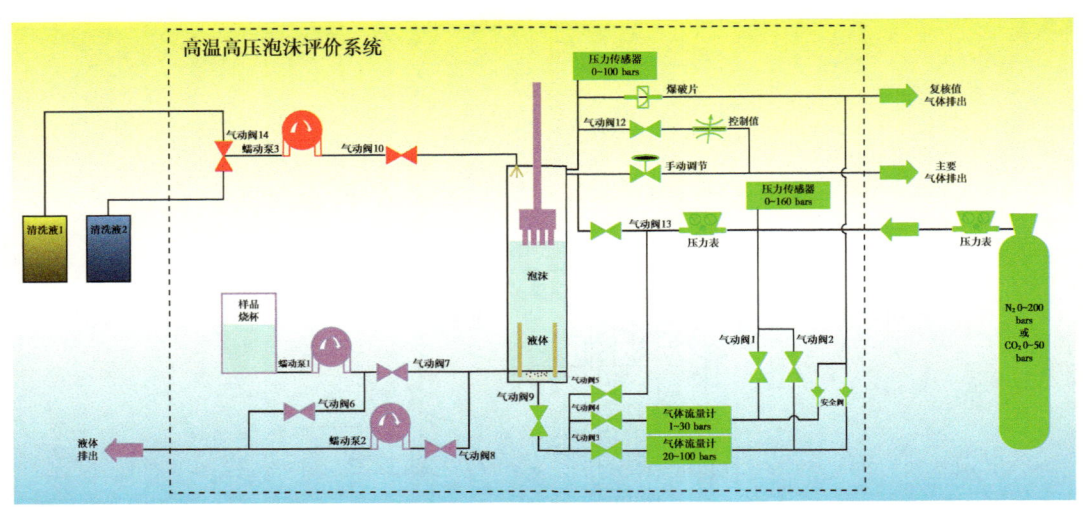

图 5-5-12 高温高压泡沫评价系统流程图

（4）杀菌率评价方法。

用拟实施泡排井的产出水配制 1.0g/L 的杀菌起泡剂溶液，按 SY/T 0532—2012《油田注入水细菌分析方法 绝迹稀释法》中第 8 部分的规定分析产出水及杀菌起泡剂溶液的细菌数。

杀菌率计算：

$$KBR=(B_1-B_2)/B_1\times100\% \tag{5-5-1}$$

式中 KBR——杀菌率，%；
B_1——产出水细菌数，个；
B_2——杀菌起泡剂溶液细菌数，个。

（5）配伍性评价方法。

用拟实施泡排井的产出水，按 GB/T 6324.1—2004《有机化工产品试验方法 第 1 部分：液体有机化工产品水混溶性试验》检验，杀菌起泡剂用量 5.0g/L。

配伍性结果表示：如果样品—水混合溶液如空白试液一样澄明或无混浊，报告样品为"通过试验"。若检验是不澄明的或混浊的，报告"试验不合格"。

3）消泡剂性能评价方法

（1）起泡剂发泡体积测定。取配好的起泡液高速搅拌 1min，测量初始及静置 3min 时的总体积，得到不加消泡剂的初始发泡体积 V_{00} 及静置 3min 时的发泡体积 V_{03}。

（2）初始/3min 泡沫体积。取配好的起泡液高速搅拌 1min，加入 0.5g 消泡剂，再高速搅拌 1 min 混合消泡，测量初始总体积减 100mL 和 3min 时的上层泡沫体积，得到加消泡剂的初始泡沫体积 V_{10} 及静置 3min 时的泡沫体积 V_{13}。

（3）初始消泡率计算。

$$D_0=(V_{00}-V_{10})/V_{00}\times100\% \tag{5-5-2}$$

式中 D_0——初始消泡率，%。

（4）3min 消泡率计算。

$$D_1=(V_{03}-V_{13})/V_{03}\times100\% \tag{5-5-3}$$

式中 D_1——3 min 消泡率，%。

四、实施与管理

1. 泡排实施流程

页岩气井泡排的实施流程如图 5-5-13 所示。

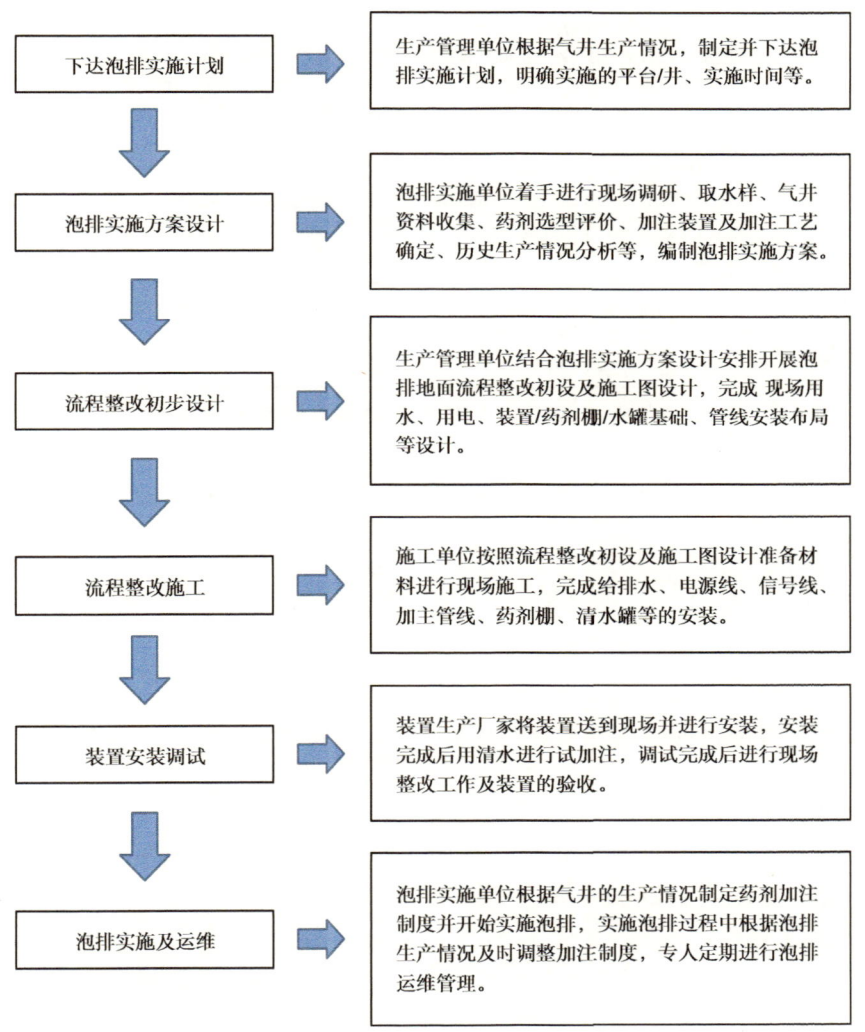

图 5-5-13 页岩气井泡排实施流程图

2. 泡排运维要求

在泡排实施过程中，要定期进行运维，根据现场情况进行必要的操作，运维要求见表 5-5-17。

表 5-5-17 泡排运维要求

序号	实施过程	要求
1	配液	在药剂罐内剩余液量不少于罐容积的 10% 时配制起泡剂和消泡剂
2	开始加注	开启消泡剂加注装置并连续正常加注 30 min 后方可开始加注起泡剂，起泡剂停止加注 48 h 后方可停止加注消泡剂
3	定期巡检	定期对泡排平台进行巡检，巡检间隔时间不超过 2 天
4	记录	每天记录起泡剂和消泡剂用量，包括：日期、平台、各井起泡剂用量和消泡剂用量。 每天记录起泡剂装置和消泡剂装置运转情况，包括：时间、平台、起泡剂装置远传信号是否正常、加注井选择是否正确、加注压力有无变化以及剩余液量，消泡剂装置远传信号是否正常、加注井选择是否正确、加注压力有无变化以及剩余液量，发现异常及时处理。 起泡剂和消泡剂配液时填写记录，包括：配液时间、平台、起泡液剩余液量、配制比例、加入起泡剂量、加入水量、总液量，消泡液剩余液量、配制比例、加入消泡剂量、加入水量、总液量。 巡检时填写记录，包括：时间、平台、起泡剂加注井号、加注参数、泵头排量、加注压力有无变化以及剩余液量，消泡剂加注井号、加注参数、泵头排量、加注压力有无变化以及剩余液量，高级孔板阀排污口正常或者有泡沫、分离器排污口泡沫正常或泡沫多，发现异常及时处理。
5	过滤网清洗	定期清洗起泡剂和消泡剂装置配液罐的过滤网，间隔时间不超过 15 天
6	制度优化调整	定期分析生产情况和消泡情况，及时调整起泡剂和消泡剂加注制度
7	清管通球	具备条件时，泡排平台至下游场站管道的清管通球间隔时间应小于 2 月
8	故障处理	起泡剂加注装置故障，可继续生产，排除故障后恢复起泡剂加注； 消泡剂加注装置故障，及时将不能加注消泡剂的井关井、停注该井起泡剂

3. 效果评价

1）泡排效果评价

泡排效果最常用、最简便的评价方法有压差法、产量法。

压差法：通过泡排前后套压与油压压差的变化进行评价，压差降低表明泡排效果好。

产量法：通过泡排前后产气量和产水量的变化进行评价，产气量和产水量增加表明泡排效果好。

按《西南油气田分公司页岩气采气工艺指导意见（2021 版）》，泡沫排水采气工艺增产气量按月计算。当工艺井日产气量大于 $2\times10^4 m^3$ 时，当月累计产气量的 1/3 计算为增产气量；当日产量小于或等于 $2\times10^4 m^3$ 时，当月累计产气量全部计算为增产气量。

2）消泡效果评价

消泡效果评价方法有分离器排污口观察法、高孔排污阀观察法和二次发泡评价法。

分离器排污口观察法：从分离器排污口肉眼观察，排污结束后污水池内的泡沫应在 3min 内完全消失。

高孔排污阀观察法：缓慢打开高级孔板阀的排污阀门，肉眼观察排污口为纯气或有少量水，无泡沫。

二次发泡评价法：从排污口取泡排返出水进行二次发泡评价，初始泡沫体积不大于 15.0mL、3min 时泡沫体积不大于 5.0mL。消泡效果技术指标见表 5-5-18。

表 5-5-18　消泡效果技术指标

项目		指标
分离器排污口情况		无稳定泡沫，3min 后泡沫消失
高级孔板阀排污口情况		无泡沫
二次发泡	初始泡沫体积 /mL	≤ 10.0
	3min 泡沫体积 /mL	≤ 5.0

通过对消泡情况进行有效监控，及时发现问题，并根据消泡情况调整消泡剂用量，从而提升消泡性能，进一步改善消泡效果。

4. 制度优化调整

根据各泡排井生产油压、套压、产气量、产水量等数据的跟踪分析评估，适时调整起泡剂和消泡剂用量，并相应调整起泡剂配制比例、泵排量、循环时间、每口井加注时间，以及消泡剂配制比例、每口井对应的泵排量，跟踪评估和调整流程如图 5-5-14 所示。

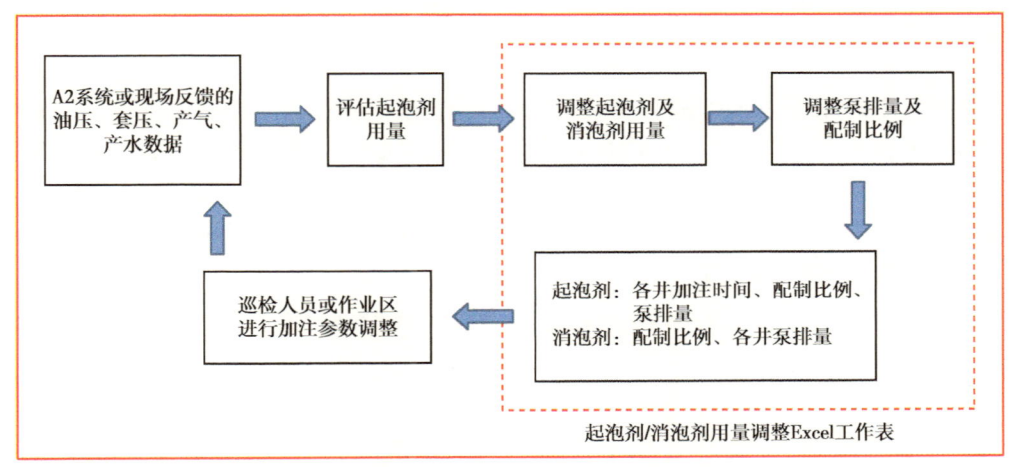

图 5-5-14　加注制度人工跟踪评估和调整流程图

第六节　气举排水采气技术

当气井自身能量无法正常带液生产，柱塞、泡排等长期稳产工艺启动困难时需注入高压气进行助排，即气举的方式进行强排。气举工艺在页岩气作为临时排水采气工艺措施中，主要应用于水淹停产井、压窜井复产和气井能量不足，工艺措施运行困难的临时助排。

一、工艺原理

气举工艺是一种借助外来高压气源和特定装置使被举井连续或间歇排液的人工举升工艺。通过向井内注入高压天然气与井筒流体混合，降低井筒内气液混合物密度和对井底的回压，使天然气流入井筒并举升到地面，恢复气井生产（气举过程如图 5-6-1 所示）。从气举是否采用井下工具的角度可以分为气举阀气举和硬举两种方式。

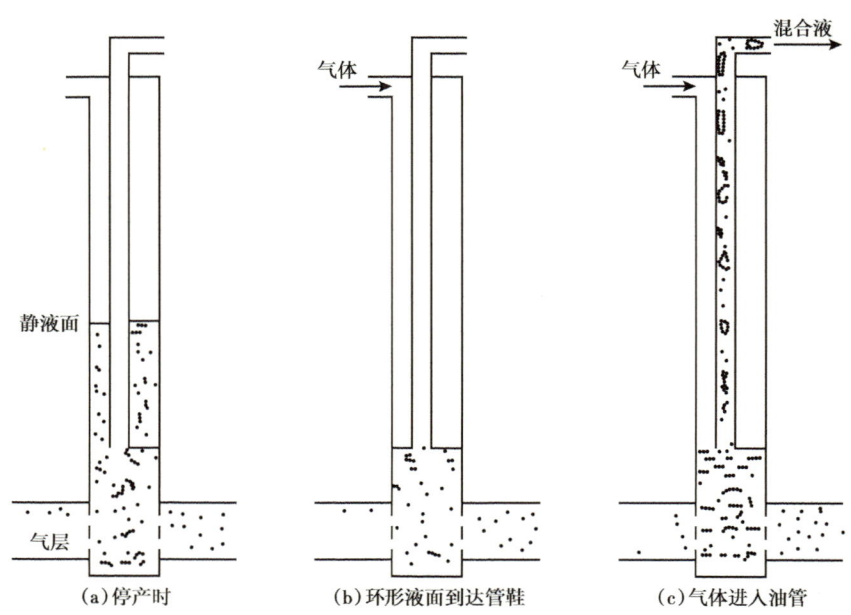

图 5-6-1　气举过程图

气举阀气举的原理是从套管注入高压气，当套管液面降低到气举阀入口时，气举阀被高压气的压力打开，高压气经气举阀进入油管，在气体膨胀力作用下，气举阀以上的液体被举升到地面，同时，由于高压气大量进入油管，套管压力降低，当套管压力降到气举阀的关闭压力时气举阀关闭，利用气举阀逐级排除井筒和井底附近的积液，直到气井恢复生产（安装气举阀后气举过程如图5-6-2所示）。

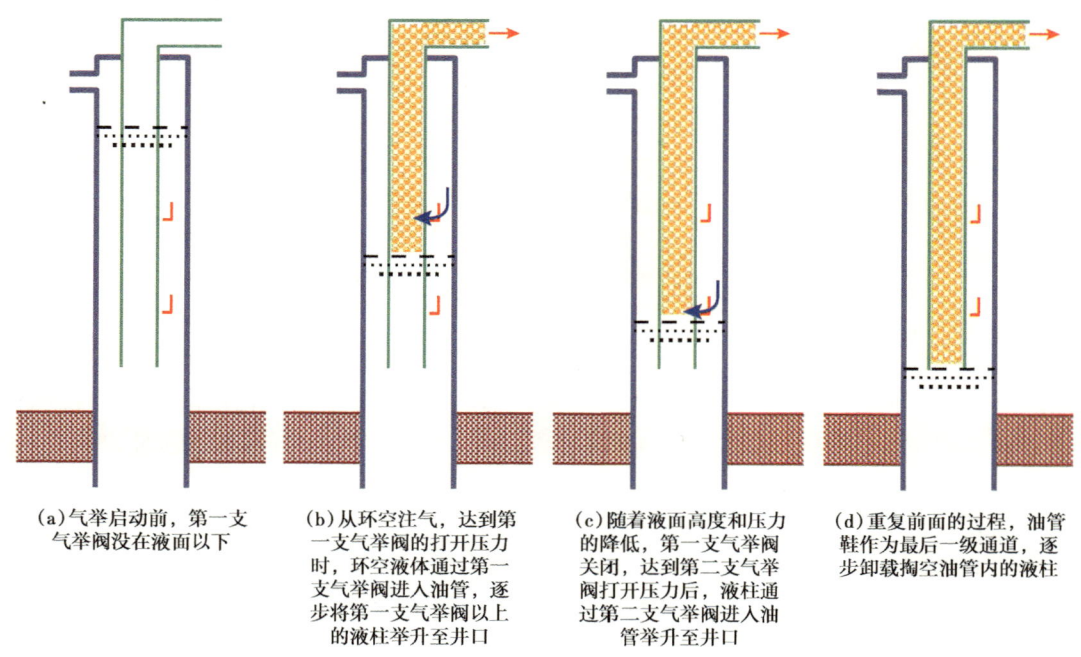

图 5-6-2　安装气举阀后气举启动过程示意图

硬举的方式即不采用气举阀直接将管鞋处作为气举通道，卸载阶段是通过地面高压气将井筒中的积液部分压回地层，部分进入生产通道（油管或环空），高压气从油管鞋进入生产通道，将积液举升出井口。随后进入排水采气阶段，在井建立起一定的生产制度时，连续从油管鞋注入高压气，与本井所产气共同作用，将积液举升出井口。目前页岩气井中主要采用硬举的方式进行气举排液。

气举工艺按进气的连续性，分为连续气举和间歇气举两种方式。连续气举是将高压气体连续地注入井内，使其和地层流入井底的流体一同连续从井口喷出的气举方式。间歇气举是将高压气间断性注入井中，迅速与井筒流体混合，在井筒内形成气塞，利用气体膨胀能将液体举升到井口的气举方式[5]。

二、主要设备及工具

气举设备和工具主要分为地面设备和井下工具两部分，硬举涉及的工艺设备是地面设备，从地面流程来看，气举工艺井在气井正常生产流程的基础上多了高压气源供给部分流程，根据实际情况可以是天然气压缩机+注气管线（或连续油管）、制氮车+注气管线（或连续油管）、高压气源井+注气管线（或连续油管）。按照不同的气举方式，若是间歇气举，通过井口阀门开关进行气举流程开关，因此气举工艺地面设备主要为天然气压缩机、制氮车。气举阀气举除了跟硬举相同的地面设备，还有井下工具即气举阀和气举工作筒。

1. 地面设备

1）天然气压缩机

天然气压缩机是提供气举高压气源的重要设备，主要有橇装式和车载式，由于页岩气低压小产液的特点，气举只是作为临时助排工艺，因此页岩气气举大多采用车载式天然气压缩机，具有不需要场站建设、安装简捷、流动性强的优点，排出压力从 10MPa 和 15MPa 发展至 25MPa 和 35MPa，排量 $1.9 \times 10^4 \sim 9.9 \times 10^4 \mathrm{m}^3/\mathrm{d}$ 可以随意装配（表 5-6-1）。

气举实施前按照井况优选压缩机型号，根据气举的启动压力和注气量，同时确保气井压缩机吸入压力低于井口压力，压缩机出口压力高于管输压力来选择合适的压缩机型号。

2）制氮车

在气举井周围没有可选高压气源的条件下，可采用氮气气举的方式。制氮车配合压缩机一起使用，制氮装置从空气中制取氮气，提供高纯度氮气经过压缩机增压后注入井作为气举高压气源使用。

2. 井下工具

1）气举阀

气举阀是气举工艺的主要井下工具，按工作原理分为注气压力操作气举阀、生产压力操作气举阀。按安装方式分为固定式气举阀、投捞式气举阀。现场应用较多的是固定式注气压力操作气举阀，主要由单流阀、阀座、阀芯、阀体、波纹管、尾堵等部分组成（图 5-6-3）。投捞式注气压力操作阀的工作原理和内部结构与固定式气举阀相同，在外部结构上增加了打捞头和密封环（图 5-6-4）。

表 5-6-1 天然气压缩机厂车载式压缩机规格型号

序号	型号	工艺性能参数			压缩机车配置参数					
		进气压力/MPa	排气压力/MPa	排气量/(10⁴m³/d)	发动机			压缩机		载重汽车底盘
					发动机型号	额定功率/kW	额定转速/(r/min)	压缩机型号	机身功率/kW	转速/(r/min)	型号
1	CZ/FTY300H	0.5~2.0	15~25	2.2~5.0	CAT 3408C	321	1500	JG/4	376	1500	ACTORS 2640 6×4
2	CZ/FTY250H	0.5~2.0	10~25	2.3~5.5	CAT C15	317	1800	JGA/4	417	1800	ND1310D334UJ 8×4
3	CFY400	0.5~2.0	10~25	2.6~9.9	VOLVO TAD1641VE	420	1500	FY400	400	1500	ND1310CSBJ
4	CCTY300	0.5~2.0	10~25	1.9~6.7	CAT C15	300	1500	FY400	400	1500	ZZ1317N4668V
5	CRTY300	0.4~2.0	15~25	2.4~6.2	CAT G3408	298	1800	CFA34	433	1800	ZZ1317N4668V
6	CFA34	0.2~1.0	35	1.2~4.5	卡特 G3408	298	1800	CFA34	432	1800	沙驼牌 WTC5311TYS
7	CFA34	1.0~4.5	35	2.3~5.5	卡特 G3412TA	359	1800	CFA34	432	1800	东风牌 DFH1310A6
8	MZD-2100/350C	1.2~2.2	20~35	5.0~6.0	CAT C13	328	2100	JGA/4	400	900~1800	科瑞牌 KRT5300YS

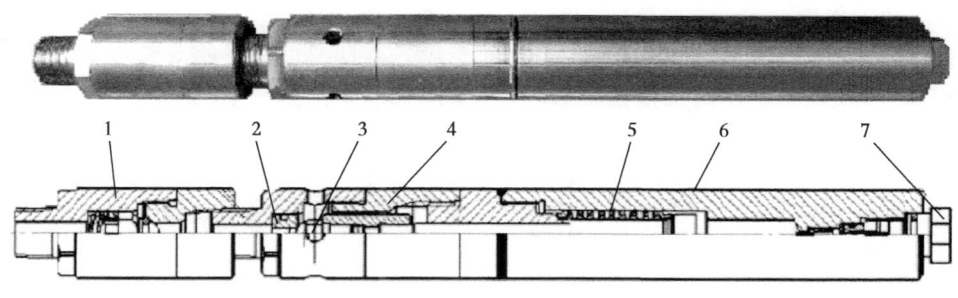

图 5-6-3 固定式气举阀结构图

1—单流阀；2—阀座；3—阀芯；4—下阀体；5—波纹管；6—上阀体；7—尾堵

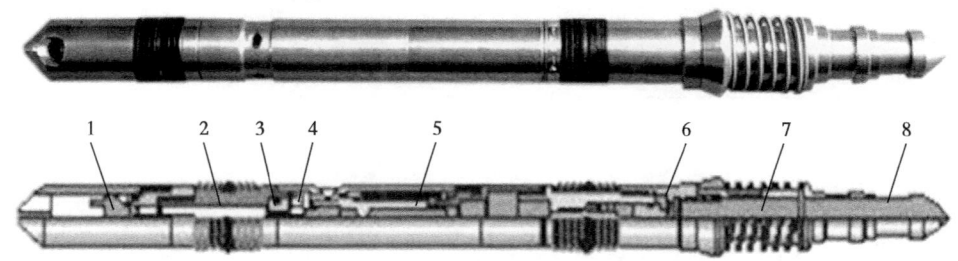

图 5-6-4 投捞式气举阀结构图

1—单流阀；2—密封环；3—阀座；4—阀球；5—波纹管；6—气门芯；7—缓冲弹簧；8—打捞头

波纹管是气举阀的重要部件，其强度要求能承受在一定的内压和外压下不产生物理变形；阀座根据注气量的不同选择不同的孔径；单流阀的作用是停止注气时阻止油管内的液体再次进入套管（图 5-6-5）。气举阀下井后，套管压力通过气孔作用于阀芯和波纹管上。根据力平衡原理，当套管压力对波纹管有效受力面积的作用力大于气室压力对阀球的作用力时，波纹管压缩向上移动，阀球被推动，阀座孔打开，高压气体经阀座孔进入油管[6]。

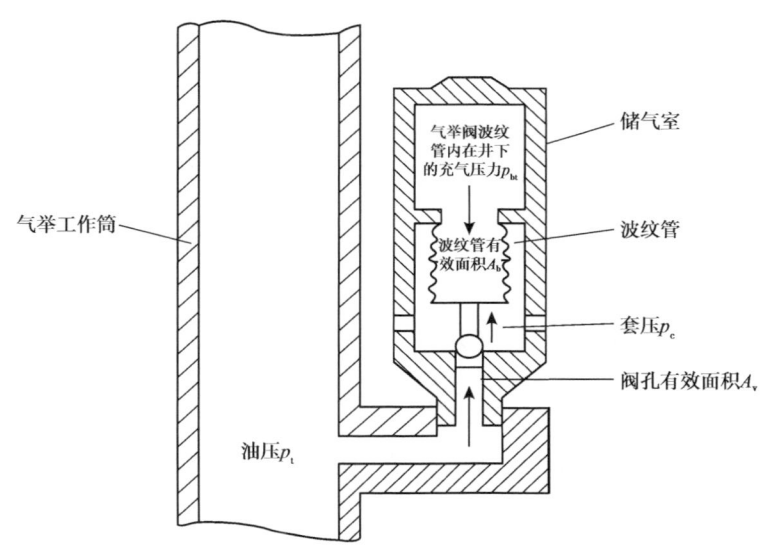

图 5-6-5 注气压力气举阀工作原理图

2）气举工作筒

气举工作筒是气举阀下井必不可少的重要井下工具，是气举阀安装在油管柱上的载体，分为固定式气举工作筒和投捞式偏心工作筒。固定式气举工作筒用于安装固定式气举阀，随气井作业时下入井筒，更换气举阀时需起出油管，主要由气举阀座、筒体、进气孔（孔眼）、保护套组成（图5-6-6）。投捞式偏心工作筒是安装投捞式气举阀的装置，更换气举阀时不需修井作业，只需钢丝投捞作业时，通过导向槽引导投捞工具将气举阀投放或拔出阀囊，主要由筒体、导向槽、扶正块、阀囊和进气孔等组成。

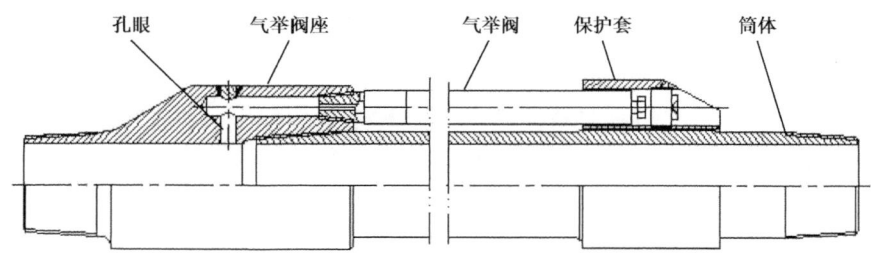

图5-6-6　固定式气举工作筒结构图

对于下入气举阀，后期水量下降准备采用柱塞稳产工艺的气井，要尽可能确保压力下降至气举阀关闭时再投运柱塞，若压力较高，气举阀打开时就投运柱塞，可能会影响柱塞实施效果。

三、工艺设计

页岩气井大多采用硬举的方式，极少数深层页岩气采用气举阀气举，气举阀气举相比硬举除了地面部分装置选型、启动压力和注气量等参数的设计要考虑气举阀的设计。

1. 设计内容

1）硬举

硬举设计的内容主要包括气举方式、气举装置类型、地面启动压力、工作压力、注气量。

2）气举阀气举

气举阀气举设计的内容主要包括气举方式、气举装置类型；气举工作筒类型；气举阀深度、类型、尺寸，气举阀地面调试压力、打开压力；地面启动压力、工作压力、注气量、工作注气点。

2. 设计步骤

1）硬举

（1）收集气井基本数据、井身结构、生产资料、压缩机提供的最高工作压力、最大注气量等；

（2）预测该井的产水量和产气量；

（3）根据油管尺寸、产液量、气液比、井口油压等计算流压梯度曲线；

（4）确定气举方式、注气启动压力、工作压力分布线。

2）气举阀气举

（1）收集气井基本数据、井身结构、生产资料、压缩机提供的最高工作压力、最大注气量等；

（2）预测该井的产水量和产气量；

（3）确定气举方式、气举阀及工作筒类型；

（4）确定合理的注气量、注气压力、注气点深度；

（5）用计算法或作图法确定气举阀数量、下入深度、打开压力、阀座孔径尺寸等。

3. 气举方式

在进行气举设计前，需要确定气举的方式，按照进气的通路，气举有正举和反举两种方式。正举是指高压气从油套环空注入，油管举升。反举是油管注气，套管举升。两种方法各有利弊，需根据实际情况，从优选择（表5-6-2）。

当液面较低时直接采用正举，若液柱较高，正举启动困难，则先通过反举的方式将液面压低，再进行正举。

表 5-6-2 气举举升方式对比表

	正举	反举
优点	（1）启动排液阶段所需气量较少； （2）出水较均匀，波动小； （3）有利于保护套管	（1）垂直管流动压力损失较小； （2）排液量大，建立压差速度快； （3）回压低，对低压、大水量井可建立较大的生产压差
缺点	（1）垂直管流动压力损失较大； （2）通过流量较小，排液速度较慢； （3）建立生产压差较小	（1）启动排液阶段所需注气量大； （2）波动较大，管理较难； （3）气液冲蚀套管，对保护套管不利

4. 注气压力、注气深度和注气量参数的确定

页岩气井内液体为压裂液，通常无法预测流入动态（产能方程），一般根据井口输压，采用多相垂直管流计算井底压力，以降低井底流压为原则，再以井底为起点，计算不同井底流压下的注气压力。根据压缩机或高压气井能提供的最大工作压力，进行最小注气压力分析，一般情况下，设计地面注气压力在压缩机能提供最大注气压力的80%~90%。

气举阀气举注气点深度的确定，首先根据井口输气压力、最小的井底流压预测气井能达到的产气量和产水量，然后以井底为起点，采用多相垂直管流计算不同注气点深度下的压力，最后以井口为起点，采用动气柱管流计算不同深度下的注气压力。压力相等点的深度即为注气点深度。对最小井底流压确定较困难的气井，注气点尽可能地选择在油管鞋附近。

注气量通常以注气点为起点，以井口为终点，按多相垂直管流计算在满足井口输气压力情况下所需要的气液比，该气液比减去气举井生产的气液比，计算出最小注气量，大多在 2×10^4/d~5×10^4/d。

5. 启动压力的计算

气举启动压力的大小取决于气举方式、油管下入深度、油套管直径以及静液面的位置等，计算启动压力时必须考虑下述3种情况：

（1）静液面较深。

由于静液面较深，当环形空间内液面降到管鞋处时，液体并未从井口排出。启动压力与油管的液柱压力相平衡，则有：

$$p_e=0.0098(h^*+\Delta h)\gamma \tag{5-6-1}$$

因

$$\frac{\pi(D^2-d^2)h^*}{4}=\frac{\pi\Delta h d^2}{4}$$

$$\Delta h=\frac{(D^2-d^2)h^*}{d^2} \tag{5-6-2}$$

代入式（5-6-1）后得：

$$p_e=0.0098\frac{D^2}{d^2}h^*\gamma \tag{5-6-3}$$

式中　p_e——启动压力，MPa；
　　　D——套管直径，mm；
　　　d——油管直径，mm；
　　　h^*——油管鞋至静液面的距离，m；
　　　Δh——环形空间内液面被压到管鞋时的油管液面与原环空液面的高差，m；
　　　γ——液体相对密度。

（2）静液面接近井口。

静液面接近井口，环形空间内液面还未降到管鞋处时，油管内液体就已开始从井口排出。当环形空间内液面被压到管鞋时，启动压力相当于油管中的液柱压力。

即：

$$p'_e=0.0098L\gamma \tag{5-6-4}$$

式中　p'_e——最大启动压力，MPa；
　　　L——油管长度，m；
　　　γ——液体相对密度。

以上两种情况均是在假定液体不被挤入地层的条件下计算的。

（3）产层渗透性好。

环形空间被挤压的液体有部分被气层吸收。在极端情况下，液体全部被产层吸收，压缩气到达油管鞋时，油管中的液面几乎没有升高。此时，启动压力仅根据油管在静液面下的沉没度确定。即：

$$p''_e=0.0098h^*\gamma \tag{5-6-5}$$

式中　p''_e——最小的启动压力，MPa；
　　　h^*——油管鞋至静液面的距离，m。

从以上启动压力的估算中可看出，气举启动压力在p'_e与p''_e的范围内变化；启动压力很高且与工作压力的差值较大。

气举生产过程中：一方面，由于启动压力较高，所要的压缩机额定输出压力较大；另一方面，在气举系统正常生产时，其工作压力比启动压力小得多，这就造成了压缩机功率的浪费，增加投入成本，为了充分利用压风机的功率，就需要设法降低启动压力，而启动压力比工作压力大的根本原因是，当气体排挤液体时，在油管内形成过高的液柱所引起的，因此，各种降低启动压力的方法，都是为了降低油管内举升纯液柱的高度，目前最常用的方法是在油管上装设气举阀。

6. 气举布阀设计

气举阀气举相比硬举还需要进行气举阀的下入深度、打开压力、孔径大小的设计。气举布阀设计时，基本原则是充分利用地面能提供的高压气源，保证下阀数量最少。气举阀的位置及数量与气举前井内液面位置、地面注气系统所能提供的启动压力、工作压力以及气举阀的类型有关，利用静液柱压力梯度曲线、注气压力分布曲线、油管压力分布曲线等计算下阀深度和气举阀打开压力。计算气举阀阀座孔径是利用温度分布线确定顶阀深度处的温度，校正在该温度下的图表气体流量，根据校正的图表气体流量以及阀座的上、下流压力得到阀座孔径。

四、实施与管理

1. 实施要求

（1）缓慢开启注气节流阀或增压设备，初期采用小排量注气，每 10 min 注气压力增加值不超过 0.6MPa，当注气压力达到 4.0~5.0MPa 后，按气举工艺设计参数正常气举。

（2）平台各井宜预留气举流程。针对需要频繁开展气举的平台，为方便切换气举井，井间注气流程宜相互连通。

（3）注气管线及生产管线应装有计量装置，管线上阀门开关灵活，压力表记录准确。

（4）临时气举可采用车载式或橇装式压缩机，气举气源应使用天然气或氮气，氮气纯度不低于 95%。

（5）气举时在保证地面设备管线安全的情况下，尽量开大生产阀门生产，避免地面憋压。

（6）若出现由于地面注气压力受限造成气举启动困难的情况，可向油管或油套环空内注入一定量的气，降低静液面高度，然后再重新开始气举。

（7）气举阀和工作筒应按照设计和调试的型号、编号及下井序号在地面组配好。

（8）连接气举阀工作筒与油管时禁止直接采用液压钳，应该采用管钳将气举阀工作筒与油管连接，安装气举管柱时管钳应避开气举阀，以避免损坏气举阀，导致工艺失败。

2. 运行管理

（1）气举生产过程中，油管与套管压力变化量在 0.5MPa 以内至少记录 1 个点，录取注气量、出气量、出水量、井口油管压力、井口套管压力及井口温度等数据，便于工艺跟踪评价和制度优化。

（2）在气举排水采气工艺实施过程中，在不少于 3 种注气制度下观察气举排水达到稳定后的动态，对比不同注气制度下的动态，确定最佳的注气工作制度。高气液比气举井气举排液复活后，应及时调整注气量，提高气举效率，必要时应停止气举。

第七节　页岩气采气井口维护

采气井口装置是气井安全生产的重要通道,也是气井压力控制的主要装置,然而随着气井生产年限的增加,井口装置存在磨损、腐蚀和老化等问题,尤其页岩气水平井的井网密集、周边人群密集,安全风险更为突出,因此,必须加强采气井口维护工作。

一、采气井口维护工作内容

1. 井口保养

(1)井口装置维护保养主要包括:检查装置泄漏和闸阀内漏情况,除锈和防腐,密封件注脂和润滑等工作。

(2)井口泄压管线维护保养主要包括:检查管线固定、腐蚀情况,点火口和排液口位置是否满足安全、环保要求。

2. 井口巡检

(1)井口巡检工作主要包括:井口装置(套管头、油管头、采气树)及组件(旋塞阀、压力表等)完好情况、是否存在渗漏及井口周围有无地表窜漏现象,录取井口油管压力和各层环空压力,井口泄压管线完好情况,井口围墙有无损坏情况。对巡检中发现的异常情况,应及时向上级管理部门汇报,并做好记录。巡检人员应带上可燃气体和硫化氢检测仪等仪器。

(2)井口周边环境巡检应结合井口巡检工作同时进行。了解和掌握井场有无新增违章占压情况、井场道路损坏情况、油气井周围100m内人居及环境情况。对巡检中发现的问题,应及时向上级管理部门汇报,并做好记录。

3. 作业过程监督

若需进行井口检维修和整改作业时,则整个作业过程中应按井口属地管理要求做好过程监督。

(1)落实相关技术和管理人员,做好井口检维修和整改作业现场指导和把关,并按分公司相关管理要求,做好现场施工作业前的检查和安全措施落实。

(2)井口检维修和整改作业全过程应处于安全受控状态,在施工作业过程中原则上不得开展与安全生产相冲突的交叉作业,对确需开展的交叉作业,作业前应开展工艺安全分析和工作前危害识别,制订切实可行的安全措施,确保安全生产。

(3)加强敏感时段检维修和整改作业的安全生产管理工作,在重大节假日,原则上停止井口检维修和整改作业,其他敏感时段执行有关规定,对生产急需开展的作业要实行升级管理。

二、采气井口维护管理要求

1. 基本管理要求

(1)建立维保台账。井口资料台账应包括:井口基础资料、维护保养记录、维修和整改情况等,更换井口装置后应及时更新井口装置图片(示意图及实物照片)和相关资料信息。

（2）属地管理原则。井口装置日常维护保养原则上由各油气矿生产管理单位或维修单位负责完成，各油气矿也可委托生产厂家进行维护检修等工作。各油气矿与承包单位签订承包合同时应明确质量要求、安全要求、维护周期和费用等，并按照属地管理做好实施过程的监督。

（3）井口装置维护作业。井口装置维护作业应有经过审批的施工方案、任务书或操作卡，工作前要进行作业危害识别；操作井口阀门或对井口阀门泄压作业时禁止在井口周围开展动火作业；若井口确需动火作业，应执行分公司动火管理规定。

2. 其他要求

（1）各油气矿/单位应明确井口管理部门和属地管理人员，做到井口装置管理责任到人、台账清楚、随时可查。

（2）油井、气井、水井生产过程中出现紧急情况时，相关单位应按分公司应急管理规定，结合现场实际，及时采取有效控制措施，控制事态。

（3）生产管理单位应对井场附近居民开展有关井口装置的重要性、安全知识和法规宣传，对监管人员进行相关安全知识和技能培训。

第八节 采气数字化技术

近年来，以物联网、大数据、云计算、人工智能（AI）和移动应用（5G）为代表的新一代信息技术日趋成熟并得到广泛应用，推动油气田企业运营方式发生变化，进入数字化转型智能化发展的新阶段，随着页岩气井投产井数与采气工艺措施井数的逐年增加，传统采气工艺的管理模式已难以适应新形势下气井低成本、高效率的管理要求，必须依赖采气数字化技术才能实现气井高效开采，本节以采气数据为中心，主要介绍了采气工艺数据采集、数据传输、数据应用。

一、数据采集

生产数据的录取既是掌握气井的生产状况与规律分析的基础数据，又是对该井进行效益评价分析的依据，生产数据的录取方式主要有两种：一种是自动采集，即生产各流程环节的运行参数自动采集；另一种是人工采集，通常由采气操作人员填写采输气日报。自动采集的生产数据主要是通过光盘刻录、移动硬盘存储、数据库等方式存放备份；人工采集的生产数据报表保存年限短，通常在5年左右，也有根据具体技术要求情况而保存；自动采集的数据经过软件处理和分析，可形成多种报表，便于气井和气藏分析、对比、生产规律研究，也便于报表的查询和筛选、异常情况分析等。针对采气数字化技术而言，自动采集的实时数据具有非常重要的作用，主要分为SCADA系统采集与采气工艺控制设备采集。

1. SCADA 系统采集

SCADA（数据采集与监视控制系统）系统是对分布距离远，生产单位分散的生产系统的一种数据采集、监视和控制系统[7]。SCADA系统在远控系统中占重要地位，可以对现场的运行设备进行监视和控制，以实现数据采集、设备控制、测量、参数调节以及各类信号报警等各项功能。SCADA系统是架构在PC之上的生产自动化控制系统，由站控系统、调度中心主计算机系统和数据传输通信系统组成，用以完成生产过程的数据采集、监测、数据传输和处理以及控制等功能。远程终端站控系统完成预定数据采集和控制，通信设备完成数据和控制命令的传输，主控计算机则收集各远程终端的信息加以分析、处理和储存，并向各远程终端发出控制指令。

SCADA 系统是随着气田和管道的生产过程自动化控制和管理而发展起来的一种高级自动化监控和管理系统，采用"分散控制，集中管理"的原则，用分布控制系统代表集中式控制系统，体现了现代工业控制系统技术发展的趋势，代表了气田自动化生产管理的国际先进水平。

SCADA 系统由站控系统、数据传输系统和调度控制中心组成，站控系统是天然气集输站场的控制系统，也是 SCADA 系统网络中最基本的控制系统，该系统主要由远程终端装置（RTU）、站控计算机、通信设施及相应的外部设备组成。

1）采集设备

站控系统通过 RTU 从现场测量仪表采集所有参数，并对现场设备进行监控，根据需要将采集的数据经过 RTU 处理，传送至站计算机，并经通信通道传送至调度控制中心的主计算机系统，同时接受来自调度中心的远程控制指令对站场进行控制，站控系统具有独立运行的能力，当 SCADA 系统某一环节出现故障或者调度控制中心的通信中断时，不影响其数据采集和控制功能。

RTU 即远程终端单元，具有的特点是：通信距离较长；适用于各种环境恶劣的工业现场；模块结构化设计，便于扩展；具有遥信、遥测、遥控功能。

RTU 是一种远端测控单元装置，负责对现场信号、工业设备的监测和控制。与常用的可编程控制器（PLC）相比，RTU 通常要具有优良的通信能力和更大的存储容量，适用于更恶劣的温度和湿度环境，提供更多的计算功能。正是由于 RTU 完善的功能，使得 RTU 产品在 SCADA 系统中得到了大量的应用。

一个 RTU 可以由几个、几十个或几百个输入/输出（I/O）点组成，可以放置在测量点附近的现场。RTU 至少具备数据采集及处理、数据传输（网络通信）两种功能，当然，许多 RTU 还具备 PID 控制功能或逻辑控制功能、流量累计功能等。

PLC 与 RTU 之间是有一些区别与联系的。总体来讲，RTU 在工业通信与环境适应能力方面更加强大，可以用 PLC 的地方，也可以用 RTU；PLC 不能达到的地方，RTU 也可以用。但是鉴于二者各自的特别优势，在数控机床和工业制造等设备的装置上，在有限局部距离实现整个系统逻辑控制与逻辑顺序持续控制这方面更偏向于 PLC 逻辑控制的优势；在过程控制、数据采集、信息收集和 PID 控制、模拟量这一领域，RTU 有更强的优势。因为它的存储量、宽温环境适应能力等更强，PLC 所有的温度指标都是 0~50℃，RTU 温度指标是 -40~70℃，这个宽温表明 RTU 不需要任何装置保护，没有任何温度限制，在戈壁滩或是极寒地带的各种特高温和特低温下都可以正常工作。在油气田自动化控制应用中，RTU 覆盖了井口、计量站、联合站及输气管线等。

RTU 主要硬件必须是具有防腐功能的标准带涂层产品，必须具备 1 级 2 区防爆区域认证。RTU 必须具有数据就地存储功能，采集、转发的数据带时间标签，在断网恢复后能够补填数据。

RTU 应能完成不同通信协议间的转换，具有与第三方智能设备通信的能力，最少应能支持 BASIC 或 C 语言编程。通信接口应是 RS232 或 RS485 串行通信接口，通信速度在

1200~19200bit/s 之间任选,通信协议为 Modbus RTU。RTU 还具有与线路截断阀电子控制单元通信的能力,通信接口应是 RS485 串行通信接口,通信速度可在 1200~19200bit/s 之间任选,通信协议为 Modbus RTU 或 BSAP。

RTU 系统每块模板都应有自诊断功能,并将诊断信息上传到调控中心。RTU 系统可带电扩展,不停产进行软件下装。RTU 应带 HART 协议接收功能,并将 HART 协议信息上传到调控中心。RTU 应可以将智能仪表信息上传到 AMS 智能设备管理系统。

RTU 的硬件结构应是模块化的,具有扩展性。同时具有数据采集及处理、数据存储、逻辑控制、数学运算(包括 AGA 计量运算)等能力。RTU 的处理机应是 32bit 的 CPU,存储器应备有相当余量且可扩展。在外电源失效时存储器中的程序、数据不应丢失。存储器应具有至少存储 24h 数据(带时间标签)的能力。应具有输入和输出 4~20mA DC 模拟信号和 24V DC 无源接点信号的 I/O 口。

RTU 应采用 220V AC 供电,220V AC 电源应按冗余配置,且设置在 RTU 机柜内。RTU 处理器的处理能力应有 40% 以上的余量。具有至少存储 24h 数据(带时间标签)的能力。RTU 应具有远程和就地编制、修改、测试程序的功能,具有故障自诊断并发出报警的能力。RTU 的输入和输出信号应采用接线端子与仪表或设备连接。RTU 应带有与计算机连接的接口,使操作人员可在现场通过笔记本计算机读写 RTU 中的相关数据。

2)采集内容

RTU 从现场测量仪表采集所有参数,采集内容见表 5-8-1,RTU 系统采集的井口数据及运行状况可以实时上传给生产管理部门,而不必每天巡井抄数据,数据的准确性和实时性更高,可以提高生产管理效益和水平[8]。

表 5-8-1 独立井口 SCADA 系统采集内容

序号	采集内容
1	井口压力、井口温度、井口套管压力、气井瞬时流量
2	井口安全关断阀开关状态显示,安全关断阀液压系统压力显示
3	井口可燃气体显示报警
4	井口安全关断阀:井口超(欠)压自动关断,调控中心远程关断

井站仪表采集的压力、流量和温度数据采集频率应根据业务生产需求设置,采用有线仪表方案时,前端采集系统压力、温度等参数可支持 1s 刷新一次数据;采用无线仪表方案时,压力、温度等参数可支持 3 分钟上传一次数据[9]。

2. 采气工艺控制设备采集

采气工艺控制设备是指实施采气工艺过程中,安装的用于控制气井生产制度的设备,该类设备能够采集、发送、接收数据,执行工艺制度,是自动控制系统的核心设备,自动控制设备的应用可减少岗位人员和实现部分岗位无人值守,提高了劳动生产率。此外,由于可以实行对生产过程和设备的动态监测,自动控制系统不仅可以预先发现事故隐患,及时加以消除和防治,确保安全生产,而且还可以根据及时取得的各项参数和依靠计算机的分析功能,对生产系统及某些设备的运行进行调节,使其处于最佳运行状态,达到安全、低耗、高效、高产的目的。自动化生产逐渐代替繁重的手工劳动,从而减轻了人员的劳动强度，尤其是天然气采集这种危险程度高的行业，自动化生产更能体现其优越性，既保障安全生产，又合理节约资源。

1）采集设备

不同的采气工艺一般对应不同的控制设备，它有很多种类型，按照工艺类型进行分类，主要柱塞控制器、泡排工艺起泡/消泡加注装置、精细控压工艺设备、气举或负压开采自动控制的压缩机、电潜泵地面控制器等装备，页岩气常用采气工艺为柱塞气举工艺、间歇自动开关工艺、泡排加注工艺等，控制设备简介如下。

柱塞控制器是一个多组件的系统组成，包括控制面板、电池阀、蓄电池和太阳能电池板等，是柱塞气举工艺技术的核心部件，起着控制柱塞运行、接收和处理柱塞运行期间各种信号的作用，从外观上分类，一般有仪表式柱塞控制器和箱式柱塞控制器两种。

针对间歇生产的气井，主要应用两类远程减压开井装置，包括电磁遥控远程开井设备和电动针阀式遥控智能开井设备。

起泡/消泡加注装置能够按照泡排制度自动泵注药剂，设备包含注剂管线、注剂泵、控制面板、药剂罐等，页岩气实施泡排加注工艺，一般实行平台整体加注，按功能分为起泡剂加注装置和消泡剂加注装置。

页岩气控压生产可提高气井产量，控压设备主要包括节流阀与控制器，节流阀的结构形式分为固定油嘴、针阀和笼套式节流阀等，由于固定油嘴通过改变孔径大小实现对压力和流量的控制，结构形式简单，但需手动更换、效率低、精度差，不能实现自动化，所以，一般通过控制器与针阀组合的形式实现气井自动控压生产。

2）采集内容

控制器采集的数据类型不是固定的，需要根据具体的数据应用场景或采集设备软硬件升级而定，目前各工艺常见的采集数据项见表5-8-2。

表5-8-2 采气工艺控制设备采集数据项

序号	工艺类型	采集内容	采集频次
1	柱塞气举	套管压力、油管压力、阀后压力、温度、瞬时产量、控制器模式、开关井状态、工艺制度信息等	不小于3s
2	间开	套管压力、油管压力、阀后压力、温度、瞬时产量、控制器模式、开关井状态、工艺制度信息等	不小于3s
3	泡排	加注状态、设备注入压力、泵排量、药剂配置比例、加注时间、配液时间等	不小于3s
4	精细控压	套管压力、油管压力、阀后压力、温度、瞬时产量、阀门开度、阀门调节步长、调整周期等	不小于3s

二、数据传输

近年来，气田数字化建设发展迅速，无论是新建投产气田，还是老气田改造，在信息化建设方面取得了显著效果，国内一些走在数字化建设前沿的油气田，最初在20世纪末采用微波和卫星的通信方式，主要用于数据传输和电话业务。从2000年便开始建设以光缆通信为核心的宽带数字网络，主要业务涉及数据传输、视频监控、语音通话和信息共享服务等。

1. 常用网络设备

随着信息化的飞速发展，人们对网络的高效性、实时性要求越来越高。为了保障数字化气田各生产网络的及时、安全，在通信介质上，采用全光纤环网，同时还提供 4G 无线网络作为备份，防止信息反馈不及时；在各生产现场，安装智能发电机和后备 UPS 电源，为网络和设备提供充分的电子保障。不论是局域网、城域网还是广域网，在物理上通常都是由网卡、集线器、交换机、路由器、网线、RJ45 接头等网络连接设备和传输介质组成的。网络设备又包括中继器、网桥、路由器、网关、防火墙、交换机等[10]。

1）服务器

服务器是计算机网络上最重要的设备。服务器指的是在网络环境下运行相应的应用软件，为网络中的用户提供共享信息资源和服务的设备。服务器的构成与微机基本相似，有处理器、硬盘、内存、系统总线等。但服务器是针对具体的网络应用特别制定的，因而服务器与微机在处理能力、稳定性、可靠性、安全性、可扩展性和可管理性等方面存在很大的差异。通常情况下，服务器比客户机拥有更强的处理能力、更多的内存和硬盘空间。服务器上的网络操作系统不仅可以管理网络上的数据，还可以管理用户、用户组、安全和应用程序。

服务器是网络的中枢和信息化的核心，具有高性能、高可靠性、高可用性、I/O 吞吐能力强、存储容量大、联网和网络管理能力强等特点。

服务器的选择上遵循以下 6 个原则：

（1）性能要稳定，为了保证网络能正常运转，所选择的服务器要确保性能稳定，同时，性能稳定的服务器可为公司节省维护费用；

（2）以够用为准则；

（3）应考虑扩展性，为了减少更新服务器带来的额外开销和对工作的影响，服务器应当具有较高的可扩展性，以便及时调整配置适应发展需要；

（4）便于操作和管理；

（5）满足特殊要求；

（6）硬件搭配合理，为了能使服务器更高效地运转，要确保所购买服务器内部配件的性能搭配合理。

2）中继器

网络设备中继器是局域网互联的最简单设备，工作在 OSI 体系结构的物理层，接收并识别网络信号，然后再生信号并将其发送到网络的其他分支上。要保证中继器能够正确工作，首先要保证每一个分支中的数据包和逻辑链路协议是相同的。例如，在 802.3 以太局域网和 802.5 令牌环局域网之间，中继器是无法使它们通信的。但是，中继器可以用来连接不同的物理介质，并在各种物理介质中传输数据包。某些多端口的中继器很像多端口的集线器，它可以连接不同类型的介质。

使用中继器是扩展网络的最廉价的方法。当扩展网络的目的是要突破距离和节点的限制，并且连接的网络分支都不会产生太多的数据流量，成本又不能太高时，就可以考虑选择中继器。采用中继器连接网络分支的数目要受具体的网络体系结构限制。

中继器没有隔离和过滤功能，不能阻挡含有异常的数据包从一个分支传到另一个分支。这意味着，一个分支出现故障可能影响到其他的每一个网络分支。集线器是有多个端口的中继器，简称 Hub。

3）网桥

网桥工作于 OSI 体系的数据链路层，因此在 OSI 模型数据链路层以上各层的信息对网桥来说是毫无作用的，协议的理解依赖于各自的计算机。

网桥包含了中继器的功能和特性，不仅可以连接多种介质，还能连接不同的物理分支，如以太网和令牌网，能将数据包在更大的范围进行内传送。网桥的典型应用是将局域网分段成子网，从而降低数据传输的瓶颈，这样的网桥叫"本地"桥，而用于广域网上的网桥叫作"远地"桥。这两种类型的桥执行同样的功能，只是所用的网络接口不同。

4）路由器

路由器工作在 OSI 体系结构中的网络层，这意味着它可以在多个网络上交换和路由数据包。路由器通过在相对独立的网络中交换具体协议的信息来实现这个目标。比起网桥，路由器既能过滤和分隔网络信息流、连接网络分支，也能访问数据包中更多的信息，还能用来提高数据包的传输效率。路由表包含有网络地址、连接信息、路径信息和发送代价等。路由器比网桥慢，主要用于广域网或广域网与局域网的互联。

5）网关

网关把信息重新包装的目的是适应目标环境的要求。网关能互连异类的网络，网关从一个环境中读取数据，剥去数据的老协议，然后用目标网络的协议进行重新包装。网关的一个较为常见的用途是在局域网的微机和小型机或大型机之间作翻译。网关的典型应用是网络专用服务器。

6）防火墙

防火墙是指在网络设备中的硬件防火墙。硬件防火墙是指把防火墙程序做到芯片里面，由硬件执行这些功能，以减少 CPU 的负担，使路由更稳定。硬件防火墙是保障内部网络安全的一道重要屏障，其安全和稳定直接关系到整个内部网络的安全。因此，日常例行的检查对于保证硬件防火墙的安全是非常重要的。系统中存在的很多隐患和故障在爆发前都会出现这样或那样的苗头，例行检查的任务就是要发现这些安全隐患，并尽可能地将问题定位，方便问题的解决。

7）交换机

交换是按照通信两端传输信息的需要，用人工或设备自动完成的方法，把要传输的信息送到符合要求的相应路由上的技术统称。

广义的交换机就是一种在通信系统中完成信息交换功能的设备。在计算机网络系统中，交换概念的提出是对于共享工作模式的改进。HUB 集线器就是一种共享设备，其本身不能识别目的地址，当同一局域网内的 A 主机给 B 主机传输数据时，数据包在以 HUB 为架构的网络上是以广播方式传输的，由每一台终端通过验证数据包头的地址信息来确定是否接收。也就是说，在这种工作方式下，同一时刻网络上只能传输一组数据帧的通信，如果发生碰撞还得重试，这种方式就是共享网络带宽。

交换机拥有一条很高带宽的背部总线和内部交换矩阵。交换机的所有端口都挂接在这条背部总线上，控制电路收到数据包以后，处理端口会查找内存中的地址对照表以确定目的 MAC（网卡的硬件地址）的 NIC（网卡）挂接在哪个端口上，通过内部交换矩阵迅速将数据包传送到目的端口，目的 MAC 若不存在才广播到所有的端口，接收端口回应后交换机会"学习"新的地址，并将其添加到内部 MAC 地址表中。使用交换机也可以把网络"分段"，通过对照 MAC 地址表，交换机只允许必要的网络流量通过交换机。通过交换机的过滤和转发，可以有效地隔离广播风暴，减少误包和错包的出现，避免共享冲突。

总之，交换机是一种基于 MAC 地址识别，能完成封装转发数据包功能的网络设备。交换机可以"学习"MAC 地址，并把其存放在内部地址表中，通过在数据帧的始发者和目标接收者之间建立临时的交换路径，使数据帧直接由源地址到达目的地址。

2. 数据传输方式

数据传输系统涉及的各类无线传输设备、网络交换机、光缆等硬件，相关无线传输涉及的铁塔机房、传输杆塔、水泥杆等基础设施可依据各油气田的实际状况和需求进行自主建设，一般有有线传输与无线传输两种方式[11]。

有线传输网络主要部署到计量间、中转站、处理站、注入站等站库；对距离站库较近或重点关注的井场，根据实际需求也可采用有线传输进行部署。

无线传输网络主要用于井场、边远站库的数据传输，油气生产物联网数据传输子系统建设时根据各油气田网络改造现状，充分利用已有网络资源，在已有网络资源上进行扩展升级。

在现代数字化建设工作中，大多数井站数据已不再采用短波传送，而是通过光纤将气井生产现场运行数据和视频信息进行传输，有线传输和无线传输的优缺点对比见表 5-8-3。

表 5-8-3　有线传输和无线传输的优缺点对比

优缺点	有线传输	无线传输
优点	信号稳定，可靠性高，调试简单，可满足无人值守	工程量小，投资少
缺点	工程量大，投资高	信号不稳定，易受恶劣天气和太阳电磁因素影响，调试复杂，无法满足无人值守要求

1）SCADA 系统采集数据传输

SCADA 系统的可靠性和可用性取决于从主站到 RTU 以及从 RTU 返回主站的数据传输情况，SCADA 系统主要采取以下几种通信媒体进行数据传输：有线、微波、卫星、同轴电缆、光纤及其他通信方式传输数据。

数字数据在通信信道上传输时，必须转换成一个音频信号。这种将数字信号转换成音频信号的技术称为调制，常用的几种调制方式有调频、调幅和调相。调制器和解调器主件称为调制解调器。

SCADA 系统的数据传输方式主要有单工、半双工和全双工 3 种方式。单工传输方式只能向一个方向传输数据，且通信能力极为有限；半双工方式可以双向地传输数据，但同一时刻内只能向一个方向传输；全双工方式则允许同时双向地传输数据，数据传输率指主站与远程终端装置之间的数据传输速率，也称波特率或比特率，是指每秒传输的二进制位数，以 bit/s 为单位。SCADA 系统中采用的标准波特率一般有 300bit/s、600bit/s、900bit/s 和 1200bit/s，300bit/s 以下为低速系统，600~4800bit/s 为中速系统；4800bit/s 以上，达 19200bit/s 或更高的数据传输率为高速数据通信系统。RTU 输出的数字信号经调制解调器转换成音频信号，然后由信号传输器发送，经过通信媒体将数据传输至调度控制中心（主站）的信号接收器，经调制解调器转换成数字信号后进入主计算机系统。主计算机系统的数字信号以同样的方式传输至 RTU，以西南油气田为例，SCADA 系统采集的实时数据传输流程如图 5-8-1 所示。

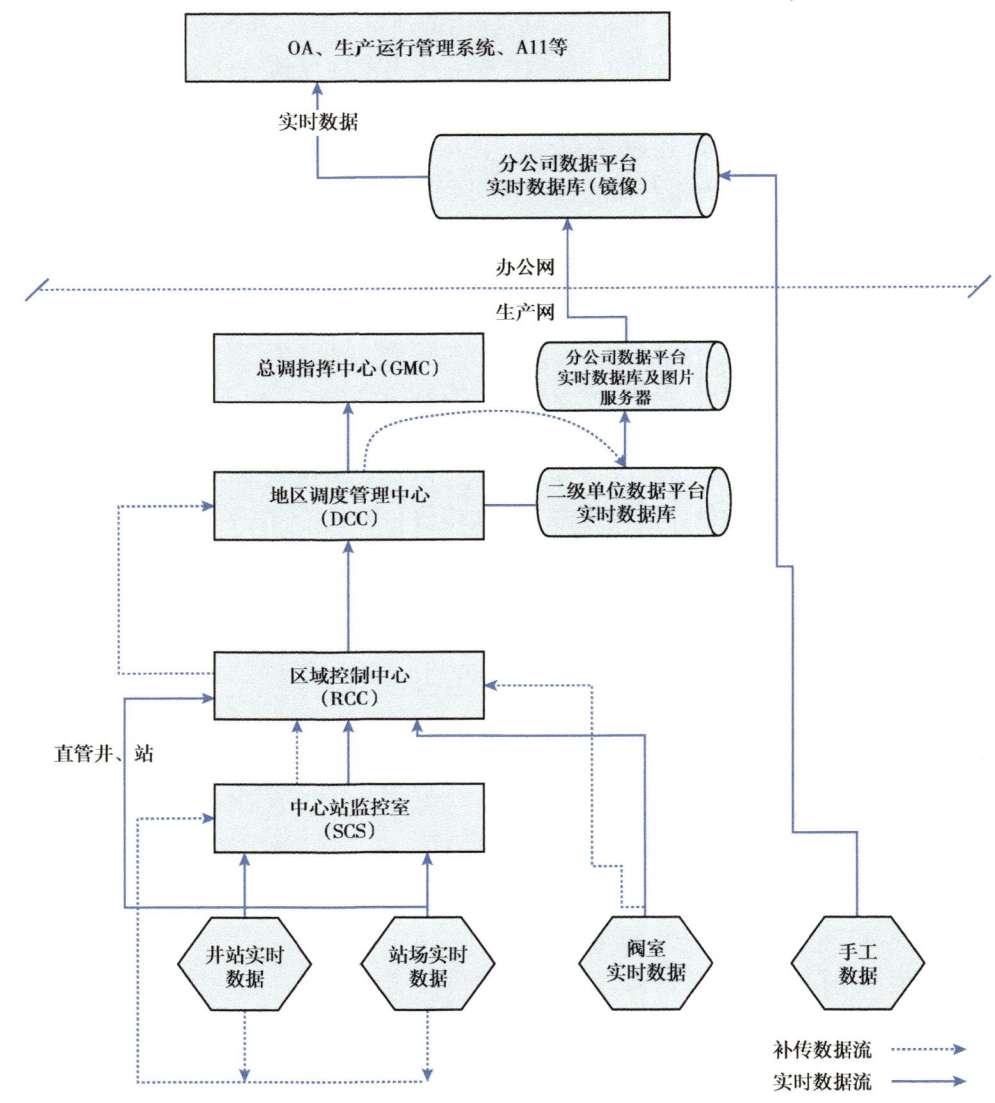

图 5-8-1　SCADA 系统采集数据传输流程

2）控制设备采集数据传输

控制器采集的数据，一般依赖现有油气生产物联网数据传输子系统传输，采用有线、无线或者混合组网方式，实现井、站数据到集气站、作业区、调控中心及指挥中心的应用，如图 5-8-2 所示。

图 5-8-2　生产数据传输示意图（有线网络）

三、数据应用

以数据为中心，有效发现数据隐藏的价值、提高数据利用率，指导气井最优生产，是实现气井降本增效的重要手段，近年来，沙特阿美国家石油公司、俄罗斯天然气公司以及中国石油西南油气田和长庆油田等都建成了数据的智能应用系统。

俄罗斯气田使用大数据分析和超级计算机技术将真实气田转移到虚拟空间，所提出的综合方法使得在产量下降和生产条件复杂的阶段延长气田的盈利开采周期，沙特阿美国家石油公司在大型凝析气田内建立了一个集成的数字化生产综合资产运营管理（IAOM）数字平台，其生产优化工作流程包括日常的油井和设施性能监测和监控。通过与强大的商业智能 BI 工具的集成，减少了用户在传统数据分析方面的工作，能够更加专注于生产优化，油井和油藏管理[12]。

西南油气田以油气生产数据为核心，依托 A1、A2、A4 和实时数据库等统建系统打造了采气工艺智能管理平台，平台能够完成气井生产动态的智能跟踪、异常工况的诊断、工艺制度的远程调整，工艺效果的自动评价，平台应用过后，工艺运行效率进一步增加，提升了采气工艺管理水平，实现了采气业务数字化转型、智能化发展。

1. 气井生产智能跟踪

基于实时生产数据，通过内置智能分析模型和算法跟踪气井的生产动态，主要包括产量异常衰减、压力异常波动等指标，通过大屏模块可视化图表提高人机交互体验感，可以全面了解所有接入气井的生产动态，包括气井总的告警信息、工艺类型分布，各类异常工况诊断信息滚动展示，各生产单位接入井分布情况，平台接入气井总产气与总产水量，各项工艺的日产气量分布等，提供地理信息系统 A4 的地图定位服务，还可以定位单个井站实现气井全方面跟踪，如图 5-8-3 所示。

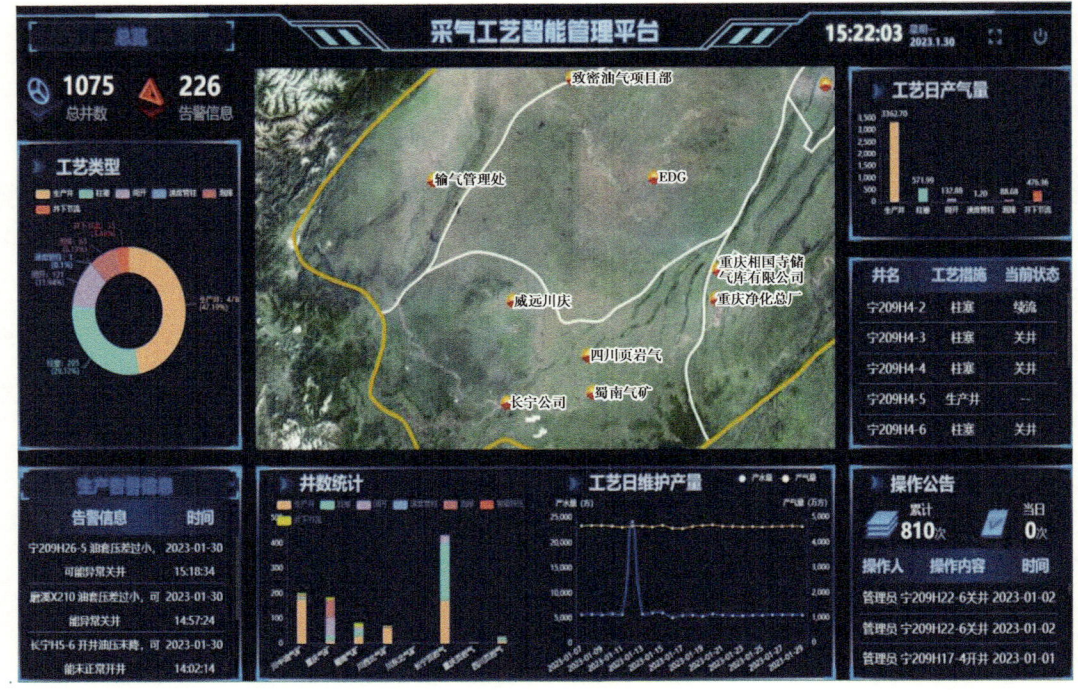

图 5-8-3　采气工艺井生产动态跟踪

2. 异常工况智能诊断

通过大数据算法、机器学习、神经网络等人工智能技术，建立智能诊断模型，实现了油管脱断或穿孔异常诊断、输压上涨异常诊断、自喷井异常关井诊断、柱塞井异常关井诊断、气井积液诊断及停喷预测，如图 5-8-4 所示，智能诊断模块的应用大幅提高了信息技术辅助生产决策的实效性和针对性，平台的应用也使采气工艺的管理模式发生了显著变化，由原来的"人工周期分析+专家集中论证"转变为"系统实时诊断+专家快速远程决策支持"，模式转变后显著缩短了收集、处理数据和研究、决策的时间，显著提升了工作实效，保证了气井的高效运行。

3. 工艺井制度远程调优

通过开发远程控制模块，根据诊断结果需要调整工艺制度的气井，可以通过采气工艺智能管理平台远程下发指令，修改控制器的执行参数，实现工艺制度的远程调优，如图 5-8-5 所示，气井对应的控制记录自动生成报表。

4. 工艺效果智能评价

针对海量数据，通过植入分析算法，自定义条件自动统计分析分布特征，效果评价模块可开展单井和井间对比分析，通过内置采气工艺措施评价标准，自动评价工艺前后增产效果，油套压差等指标的变化情况，如图 5-8-6 所示，大大节约了时间成本，提高了工作效能。

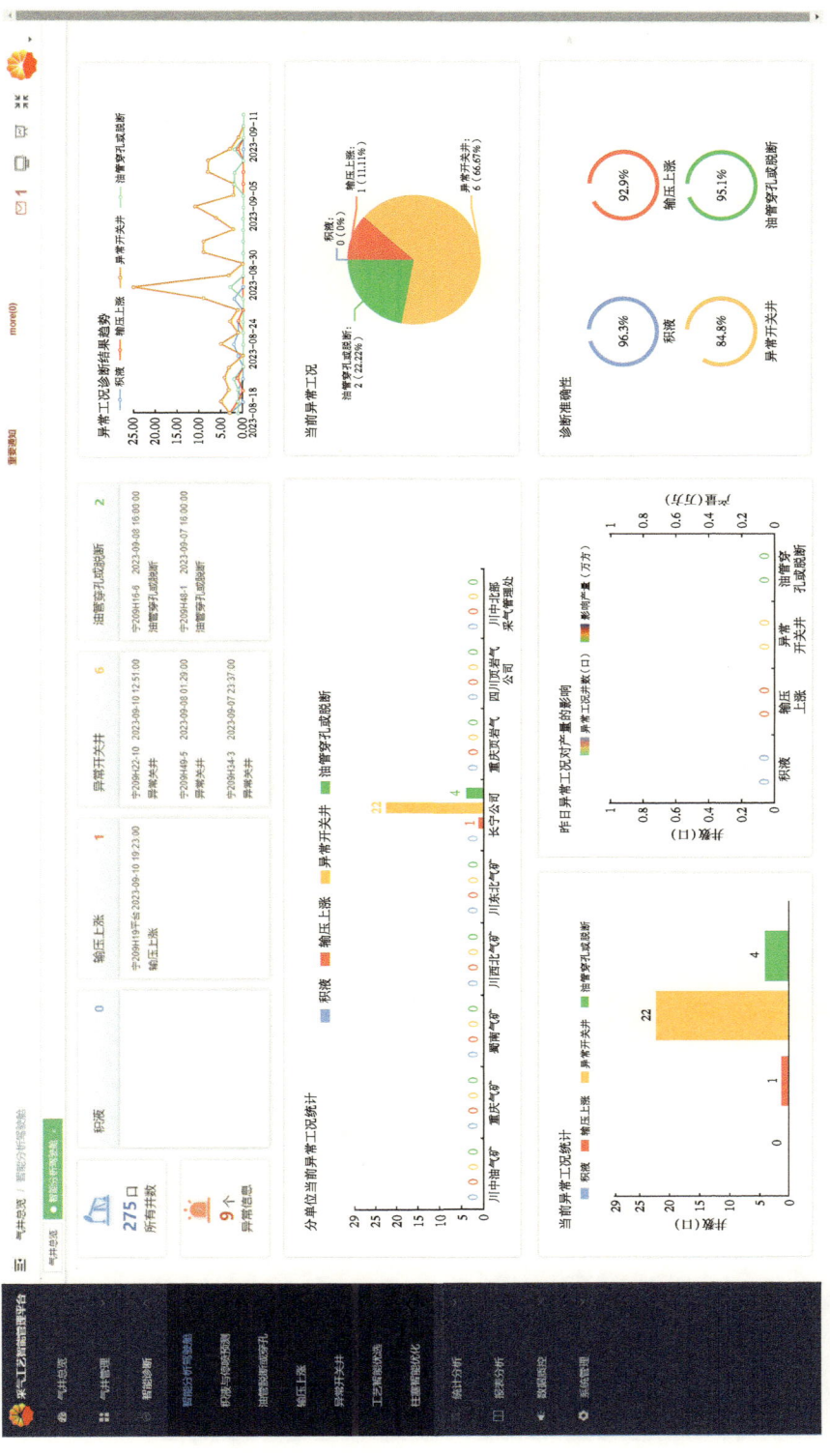

图 5-8-4 采气工艺智能管理平台采气工艺井异常工况智能诊断

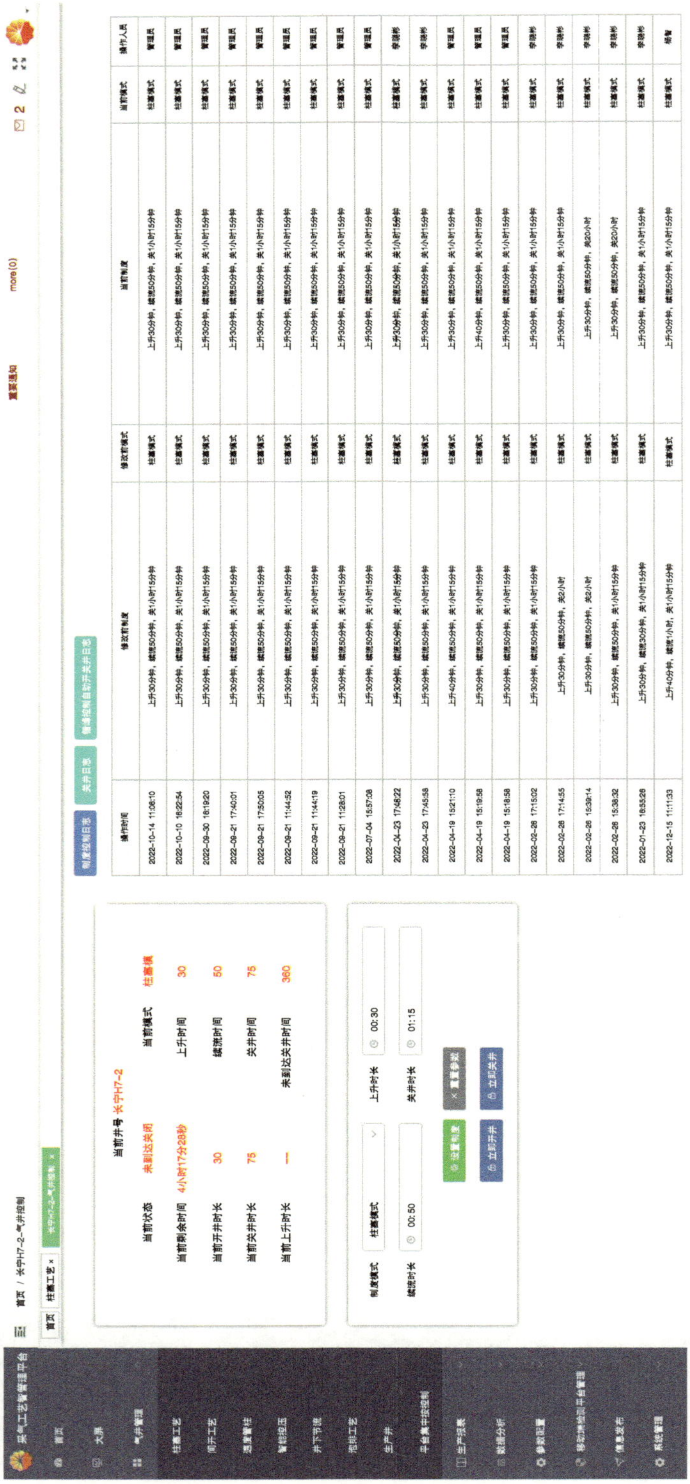

图 5-8-5　采气工艺智能管理平台柱塞工艺实时曲线监控

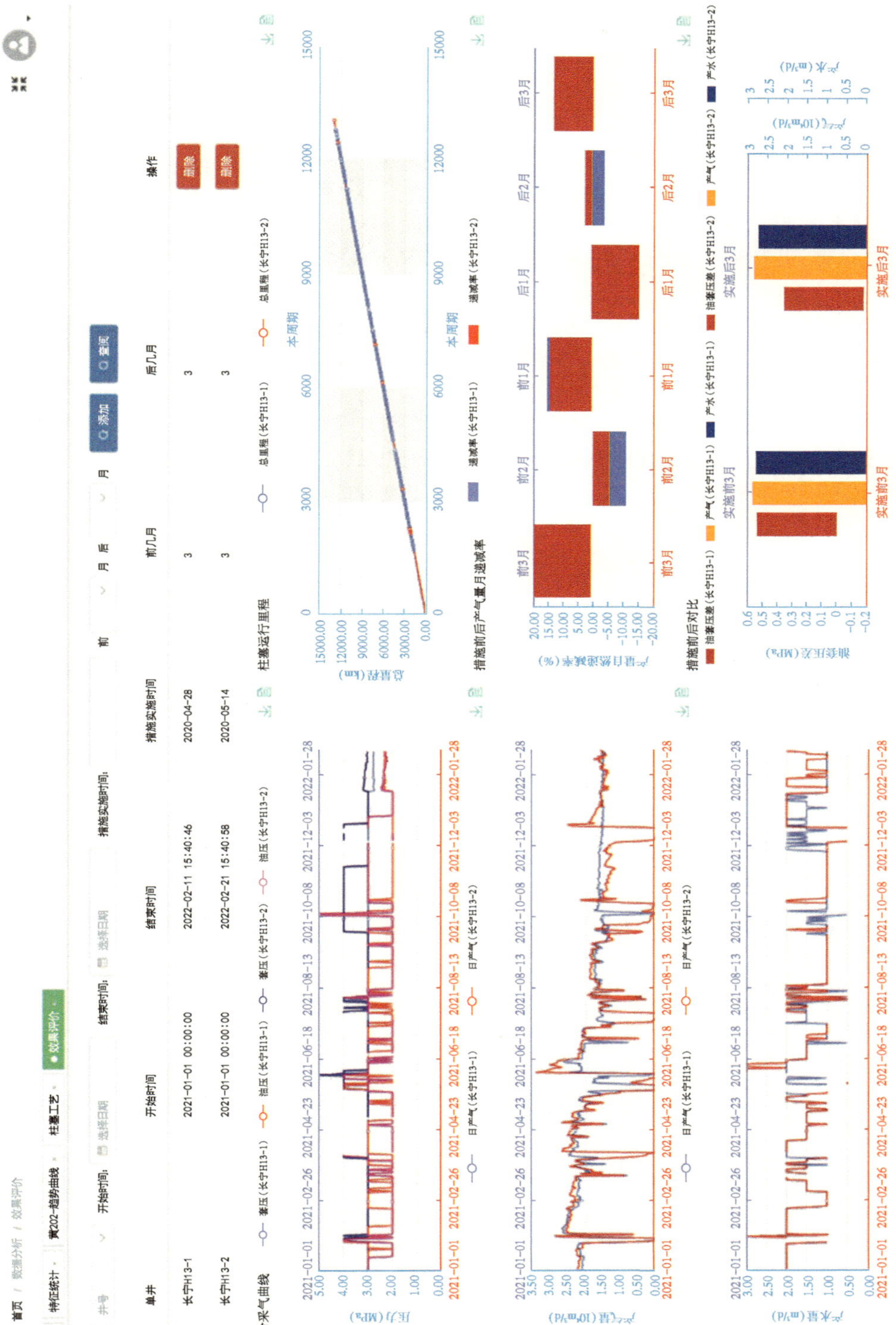

第五章 采气工艺技术

图 5-8-6 采气工艺智能管理平台采气工艺井异常工况智能诊断

参考文献

[1] 林安邦，彭博，姚鹏程，等.某凝析气井涂层油管腐蚀穿孔原因分析[J].全面腐蚀控制，2017，31（9）：45-49，86.

[2] 胡德芬.气井油管堵塞原因分析[J].天然气勘探与开发，2006（1）：37-42，81-82.

[3] 何顺利，吴志均.柱塞气举影响因素分析及优化设计[J].天然气工业，2005，25（6）：3.

[4] 蒋泽银，李伟，罗鑫，等.页岩气平台井泡沫排水采气技术[J].天然气工业，2020，40（4）：85-90.

[5] 赵章明.排水采气技术手册[M].北京：石油工业出版社，2014.

[6] 乐宏，唐建荣.川南碳酸盐岩有水气藏开采丛书排水采气工艺技术[M].北京：石油工业出版社，2011.

[7] 江汉石油管理局职工培训中心.页岩气开采技术[M].北京：石油工业出版社，2017.

[8] 郭娟，张建华，谷元东，等.采气作业区数字化生产模式下劳动组织优化[M].人力资源管理，2013（6）：186-187.

[9] SY/T 7468—2020 油气生产物联网系统技术规范[S].

[10] 安琪，吴志宇.油气田数字化管理[M].北京：石油工业出版社，2013.

[11] 任晓峰，首晓洁，吴宝祥，等.苏里格气田井站数字化建设的标准化[J].油气田地面工程，2013，32（12）：69-70.

[12] 康建国，傅敬强.西南智能油气田[M].北京：石油工业出版社，2021.

第六章 修井技术

页岩气在压裂改造和长期生产过程中，井筒会产生一些异常或复杂问题，包括井筒沉砂、井下工具卡阻或掉落、井下油管腐蚀穿孔或断裂、生产套管变形和损坏等，阻塞气体从地层流向井口的通道，需要通过修井来解决这些异常或复杂问题，恢复气井生产。与直井相比，水平井井眼轨迹复杂，井眼尺寸较小，修井难度大、工程风险高，直井修井工艺不能很好满足水平井的修井要求。根据页岩气开发现状，经过近几年的研究和应用，页岩气水平井修井技术已逐步成型，基本能满足页岩气的开发需要。另外，气井带压作业作为非常规天然气勘探开发过程中的重要技术手段，在页岩气水平井完井和修井方面已实现规模化应用。

第一节 带压起下管柱技术

气井带压作业是指在气井或含油气井井口带压状态下，借助带压作业机在井筒内进行的作业。页岩气储层对入井液极其敏感、产能脆弱，带压作业过程中不压井、不放喷，可避免气层伤害、保持地层能量，有利于节能减排、稳定单井产量。

一、带压作业设备工具选型

1. 带压作业机

带压作业机从作业方式上分为独立式和辅助式。独立式是指依靠设备自身的功能，能够独立完成带压作业的结构类型，辅助式指依靠其他设备的配合，辅助控制管（杆）运动和输送，完成带压作业的结构形式[1]。

1）基本配置

带压作业机基本配置包括动力系统、控制系统、环空密封系统、管柱举（提）升/下压系统、平台及附件组成（图 6-1-1），以上各种结构形式，根据用途和功能的不同，也可以额外配备旋转系统等其他部件。

（1）动力系统。在带压作业过程中提供动力的部件，包括动力机和传动系统。

（2）控制系统。在带压作业过程中对各操作对象进行控制的零部件，包括液控系统、气控系统和（或）电控系统。

（3）环空密封系统。在带压作业过程中主要用于密封或控制井内环空压力的零部件。包括但不限于防喷器（闸板防喷器、环形防喷器、旋转防喷器等）、四通（三通）、阀、阀的连接管线、升高短节、转换法兰。

（4）管柱举（提）升/下压系统。在带压作业过程中，控制管柱举（提）升或下压的零部件，包括但不限于举升液缸、加压液缸、液缸连接件、卡瓦、卡瓦连接件。

(5)平台及附件。在带压作业过程中提供工作与维修的场所、设备的支撑和移运的零部件,包括但不限于工作平台、维修平台、梯子、逃生装置、井口支撑装置(液压或机械)、吊装装置、移运装置。

(6)其他部件。吊臂总成,主要包括吊臂、绞车及绞车控制系统;起升系统,包括但不限于井架、绞车、天车、游车、大钩、游车与大钩连接件、钢丝绳、吊环、吊卡等设备和工具;底盘车系统,包括但不限于底盘系统、动力系统、传动系统;旋转系统,包括但不限于转盘、旋转水龙头、顶部驱动装置。

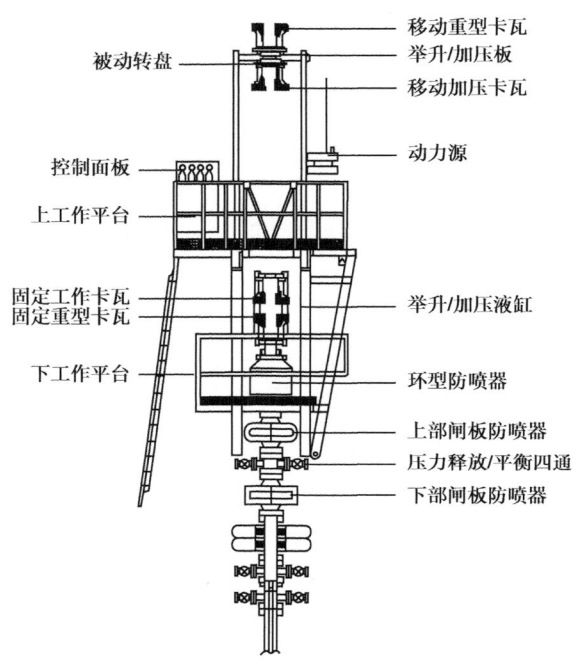

图 6-1-1 带压作业机基础配置结构示意图

2)带压作业机基本参数

(1)型号表示方法。

国内带压作业机型号编制方法如下:

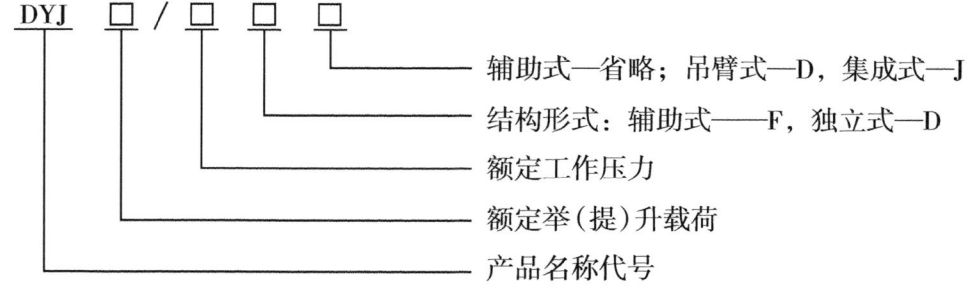

注:以额定举(提)升载荷用圆整后值(kN)的1/10表示。额定工作压力(MPa)以7、14、21、35、70、105、140压力等级表示。

示例1：额定提升载荷1100kN，额定工作压力70MPa，辅助式结构的带压作业机，型号表示为：DYJ110/70F。

示例2：额定提升载荷1100kN、额定工作压力70MPa，独立吊臂式结构的带压作业机，型号表示为：DYJ110/70DD。

国外带压作业机大多以设备的举（提）升能力命名，例如150K表示设备的最大举升能力为150klb，这里K表示1000 lbf举升力。国外带压作业机产品系列包括70K、95K、120K、150K、170K、200K、225K、240K、250K、320K、340K、420K、460K和600K。

（2）基本参数。

带压作业机的基本参数见表6-1-1。

表6-1-1 带压作业机基本参数

参数	单位	各型号的取值							
		DYJ40	DYJ60	DYJ80	DYJ100	DYJ120	DYJ160	DYJ200	DYJ260
额定举升载荷	kN	400	600	800	1000	1200	1600	2000	2600
额定下压载荷	kN	≥180	≥280	≥360	≥480	≥560	≥720	≥980	≥1250
额定工作压力	MPa	7、14、21、35、70、105、140							
最大下压速度 v_d	m/s	$0.3 \leqslant v_d \leqslant 1$							
最大举（提）升速度 v_u	m/s	$0.2 \leqslant v_u \leqslant 1$							

注：（1）最大下压速度和最大举（提）升速度均为空载速度。
（2）额定工作压力为设计确定的带压作业机工作时允许承受的最大动密封压力。

3）带压作业机选配要求

带压作业机配置要求可参照中国石油天然气股份有限公司企业标准Q/SY 02625—2022《油气水井带压作业技术规范》。

（1）采用独立式带压作业机时，天滑轮底部到工作篮的桅杆高度应能够有效容纳管柱长度，以及安全阀、水龙头和最小1m的空高；采用辅助式带压作业机时，配备的修井机井架（桅杆）的高度应满足起下管柱长度的需要。

（2）带压作业机额定下推力不低于预计最大下推力的1.2倍；提升系统最小举升力是预计最大上提力的1.4倍。

（3）卡瓦系统应包括1套及以上的游动卡瓦组和1套及以上的固定卡瓦组，游动卡瓦和固定卡瓦对应的卡瓦宜有互锁功能。

（4）平衡绞车宜具有紧急刹车装置。

（5）操作面板上的卡瓦控制、工作防喷器控制、环形防喷器、液缸等操作手柄都宜有锁定装置。

（6）气井作业液压动力源应配备低压警报系统。

2.环空压力控制装置

带压作业环空压力控制装置包括安全防喷器组、工作防喷器组、平衡/泄压系统等，主要用于带压作业过程中的环空压力、作业管柱的动密封控制以及出现井控风险时对井内压力的安全控制。

1）安全防喷器组

安装在井口装置顶部，用于井控的防喷器组，在关闭状态下，一般不允许起下管柱和转动管柱。由剪切闸板防喷器、全封闸板防喷器、半封闸板防喷器等组成。

安全防喷器组选配要求：

（1）安全防喷器组的压力等级不应低于预测最高井口关井压力。

（2）安全防喷器组应配备半封闸板防喷器、全封闸板防喷器和剪切闸板防喷器；不同管径的作业管柱应配备相应的半封闸板防喷器。

（3）预计最大施工压力大于 21MPa 时，宜增加一组半封闸板防喷器。

（4）安全防喷器应配备手动锁紧装置。

（5）从油管头到带压作业工作防喷器组的所有连接应采用法兰连接。

（6）用于井控的阀门应采用双阀门，法兰连接，靠近内侧的阀门不得用作工作阀。

（7）防喷器内通径应大于油管悬挂器最大外径；安装在采油树上作业时，通径应大于采油树主通径。

2）工作防喷器组

用于带压作业过程中控制环空压力、实现对作业管柱的动密封的装置，主要包括工作闸板防喷器和工作环形防喷器。

工作防喷器组选配要求：

（1）工作闸板防喷器的额定工作压力应大于预测最高施工压力的 1.25 倍。

（2）工作防喷器组应配备至少两套闸板防喷器和 1 套环形防喷器。

（3）环形防喷器上应配有压力补偿装置，补偿瓶储能器氮气压力为 2.5~2.8MPa。

（4）工作闸板防喷器应配备手动锁紧装置。

3）平衡/泄压系统

用于带压作业过程中控制上下闸板之间与井内压力平衡以及平衡后的放空泄压，实现管柱入井和出井的环空压力控制，主要由液动旋塞阀、节流阀、高压管线组成。

平衡/泄压系统的选配要求：

（1）工作闸板防喷器之间应至少配备一个平衡泄压四通。

（2）平衡/泄压管汇的压力等级应与工作闸板防喷器额定工作压力匹配。

（3）平衡/泄压管汇上宜配备节流装置。

3. 管内压力控制工具

管内压力控制工具包括油管堵塞器、电缆桥塞、钢丝桥塞、单流阀、破裂盘等，用于带压作业过程中截断井内管柱流体通道的井下工具，实现管柱内的压力安全控制。

1）主要工具类型

（1）可通过式油管堵塞器。

可通过式油管堵塞器主要由锚定机构、密封机构与压力平衡机构三大部分组成，如图 6-1-2 所示。锚定机构采用 X 形锁芯结构，主要由心轴、卡瓦、卡瓦套与卡簧组成。卡瓦通过卡簧嵌套在卡瓦套内，推动心轴挤压卡簧撑开卡瓦。密封机构主要由密封座、V 形密封件与支撑环等组成，V 形密封件采用氟橡胶和聚四氟乙烯交替组合，用以将堵塞器密封在工作筒内；压力平衡机构主要由平衡筒、滑套和尾堵等组成，滑套本体及其上的两道 O 形圈形成微型柱塞，将平衡筒上的 4 个平衡孔封堵，从而隔绝堵塞器内外，配合

V形密封件即可封堵油管,实现油管暂堵作业;打捞作业时,需优先下入通杆推动滑套下行以露出平衡孔,从而使堵塞器内外连通,以便压力平衡后打捞堵塞器。

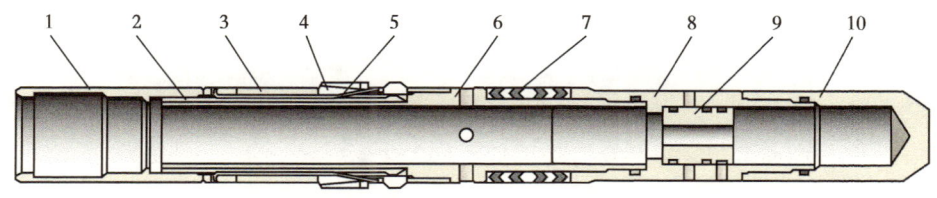

1—打捞头;2—心轴;3—卡瓦套;4—卡瓦;5—卡簧;6—密封座;7—V形密封件;
8—平衡筒;9—滑套;10—导向头
(a)

(b)

图 6-1-2 可通过式油管堵塞器结构示意图(a)及实物图(b)

(2)智能坐封桥塞。

智能坐封桥塞主要由锚定机构、密封机构与压力平衡机构三大部分组成,如图 6-1-3 所示。其中,锚定机构主要由双向卡瓦、上下锥体与环形弹簧等组成,中心管上行时拖动下锥体上移撑开卡瓦,使其牢固地锚定在油管内壁。密封机构主要由密封座、支撑环与胶筒等组成,中心管上行时带动转换接头挤压胶筒,使胶筒膨胀变形从而实现与油管的密封。压力平衡机构主要由平衡筒、密封滑套和尾堵等组成,密封滑套本体及其上的两道 O 形圈形成微型柱塞,将平衡筒上的 4 个平衡孔封堵,从而隔绝桥塞内外,配合密封胶筒即可封堵油管,实现油管暂堵作业;打捞作业时,需优先下入通杆推动密封滑套下行露出平衡孔,使桥塞内外连通,以便压力平衡后钢丝作业打捞桥塞。

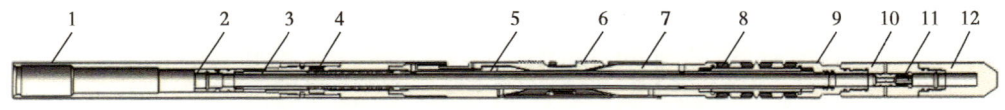

1—打捞头;2—释放环;3—中心管;4—锁环;5—上锥体;6—卡瓦;7—下锥体;8—胶筒;
9—转换接头;10—平衡筒;11—滑套;12—导向头
(a)

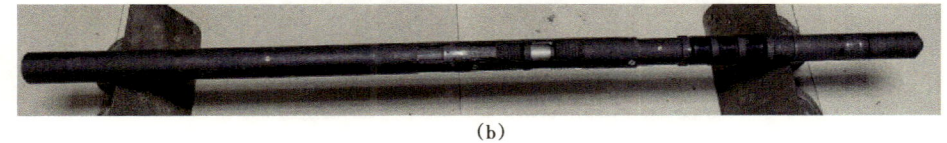

(b)

图 6-1-3 智能坐封桥塞结构示意图(a)及实物图(b)

(3)可溶性盲板。

可溶性盲板主要由工作筒短节、销钉和堵芯等组成,如图 6-1-4 所示。其中,堵芯通过销钉固定在工作筒短节内,并通过密封圈实现与工作筒短节的密封。堵芯下端覆盖有隔离涂层，避免堵芯入井后与井内液体直接接触导致溶解失效。

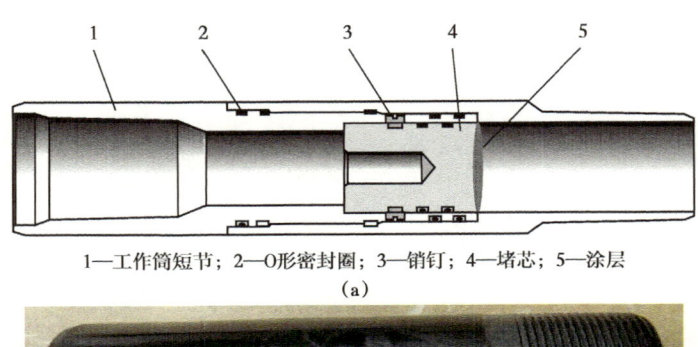

1—工作筒短节；2—O形密封圈；3—销钉；4—堵芯；5—涂层
(a)

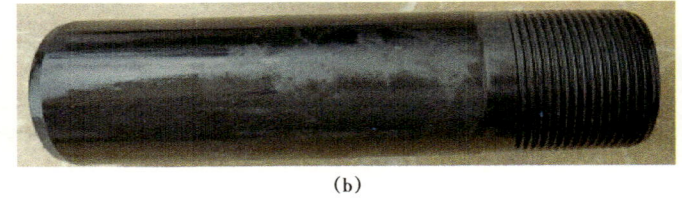

(b)

图 6-1-4　可溶性盲板结构示意图（a）及实物图（b）

（4）陶瓷破裂盘。

陶瓷破裂盘主要由破裂盘上接头、下接头及承压陶瓷片组合，如图 6-1-5 所示。其中，破裂盘上接头的内部设有破裂盘承压陶瓷片，同时，破裂盘承压陶瓷片的端头位于破裂盘下接头中，破裂盘承压陶瓷片的外壁面与破裂盘上接头的内壁面设有第一氟橡胶O形圈；破裂盘下接头的外壁面与破裂盘上接头的内壁面之间设有第二氟橡胶O形圈。破裂盘置于油管尾部，带压作业油管在下入完毕后，对油管进行正向打压形成一定正向压差后打破裂盘即可恢复油管通道。

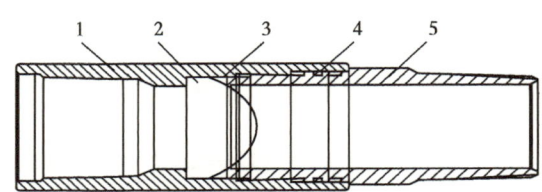

1—上接头；2—承压陶瓷片；3—第一氟橡胶O形圈；4—第二氟橡胶O形圈；5—下接头
(a)

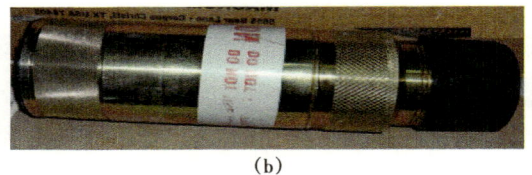

(b)

图 6-1-5　破裂盘结构示意图（a）及实物图（b）

2）管内压力控制工具选配要求

（1）应根据管柱内通径、井内压力、温度和流体性质及工艺要求选择油管内压力控制工具。

（2）油管内压力控制工具的工作压差不低于预计堵塞位置井深处压力的 1.25 倍。

（3）堵塞器或油管桥塞的最大外径小于管柱最小通径 3mm 以上。

（4）含硫井油管内压力控制工具材质应满足相关标准要求。

（5）预计井口最大施工压力大于 10MPa 的气井应设置两个及以上的油管内压力控制工具。

（6）井下管柱带有预置工作筒且完好情况下，优先选取与坐放接头匹配的堵塞器。

（7）井下管柱无坐放接头时，优先选取钢丝桥塞或电缆桥塞。

（8）若采用两个桥塞堵塞，两个桥塞的坐封位置应在同一根油管上。

（9）新下入的完井管柱优先选用油管尾堵工具或破裂盘。

（10）工作管柱宜选取具有双屏障或两个单流阀作为油管内压力控制工具。

二、带压作业参数计算

1. 管柱受力分析

带压作业时，作用在井下管柱上通常有 5 类作用力（图 6-1-6）。

（1）由井内压力与大气压力之间的差值产生，井内压力作用在管柱与防喷器组密封面最大横截面积上的向上推力，即截面力，也称之为上顶力。

（2）管柱在井内流体中的重力，即管柱的浮重。

（3）管柱通过密封防喷器时所受的摩擦力，与管柱运动方向相反。

（4）带压作业机对管柱所施加的轴向力。

（5）在定向井、斜井和狗腿度大的井起下过程中套管对管柱产生的摩擦力，该摩擦力在工程计算中通常忽略不计。

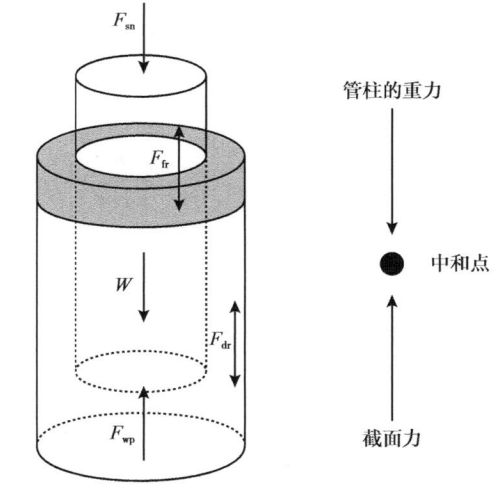

图 6-1-6 带压作业管柱受力分析

F_{sn}—需要的下推力；当 $F_{wp} > W$ 时，需要下推力（轻管柱状态），当 $F_{wp} < W$ 时，重管柱状态；F_{fr}—防喷器的摩擦力；W—管柱的重力；F_{dr}—套管的阻力，与管柱运动方向相反；F_{wp}—截面力

2. 工程参数计算

1）截面力计算

截面力是指井内压力作用在管柱密封横截面积上的向上推力，用符号 F_{wp} 表示，截面力计算：

$$F_{wp} = \frac{Sp_{wh}}{1000} = \frac{\pi D^2 p_{wh}}{4000} \qquad (6-1-1)$$

式中　F_{wp}——管柱的上推力或截面力，kN；

　　　S——管柱截面积，mm^2；

　　　D——防喷器密封管柱的外径，mm；

　　　p_{wp}——截面压力，MPa。

常见管柱截面积可通过表 6-1-2 查询。

表 6-1-2　常见管柱截面积计算

油管尺寸 / in	外径		截面积	
	in	mm	in²	mm²
¾	1.05	26.67	0.8659	559
1	1.315	33.401	1.3581	876
1 ¼	1.66	42.164	2.1642	1396
1 ½	1.9	48.26	2.8353	1829
2 1/16	2.0625	52.3875	3.341	2156
2 ⅜	2.375	60.325	4.4301	2858
2 ⅞	2.875	73.025	6.4918	4189
3 ½	3.5	88.9	9.6212	6208
4 ½	4.5	114.3	15.9044	10262
5	5	127	19.635	12669
5 ½	5.5	139.7	23.7584	15329

2）摩擦力计算

摩擦力用符号 F_{fr} 表示，它包括管柱通过密封防喷器时所受的摩擦力、管柱与套管的摩擦力，它的大小与井眼轨迹、管柱尺寸、管柱新度系数、防喷器类型、井口压力、防喷器工作压力有关。摩擦力现场可以实测得到，为简化计算，通常取管柱截面力的 20%，计算为：

$$F_{fr}=20\%F_{wp} \qquad (6\text{-}1\text{-}2)$$

3）最大下压力计算

下压力计算公式为：

$$F_{sn}=F_{wp}+F_{fr}-W \qquad (6\text{-}1\text{-}3)$$

式中　F_{sn}——液压缸的下压力，kN；

F_{wp}——管柱的截面力，kN；

F_{fr}——防喷器对管柱产生的摩擦力，kN；

W——井筒内管柱浮重，kN。

在管柱刚下入至井口防喷器处时，管柱在井筒内，浮重为零，带压作业需施加的下压力最大，即最大下压力。有：

$$F_{sn\,\max}=F_{wp}+F_{fr} \qquad (6\text{-}1\text{-}4)$$

按照摩擦力公式，因此最大下压力公式为：

$$F_{sn_{max}} = 1.2 F_{wp} \qquad (6\text{-}1\text{-}5)$$

4）中和点计算

中和点长度按式（6-1-6）计算：

$$L = \frac{7.854 \times 10^{-2} p_{wh} D^2}{m - 7.854 \times 10^{-4} \rho_1 D^2 + 7.854 \times 10^{-4} \rho_2 d^2} \qquad (6\text{-}1\text{-}6)$$

式中　　L——中和点长度，m；

　　　　p_{wh}——井口压力，MPa；

　　　　D——管柱外径，mm；

　　　　m——管柱质量，kg；

　　　　d——管柱内径，mm；

　　　　ρ_1——井筒流体的密度，10^3kg/m^3；

　　　　ρ_2——管柱内灌入流体的密度，10^3kg/m^3。

当管柱内没有灌注流体时，ρ_2 为零，则管柱的中和点计算式为：

$$L = \frac{7.854 \times 10^{-2} p_{wh} D^2}{m - 7.854 \times 10^{-4} \rho_1 D^2} \qquad (6\text{-}1\text{-}7)$$

对于天然气井，中和点计算式为：

$$L = \frac{7.854 \times 10^{-2} p_{wh} D^2}{m} \qquad (6\text{-}1\text{-}8)$$

5）安全无支撑长度计算

理论无支撑长度计算式为：

$$L = \sqrt{\frac{\pi^2 EI}{F_{sn}}} \qquad (6\text{-}1\text{-}9)$$

式中　　F_{sn}——液压缸的下压力，N；

　　　　E——压杆钢级下的弹性模量，一般取 200GPa，即 $200 \times 10^3 \text{N/mm}^2$，GPa；

　　　　I——压杆的惯性矩，$I = \frac{\pi}{64}(D^4 - d^4)$，$\text{mm}^4$；

　　　　D，d——压杆的外径和内径，mm；

　　　　L——理论无支撑长度，mm。

安全无支撑长度是在理论最大无支撑长度基础上，还需采用一定的安全系数来确保作业安全，这个长度就是安全无支撑长度，建议按以下 3 种方式取安全系数：

（1）ϕ33.4mm、ϕ42.2mm、ϕ48.3mm 和 ϕ52.4mm 等较小外径的管柱一般采用整体接头。其中 ϕ33.4mm、ϕ42.2mm 和 ϕ48.3mm 管柱的整体接头强度大概为管体强度的 83%，这 3 种管柱采用 60% 的安全系数；ϕ52.4mm 管柱的整体接头强度大概是管体强度的 95%，因此 ϕ52.4mm 管柱采用 65% 的安全系数。

（2）$\phi 60.3mm$、$\phi 73.0mm$ 和 $\phi 88.9mm$ 等较大外径的管柱一般采用外加厚（EUE）或特殊螺纹接头。外加厚和特殊螺纹接头的强度与管体强度相同，因此这3种尺寸的管柱采用70%的安全系数。

（3）如果油管为N80旧油管，井筒压力大于35MPa或者H_2S浓度高于1.0%（10000ppm[●]）时，则还要把无支承长度减小25%，即取计算值的52.5%。

3. 液缸压力设置

图6-1-7所示为带压作业机液缸工作原理示意图。

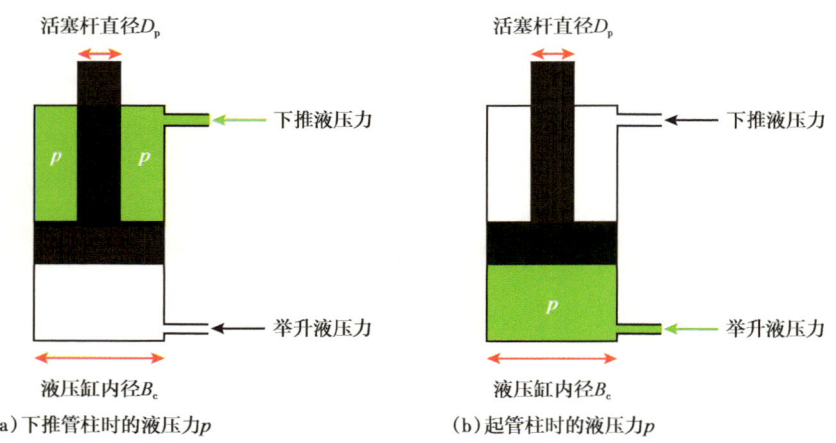

图6-1-7 带压作业机液缸工作原理

1）举升管柱时液缸压力计算

当举升管柱时，液缸压力计算式为：

$$p_{li} = \frac{F_{li}}{S_{li}} = \frac{4F_{li}}{\pi n B_C^2} \quad (6\text{-}1\text{-}10)$$

式中 p_{li}——液缸应设置的压力，MPa；

F_{li}——所需达到举升力，N；

B_C^2——液压缸活塞内径，mm；

n——液压缸数量。

对于举升管柱的所需达到的举升力，可采用最大举升力。

2）下压管柱时液缸压力计算

当下压管柱时，液缸压力计算式为：

$$p_{sn} = \frac{F_{sn}}{S_{sn}} = \frac{4F_{sn}}{\pi n \left(B_C^2 - D_p^2\right)} \quad (6\text{-}1\text{-}11)$$

式中 p_{sn}——液缸应设置的压力，MPa；

F_{sn}——所需达到下压力，N；

[●] 硫化氢 1ppm=1.66mg/m³。

S_{sn}——液压缸活塞截面积，cm^2；

D_p——液压缸活塞杆直径，mm。

常见带压作业机液缸与活塞杆尺寸可通过表 6-1-3 查询。

表 6-1-3　常见带压作业机液缸与活塞杆尺寸表

名称	尺寸 /in									
活塞杆外径	1	1.25	1.5	1.75	2	2.25	3	3.25	3.5	3.75	4
液缸内径	3	3.25	3.5	3.75	4	4.25	5	5.25	5.5	5.75	6

三、作业程序和技术要求

1. 油管内堵塞作业

（1）通径，通径规外径应不小于堵塞器外径、长度不小于堵塞器长度。

（2）对于井下管柱状况不清楚的井，应进行油管深度校深和腐蚀状况检测。

（3）工具下井前应测量堵塞工具钢体外径和长度，并检查各部件完好。

（4）地面安装的堵塞工具，下井前堵塞工具应从下向上进行清水试压，应先做 1.4~2.1MPa 的低压试压，稳压 10min，无可见渗漏为合格；再用预计堵塞位置井深处压力进行试压，稳定 30min，压降小于 0.7MPa 为合格。

（5）堵塞工具坐封后逐级泄掉油管内压力，每次观察 15min，直至油管压力降到 0，油管压力不上升，油管封堵合格。

（6）油管内堵塞后，为降低堵塞器上下压差，可向油管内灌入一定量的阻燃液体。

2. 拆井口

1）空井筒情况下

（1）井口有大阀门，关闭大阀门，确定井内无流体溢出后方可安装作业设备。

（2）井口无大阀门，且主控阀内径不满足作业管柱和工具通行能力，宜采用带压换阀方式安装大阀门。

（3）对于大四通状况不清楚的井，应采用井口通径工具对大四通通径或试坐油管悬挂器验证大四通完好情况。

2）井筒内有管柱情况下

（1）油管内堵塞合格后打开阀门，确定油管内无流体溢出。

（2）拆油管头异径法兰前，应检查、确认油管头顶丝全部顶紧到位。

（3）拆除油管头上变径法兰后，应在油管悬挂器上安装全通径旋塞阀并关闭。

3. 起下油管作业

1）防喷器使用条件

应根据油管接箍外径、防喷器内压力、补偿压力等因素，参照表 6-1-4 执行。

2）卡瓦系统选择要求

（1）当井内管柱长度大于中和点深度，选择不压井作业装备的承重卡瓦来控制管柱的起下。

（2）当井内管柱长度小于中和点深度，选择承重卡瓦和承压卡瓦联合控制管柱起下。

表 6-1-4　不同规格油管作业防喷器使用条件表

油管规格型号	工作压力范围 /MPa		
φ60.3mm 外加厚油管	<13.8	13.8~21	≥21
φ73.0 mm 外加厚油管	<12.25	12.25~21	≥21
φ88.9 mm 外加厚油管	<4	4~21	≥21
油管接箍通过方式	直接推过 / 提出环形防喷器	环封 + 闸板分段导出 / 入油管节箍	上闸板 + 下闸板分段过接箍和工具短节

3）起下管柱要求

（1）作业前，工作人员应进行工作台逃生演习，以后每周进行工作台逃生和防喷应急演习。

（2）当有人员上下带压作业装置工作台梯子、进入或者离开工作台、在井架梯子上等情况时，应停止管柱的起下作业。

（3）起下管柱过程中，利用平衡泄压四通进行压力的控制，严禁产生压力激动。

（4）作业中途需要 24h 以上长时间关井时，应坐入油管悬挂器。

（5）当起至接近油管堵塞器 4~5 根油管时，应每一根探测一次，以确定油管堵塞器坐封位置。

（6）当油管悬挂器过泄压平衡四通后，应平衡井筒压力，防止油管悬挂器在坐入油管头时，油管悬挂器上下存在压差。

（7）在打捞油管堵塞器之前，应在油管柱内注入一段阻燃液体，防止天然气与空气混合产生爆炸危险。

4）下油管悬挂器要求

（1）需对大通径阀门、四通等井口装置通内径时，应采用具有压力平衡通道且外径不小于油管悬挂器外径的通径规通径。

（2）下油管悬挂器联顶节结构为：联顶节 + 全通径旋塞阀 + 油管悬挂器 + 入井管串，旋塞阀处于关闭状态。

（3）验证油管悬挂器能否坐放到位时，应确保油管悬挂器上下压力处于平衡状态。

（4）轻管柱状态下，不应通过释放油管悬挂器上部压力来对油管悬挂器与油管头进行负压密封试压。

（5）在平衡悬挂器上下压力时，应从悬挂器的上端或在闸板腔位置平衡压力；在泄压时，应从悬挂器的下端或在闸板腔位置释放压力。

（6）尽可能减小液缸行程，在安全下推力范围内下压联顶节 30~50kN，检验悬挂器是否已经正确坐挂，然后将油管挂丝上紧。

（7）应确保油管悬挂器坐挂后油管头四通顶丝全部顶紧，在释放上部压力前应进行提拉测试以检验油管悬挂器已经固定牢靠，上提负荷比原管柱悬重多 30~50kN。

（8）逐级缓慢打开泄压阀门，释放防喷器组的内部压力。如果压力不增加，则完全释放防喷器组内的压力，起出联顶节。

5）起油管悬挂器要求

（1）联顶节与油管悬挂器上的旋塞阀连接，关闭游动防顶卡瓦、游动承重卡瓦进行压力测试。

（2）在位于固定卡瓦顶部的提升短节处做标记，并丈量标记处到顶丝之间的距离。

（3）通过倒换环形防喷器与闸板防喷器或两个工作闸板防喷器来起出油管悬挂器。在平衡悬挂器上下压力时，应从悬挂器的上端或在闸板腔位置平衡压力；在泄压时，应从悬挂器的下端或在闸板腔位置释放压力。

4. 起下井下工具

（1）起下外径较大的工具时，参照起下油管悬挂器的要求需要通过工作防喷器上下闸板进行倒换通过。

（2）起下长度较长的工具、筛管时，应配备防喷管或法兰升高短节，其高度应不小于单个大直径或不规则工具的长度。

（3）起超长工具时，可采用倒扣或分段切割方式起出管柱。

第二节 清砂技术

页岩气藏属于非常规天然气藏，主要采用水平井完井和大型水力加砂压裂等技术进行开发，单井加砂规模超过千吨，大规模加砂压裂后地层常常严重出砂，及时清砂作业确保井筒通道清洁及畅通，有助于产能发挥，也有利于排水采气等工艺措施顺利开展。

一、页岩气水平井清砂难点

1. 问题现状

页岩气水平井广泛存在大量压裂砂返出现象，部分井由于储层物性等原因，甚至出现页岩碎屑进入井筒，阻塞井筒流道甚至地面流程[2]。以长宁区块页岩气水平井为例，已出现多井因井筒出砂导致完井管柱无法下至预定深度，见表6-2-1，影响后期排水采气。长期生产后，各种异物沉积可能完全堵塞井筒，导致页岩气井停产，目前有超过10井次因井筒堵塞严重停产。

表6-2-1 长宁区块部分页岩气水平井下管柱提前遇阻情况表

井号	设计下深/m	遇阻位置/m	实际下深/m
H9-2	2950	2936.81	2886.98
H9-5	3320	2964.20	2938.48
H9-6	2940	2848.08	2830.88
H3-5	2890	2830.16	2815.56
H10-2	3000	2930.22	2941.26
H12-2	3050	2910.01	2929.56
H4-3	2630	2592	2608.73
H4-5	2950	2916	2926

2. 清砂难点

目前气井清砂技术包括水力冲砂（压井液、清水、低密度泡沫冲砂液等）、机械捞砂

（绳索式、吸入式、可旋转式捞砂工具等），不同工艺具有其自身的局限性。对于页岩气水平井，主要的清砂难点包括以下几方面：

（1）冲砂作业时，在水平井段，砂粒运移的速度方向与砂粒沉降方向是垂直的，两者的合速度斜指向井筒下端，所以易于在井筒底部堆积从而形成砂床，导致部分冲起的砂粒在水平段容易再次沉降堆积。

（2）长期生产后，页岩气地层压力普遍较低，由于产层裸露面积大，水力冲砂过程中冲砂液携砂漏入地层，会造成地层的严重伤害和冲砂作业效率低下，甚至因漏失严重无法建立循环而无法达到冲砂目的。

（3）砂屑床的存在致使冲砂管柱摩擦面积和扭矩增大，上提下放过程遇阻，甚至导致钻具被卡，使井下情况进一步变得复杂。

（4）常规的捞砂工艺的单次捞砂量有限，对于页岩气井长水平井段沉砂的捞砂作业，大大增加捞砂作业的起下频次，常规捞砂作业效率低下。

二、页岩气水平井清砂工艺

1. 水力冲砂

水力冲砂是通过油管或者油管与套管之间的环空向井底注入冲砂液冲散沉砂，并由高速流动的冲砂液携带砂子循环上返至地面，从而清除井底的积砂，保证井筒清洁。

1）冲砂作业

水平井冲砂作业按照管柱类型可主要分为两类：刚性管柱冲砂、连续油管冲砂。页岩气复杂井况作业时，如砂埋油管打捞冲砂作业时，往往采用刚性管柱；若井筒内管柱已起出或对管柱内冲砂，则采用连续油管冲砂，以便提高冲砂效率。表6-2-2为水力冲砂作业分类及工艺方法。

表6-2-2 水力冲砂作业分类及工艺方法

作业类型	工艺方法
刚性管柱冲砂	下入油管/钻杆带冲砂工具入井，在接单根及起下管柱时边循环边下放管柱，循环冲砂液进行冲砂的工艺过程
连续油管冲砂	通过连续油管作业机将连续油管带冲砂工具下入井，连续下放油管实现连续冲砂

与常规油管/钻杆冲砂作业相比，连续油管冲砂具有以下优点：

（1）不需要拆井口、压井，节约压井周期，减少时间成本，提高了作业时效。

（2）可实施负压冲砂，减少了修井作业对地层的潜在伤害，利于储层保护。

（3）作业设备简单，成本相对较低。

（4）连续油管无接箍，摩阻较小，在大斜度井段卡钻风险较低。

（5）减少了额外的排液施工工序，使得作业后气井复产更加快速、高效。

2）冲砂循环路径

大斜度井段和水平段冲砂根据选用工具不同可采用正循环冲砂或反循环冲砂方式，即从入井管内进，环空返或油套环空进液、油管内返均可。

（1）正循环冲砂。冲砂液沿冲砂管柱内部向下流动，在流出管柱口时以较高的流速冲散砂堵，被冲起的砂粒与冲砂液一起沿冲砂管柱与套管的环形空间返至地面。正冲砂冲洗能力较强，容易冲开井底沉砂，但携砂能力较小。

（2）反循环冲砂。与正循环冲砂相反，冲砂液由套管和冲砂管柱的环形空间进入，被冲起的砂粒随同冲砂液从冲砂管柱内返回到地面。反循环冲砂冲洗能力小，但液流上返速度大，携砂能力较强。

（3）正反循环冲砂。利用正循环冲砂与反循环冲砂的优点，用正循环冲砂方式将砂堵冲开，并使砂子处于悬浮状态，然后改为反循环冲砂，将冲散的砂子从冲砂管内返至地面，这样可迅速解除砂堵，提高冲砂效率，ϕ139.7mm以上套管，可采取正反循环冲砂的方式。采用正反循环冲砂方式时，地面管线上应安装改换冲洗方式的总机关控制，以实现快速转换。

3）冲砂工作液

页岩气储层对入井液极其敏感、产能脆弱，应结合当前地层压力，综合考虑冲砂作业管柱方式选择冲砂工作液，适用页岩气储层的冲砂工作液包括：无固相类、微泡类及聚合物类等，工作液介绍见本章第五节。

4）冲砂工具

（1）冲洗头。

冲洗头工具有结构简单、施工风险低且施工组织迅速的优点，施工现场可根据井筒沉砂、结垢等情况，针对性选择不同喷嘴设置的冲洗头以达到良好效果（表6-2-3）。

表6-2-3　常见固定式冲洗头结构及适用环境

工具名称	规格	适用工况
单孔喷嘴	外径80mm，喷嘴内径22.2mm	直冲式结构
多孔水平喷嘴	外径80mm，向下喷嘴内径9.5mm，4个水平喷嘴内径9.5mm，相位角90°	主要用于清除井壁结垢
多孔复合喷嘴	外径80mm，向下喷嘴内径9.5mm，其余4喷嘴内径9.5mm，相位角90°	用直冲兼顾清理井壁
多孔向上喷嘴	外径80mm，向下喷嘴内径9.5mm，4向上喷嘴内径9.5mm，相位角45°	前后向喷射，增加碎屑、沉砂上返能
多孔向下喷嘴	喷嘴80mm，向下喷嘴内径9.5mm，其余4喷嘴内径95mm，相位角135°	用直冲兼顾清理井壁
单斜孔喷嘴	外径80mm，喷嘴内径25.4mm，斜向角度45°	类似于笔尖，可用于破碎砂桥

（2）换向旋流冲砂工具。

换向旋流冲砂工具主要由旋转喷头、旋流短节、换向结构等组成（图6-2-1），换向冲砂工具可开/停泵达到喷射机构（旋转喷嘴：向下/中部喷嘴：斜向上）相互切换，实现射流方向改变，实现反向拖动清洁，解决水平井段循环冲砂作业过程中面临砂粒快速沉降、易堆积形成砂床等问题。

激活旋转喷嘴（向下）：产生高速旋转射流破碎井壁结垢物、冲起水平段沉砂使之悬浮于冲砂液中。

中部喷嘴（斜向上）：提高沉砂碎屑返出能力；通过拖动实现井筒清扫，提高井筒清洁效果。

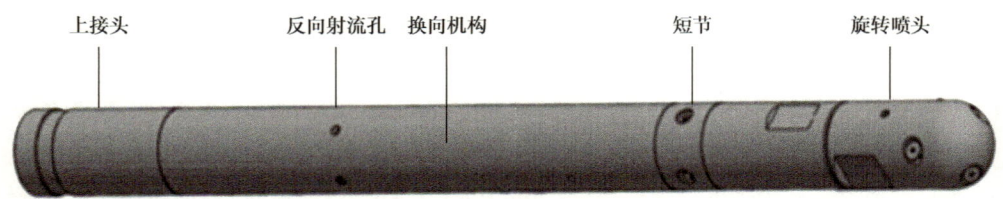

图 6-2-1　换向旋流冲砂工具结构示意图

5）冲砂推荐管柱组合

（1）钻杆（油管）循环冲砂管柱组合：钻杆（油管）+ 高效铣鞋 / 换向旋流冲砂工具 / 冲洗头。

（2）连续油管循环冲砂管柱组合：连续油管 + 复合接头 + 单流阀 + 液压丢手 + 震击器 + 螺杆马达 + 换向旋流冲砂工具 / 冲洗头。

2. 机械捞砂

机械捞砂工艺目前主要分为钢丝绳输送式捞砂和管柱输送式捞砂两种类型。钢丝绳输送式捞砂即利用多功能专用作业机，用钢丝绳将捞砂装置下入井内进行捞砂作业；油管输送式捞砂是利用油管将捞砂装置下入井内进行捞砂作业[3]，对于页岩气水平井，由于受井身结构限制，不适用于钢丝绳输送式捞砂工艺，采用管柱输送式捞砂，能达到更大的水平段井深。

1）文丘里负压捞砂工具

通过文丘里效应形成短距离局部循环，在工具下端口产生吸附力，将碎屑、沉砂吸入工具沉砂筒内，通过起钻带出地面；可在工具下端安装铣圈用于破碎井壁结垢、砂桥起到疏通后打捞作用（图 6-2-2）。

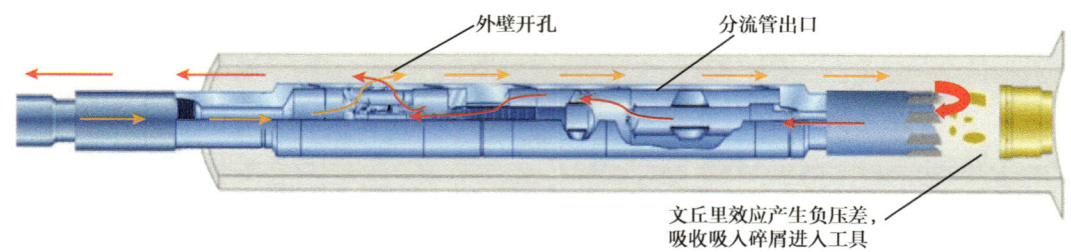

图 6-2-2　文丘里负压捞砂工具结构及原理示意图

2）捞砂推荐管柱组合

（1）钻杆（油管）负压捞砂管柱组合：钻杆（油管）+ 负压清洁工具。

（2）连续油管负压捞砂管柱组合：连续油管 + 复合接头 + 单流阀 + 液压丢手 + 震击器 + 螺杆马达 + 负压清洁工具。

三、冲砂水力参数设计

1. 砂粒沉降速度

砂粒的沉降速度直接影响最小注入速度和工作排量,因此准确计算砂粒的沉降速度至关重要。计算砂粒沉降速度的常用方法有:牛顿—雷廷格计算法、莫尔计算法、斯笃克计算法、刘希圣计算法和模拟实验法等[4]。由于实际存在更多的影响因素,目前并没有数据证实任何一种计算方法具有更高的可靠性,但理论计算结果往往高于模拟试验结果,因此,可以判断现场施工过程中如果按照计算数据来计算施工流速,是能够满足实际需要的。

1)牛顿—雷廷格计算法

球形砂粒在冲砂液中的沉降末速可用牛顿—雷廷格公式计算,其适用范围为雷诺数在 $500 \sim 10^5$ 之间。沉降速度计算公式为:

$$v_t = \left[\frac{8}{3} d_s \frac{(\rho_s - \rho_l)}{\rho_l} g\right]^{1/2} \quad (6-2-1)$$

式中 v_t——砂粒的沉降末速度,m/s;
 d_s——砂粒的直径,m;
 ρ_s——砂粒的密度,kg/m³;
 ρ_l——冲砂液的密度,kg/m³;
 g——重力加速度,取 9.8m/s²。

2)莫尔计算法

将莫尔沉降末速关系式换算成工程常用单位后:

$$v_t = 0.295 \left[d_s \frac{(\rho_s - \rho_l)}{\rho_l}\right]^{1/2} \quad (6-2-2)$$

式中 v_t——砂粒的沉降末速度,m/s;
 d_s——砂粒的直径,cm;
 ρ_s——砂粒的密度,g/cm³;
 ρ_l——冲砂液的密度,g/cm³。

3)斯笃克(Stokes)计算法

砂粒在冲砂液中做沉降运动,会受到冲砂液的阻力。阻力的大小与砂粒的直径,以及冲砂液的黏度有密切的关系。考虑砂粒在向下运动过程中受到的阻力,沉降末速计算公式为:

$$v_t = \frac{2r^2 (\rho_s - \rho_l)}{9\mu} g \quad (6-2-3)$$

式中 v_t——砂粒的沉降末速度,cm/s;
 r——砂粒的半径,cm;
 ρ_s——砂粒的密度,g/cm³;

ρ_l——冲砂液的密度,g/cm³;
μ——冲砂液的黏度,P(泊);
g——重力加速度,取981cm/s²。

4）刘希圣计算法

砂粒在冲砂液中的下滑速度,可用莫尔提出的公式计算。原公式为英制单位,换算成公制单位后为:

$$v_t = 0.0707 d_s \frac{(\rho_s - \rho_l)^{2/3}}{(\rho_l \mu)^{1/3}}$$ （6-2-4）

式中 v_t——砂粒的沉降末速度,m/s;
d_s——砂粒的直径,cm;
ρ_s——砂粒的密度,g/cm³;
ρ_l——冲砂液的密度,g/cm³;
μ——冲砂液的黏度,Pa·s。

5）模拟实验法

通过室内试验模拟方式测得的砂粒下滑速度,数据更具有较好的适用性。密度为2.65g/cm³的石英砂在清水中的自由沉降速度见表6-2-4。

表6-2-4 密度为2.65g/cm³的石英砂在清水中的自由沉降速度

平均砂粒大小/mm	在水中下降速度/(m/s)	平均砂粒大小/mm	在水中下降速度/(m/s)	平均砂粒大小/mm	在水中下降速度/(m/s)
11.9	0.393	1.85	0.147	0.200	0.0244
10.3	0.361	1.55	0.127	0.156	0.0172
7.3	0.303	1.19	0.105	0.126	0.0120
6.4	0.289	1.04	0.094	0.116	0.0085
5.5	0.260	0.76	0.077	0.112	0.0071
4.6	0.240	0.51	0.053	0.08	0.0042
3.5	0.209	0.37	0.041	0.055	0.0021
2.8	0.191	0.30	0.034	0.032	0.0007
2.3	0.167	0.23	0.0285	0.001	0.0001

2. 冲砂最小排量计算

1）直井段冲砂排量要求

研究表明[5]:当液体上返速度和砂粒在冲洗液中沉降末速的比值为1.6~1.7时,砂粒在上升液流中呈悬浮状态;而当液流上返速度稍增加时,砂粒便开始上升。因而,保证将砂粒带出地面的条件是液体上返速度是砂粒在冲洗液中沉降末速的比值的2倍,即冲砂最小注入速度为:

$$v_{\min} = 2v_t \qquad (6\text{-}2\text{-}5)$$

求得冲砂所需的最小工作排量为：

$$Q_{\min} = Av_{\min} \qquad (6\text{-}2\text{-}6)$$

式中　$Q_{\min}$——砂粒上行的最低排量，m³/s；

　　　A——冲砂液上返流动时的最大截面积，m²；

　　　$v_{\min}$——保持砂粒上行的最低液流速度，m/s。

2）水平段及造斜段冲砂排量要求

水平段中，砂粒的运移同时受两个速度矢量的影响，即砂粒在水平段的沉降速度，冲砂液的上返速度。经验表明，在大斜度井段及水平段，在冲砂液黏度相同的情况下，水平段冲砂液上返速度是砂粒的沉降速度的比值大于3~10倍时，冲砂液才能充分地携带砂粒运移。这要求在该类井的冲砂施工中，既需选择合理的冲砂液黏度，又必须具有更高的泵压及排量。

3）计算实例

以川渝地区页岩井气水平井为例，砂粒径0.425mm、密度3.34g/cm³，砂粒径0.106mm、密度2.65g/cm³，清水密度1.0g/cm³，黏度1mPa·s，计算直井段砂粒沉降速度见表6-2-5。

表6-2-5　两种砂粒在清水中的沉降速度计算结果

砂粒直径/mm	冲砂液中沉降速度/（m/s）				
	牛顿—雷廷格计算法	莫尔计算法	斯笃克计算法	刘希圣计算法	平均值
0.425	0.1612	0.0930	0.2304	0.0530	0.1344
0.106	0.0676	0.0390	0.0101	0.0105	0.0318

根据上述计算结果取平均值，计算ϕ139mm、壁厚12.7mm套管，ϕ50.8mm连续油管正循环冲砂，冲砂需要的最低排量为：

直井段，粒径0.425mm，$v_{\min}$=133L/min；粒径0.106mm，$v_{\min}$=32L/min；

水平段，粒径0.425mm，$v_{\min}$=199~663L/min；粒径0.106，$v_{\min}$=47~157L/min。

水平井以3000m冲砂井深为例，砂粒径0.425mm，按最低排量199L/min计算地面返砂所需时间为3.1h；砂粒径0.106mm，按最低排量计算地面返砂所需时间为13.1h。

从上述结果可以看出，对于页岩气水平井，在考虑理论计算结果往往高于模拟试验结果的前提下，对冲砂排量的要求更多考虑如何提高砂粒返排速度。对于更大粒径的砂粒，考虑更高排量增加压耗的问题，可通过增加冲砂液黏度达到更好的返砂效果。

第三节　油管打捞技术

页岩气水平井投产后下入油管作为生产管柱，随着气井的长期生产，存在地层砂屑沉降堆积以及井内腐蚀产物沉积的问题，可能砂埋卡阻井内油管，腐蚀严重的井，井内油管甚至会穿孔或者断落，严重影响气井生产，因此，需针对页岩气水平井特点对砂埋卡阻油管或腐蚀断落油管进行打捞处理。

一、页岩气水平井油管打捞难点

1. 问题现状

以川渝地区页岩气水平井为例，井筒堵塞主要原因包括邻井压窜和压裂等前期作业残留物堆积、井筒内返出铁屑等异物堆积、井内管柱腐蚀产物沉积以及压裂砂和地层岩屑返出共同作用导致井筒堵塞，如图 6-3-1 所示。关于油管腐蚀目前的研究初步判断主要原因为二氧化碳与硫酸盐还原菌共同作用导致，如图 6-3-2 所示。自 2021 年以来，围绕油管腐蚀、井筒堵塞开展修井作业已超过 60 井次，部分井因长井段油管连续腐蚀、多处断落等复杂情况，导致修井不成功。

(a) 橡胶、金属碎片残留

(b) 岩屑

(c) 压裂砂

图 6-3-1 页岩气水平井井筒堵塞物类型

(a) 点状腐蚀穿孔

(b) 连续腐蚀穿孔

(c) 严重腐蚀断落

图 6-3-2 页岩气井油管腐蚀照片

2. 油管打捞难点

1) 砂埋油管打捞主要难点

（1）井筒堵塞物类型多样，套铣工具与套管间隙较小，部分堵塞物无法及时返出，可能还会导致卡钻现象。

（2）油管管鞋在 A 点附近，井斜角度大、摩阻大，不易起下钻具和传递钻压及扭矩，因此对各种井下工具及钻具要求高。

（3）落鱼位于斜井段或水平段，打捞工具和落鱼对正比较困难，增加了油管的打捞难度。

2）腐蚀断落油管打捞主要难点

腐蚀油管打捞除了具有砂埋油管打捞难点以外，还具有以下难点：

（1）油管发生腐蚀断裂，鱼顶不规则，可能存在破裂、卷曲、挤扁等，入鱼困难，可能会造成打捞失败。

（2）油管腐蚀后强度降低，一方面在打捞解卡时油管可能会再次发生断脱的现象；另一方面管柱强度低，加压易"下缩"，鱼顶会发生变化，铅印打印判断鱼顶效果不好。

（3）套铣和磨铣作业会产生铁屑，由于钻磨铣工具和套管间隙较小，产生的铁屑可能会对套管造成伤害，如铁屑无法及时返出，可能还会导致卡钻现象。

（4）由于油管腐蚀导致其抗内压和抗外挤强度减弱，采用从油管的外侧或内侧进行打捞的成功率都无法保障。

二、砂埋油管打捞技术

1. 卡阻位置确定

目前，在现场确定卡点位置的方法主要有两种：第一种方法是用测卡仪电测确定卡点位置，测卡仪主要基于应力应变、注磁标记、压磁效应、磁导率变化等测量卡点位置。第二种方法是用卡点计算公式确定卡点位置。因为卡阻事故发生的时间具有不确定性，所以第二种方法是卡钻事故发生后现场确定卡点最常使用方法。

1）测卡仪法

测卡仪的基本原理实质上应用的是电磁感应的原理。对于被卡管柱，在井口施加的轴向或周向外力只能传递到卡点以上，而不能传递到卡点以下。测卡仪就是利用这一特点，通过测量井下管柱的伸长或扭转距离来确定卡点位置。在测卡仪的关键部件传感器的内部有磁钢和线圈，当提拉及旋转钻具时，由于传感器的上下弹簧矛紧撑在被测管柱壁上，于是使得传感器也随管柱一起伸长和旋转，由于电磁感应的因素，此时在传感器内部便产生了瞬间感应电流，通过电缆传递到地面测卡仪表上，其上指针便随之左右摆动，由于卡点以上钻具可以拉伸和旋转，这种现象便很明显，而卡点以下钻具因不能被拉伸旋转，测卡表上便无此反映。因此可以根据反应幅度的变化，确定卡点位置。

测卡仪由电缆连接下入井内，对于水平段需要借助其他工具推动测卡仪在水平井内前行。目前页岩气水平井内测卡仪的测卡作业，普遍采用普通机械式结构，依靠皮碗与套管内壁之间的紧密接触，循环工作液在皮碗处产生液压推力，推动测卡仪在水平井段向前行走，自上而下进行充磁测卡工作。

2）计算法确定卡点位置

针对单一管柱，常见的卡点计算公式主要有两个：一个是卡点理论计算公式，另一个是卡点经验计算公式。

（1）理论公式。

根据胡克定律，绝大部分材料在拉力作用下发生弹性形变时其所受的拉力与其伸长量之间有一定关系，基于这个原理关系，在测算卡点时，推导出下面的理论计算公式。

$$L = \Delta L \frac{EF}{P} \qquad (6-3-1)$$

式中　L——卡点深度，m；
　　　E——钢材弹性系数，$E=2.1\times10^8\text{kN/m}^2$；
　　　F——被卡管柱体截面积，m^2；
　　　ΔL——管柱在上提负荷下的伸长量，m；
　　　P——上提拉力负荷，kN。

现场进行操作时就是在井下被卡管柱的抗拉强度范围内（即弹性形变范围内）用一定的上提力上提管柱，测得管柱在该上提力下的伸长量，然后根据面积公式再计算被卡管柱的截面积，这样运用上面的公式就可以计算出卡点的深度，确定出卡点的位置。

（2）卡点经验计算公式。

油田现场在计算卡点深度时经常使用的是经验计算公式。由于理论公式中，所要计算的数据比较多，计算起来也比较烦琐。所以人们在卡点理论计算公式的基础上，综合多年的工作经验，总结出下面的卡点经验计算公式：

$$L=K\Delta L/P \qquad (6-3-2)$$

式中　K——计算系数，与管柱特性有关。

页岩气水平井常用钻杆及油管计算系数 K 值表见表6-3-1。

表6-3-1　页岩气水平井常用钻杆及油管计算系数 K 值表

管柱	公称直径/mm	壁厚/mm	不同拉力 P 下对应的 K 值						
			100kN	150kN	200kN	250kN	300kN	350kN	400kN
钻杆	73.02	9.2	3868	2579	1934	1547	1289	1105	967
	88.90	9.35	4902	3268	2451	1961	1634	1401	1226
油管	73.02	5.51	1453	1635	1226	981	818	701	613
	88.90	7.34	3952	2635	1976	1581	1317	1129	988

2. 解卡技术

发生管柱卡阻后，常用解卡措施的适应范围及解卡方法见表6-3-2。

表6-3-2　常用解卡措施的适应范围及解卡方法

解卡措施	适用情形	解卡方法
憋压恢复循环法解卡	砂卡不严重时	采用憋压的方法，同时上下活动管柱，如能憋开，则卡钻解除
大力提拉活动解卡	井下管柱遇卡时间不长，或遇卡不很严重	根据井架及设备允许负荷条件，对管柱进行大力提拉活动，或快速下放冲击，使卡点脱开
长时间悬吊解卡	井下卡钻是胶皮膨胀、胶皮块卡钻	利用胶皮受力后的蠕变性能，在井口给管柱一合适拉力，使胶皮卡点处受拉，在较长的时间内产生蠕变，而逐步解卡
喷钻法	适用于油管偏靠套管发生堵塞物卡钻的情况	下钻时，喷射器距鱼顶3~5m处应放慢速度。遇到鱼顶应上提转动从环形空间放入，探明堵塞面后上提1m开泵循环，正常后加砂喷钻，再套铣倒扣捞出落物

续表

解卡措施	适用情形	解卡方法
冲管解卡	油管内外全部被砂埋死，无法循环	冲管解卡是借助小直径的冲管在油管内进行循环冲洗，以解除砂卡，可与套铣解卡配合进行
套铣解卡	油管内外全部被砂埋死，无法循环	首先将卡点以上管柱取出，然后用套铣筒套铣油、套管环形空间的水泥环或被卡管柱和井壁之间的环空，使被卡管柱解卡，可与冲管解卡配合进行
震动解卡	被小物件卡阻或者井内工具失效等导致严重阻卡	利用震击器在卡点附近产生震击使卡点松动解卡
磨铣解卡	堵塞物为金属碎块、大岩屑等导致的严重阻卡	首先将砂埋以上油管设法取出，然后用平底磨鞋或凹底磨鞋磨去管柱和堵塞物
倒扣	阻卡上部管柱处理	找出卡点准确位置，进行倒扣作业
切割	阻卡上部管柱处理	找出卡点准确位置，进行切割作业
爆炸松扣	阻卡上部管柱处理	利用爆炸产生的震击力来进行松扣解卡

3. 解卡主要配套工具

1) 震击类解卡工具

(1) 开式下击器。

开式下击器由上接头、外筒、心轴、抗挤压环、支撑环、O形密封圈、撞击套、紧固螺钉、心轴外套等件构成(图6-3-3)。开式下击器可对遇卡管柱进行反复震击或强力震击，使卡点松动解卡，当提拉和震击都不能解卡时，还可以转动，使可退式打捞工具释放落鱼。开式下击器与机械内割刀配合使用时可使内割刀得到一个不变的预定进给力，保证切割平稳，与倒扣器配合使用时可以补偿倒扣后螺纹上升的行程。

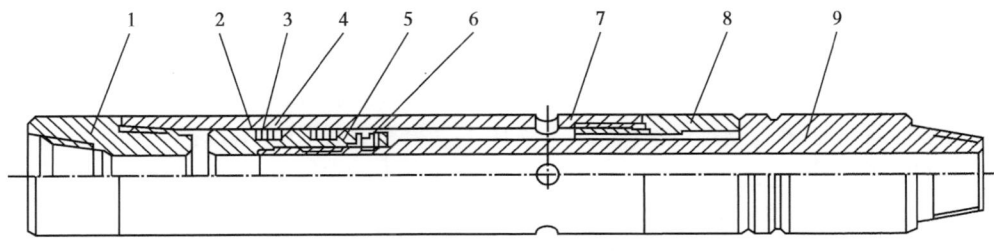

图6-3-3 开式下击器结构示意图

1—上接头；2—抗挤压环；3—O形密封圈；4—挡圈；5—撞击套；6—紧固螺钉；7—外筒；8—心轴外套；9—心轴

(2) 润滑式下击器。

润滑式下击器主要由接头心轴、上缸体、密封圈挡圈、中缸体、上击锤、导管、下缸体、保护圈、油塞、下接头等部件组成(图6-3-4)。润滑式下击器也叫油浴式下击器，是闭式下击器的一种，这种下击器是以向鱼头突然使以下砸力为主的解卡工具，并且也可以产生向上的冲击力，实现活动解卡。润滑式下击器与开式下击器的主要区别在于工具本身的撞击过程是在密封良好的油浴中进行的，寿命比开式下击器长。

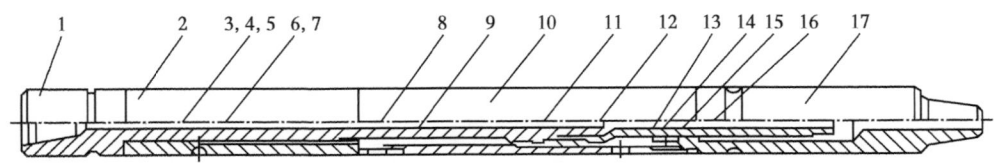

图 6-3-4 润滑式下击器结构示意图

1—接头心轴；2—上缸体；3，7，8，9，12，14，15—O形密封圈；4，16—挡圈；
5，17—保护圈；6—油塞；10—中缸体；11—上击锤；13—导管

（3）液压式上击器。

液压式上击器由心轴、O形密封圈组、加油塞、上缸体、O形圈、中缸体、冲击锤、活塞、活塞环、导管、下缸体组成（图6-3-5）。液压式上击器，主要用于处理深井的砂卡、盐水和矿物结晶卡、胶皮卡、封隔器卡以及小型落物卡等。尤其是在井架负荷小，不能大负荷提拉钻柱时，上击器的解卡能力更显得优越。该工具加接加速器后也适用于浅井。

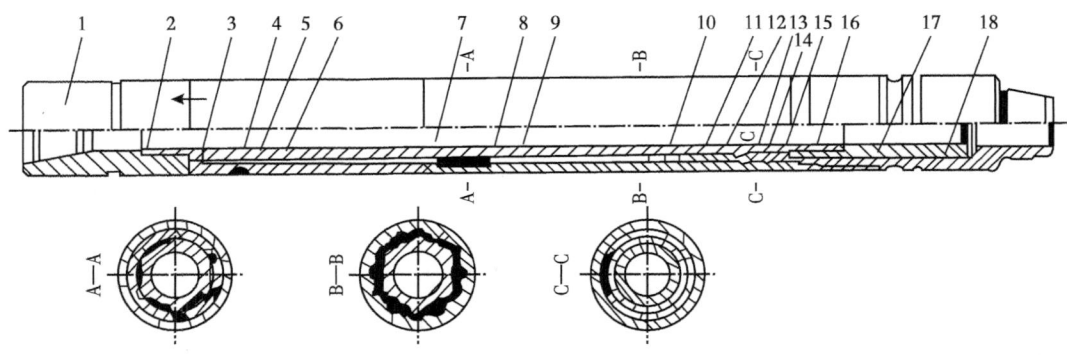

图 6-3-5 液压式上击器结构示意图

1—上接头；2—心轴；3，5，7，8，11，16—密封圈；4—放油塞；6—上壳体；9—中壳体；10—撞击锤；
12—挡圈；13—保护套；14—活塞；15—活塞环；17—导管；18—下接头

（4）液体加速器。

液体加速器由心轴、短节、密封装置、注油塞、外筒、缸体、撞击锤、活塞、导管、下接头组成（图6-3-6）。液体加速器是与液压上击器配套使用的工具，它利用硅机油的可压缩性来储存能量，对处于突然释放状态下的液压上击器的心轴施以力和加速度，从而增加上击器的撞击效果。连接在钻杆上的加速器，可传递正、反扭矩，承受上、下载荷。加速器必须同上击器一同连接在管柱中，不能单独使用。

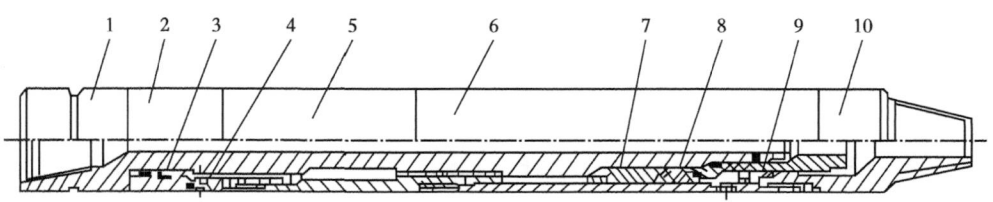

图 6-3-6 液体加速泵结构示意图

1—心轴；2—短节；3—密封装置；4—注油塞；5—外筒；6—缸体；7—撞击锤；8—活塞；9—导管；10—下接头

2）切割类井下工具

（1）机械式内割刀。

机械式内割刀由心轴、切割机构、限位机构、锚定机构等部件组成（图6-3-7）。机械式内割刀是一种从井下管柱内部切割管子的专用工具，除接箍外可在任意部位切割，若在其上部配有可退式打捞锚，就可以将卡点以上的管柱一次性切割和提出。

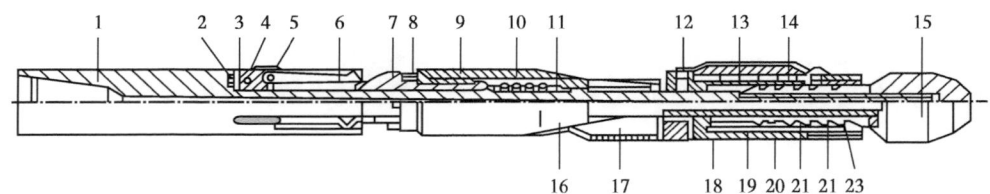

图6-3-7　机械式内割刀结构示意图

1—心轴；2—刀片支撑；3—刀片弹簧钉；4—支撑螺钉；5—刀片簧；6—刀片；7—推刀块；8—止推环；9—开合螺环；10—主簧；11—主簧座；12—摩擦块螺钉；13—摩擦块；14—摩擦块弹簧；15—下引鞋；16—卡瓦锥体；17—卡瓦；18—滑牙片；19—滑牙片簧；20—扶正体；21—滑牙套；22—带内定位环；23—定位螺钉

（2）机械式外割刀。

机械式外割刀主要由上接头、卡爪装置、止推环、承载环、隔环、弹簧罩、主弹簧、进给套、剪销、刀片、轴销、丝堵、筒体、引鞋等组成（图6-3-8）。机械式外割刀从套管、油管或钻杆外部切断管柱。更换成卡瓦式卡爪装置后，可在除接箍外任何部位切割。切割后，可直接提出断口以上的管柱。

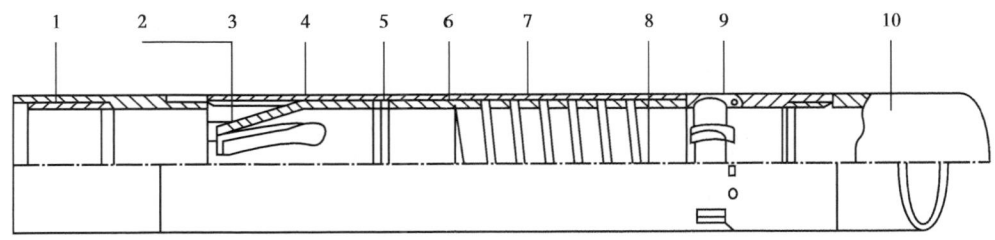

图6-3-8　机械式外割刀结构示意图

1—主接头；2—卡簧体；3—卡簧；4—筒体；5—止推轴承；6—预载套；7—主弹簧；8—进刀环；9—刀头；10—引鞋

（3）水力式外割刀。

水力式外割刀主要由筒体部分、给进部分、切割机构和纤维机构组成（图6-3-9）。水力式外割刀是依靠液压推动刀头从外向内切割各种类型的管状落鱼的工具。

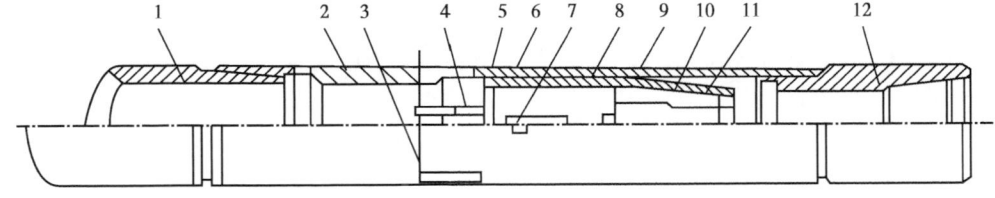

图6-3-9　水力式外割刀结构示意图

1—引鞋；2—外筒；3—刀销螺钉；4—刀片；5—进刀套；6—剪销；7—导向螺栓；8—进刀套O形圈；9—活塞O形圈；10—活塞片；11—橡胶栓；12—上接头

三、腐蚀断落油管打捞技术

1. 井内落鱼分析

1）腐蚀油管剩余强度分析

国内外对油管腐蚀进行了大量研究，目前认为缺陷深度对油管强度影响极为重要，在工程中应该特别关注缺陷深度对油管剩余强度的影响[6-7]，根据作业需要，若具备检测条件的井作业前可进行油套管探伤检测，如 MID-K 电磁探伤类油套管损伤测井检测技术，根据检测数据分析腐蚀油管剩余强度，为腐蚀油管的打捞作业提供分析基础。

2）鱼顶分析

腐蚀油管落鱼鱼顶情况一般比较复杂，作业过程中对鱼顶情况分析主要途径：

（1）鱼尾分析。对前一步起出/捞出的油管尾部/鱼尾情况进行识别、测量、分析、判断井下鱼顶的可能形态。

（2）铅模打印。利用专用管柱或钢丝绳下接铅模类打印工具，对井下落物鱼顶进行打印，然后对打出的印痕进行描绘、分析、判断，最后提出准确的鱼顶几何形状、尺寸和深度位置等。

（3）井下电视。利用数字图像处理技术，对井下电视图像进行数字化处理，并利用成像原理得出电视图像中实物的几何尺寸，达到了井下电视的定量解释目的，可以直观地观测井下油管或套管的技术状况，对于井底落鱼或套管异常复杂情况下的识别具有较大优势。

2. 打捞工艺

由于腐蚀油管强度降低，打捞过程中若处理不当，容易造成井下事故复杂化，打捞工艺要有利于气井井筒通道恢复，采用井下工具尽量简单，不损伤井筒，并有丢手措施。

1）打捞技术要求[8]

（1）打捞深度腐蚀的落鱼时，钻压不宜大，防止下部落鱼多次受压，进一步折断、弯形，若上提遇卡，可尽量使用上提下放或旋转的方式逐步解卡，防止落鱼脱落。如无法解卡可适当硬提，在保证落鱼不脱落的前提下，将油管从中部拉断，或利用转盘正转扭断、再上提落鱼，这对分段打捞强度较弱的腐蚀落鱼效果较好。

（2）腐蚀油管与正常的油管和钻杆的打捞有明显的不同，不能以打捞钻杆的思路来打捞油管，如采用过分强制的办法打捞，一旦工具选择不合理，可能造成井下更加复杂，为后期打捞带来难以估量的困难，初始工具的选择最好不要考虑带钻、磨、铣性质的工具，因为下去就有破坏性，很可能破坏落鱼和套管，带来诸多复杂问题。对于已经生产一段时间的页岩气井可能会出现出砂现象，导致落鱼插入沉砂中，因此初始打捞工具应尽量选择易脱手的打捞工具，如螺纹对扣式打捞矛。

（3）作业机刹车系统灵敏可靠，指重表灵敏可靠准确，满足打捞落鱼上提力的要求，以及打捞过程中悬重正确指示。入井工具应仔细检查核对，同时对工具进行标记（最好有图片），确保工具没有质量问题。在捕获落鱼的过程中应仔细丈量并计算好"三个方入"（鱼顶方入、打捞方入、最大打捞方入），并加以标记。仔细核对打捞管柱的上提、下放和静止状态的悬重，以及打捞后管柱的悬重变化，确保打捞成功。

（4）对腐蚀油管而言，由于油管内侧情况不明，打捞优先原则应从油管外捞入手，检查油管外环空，一般不采用内捞。工具的选用可以优选可退式卡瓦打捞筒、活动开窗打捞筒、滑块开窗打捞筒等外捞又不破坏落鱼的工具。在打捞筒能够入鱼，但是无法有效打捞的情况下，可考虑采用母锥进行外部造扣的形式进行打捞，从外部打捞时要轻压慢转，钻压不宜过高，避免油管被压弯，对后期施工造成不可逆转的影响。

（5）对于位于斜井段和水平段的落鱼，除了选用合理的打捞工艺及工具，操作技术也非常重要，需要时刻关注井口扭矩、悬重等变化，正确判断井下情况，采取相应的操作措施。

（6）在进行水平井带压打捞作业时，工具串中应安装安全接头，在打捞工具捕获落鱼后无法正常起出管柱时可进行丢手作业；采用震击器，在打捞过程中遇卡时利于管柱的解卡；使用单流阀，保证施工过程中的井控安全；在接近打捞工具处使用扶正器，利用管柱的弯曲变形来调节打捞工具倾斜角，利于捕获落鱼。

（7）为利于水平井打捞管柱轴向载荷和扭矩的传递，在进行油管打捞时，应采用不小于油管外径，且抗扭和抗拉强度明显优于油管的钻杆。

（8）若临时需要修整鱼头，钻压要低（1tf以内），进尺不能太大（小于10cm），然后及时捞出铁屑，再分析鱼头形状。

2）打捞工具选择

根据鱼顶的规范、形状和所制订的打捞方案选择合适的入井工具，推荐腐蚀油管选用的打捞工具见表6-3-3。

表6-3-3 腐蚀油管所选打捞工具参考表

落鱼具体形态	选用工具
鱼顶为接箍	可退式捞矛、倒扣捞矛、对扣捞矛、滑块捞矛、公锥、母锥、开窗捞筒等
鱼顶为本体	可退式捞筒、倒扣捞筒、带引鞋可退式捞矛、带引鞋倒扣捞矛、母锥、带引鞋滑块捞矛等
鱼顶为接箍且轻微变形	尖公锥、母锥、滑块捞矛、倒扣捞矛、可退式捞矛等
鱼顶为本体且轻微变形	本体母锥、组合母锥等
鱼顶为重叠状	组合母锥、套铣筒、空心磨鞋等
鱼顶为劈条、弹簧状	组合母锥、套铣筒等
油管碎片、铁屑等	磁铁打捞器、一把抓、开窗捞筒、毛刺捞筒等

3）打捞管柱选择

推荐斜坡或无接箍钻杆见表6-3-4，适合大斜度井、水平井及大位移井等，减少钻杆接头台阶对井壁的刮擦，降低摩擦阻力。

表6-3-4 部分非标钻杆参数

钻杆规格/in	钢级	连接螺纹形式	线重/kg/m	接头				管体			
				外径/mm	外螺纹端内径/mm	抗扭屈服强度/(N·m)	紧扣扭矩/N·m	外径/mm	壁厚/mm	抗扭屈服强度/(N·m)	最小抗拉强度/kN
2⅞	S135	GPDS26	16.74	88.9	31.8	13600	8000	73.0	9.19	28200	1700
2⅞	S135	2⅞REG	17.55	95	38.1	14000	8400	73.0	9.19	28200	1720
2⅜	G105	GPDS26	10.77	85.73	44.45	11931	7000	60.3	7.11	11850	861.5
2⅜	S135	GPDS26	10.73	85.73	38.1	15321	8200	60.3	7.11	15239	1107.6

4）修井液选择

页岩气储层对入井液极其敏感、产能脆弱，考虑腐蚀油管打捞难度大，作业周期长，修井液要有利于气井生产的恢复，避免对产层造成伤害，因此，作业前应尽量准确录取地层压力，指导修井液选择，修井液选择包括清水、无固相、微泡或聚合物类修井液。由于页岩气地层能量衰减快，若作业时地层压力不能准确判定，现场可尝试清水压井，再根据实际情况选用其他修井液。

5）修井设备选择

由于腐蚀油管强度降低，并且油管内存在穿孔、破裂、堵塞等复杂情形，带压作业机打捞腐蚀油管存在局限性，主要体现见表6-3-5，因此，推荐采用修井机进行腐蚀油管打捞作业。

表6-3-5 带压作业机打捞腐蚀油管技术局限

序号	主要技术局限
1	起下速度较慢，起下趟次过多，增加施工周期
2	提供的扭矩和转速相对修井机小，在处理复杂落鱼的钻、磨、铣没有优势
3	复杂落鱼处理过程中，需多次起下大尺寸打捞、磨铣等工具，反复更换卡瓦，操作复杂、耗时
4	起放悬重显示不如修井机指重表灵敏，转盘扭矩和上下活动操作性也不如修井机，影响其打捞入鱼操作及处理
5	起变形油管时可能无法用卡瓦夹持，需要吊车辅助，若下部落鱼较重时，吊装存在一定风险
6	起出腐蚀严重的油管时，带压作业及卡瓦有夹断管柱的风险

第四节 套损特征及其修复技术

页岩气水平井受地应力、天然裂缝及大规模压裂等影响，普遍存在套损现象，部分井甚至出现未压先变而无法投产，严重制约了页岩气的储量动用。由于页岩气水平井油层套管采用高钢级厚壁套管，套管强度高，加之受井斜影响，套损修复异常困难，目前页岩气水平井套损修复技术还处于探索阶段。

一、页岩气水平井套损特征及修复难点

1. 页岩气水平井油层套管设计

以川渝地区页岩气为例，威远—长宁地区为代表的浅层（3500m以浅）页岩气，目前水平井通常采用的油层套管规格为ϕ139.7mm×12.7mm，125钢级；泸州—渝西地区为代表的深层（3500m以深）页岩气，通常采用的油层套管规格为ϕ139.7mm×12.7mm，140钢级。川渝地区页岩气水平井ϕ139.7mm油层套管性能参数见表6-4-1。

表6-4-1 川渝地区水平井ϕ139.7mm油层套管性能参数

钢级	螺纹类型	名义重量/kg/m	外径/mm	壁厚/mm	通径/mm	接箍外径/mm	实物性能			
							最小管体屈服强度/kN	接头最小抗拉强度/kN	最小抗挤强度/MPa	最小抗内压强度/MPa
BG125V	BGT2	39.9	139.7	12.7	111.12	159.7	4370	4370	156.7	137.2
BG125V	BC	39.9	139.7	12.7	111.12	159.7	4370	3480	156.7	97.00
BG125SG	BGT2	39.9	139.7	12.7	111.12	159.7	4370	4370	156.7	137.2
BG125SG	BC	39.9	139.7	12.7	111.12	159.7	4370	3480	156.7	97.00
BG140V	BGT2	39.9	139.7	12.7	111.12	159.7	4880	4880	172.4	153.6
BG140SG	BGT2	39.9	139.7	12.7	111.12	159.7	4891	4891	178.4	153.6
BG140HC	BGT2	39.9	139.7	12.7	111.12	159.7	4891	4891	182	153.6

2. 页岩气水平井套损特征

1）套损特征分类

目前国内各个油田对生产套管套损的种类统计方法主要有两种：一种是根据套管损坏时间区分[9]，以四川泸州区块页岩气为例，统计套损井比例达到49.1%，按照损坏时间区分，未压先变井占比15.63%，压裂套变井占比33.48%。另外一种是根据套管损坏后测井形貌进行区分，一般又将套损后的形貌分为两种：第一种为剪切变形，在剪切变形位置处，管体中心轴产生相对错动，通过能力降低；第二种为屈曲变形，在屈曲变形位置处，套管的中心轴并没有发生相对错动，套管内径发生变形，通过能力降低[10]。

2）川渝地区套损特征

针对套管修复，研究人员更关注的是套变的形貌特征，川渝地区对页岩气水平井套损检测做了大量工作，证实了套损多以剪切变形为主，以下是以四川泸州区块页岩气水平井为例的套损形貌主要特征。

（1）套损形态。

目前对页岩气水平井套损机理的初步认识认为，由于受多期构造运动影响，长宁—威远和泸州区块等处于挤压应力状态且地层活动性较强，套损多以剪切变形为主[10]。该井区处于走滑应力状态，诱发套损的临界应力值较低，多臂井径仪测井结果显示，剪切变形明显，符合断裂滑移特征（图6-4-1和图6-4-2）。

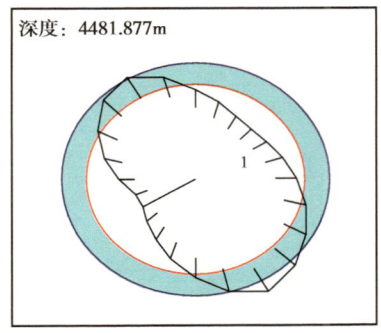

图6-4-1　泸州区块某井4481.30~4482.40m多臂井径仪测井解释成果图

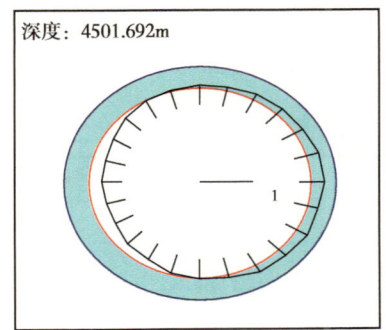

图6-4-2　泸州区块某井4500.85~4503.3m井段多臂井径测井解释成果图

（2）套损段段长。

在区块内进行了 16 口套损井测井检测，共检测出套损段 78 段，统计结果显示：套损段段长变化较大，部分套损段超过 10m，最长达到 24m，小于 10m 的套损占绝大多数，占比达到 89.7%，其中，又以 2~5m 段长范围为主要套损集中分布区，统计详细数据见表 6-4-2。

表 6-4-2 四川泸州区块测井检测套损长度统计

套损段长范围 /m	套损段数	各段所占比例 /%
<2	20	25.64
2~5	30	38.46
5~10	20	25.64
>10	8	10.26

（3）套损变形量。

基于多臂井径测井成果，按照套管变形损伤评价分级指标，见表 6-4-3，统计区块内套损变形量情况，三级及以上损伤比例达到 41.9%，见表 6-4-4，目前认为在套管变形达到三级及以上时，工具下入易发生遇阻情况。

表 6-4-3 套管损伤变形评价分级表

损伤级别	损伤程度评价 /%	变形损伤评价	
		变形程度 /%	变形长度 /m
一级损伤	1~10	1~5	不考虑变形长度
		5~10	≤10
二级损伤	10~20	5~10	>10
		10~20	≤10
三级损伤	20~40	10~20	>10
		20~40	≤10
四级损伤	40~85	20~40	>10
		40~85	≤10
五级损伤	>85	40~60	>10
		>60	不再考虑变形长度

表 6-4-4 四川泸州区块测井检测套损分级分布表

损伤级别	检测损段数量	各级别所占比例 /%
一级损伤	11	25.6
二级损伤	14	32.6
三级损伤	12	27.9
四级损伤	4	9.3
五级损伤	2	4.7

3. 页岩气水平井修复难点

（1）水平井作业钻具受"钟摆力"影响，力和扭矩很难传递到大井斜段和水平段；同时，作业钻具在大井斜段和水平段紧贴井眼底部，存在摩擦力，修套工具作用于套损部位的力和扭矩损耗明显[10-11]，大幅度降低钻具有效力量。

（2）大井斜段和水平段井周应力复杂，页岩气水平井在"高钢级套管＋复杂构造应力"共同作用下，对作业钻具提供的力及修套工具硬度有更高的要求；同时，由于钢材的自身属性，严重套损后，一旦发生塑性变形，强度会进一步增大，进一步增加套损修复难度。

（3）作业钻具在解决井筒截面方向套管尺寸恢复的问题以外，还需解决沿井筒轴向的套管修复进尺问题，页岩气水平井套损段段长变化大，结合前两者修复难点，导致长井段套损修复时效低。

二、页岩气水平井套损修复技术

目前，套管修复常用技术包括套管整形、套管补贴加固以及换取套管 3 类，具体工艺分类见表 6-4-5。由于受工艺条件限制，以及受水平井套管修复难点影响，目前国内水平井套损修复应用较少，页岩气水平井套损修复技术还处于探索阶段。

表 6-4-5　套损井常用修复技术分类及优缺点

套损修复技术		工艺方法	优势	缺点
套管整形	机械整形 冲击胀管整形法	利用钻具传递动力，使整形工具产生诸如旋转、下击、震击、碾压等动作，对套管变形或错断部位做功，使其恢复或接近原套管内径	操作简单、施工周期短；无水泥环且变形量小于 10% 的应用效果较好；直井应用较多	针对有水泥环的变形或变形量大于 15% 的井效果差；单次整形量小，整形效率低，容易发生二次事故；水平井应用少
	机械整形 旋转碾压法			
	机械整形 旋转震击法			
	磨铣扩径法	使用铣锥磨铣工具，把凸出来部分磨掉，使通径扩大，磨铣后需其他修复方法配合，如封堵挤注或下膨胀管，以保证整修质量	适合套管变形缩径较严重或错断；成本费用低，作业简单	作业时间不确定
套管补贴加固	挤水泥封固	对磨铣部位挤水泥浆封固，在套管外形成新的水泥环	施工简便、成本费用低	浅层不适用，地层越浅，越难承受高压
	内膨胀管补贴加固（波纹管）	组装好的补贴管和专有补贴工具用油管送至预定位置，打压坐封，补贴管上下两端的软金属密封材料受挤压变形密封环形空间	施工简便、成本费用低，有效封隔漏失层、垮塌层、高压层等复杂井段	抗压强度小，密封性补贴管内径小，水平井应用少
	外衬管补贴加固	在套管外部套下一层直径大的套管，将破损位置覆盖住，两套管之间挤注水泥固井	施工后套管内径不变，又能承受高压	只适合浅层套管套变，施工成本高，不适合水平井
换取套管	对扣换套工艺技术	采用专有套铣工具套铣套管周围的水泥环及部分岩石，采用切割或倒扣的方式取出破损套管，下入新套管对扣补接	适合 1000m 以浅严重错断变形井	施工周期相对较长，成本较高，有效期短；水平井应用难度大

1. 磨铣扩径技术

下入磨鞋对套损段套管进行磨铣,直至达到预期的井筒通径需求,对磨鞋及钻具组合要求有一定的预防侧钻的功能。

1)技术思路

(1)建立磨铣通道:采用防侧钻磨鞋磨铣套损井段,建立磨铣井眼通道;

(2)扩大井眼通道:采用刀翼式等磨鞋进行磨铣,进一步扩大井眼通道;

(3)恢复井筒通道:采用铣锥对通道进行磨铣,修整井眼通道。

2)推荐磨铣工具

根据各阶段处理工艺需求,推荐的磨铣工具详见表6-4-6。

表6-4-6 页岩气水平井磨铣扩径推荐工具

处理步骤	推荐选用工具
建立磨铣通道	领眼磨鞋、梨形铣鞋、锥形铣鞋等
扩大井眼通道	平底磨鞋、刀翼磨鞋等
恢复井筒通道	钻柱铣锥、西瓜皮铣锥等

3)推荐钻具组合

钻杆+震击器+随钻安全接头+随钻打捞杯+钻杆+扶正器+磨鞋/铣锥。

4)作业要点

针对磨铣过程中可能出现作业风险,包括管柱卡阻、套管偏磨等,根据风险内容制订相关作业技术要点,见表6-4-7。

表6-4-7 页岩气水平井磨铣扩径作业要点

风险内容	作业要点
作业管柱防卡	合理选择钻杆尺寸,提高修井液的携屑能力,钻磨过程中合理控制钻压和转速
作业管柱降阻	作业钻杆推荐采用斜坡/无接箍钻杆,入井工具串宜进行倒角、无直台阶,钻磨过程中合理控制转速和扭矩
防止开窗侧钻	合理选择防偏磨铣工具,管柱具有扶正功能,在磨铣过程中合理设计磨铣参数

2. 化学堵漏技术

对于具有良好吸液能力的井段,如高渗透层、裂缝层,采用无机胶凝和热固性树脂等材料对破损套管进行化学堵漏,堵漏后可结合套管补贴,达到预期的井筒承压能力。

1)技术思路

(1)挤注堵剂堵漏:封隔破损套管井段,求取吸水指数,挤注堵剂候凝;

(2)恢复井筒通道:待堵剂完全成胶后,下入钻具钻磨钻掉井筒内胶体。

图6-4-3所示为化学堵漏工艺流程示意图。

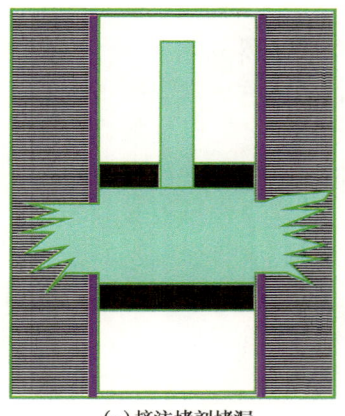 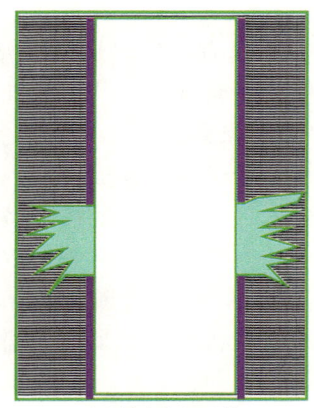

(a) 挤注堵剂堵漏　　　　　　　　(b) 钻磨恢复通道

图 6-4-3　化学堵漏工艺流程示意图

2) 化学堵漏材料

目前的化学堵漏类型多样，但需满足页岩气水平井筒承压要求，尤其部分未压先变井还需考虑后续大规模压力的承压要求，对于堵漏剂提出了更高的要求，目前具有较好适用性的化学堵剂堵漏剂包括 LBP 堵漏剂、LTSD 堵漏剂、压差化学堵漏剂，主要技术特点见表 6-4-8。

表 6-4-8　套管化学堵剂堵漏技术

堵漏剂	技术特点
LBP 树脂堵漏剂	(1) 采用非收缩发热反应树脂。 (2) 适用井筒温度范围 (13~150℃)。 (3) 直角固化，永久封堵。 (4) 可承受 80MPa 以上压差。 (5) 适用于高渗漏率地层的封堵，如钻井液漏失、压裂过的地层、自然裂缝的地层。 (6) 漏失处形成网格胶联封堵，时间可调。 (7) 易于泵注，地面状态：30mPa·s，井底状态：90℃，2~3mPa·s
LTSD 堵漏剂	(1) 堵剂形成互穿网络结构，互穿网络结构主要是堵浆中的各种柔性纤维、刚性纤维、堵浆中水化产物 CSH 凝胶以及化学反应生产的晶体等物质互相缠绕、耦合成一个整体结构。 (2) 具有驻留性、抗窜性：堵剂进入漏层能有效地驻留，使堵浆注入量减少，封堵成功率大大提高。 (3) 具有较高的界面胶结强度：提高界面胶结封堵强度，提高了封堵的有效期和对等高压作业的承受能力 (≥75MPa)。 (4) 具有很好的抗盐性能：无论单独无机盐或复合盐，其矿化度不同的地层水对堵剂的强度几乎没有影响，即高强度微膨堵漏剂有抗盐的能力 (饱和盐水)。 (5) 固化后耐温 280℃以上。 (6) 微膨胀性：膨胀率 1.8‰~4.5‰，固化体膨胀率 3‰~8‰。 (7) 固化后耐酸碱；耐 CO_2 和 H_2S 等有害气体的腐蚀。 (8) 稠化时间任意可调
压差化学堵漏剂	(1) 在特定条件下激活，在没有压差的环境下，堵漏剂不发生反应并保持液态，输送时间、方式等因素不影响其固化。 (2) 加压后在泄漏点及地层形成压差，实现压差激活 (0~1.38MPa 激活压差，可调)。 (3) 液态压差化学堵漏剂 (黏度小于 10mPa·s)。 (4) 压差激活，仅在泄漏点及地层凝固，多余堵漏剂仍保持液态，不会在油套管内形成胶塞。 (5) 堵漏固化反应产物为柔韧的固体，有弹性，密封性能好。 (6) 对环境友好，安全环保、无毒、无腐蚀性 (中性)、无挥发性、无刺激性。 (7) 堵漏固化后耐腐蚀：耐酸碱、耐油、耐硫化氢，满足长期密封需要

3. 膨胀管补贴技术

膨胀管就是一种具有良好延展性和塑性的"特殊材料",下入井后依靠液压力驱动膨胀锥轴向运动使膨胀管变形,超过弹性屈服强度,达到塑性变形区,膨胀后内径增加8%~20%,使膨胀管与原套管贴合,形成悬挂和密封,完成对套损部位套管的补贴。

国内外膨胀管技术已经较为成熟,但受制于既要维持良好的膨胀性,又要实现膨胀后达到更好的内部通径,膨胀管的抗外挤能力普遍存在短板。由于页岩气水平井的特殊性,套损井补贴后往往需要经历大规模改造,对膨胀管强度要求更高,目前膨胀管技术还不能很好满足页岩气水平井套损补贴需求。解决的主要途径:一是研制具有更高强度、具有良好延展性的膨胀材料;二是探索堵漏+膨胀管组合技术,达到预期的井筒承压及抗外挤能力。

1) 斯伦贝谢公司金属膨胀管

膨胀管由不锈钢制成,密封材料为氢化丁腈(HNBR)材质的弹性体,耐温250℃,采用异型密封系统,能够有效密封套管内椭圆度高达20%的井段、超限或不规则钻孔井段[11]。标准的膨胀管补丁长度为4~12m,可应用范围为ϕ114.3mm~ϕ339.7mm套管,最高抗内压可达103MPa,抗外挤4.2~24.5MPa。

图6-4-4所示为膨胀管及膨胀效果图。

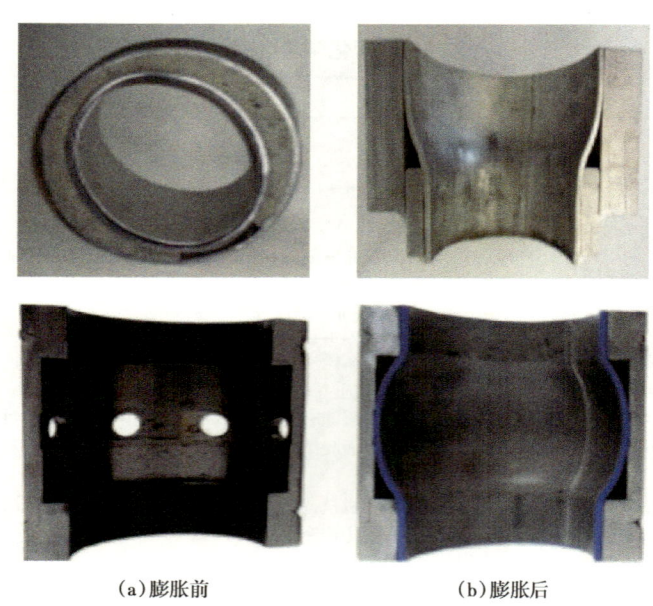

(a)膨胀前　　　　　　(b)膨胀后

图6-4-4　膨胀管及膨胀效果图

2) 国内高抗压金属膨胀管

由中国石油集团北京工程院与钢铁总院联合开发,高性能膨胀管胀后达到N80材料强度,其屈服强度、抗拉强度技术指标与国外同类型材料接近;断后伸长率提高75.9%,冲击韧性由不足15J/m³提升至140J/m³以上,超过国外同类型材料,其中,开发的102mm带螺纹膨胀补贴后抗内压可达70MPa,抗挤35MPa。表6-4-9为高抗压金属膨胀管产品特性比较。

表 6-4-9 高抗压金属膨胀管产品特性比较

基本内容	对比项目	高强度金属膨胀管	国内外同类产品
材料	膨胀管	自主研发、生产	现有管材选择
悬挂密封	橡胶	牢固硫化于本体	易开裂
产品性能	抗内压	>50MPa	>30MPa
	抗外压	≥35MPa	≥25MPa
	发送压	≤35 MPa	≤40MPa
	耐蚀	不锈钢耐蚀及普通两种	不耐蚀，喷防锈漆

3）膨胀管补贴工艺流程

膨胀管补贴工艺流程（图 6-4-5）：

（1）井筒清洁：保持井筒干净，防止泥沙、杂物等卡井。

（2）超声波检测：准确获取套损部的井径参数。

（3）下入补贴管串：控制在（15 根/h）至设计位置。

（4）投堵：使发射室成为密闭空间。

（5）加压膨胀：打压压力达到临界值，推动胀头向上移动，膨胀管膨胀。

（6）试压检验：一般试压压力为 15MPa。

（7）钻除封堵：钻开封堵，使井筒畅通。

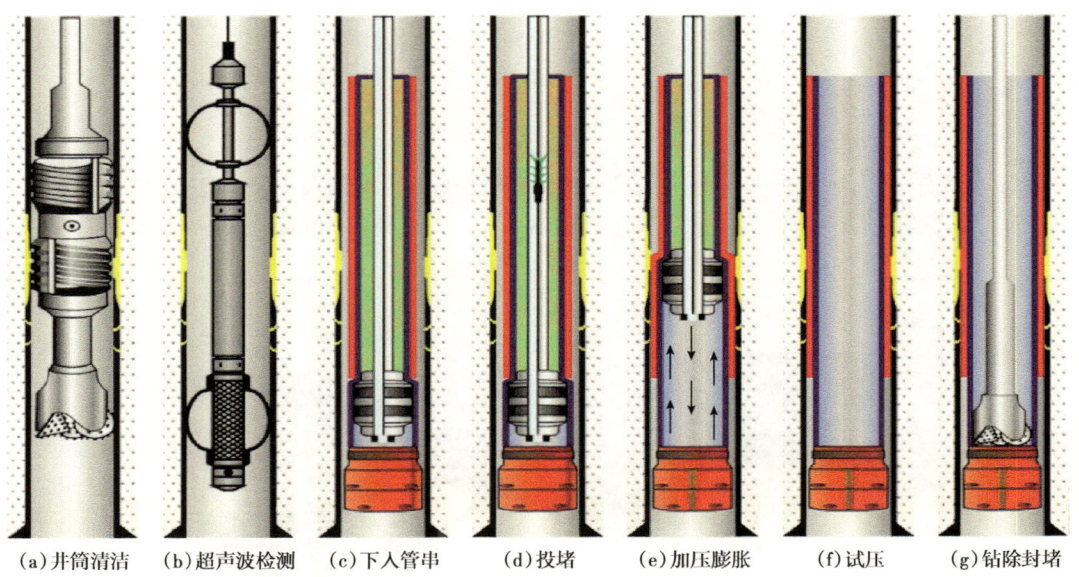

(a)井筒清洁　(b)超声波检测　(c)下入管串　(d)投堵　(e)加压膨胀　(f)试压　(g)钻除封堵

图 6-4-5　膨胀管补贴工艺流程

4. 套中固套技术

在原有的油层套管内下入小接箍/无接箍小套管，重新固井形成新的井筒屏障，满足后续大规模重复压裂的井筒要求。套中固套井身结构如图 6-4-6 所示。

1)技术思路

优选悬挂工艺：采用悬挂器悬挂方式，下入小套管；

建立固井屏障：对小套管与原套管环空注水泥固井；

重建井筒通道：坐封封隔器后，下入插接完井管柱。

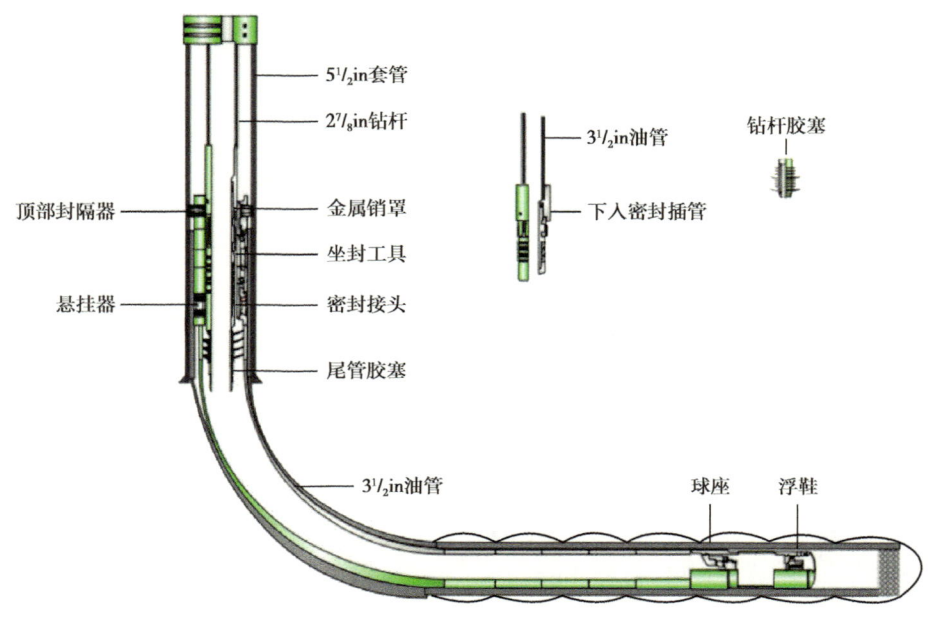

图 6-4-6　套中固套井身结构示意图

2)技术要点

（1）扶正贴片技术。

套中固套需要解决的主要技术内容包括小套管扶正技术以及井筒重建固井技术。其中小套管扶正采用扶正贴片，直接贴附于套管表面，不减小环空间隙，具有高耐磨性，可在施工现场对套管进行贴片处理，示意图如图 6-4-7 所示。

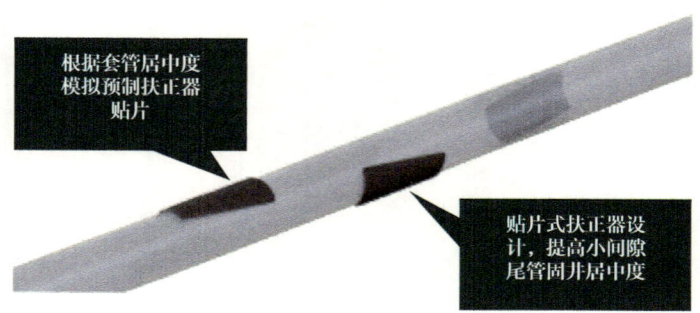

图 6-4-7　套中固套套管扶正贴片示意图

（2）韧性水泥浆技术。

为提高环空小套管与原油层套管环空之间的固井质量，推荐采用低流变韧性水泥浆体系，如贝克休斯公司 DuraSet-S 韧性水泥浆体系，采用非胶乳体系设计，降低水泥浆"闪凝"风险，并应用超细水泥，有利于小间隙封固和潜在漏层封堵改善水泥浆流变性，降低泵注摩阻，其密度 1.3~2.5g/cm³ 可调，井温 21~232 ℃ 均可应用。DuraSet-S 韧性水泥浆流变性能见表 6-4-10，DuraSet-S 韧性水泥石机械性能见表 6-4-11。

表 6-4-10　DuraSet-S 韧性水泥浆流变性能测试结果

水泥浆配比/%	黏度计读数/（mPa·s）					PV/（mPa·s）	YP/Pa
	300r/min	200r/min	100r/min	6r/min	3r/min		
100	70	55	34	8	7	64	9

表 6-4-11　DuraSet-S 韧性水泥石机械性能测试结果

围压/MPa	抗压强度/MPa	弹性模量/MPa	泊松比	抗拉强度/MPa
0	14.915	3825.8	0.21	1.46
20	22.576	5025.3	0.20	

第五节　修井液技术

在修井施工作业过程中，当井口敞开后，一旦液柱压力低于地层压力，势必造成井内流体无控制地喷出，既不利于施工，又有害于地层。解决这一问题的最常用的办法就是采用设备从地面往井里注入密度适当的流体，使井筒里的液柱在井底造成的回压与地层的压力相平衡，恢复和重建压力平衡[12-13]。

对页岩气水平井进行修井作业时，主要涉及冲砂、解卡打捞、钻磨和套管修复等不同类型的施工作业，针对不同修井作业工艺，根据页岩气水平井常用修井液类型，其主要分为无固相修井液、微泡修井液、聚合物修井液和泡沫修井液 4 大类。通过在井筒内泵入修井液，平衡地层压力，避免发生井涌或井喷，最大限度保护油气层，防止油气层伤害，保证修井作业的安全。

一、无固相修井液

页岩气无固相修井液一般多用以 $CaCl_2$ 为主的水基无固相修井液，它们具有以下优点：密度可控可调，可以杜绝固相对油气层的伤害，对黏土矿物的水化膨胀能起到一定的抑制作用，避免水敏伤害，对油气层的保护效果好。缺点是低压地层条件下漏失严重，无悬浮性，盐水的密度受气候、温度的影响较大且腐蚀问题较严重[14-16]。其主要分为无机盐和有机酸盐两大类。

1. 无机盐类修井液

无机盐类修井液最早使用在压井和修井作业中，是利用无机盐作为加重剂制备成的清洁盐水修井液，这类修井液通常会用到的加重剂主要有 $CaCl_2$、$ZnCl_2$、$CaBr_2$ 和 $ZnBr_2$ 等水溶性卤盐，单一或者复合加重能使修井液密度可调至生产所需。

此类修井液通常有以下优点:
(1) 无机盐的溶解度很大,密度在 1.1~2.3g/cm³ 可控可调。
(2) 基本不含黏土或粒径大于 2μm 的固相,可以杜绝固相对油气层的伤害。
(3) 在不外加黏土稳定剂的情况下,对黏土矿物的水化膨胀能起到一定的抑制作用。
(4) 无水敏性伤害,对油气层的保护效果好。缺点是漏失严重,无悬浮性,盐水的密度受气候、温度的影响较大且腐蚀问题较严重等。

盐水压井液的种类很多,有的加入化学处理剂以增加黏度,降低失水量。适当选择盐类能满足大部分地层条件的修井需要,其密度范围是 1.06~2.3g/cm³。

常用盐水及密度见表 6-5-1。

表 6-5-1 常用盐水及密度

序号	盐水	最大密度 / (g/cm³)
1	氯化钾盐水	1.17
2	氯化钠盐水	1.20
3	溴化钠盐水	1.50
4	氯化钙盐水	1.39
5	溴化钙盐水	1.39~1.70
6	溴化钙/氯化钙盐水	1.33~1.80
7	溴化锌/溴化钙/氯化钙盐水	1.80~2.30

2. 有机酸盐类修井液

有机酸盐修井液分为甲酸钠、甲酸钾和甲酸铯修井液体系。

此类修井液具有如下优点:
(1) 加重效果好,加重密度高,最高可达 2.31g/cm³,可在一定范围内调节,固相含量低。
(2) 不会产生有害的沉淀或者气体,避免了多价阳离子的沉淀。
(3) 甲酸盐体系能够有效避免和减小储层中水敏性或气敏性伤害,毛细管阻力小,利于返排,能够有效回收利用。
(4) 较好的高温稳定性,良好的配伍性,对设备的腐蚀性较低,无毒、易降解、对环境无较大污染,储层保护效果好,并具有延长产期的良好作用。

缺点是成本较高,回收率低,当密度大于 1.80g/cm³ 后成本会很高,若不添加封堵剂或暂堵剂,难以形成滤饼,存在对储层二次伤害的可能性。

3. 应用范围

使用范围广,可作为油井、气井、水井压井液、冲砂携砂液及完井液,可用于新投井、生产井及探井。

二、聚合物固相修井液

聚合物固相修井液是以聚合物代替黏土或般土而产生适当黏度、切力及滤失量的体系,该体系还规定各种不同类型的固体作为桥接剂,以防无固相液体大量漏入产层。

1. 特点及配方

使用适合产层特点、分选好的固相颗粒桥接在地层孔隙入口处和在井壁形成非常致密的滤饼，从而控制压井液及滤液的侵入。即使有少量滤液侵入，其中溶解的盐类和聚合物的抑制作用可以进一步防止黏土水化膨胀。即从"桥堵"和"抑制"两方面防止地层的伤害。桥堵固相颗粒在作业后予以除去，其渗透率可恢复到原始渗透率 95%~100%，对地层基本没有伤害。

但是由于在盐水体系中加入了高分子聚合物，而储层砂岩表面带负电荷，高分子聚合物易吸附在砂岩颗粒的表面，对于低渗透储层来讲，这种吸附伤害会大大缩小孔喉的尺寸，导致渗透率的下降；而且此类盐水体系加入其他可溶性固体颗粒来控制失水，因此作业完成后还需要解堵作业，增加了作业工序。

聚合物固相修井液包含 3 部分组成：桥堵剂 + 携带液体 + 增黏剂。按照桥堵材料不同可进一步分为水溶性、油溶性和酸溶性三类，常用为水溶性和油溶性体系较多。

2. 应用范围

水溶性体系桥堵剂为分选的盐粒，适用于酸敏性产层；油溶性体系桥堵剂为碳酸钙，适用于酸敏性碳酸盐岩底层；油溶性体系桥堵剂为油溶树脂，适用于低于 180℃ 的凝析气藏。

三、泡沫修井液

泡沫是气液分散体系，密度低，压力小，有一定的黏滞性，对固相有良好的携带能力[17]。油气田所用的传统泡沫修井液是在已加入表面活性剂的基液中通过充入 N_2 或空气而形成的泡沫体系，该体系修井液密度可以根据现场工艺需求通过改变泡沫携带液中的气体含量在 $0.35~0.85g/cm^3$ 之间任意调节。

随着修井要求的提高及技术的发展，传统泡沫修井液不能满足修井要求，微泡修井液应运而生，目的是解决低压易漏地层作业技术难关。该技术是通过专用发泡剂和复合高效稳泡剂产生微泡沫，在进入较大孔隙时，微泡修井液会出现"多泡流动"现现象，微泡聚集在修井液前端形成聚集体；当微泡运移到小孔隙时，微泡可以改变形状进入孔隙，储存在微泡中的一部分能量被释放，微泡开始膨胀，在拉普拉斯压力的作用下，气泡内外壁的压力达到平衡，即逐渐与漏层达到压力平衡，实现封堵效果。

1. 特点及配方

1）传统泡沫修井液

传统泡沫修井液优缺点分明[17]，优点在于：

（1）在低压油气井修井作业下，可以很大程度地减少修井液的漏失；

（2）可以建立循环，是无固相体系同时又对地层的正压差小，会极大地减少修井液对地层造成的伤害。

缺点在于：

（1）泡沫的稳定周期很短，很难达到普通的修井作业的时间规定，当体系失去作用，就会产生很大的正压差，会使修井液大量漏失，而且不能满足井深的要求；

（2）因为配制时会用到很多的专用添加剂和专门的设备，泡沫修井液的使用时成本较高；

（3）泡沫修井液的工艺比较的复杂；

（4）修井结束后，泡沫消泡不及时，会对环境产生严重污染。

新型微泡修井液体系配方：0.40%~0.50% 起泡剂 +0.45%~0.55% 起泡剂助剂 +0.60%~0.80% 稳泡剂 +0.20%~0.25% 辅助稳泡剂 + 清水。

2）微泡修井液

（1）特殊微泡膜结构。

结合专用发泡剂和复合高效稳泡剂优势，使产生的微泡沫表面形成空间立体网状稠化双层膜结构。通过阴离子型黏弹性表面活性剂进一步降低了气—液表面张力，提高了微泡稳定性[18]。

（2）密度可调范围广。

经过新型微泡发生装置，以高速射流，多级剪切发泡方式控制液体密度，微泡修井液体系可实现在 0.7~1.0g/cm³ 范围内密度可调。

（3）流变性能好。

新型微泡修井液体系表观黏度在 20~45mPa·s 之间可调，具有高剪切稀释性，在低剪切速率下具有高黏度，使微泡可以在地层裂缝中驻留，施工摩阻低、携砂冲砂能力强。

（4）稳定性好。

微泡修井液密度在 0.7~1.0g/cm³ 范围内，温度在 20~130℃ 之间变化，体系表观黏度、塑性黏度、失水量等流变性能变化幅度不超过 10%，流变稳定性强。

（5）有效微泡含量高。

新型发泡剂具有较强的耐酸、耐碱性，与其他表面活性剂具有较好的配伍性，一般情况下会产生协同增效作用。微泡专用发泡剂结合专用发泡装置能有效提高微泡沫的质量，有效微泡含量提高 20% 以上，泡沫驻留时间超过 10 天。

（6）微泡沫"自我修复"能力强。

新型微泡修井液体系中，微泡沫体积占比最高可达 30%，微泡的"聚能"作用使微泡能承受短时间内重复的加压和减压，同时不破坏微泡结构和数量，实现修井液密度还原，达到密度"自我修复"的目的，这一特征是新型微泡修井液堵漏承压的基础。

（7）承压封堵能力强。

新型微泡修井液最大封堵承压超过 70MPa；微泡修井液体系在井内最长驻留时间超过 50 天，仍能够承受 22MPa 的气举作业。

通过对常用的几种发泡剂进行对比评价，发现非离子型发泡剂发泡量低，半衰期短；阳离子型发泡剂次之，阴离子型发泡剂发泡量大、半衰期长。

新型微泡修井液体系配方：0.3%~0.6%pH 调节剂 +0.36%~0.75% 复合稳泡剂 +1.3%~1.7% 防膨剂 +0.09%~0.1% 杀菌剂 +2.5%~3.0% 膨润土 +0.8%~1.0% 专用发泡剂 +0.1%~0.2% 纯碱。微泡修井液密度 0.70~1.0g/cm³ 可调。

3. 应用范围

（1）新型泡沫冲砂液性能稳定，黏度高、密度低、携砂性能良好、与地层流体的配伍性良好。适用于低压、易漏失井的冲砂作业，能够满足深井与超深井的高温、高矿化度等苛刻条件下的修井作业施工要求。

（2）微泡修井液在漏失井连续油管作业过程中暂堵性能好，施工摩阻低、携带能力强，可有效解决漏失井连续油管作业中的碎屑携带难题。

参 考 文 献

[1] 郑海旺. 带压作业机安全控制技术研究与应用[J]. 石化技术，2021，28（12）：72-73.
[2] 张华礼，杨盛，刘东明. 页岩气水平井井筒清洁技术的难点及对策[J]. 天然气工艺，2019，39（8）：82-87.
[3] 孙永壮，杜丙国，邵宣涛. 机械捞砂工艺研究[J]. 石油学报，2006，27（6）：125-127.
[4] 沈燕来，陈建武. 冲砂洗井水力计算方法综述[J]. 水动力学研究与进展，1998，13（3）：347-353.
[5] 赖枫鹏，李治平，苓芳，等. 水平井水力冲砂最优工作参数计算[J]. 石油钻探技术，2007，35（1）：69-70.
[6] 徐国贤，谢仁军，吴怡，等. 不同腐蚀缺陷套管剩余强度预测方法研究[J]. 石油机械，2019，47（7）：122-127.
[7] 呼和，史聪灵，赵晨. 存在腐蚀缺陷的油管影响因素分析[J]. 设备管理与维修，2017（13）：24-26.
[8] 刘胜军，崔文青，段雨安，等. 水平井腐蚀油管打捞工艺研究[J]. 油气开采，2022，48（12）：29-31.
[9] 黄永智，李轩，戴昆，等. 页岩气生产套管损坏原因浅析与推荐解决方案[J]. 石油管材与仪器油气开采，2020，6（4）：82-85.
[10] 王乐顶，魏书宝，槐巧双，等. 四川页岩气水平井套变机理、对策研究及应用[J]. 西部探矿工程，2023，35（2）：44-48.
[11] 冯定，王高磊，侯学文. 膨胀管技术研究现状及发展趋势[J]. 石油机械，2022，50（12）：142-148.
[12] 赵忠举，徐同台. 国外压井液新技术[J]. 压井液与完井液，2000，17（2）：32-36.
[13] 杨贤有. 保护油气层压井液现状与发展趋势[J]. 压井液与完井液，2001，17（1）：25-29.
[14] 王忠辉. 高密度低伤害无固相压井液的研究与应用[J]. 精细石油化工进展，2010，11（10）：14-18.
[15] 杨小平，郭元庆，樊松林，等. 高密度低腐蚀无固相压井液研究与应用[J]. 钻井液与完井液，2010，27（5）：51-55.
[16] 张立民，赵亚宁，卢淑芹，等. 无固相弱凝胶钻井完井液在南堡油田的应用[J]. 钻井液与完井液，2010，27（2）：81-83.
[17] 张云飞. 耐温耐盐泡沫修井液的配制及性能评价[D]. 中国石油大学（华东），2015.
[18] 王伟佳，曹颖. 新型微泡修井液在漏失井连续油管钻塞中的应用[J]. 江汉石油职工大学学报，2021，34（6）：35-37.

第七章 腐蚀与防护

腐蚀从广义上讲，任何材料（金属或非金属）受到周围介质（如湿气、水、大气、电解液、酸、碱等）的化学作用、物理作用或电化学作用而遭到破坏的现象，统称为腐蚀。但习惯上，往往仅把金属材料受周围介质的化学或电化学作用而遭到破坏的现象称为"腐蚀"。按照腐蚀因素分化学腐蚀、电化学腐蚀、物理腐蚀；按腐蚀表面状态分为全面腐蚀和局部腐蚀。常用的腐蚀防护技术包括合理的设计、正确选用材料、药剂防腐、采用耐腐蚀内衬、涂/渡层等[1]。

页岩地层超级致密，钻井后页岩气不能自行产出，通常采用体积压裂技术来获得投产[2]。体积压裂即向地层注入了大量压裂液和固体支撑剂（石英砂和陶粒等），在压裂后排采和生产过程中逐渐返排出地面。返排液中含有不同浓度的氯离子、二氧化碳、细菌和石英砂/陶粒固相颗粒等，介质组成复杂，具有较强的腐蚀性，造成气井井筒和站场工艺管线发生不同程度的腐蚀而出现减薄或穿孔甚至断裂，影响气井安全正常生产。

本章以页岩气气井井筒和采气管线为对象，系统阐述了页岩气田腐蚀行为、腐蚀控制和腐蚀检测相关内容。腐蚀行为主要包括腐蚀程度评价、腐蚀主要影响因素和主要腐蚀机理；腐蚀控制主要包括材料优选、杀菌缓蚀剂防腐和工艺优化；腐蚀检测主要包括常用腐蚀检测手段、井筒、井口和采气管线腐蚀检测实施等。

第一节 腐蚀行为

四川盆地页岩气中普遍含二氧化碳（摩尔分数 0.08%~2.2%），同时返排液中普遍含有细菌、氯离子、砂等腐蚀性物质，其中硫酸盐还原菌（SRB）最高含量超过 $110×10^4$ 个/mL，氯离子最高超 50000mg/L，产砂量在排采期最高超过 10t/d，腐蚀环境恶劣。页岩气井下油管腐蚀失效主要发生在井下温度低于 80℃ 井段，以穿孔为主要特征；温度高于 80℃ 井段也会发生腐蚀，但是程度相对较轻。井口腐蚀失效主要发生在排采高出砂阶段，以冲刷腐蚀为主要特征，生产期失效频率相对较低，以点蚀穿孔为主要特征。地面采气系统腐蚀失效主要集中在采气井口至除砂器、除砂器至分离器和排污管线等部位。在腐蚀表现形式上，排采初期腐蚀以冲刷腐蚀为主要特征，生产期腐蚀失效以穿孔为主要特征。在腐蚀的主控因素方面，影响腐蚀的主要因素包括砂砾、细菌、氯离子、二氧化碳、流速、温度等。从腐蚀机理分析主要涉及冲刷腐蚀机理、二氧化碳腐蚀机理和细菌腐蚀机理。

一、腐蚀状况

页岩气开采普遍采用了体积压裂技术，单井水平井压裂液用量介于 $4×10^4$~$5×10^4 m^3$、支撑剂（石英砂和陶粒）用量介于 $2.5×10^3$~$3.0×10^3 t$[3]，同时压裂过程中不可避免地会引入细菌，在压裂施工结束后的页岩气排采和生产过程中，采出气中 CO_2 和压裂返排液中的 Cl^-、砂砾、细菌等腐蚀性介质将对井筒、井口、采气管线带来不同程度的腐蚀，可能导致管线和设备穿孔失效，进而影响气井安全运行。未采取控制措施前的腐蚀失效严重，导致天然气气量损失超过 $1×10^8 m^3$[4]。

页岩气井主要以水平井为主，油管材质以 N80 钢为主，套管材质以 TP125 和 TP140 为主，油管和套管之间没有封隔器，主要井身结构示意图如图 7-1-1 所示。

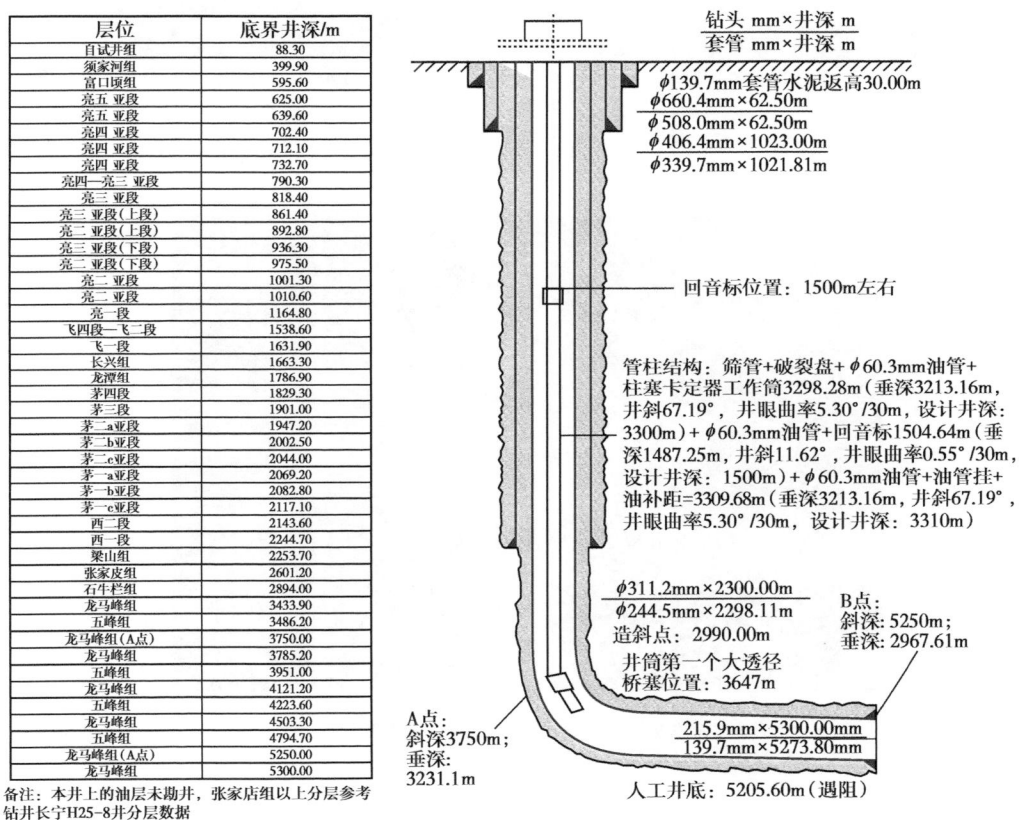

图 7-1-1 典型页岩气井井身结构图

页岩气井筒面临较宽温域（室温至 150℃）的腐蚀环境，不同井深腐蚀程度呈现较大区别，其中油管腐蚀失效主要发生在地面至井下 2000m 段（温度低于 80℃），腐蚀以点蚀穿孔为主，折合腐蚀速率最高超过 30mm/a，腐蚀产物主要为 $FeCO_3$、铁的硫化物、铁的氧化物等为主；2000m 以深井段（温度高于 80℃）也会发生腐蚀，但是程度较地面至井下 2000m 段轻，以局部腐蚀坑为主要特征，折合腐蚀速率最高达到 1mm/a，腐蚀产物以 $FeCO_3$ 和铁的氧化物等为主；套管损伤主要发生在 2800~3000m 处，以局部减薄为主要特征。井口失效主要发生在井口针型阀，排采期以冲刷沟槽为主，生产期以点蚀为主。图 7-1-2 是某页岩气井油管腐蚀外观照片，图 7-1-3 是其套管 MIT 腐蚀检测结果，图 7-1-4 是井口针型阀阀尖失效外观。井下管柱腐蚀特征见表 7-1-1。

(a) 0~2000m段　　　　　　　　　　　(b) 2000~2500m段

图 7-1-2　油管腐蚀外观照片

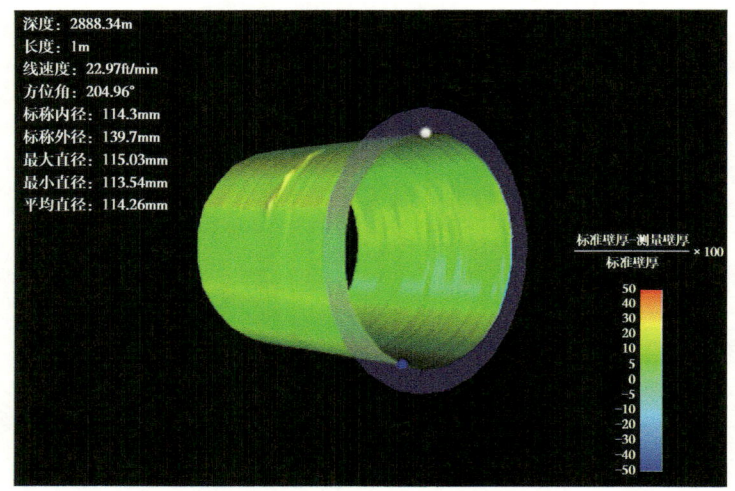

图 7-1-3　套管 MIT 腐蚀检测结果（2800~3000m 段）

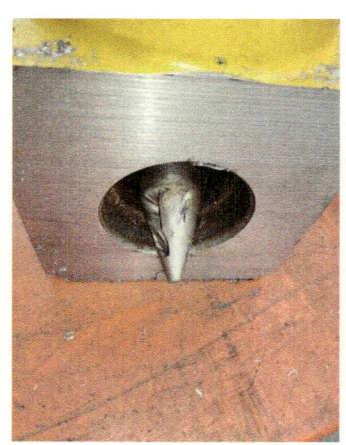 

图 7-1-4　井口针型阀阀尖失效外观

表 7-1-1 井下管柱腐蚀特征

管柱	井段	腐蚀形貌
油管	地面至井下 2000m	穿孔
	2000m 以下	腐蚀坑
油层套管	2800~3000m	局部减薄
采气树	井口	沟痕、波纹等形状的凹槽

页岩气地面采气管线腐蚀问题主要集中在压裂施工结束后的排采和生产两个阶段。排采阶段具有高温、高压、高砂量和高液量的特点。高压、高砂量条件下，介质流态突变部位砂粒对地面排采管线进行持续的冲刷作用，短时间内可击穿排采管线的弯头、三通、阀门等部件，或造成管线穿孔泄漏、阀门内部结构损坏等问题，折合最高腐蚀速率达到 99mm/a，腐蚀产物分析组成以铁的氧化物和 SiO_2 为主。生产阶段主要表现为管线内局部积液造成的细菌 +CO_2 腐蚀导致管线腐蚀穿孔失效（排污管线积液部位）和细菌 +CO_2+ 砂砾三因素叠加导致的腐蚀失效（排污阀附近的大小头和焊缝等部位），折合最高腐蚀速率达到 20mm/a，腐蚀产物以 $FeCO_3$、铁的硫化物和铁的氧化物等为主。地面采气管线腐蚀外观见图 7-1-5 所示。

(a) 堵头冲蚀失效

(b) 弯头点蚀失效

图 7-1-5 地面管线腐蚀外观照片

分析发现站内采气管线失效位置集中在除砂器至分离器中间段，主要发生在除砂器出口节流阀后第一个弯头、第二个弯头及进分离器前三通（图 7-1-6）；站内排污管线失效位置集中在分离器排污法兰至排污调节阀后端（图 7-1-7）。场站腐蚀特征见表 7-1-2。

图 7-1-6 站内采气管线重点腐蚀部位
1~15—腐蚀部位

页岩气采气工程

图 7-1-7　站内排污管线重点腐蚀部位

表 7-1-2　场站腐蚀特征

生产阶段	腐蚀易发生位置	腐蚀易发生部位	腐蚀形貌
排采阶段	除砂器至分离器管线	本体/焊缝	外弧面散状坑蚀
	站内排污管线排污阀上游	焊缝为主	均匀减薄或局部坑蚀
生产阶段	除砂器至分离器管线	本体/焊缝	散点状点蚀
	站内排污管线排污阀上游	焊缝为主	散点状点蚀
	排污汇管及埋地段	焊缝为主	散点状点蚀

二、腐蚀影响因素

1. 工况环境分析

四川盆地页岩气井生产期可以分为排采期和生产期，其中排采期具有产气、产液和产砂量大的特点，气井刚投产时井口压力可达 40MPa、温度可达 60~70℃、页岩气产量可达 20×10^4~$30 \times 10^4 m^3/d$、返排液量可达 $500 m^3/d$、出砂量可达 10t/d。随着生产的进行，气井产气、产液、产砂量呈现迅速下降—相对稳定—递减的趋势，井口压力和温度随之降低。气井生产特征见表 7-1-3。

表 7-1-3　气井生产特征

生产阶段		排产时间	井口压力/MPa	井口温度/℃	产气量/($10^4 m^3/d$)	返排液量/(m^3/d)	产砂量/(t/d)
排采期		45d	30~40	60~70	20~30	500→200	10→0.012
生产期	相对稳产期	45d 至 3a	30→4	60→30	20→3	200→10	0.0009~0.012
	低压小产期	3a 至 4a	4→1	20	3→1	10→0.2	0~0.0009

四川盆地地层温度梯度通常在 2.1~2.5℃/100m 之间、压力梯度通常在 0.2~0.25MPa/100m 之间，结合页岩气田 CO_2 含量、生产阶段等情况，四川盆地页岩气田二氧化碳分压和温度等分布情况见表 7-1-4。

表 7-1-4　页岩气田二氧化碳分压和温度等分布情况

部位		CO_2 分压（以 CO_2 含量 2% 计）/MPa			温度/℃	砂流量/（t/d）		
		排采期	稳产期	小产期		排采期	稳产期	小产期
井筒	井下 1000m	0.64~0.85	0.12~0.65	0.06~0.13	55~65	10→0.012	0.0009~0.012	0~0.0009
	井下 2000m	0.68~0.9	0.16~0.7	0.1~0.18	75~85			
	井下 3000m	0.72~0.95	0.20~0.75	0.14~0.23	95~105			
	井下 4000m	0.76~1.0	0.24~0.82	0.18~0.28	115~125			
	井下 5000m	0.8~1.05	0.28~0.85	0.22~0.33	135~145			
工艺管线		0.17	0.08~0.17	0.02~0.08	20~60	10→3	3→0.012	0.012→0
排污管线					常温			

由此可以看出，页岩气田二氧化碳分压、温度和砂流量等分布较复杂，随着井深增大，井筒二氧化碳分压、温度均增大；随着生产进行，二氧化碳分压略微降低，但砂流量急剧降低，腐蚀主控因素因此随之变化；排采期以含砂介质冲刷腐蚀，生产期以细菌和二氧化碳腐蚀为主。

2. 腐蚀介质分析

以四川盆地页岩气田为例，分析表明页岩气井返排液中普遍含有细菌、氯离子、二氧化碳等腐蚀性介质的特点，腐蚀环境复杂。由平台返排液 SRB 连续检测的结果，SRB 最高含量超过 $110×10^4$ 个 /mL，见表 7-1-5。

表 7-1-5　四川盆地页岩气田主要腐蚀介质

区块	CO_2 摩尔分数 /%	Cl^- 含量 /mg/L	SRB 含量 /（个 /mL）
重庆页岩气	1~1.2	7000~30000	0~$110×10^4$
长宁页岩气	0.08~0.94	6000~50000	0~$110×10^4$
四川页岩气	1~2.5	8000~20000	0~$110×10^4$
蜀南气矿页岩气	0.9~2.1	6000~30000	0~$110×10^4$
重庆气矿页岩气	0.8~2.2	8000~25000	0~$110×10^4$

3. 腐蚀因素影响分析

页岩气田的腐蚀同时受到工况环境和腐蚀介质影响，因此主要影响因素有二氧化碳、氯离子、砂、细菌、温度及流速。其中 80℃ 及以下温度时，SRB 具备活性，会与二氧化碳发生协同作用促进腐蚀。80℃ 以上，SRB 不具备活性，二氧化碳是腐蚀主要因素；同时腐蚀还受到流速、液体介质等因素影响。

1）二氧化碳分压[5]

二氧化碳分压对碳钢和低合金钢的腐蚀速率有重要的影响，在 $T < 60℃$、裸钢形成

保护性腐蚀产物膜的情况下，可以用 Ward 等经验公式表达：

$$\lg v_c = 7.96 - 2320/(T+273) - 5.55 \times 10^{-3} T + 0.67 \lg p_{CO_2} \qquad (7\text{-}1\text{-}1)$$

式中　v_c——腐蚀速率，mm/a；

　　　p_{CO_2}——二氧化碳分压，MPa；

　　　T——温度，℃。

该式表明钢的腐蚀速率随 p_{CO_2} 增加而增大。由于 CO_2 的腐蚀过程是随着氢去极化过程而进行的，而且这一过程是由溶液本身的水合氢离子和碳酸中分解的氢离子来完成的。当 CO_2 分压高时，由于溶解的碳酸浓度增高，从碳酸中分解的氢离子浓度也越高，因而腐蚀被加速。

一般认为，当 CO_2 分压大于 0.21MPa 时将发生腐蚀；分压小于 0.021MPa 时腐蚀可忽略不计。但在活性 SRB 存在条件下，SRB 会与二氧化碳产生耦合作用，导致腐蚀速率较仅二氧化碳存在条件下高 4~10 倍，在现场工况条件下甚至更高[6]。

2）氯离子[7]

返排液中含有一定量的氯离子，并且溶液为弱酸性。由于氯离子半径小、侵蚀性很强，容易在碳钢表面形成点蚀。点蚀孔内氯离子浓度会进一步升高，导致 pH 值下降形成"酸化自催化效应"使点蚀发展速度加大。同时氯离子的增加也会影响细菌的活性，导致细菌腐蚀降低，因此氯离子本身没有腐蚀性，但对腐蚀的影响不可忽略，多种腐蚀环境下其影响机制较为复杂。

3）砂砾含量[8]

砂砾本身不具有腐蚀性，高流速条件下，连续不断的砂砾会对管道产生"犁削作用"造成冲刷腐蚀；当流速降低，砂沉积则会导致垢下腐蚀。研究表明，砂砾在冲蚀过程中对材料的破坏作用主要体现在加重流体对材料表面腐蚀产物膜的冲击，破坏腐蚀产物膜的完整及连续性，将材料的新鲜表面暴露在腐蚀性介质中，从而由较稳定的钝化状态转变成活化状态，加剧电化学腐蚀与机械冲刷间的协同作用。另外，砂砾在较高流速下，直接以一定的角度和速度冲击金属表面时，将其表面材料切削掉造成冲蚀破坏。在冲蚀过程中，含砂量决定了相邻两次颗粒撞击样品表面的间隔时间，进而影响了在两次撞击之间形成的样品表面钝化膜的厚度以及成分。因此，当含砂量升高时，材料冲刷腐蚀速率会随之上升[9]。

4）细菌[10]

油气工业中常见的腐蚀微害细菌主要有硫酸盐还原菌、铁细菌和腐生菌等，由细菌的生命活动引起或促进材料（以金属为主）的腐蚀破坏被称为细菌腐蚀。细菌参与的腐蚀早在 19 世纪初已被人们发现，而真正引起重视是在 20 世纪 30 年代初。

硫酸盐还原菌是指在一定条件下能够将 SO_4^{2-} 还原成 S^{2-}，进而形成副产物 HS^-，且对金属有很大腐蚀作用的一类细菌。腐蚀反应中产生 FeS 沉淀可造成堵塞。硫酸盐还原菌通常是缺氧环境中微生物腐蚀的根源。

铁细菌则是能从氧化二价铁中得到能量的一群细菌，形成的氢氧化铁可在细菌膜鞘的内部或外部储存。铁细菌是在与水接触的结瘤腐蚀中最常见的一种菌。虽然不直接参与腐蚀反应，但是，能造成腐蚀和堵塞。通过氢氧化铁层下的硫酸盐还原菌的活动，或者由于形成氧浓差电池也能引起腐蚀。

腐生菌是异养型的细菌，在一定条件下，它们从有机物中得到能量，产生黏性物质，与某些代谢产物累积可造成堵塞。产生的黏液与铁细菌藻类原生动物等一起附着在管线和设备上，造成生物垢，堵塞注水井和过滤器，同时也产生氧浓差电池而引起腐蚀，并引起硫酸盐还原菌的生长和繁殖。

总之，细菌腐蚀（MIC）一般分为两类：一类细菌利用细胞外电子在细胞质中依靠外源氧化剂（例如硫酸盐和硝酸盐）呼吸。为了利用细胞外电子在细胞质中氧化氧化剂如硫酸盐，必须将电子转移穿过细胞壁。这种细胞外电子转移（EET）只有通过电生物膜才能实现，因此被称为E-MIC。二类细菌由发酵细菌分泌的腐蚀性代谢产物引起的电化学腐蚀，因此被称为M-MIC。研究发现页岩气的细菌腐蚀存在这两类腐蚀过程。

5）温度[4]

大量的研究结果表明，温度是CO_2腐蚀的重要影响因素，其对腐蚀速率的影响很大程度上体现在温度对保护膜生成的影响上。研究结果表明，在60℃附近CO_2腐蚀在动力学上有质的变化。碳酸亚铁（$FeCO_3$）溶解度具有负的温度系数，即随温度升高而降低，因此在60~110℃之间，钢铁表面可生成具有一定保护性的腐蚀产物膜层，从而使腐蚀速率出现过渡区，在该温区内局部腐蚀较突出；而温度低于60℃时，碳钢表面生成不具保护性的少量松软且不致密的$FeCO_3$，而且钢的腐蚀速率在此区域出现极大值（含Mn钢在40℃附近，含Cr钢在60℃附近），此时腐蚀为均匀腐蚀；当温度在110℃或更高的温度范围时，由于可发生以下化学反应：

$$3Fe + 4H_2O =\!=\!= Fe_3O_4 + 4H_2\uparrow \quad (7-1-2)$$

因而在110℃附近显示出钢的第二个腐蚀速率极大值。表面产物膜层也由$FeCO_3$变成Fe_3O_4和$FeCO_3$，并且随着温度的升高，Fe_3O_4量增加，在更高温度下，Fe_3O_4在膜中的比例将占主导地位。

同时温度会影响细菌活性，一般细菌最适温度为37℃，有研究表明，温度超90℃，硫酸盐还原菌失去活性，腐蚀影响降低，而且页岩气井下油管腐蚀表现出两种不同的腐蚀状况也验证了此观点。

6）流速[12]

实际经验和实验室研究表明，流速对钢的腐蚀有较大的影响。腐蚀速率随流速增加有惊人的增大并导致严重的局部腐蚀。实际上流体将对设备内壁构成强烈的冲刷，除了使设备承受一定的冲刷力、促进腐蚀反应的物质交换外，还将抑制致密保护膜的形成，影响缓蚀剂作用的发挥，尤其是在材料内壁已不光滑的条件下，局部的流速可能远远高于整体流速，而且还可能出现紊流，因此必然会对腐蚀速率有一定的影响。而在含砂的条件下，高速含砂介质对材料表面的机械冲刷作用占主导地位，材料的电化学腐蚀加剧及砂砾机械磨损共同导致冲刷腐蚀失效。

三、腐蚀机理

综合四川盆地页岩气腐蚀状况及腐蚀影响因素分析可知，页岩气田采气系统腐蚀严重，腐蚀影响因素多且多种腐蚀因素相互耦合作用，从腐蚀的形貌及腐蚀产物可知，腐蚀机理主要为冲刷腐蚀机理、二氧化碳腐蚀机理和细菌腐蚀机理。

1. 冲刷腐蚀机理[13-14]

页岩气气井排采初期,流速较高,砂含量较大,井口及采气管线易受砂冲刷磨损影响,其机理模型主要有两种:一种是刚性粒子切削塑性材料模型,如图 7-1-8 所示。即将冲击粒子当作一把微型刀具,当它以一定的角度和速度冲击金属表面时,便将其表面材料切削掉造成冲蚀破坏[15]。

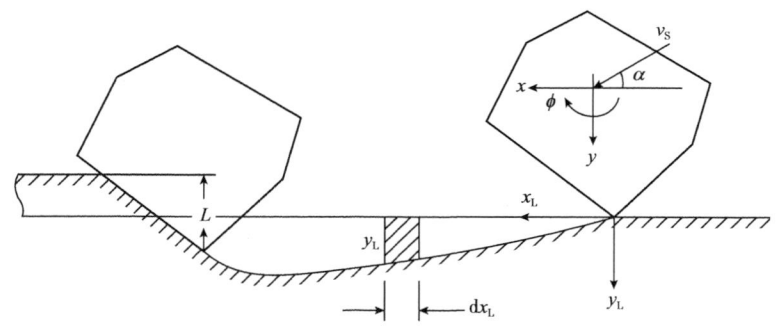

图 7-1-8　刚性粒子切削塑性材料示意图

x—x 轴;y—y 轴;L—切削深度;α—冲角;v_s—速度;ϕ—磨损角;x_L—切削深度在 x 轴上的分量;
y_L—切削深度在 y 轴上的分量

另一种是当颗粒冲击材料表面时会产生一定的挤压力,在被冲击的材料表面将会出现凹坑以及凸起唇片,后续的固体颗粒会对已产生的唇片进行冲击,经过不断冲击而产生严重的塑性变形后,表面材料将以片屑状的形式被冲击掉,造成材料表面的冲蚀破坏,如图 7-1-9 所示。

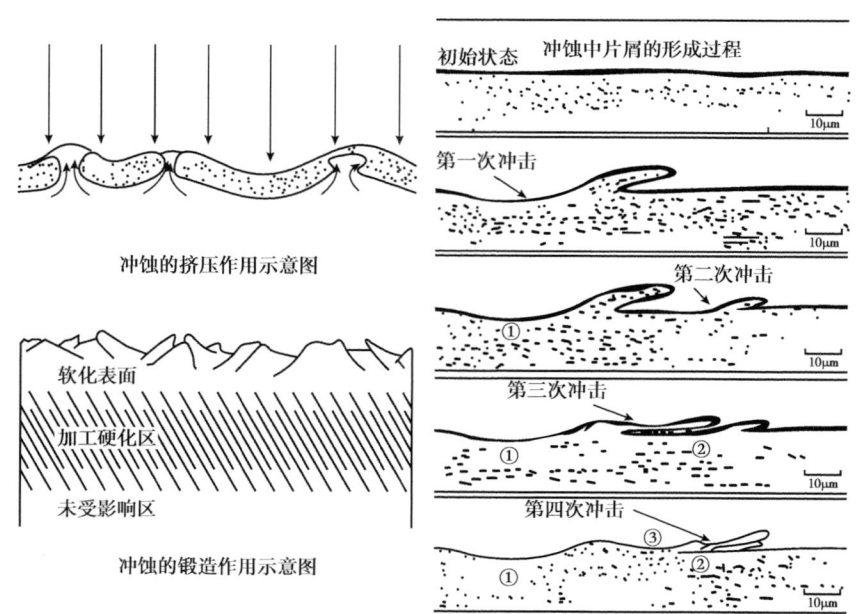

图 7-1-9　冲蚀的挤压锻造作用示意图

而长宁页岩气砂蚀部件表面光滑，无凸起唇片等腐蚀产物存在，故表现为高流速、高砂量条件下砂砾对金属材料直接切削。

2. CO_2 腐蚀机理[16]

CO_2 腐蚀，又称甜腐蚀，对天然气管道内腐蚀具有重要影响。同时，低碳钢的 CO_2 腐蚀也是被研究最多、理论最充分的腐蚀系统之一。众所周知，CO_2 溶入水后对钢铁有极强的腐蚀性，在相同 pH 值下，由于 CO_2 的总酸度比盐酸高，因此对钢铁的腐蚀比盐酸还严重。其腐蚀特征是呈现局部的点蚀、癣状腐蚀和台面状腐蚀。过去的研究都是基于碳酸直接还原的极限电流密度来解释这一现象，而忽略了其他影响因素。随着对 CO_2 腐蚀机理研究的不断深入，有研究发现，除了 CO_2 的均相化学反应、电化学反应和传质过程对腐蚀速率有重要影响之外，腐蚀产物膜的存在也是影响 CO_2 腐蚀的一个重要因素。其腐蚀反应过程示意图如图 7-1-10 所示。

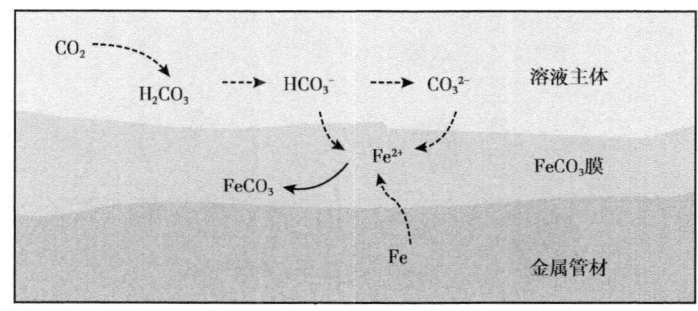

图 7-1-10 CO_2 腐蚀反应过程示意图

3. 细菌腐蚀机理[17]

油气田水系统中产生腐蚀的细菌主要为硫酸盐还原菌，次要为铁细菌及腐生菌，同时铁细菌及腐生菌等好氧细菌形成的生物膜为厌氧细菌硫酸盐还原菌提供了有利的生长环境，从而促进腐蚀的发生。

一般认为 SRB 分泌的酸性气体 H_2S 导致碳钢的 SRB 微生物腐蚀。但是，近年来研究表明，SRB 生物膜通过细胞外电子转移（EET）从铁元素中收集阴极电子，从而使 SRB 获得能量。已经证明，当成熟的 SRB 生物膜遭受碳源饥饿时，它会转换成将元素铁作为电子源，从而变得更具腐蚀性[11, 18]。典型硫酸盐还原菌的腐蚀机理示意图如图 7-1-11 所示。

铁细菌能产生大量氧化铁沉淀是由于它们能把可溶于水中的亚铁离子转变为不溶于水的三氧化二铁的水合物作为代谢作用的一部分：

$$2Fe^{2+}+1.5O_2+xH_2O \longrightarrow Fe_2O_3 \cdot xH_2O \quad (7-1-3)$$

铁细菌的锈瘤还会遮盖钢铁的表面，形成氧浓差腐蚀电池，从而导致腐蚀。

腐生菌产生的黏液与铁细菌藻类原生动物等一起附着在管线和设备上，形成生物膜，会堵塞注水井和过滤器，同时也产生氧浓差电池而引起腐蚀。同时引起的硫酸盐还原菌的生长和繁殖。

细菌腐蚀的形成及发展示意如图 7-1-12 所示。

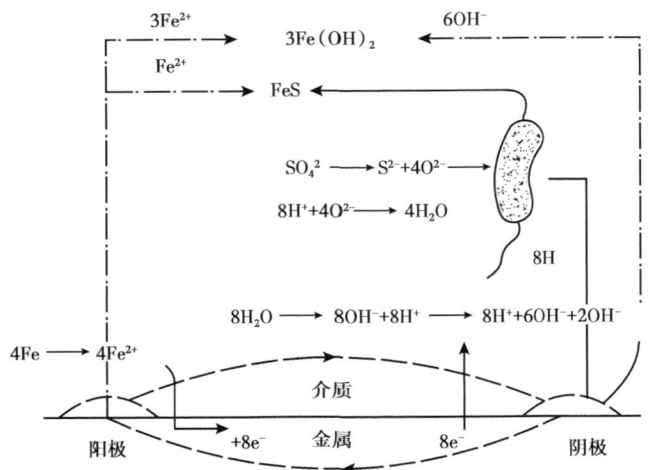

图 7-1-11　硫酸盐还原菌腐蚀机理示意图

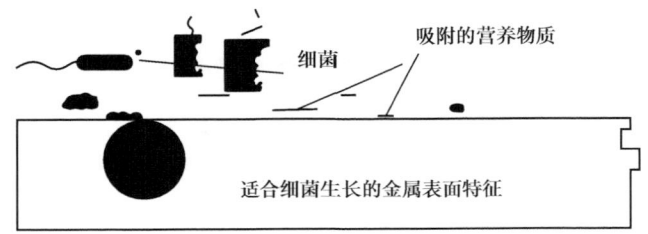

(a) 阶段一，寻找适宜的场所

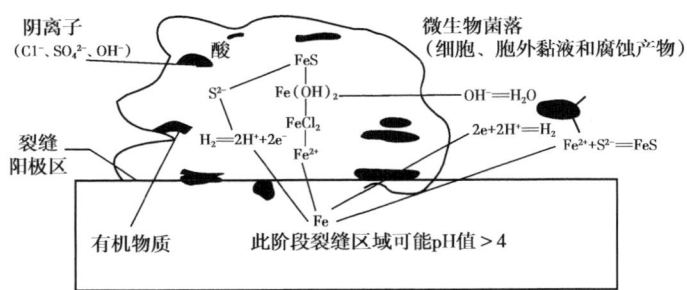

(b) 阶段二，菌落形成、缝隙腐蚀以及阳极固定

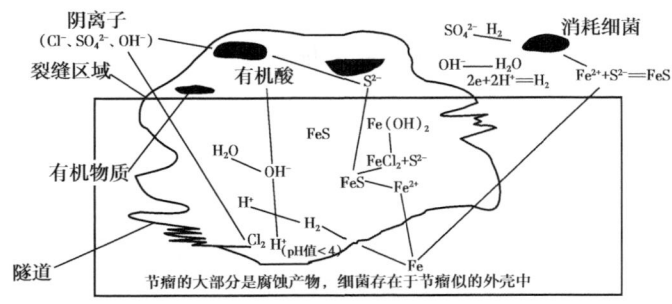

(c) 阶段三，在充分发展的蚀孔上形成节瘤

图 7-1-12　细菌腐蚀形成和发展示意图

第七章　腐蚀与防护

第二节　腐蚀控制

腐蚀控制需要从气田开发方案设计开始，贯穿于气田全流程和生命周期各个阶段，同时需要兼顾经济性和可行性，以保障气田安全、经济和高效开发。现有腐蚀控制措施主要有材料防腐、药剂防腐和工艺优化等。页岩气砂＋二氧化碳＋细菌等多因素共存，不同时期、不同部位的腐蚀主控因素不同，为了防止页岩气气井和站场工艺管线设备腐蚀，需要结合材质、药剂、工艺优化等措施，以达到最优腐蚀控制效果。表 7-2-1 是不同腐蚀控制措施的优缺点对比。

表 7-2-1　不同腐蚀控制措施对比

控制措施	优点	缺点
材料防腐	效果好，使用方便，后期维护成本低	耐蚀合金、不锈钢等成本通常较高。涂层、镀层等表面改性技术有一定的应用前提条件，出现缺陷或工况变化后难以针对性地进行维护维修和优化调整
药剂防腐	防腐效果好，建设成本低，工况、环境等发生变化后可以灵活调整	后期需要持续进行运行维护和管理
工艺优化	有一定效果，成本低，现场可以灵活调整	不适合所有的工况，通常需要配合材质、药剂防腐

一、材料防腐

材料防腐具备效果好、后期维护成本低等优点，可用于气田全流程腐蚀控制之中，但需综合考虑防腐效果、技术成熟度和建设成本等。目前，主要有碳钢表面改性（涂层、内衬）材料和非金属材料用于页岩气田的腐蚀防护之中。

1. 选材原则

针对油气田选材目前已经有 NACE MR 0175、ISO 15156 和 SY/T 0599 等标准作为指导。值得注意的是，这些标准主要针对硫化氢应力腐蚀开裂而言。而页岩气不含硫化氢，因此，材料选择只能借鉴此类标准，同时应注重材质在页岩气工况环境下的耐腐蚀性能。目前对于材料耐蚀性能通常参考 NACE RP 0775《油田作业中腐蚀试片的制备、安装、分析和解释》关于腐蚀速率的标准进行分级，具体见表 7-2-2，其中中度及以下腐蚀被普遍认为是可以接受的。

表 7-2-2　不同腐蚀速率分级

项目		轻度腐蚀	中度腐蚀	较重腐蚀	严重腐蚀
腐蚀速率/（mm/a）	均匀腐蚀	<0.025	0.025–0.12	0.13–0.25	>0.25
	点蚀	<0.13	0.13–0.20	0.21–0.38	>0.38

2. 材料种类

在井筒材料防腐方面，目前在现场应用过程中初步展示出一定效果的材料主要是环氧酚醛树脂内涂层油管，其具备可耐细菌＋二氧化碳腐蚀、成本相对较低等优点，但在使用过程中也存在一些局限性，具体见表7-2-3。

表 7-2-3 碳钢内涂环氧酚醛树脂涂层油管问题

	主要问题	适用范围
碳钢油管+环氧树脂内涂层	只能保护油管内壁；耐磨性较金属差；长期应用效果尚需进一步验证	环空无积液、未开展环空采气、未开展柱塞采气气井，且建议使用温度低于130℃

内涂油管性能可参考 SY/T 6717 的要求。

3. 采气管线

在采气管线材料防腐方面，由于不同的部位腐蚀主要因素有所不同，因此材料选用也不相同。

1）易冲蚀部位

针对弯头、三通等易冲蚀部位，推荐采用内衬陶瓷材料等耐冲蚀材料。

2）易发生二氧化碳+细菌腐蚀部位

页岩气出橇后排污管等低压低流速段容易发生二氧化碳+细菌耦合腐蚀，这些管段可以选用非金属管实现腐蚀控制。

表 7-2-4 是不同材料推荐适用的管段和部位。

表 7-2-4 不同材料推荐适用管段和部位

推荐材料	管段	部位
内衬陶瓷材质	除砂器至分离器及除砂器排污	弯头、三通、阀门、大小头
	分离器排污管线至排污阀后第一个弯头	弯头、三通、阀门、大小头
非金属管	除砂器/分离器排污管线	排污阀后第一个弯头之后

其中常用的内衬氧化锆陶瓷材料成品力学性能指标不低于表7-2-5要求，焊缝部位应执行 GB/T 11345 焊缝无损检测超声检测技术、检测等级和评定的规定。

表 7-2-5 内衬成品力学性能

抗弯强度/MPa	体积密度/(g/cm³)	断裂韧性/(MPa·m$^{0.5}$)	弹性模量/GPa	Zr(Hf)O$_2$（质量分数）/%	硬度/GPa
≥800	≥5.95	≥12	≥205	≥94	≥12

非金属管目前主要参考标准见表7-2-6。

表 7-2-6 非金属管相关参考标准

非金属类型	国内标准	国外标准
玻璃钢管	SY/T 6266（等同国外）	API 15LR《低压玻璃纤维管线管和管件》
	SY/T 6267（等同国外）	API 15HR《高压玻璃纤维管线管》
钢骨架聚乙烯复合管	SY/T 6662.1《石油天然气工业用非金属复合管 第1部分：钢骨架增强聚乙烯复合管》	—
	SY/T 6795《石油天然气工业 钢骨架增强热塑性树脂连续管及接头》	
柔性高压复合管	SY/T 6662.2《石油天然气工业用非金属复合管 第2部分：柔性复合高压输送管》	API 15LE《聚乙烯管线管规范》

4. 应用效果

1）内涂层油管

川庆钻探页岩气公司于 2018 年 4 月在腐蚀严重页岩气井下入部分环氧酚醛内涂层油管，并于 2019 年 3 月起油管检测。未防腐油管和涂层防腐油管应用后的外观如图 7-2-1 所示。

（a）未使用涂层油管　　　　　　（b）使用涂层油管

图 7-2-1　内涂层油管试验后外观

可以看出，内涂油管在现场应用后具有较好的抗 CO_2 和细菌腐蚀能力。

2）非金属管材

非金属管材于 2021 年 4 月在长宁区块页岩气排污管线开展应用试验，前期该排污管线上采用普通碳钢，投运仅 2 个月就发生 2 次刺漏。2021 年 4 月将平台低压段排污管线改为钢骨复合管，运行 7 个月未出现刺漏。2021 年 11 月取下该段复合管（图 7-2-2）进行检测，发现该钢骨架复合管应用后管内平滑，未出现鼓泡、剥落、缺陷等情况。

图 7-2-2　非金属管应用后外观

二、药剂防腐

页岩气同时存在细菌腐蚀+二氧化碳腐蚀,因此需要同时开展杀菌和抑制二氧化碳腐蚀工作。杀菌缓蚀剂是由一种或多种药剂复配而成,其主要功能是杀灭管存液体中的微生物(硫酸盐还原菌、铁细菌、腐生菌等)或抑制其生长,同时还能抑制二氧化碳等腐蚀性介质造成的金属管道电化学腐蚀。目前国家和行业层面没有杀菌缓蚀剂的相关标准,因此药剂杀菌性能要求主要参考 SY/T 5757 执行,缓蚀性能要求主要参考 SY/T 7437 执行。

1. 产品种类及性能

杀菌剂按照杀菌机理可分为氧化型杀菌剂和非氧化型杀菌剂两大类。常见氧化性杀菌剂有氯气、二氧化氯、溴、臭氧、过氧化氢等,非氧化性杀菌剂有氯酚类、异噻唑啉酮、季铵盐类等[19]。由于氧化型杀菌剂在存储和使用过程中通常存在如毒性较大、腐蚀性较强等问题,因此油气田开发领域主要采用非氧化型杀菌剂。

油气田生产过程中所用缓蚀剂大多为有机缓蚀剂,常用有机缓蚀剂主要为季铵盐、咪唑啉衍生物、吡啶衍生物等。

页岩气用杀菌缓蚀药剂可为一种同时具备杀菌—缓蚀功能的药剂或杀菌剂+缓蚀剂等多种药剂复配而成。在现场推荐加量下杀菌缓蚀剂应满足以下性能指标,见表 7-2-7。

表 7-2-7 药剂性能指标

性能		指标
腐蚀速率/(mm/a)		≤0.076
细菌量/(个/mL)	SRB	25
	TGB	1×10^4
	FB	1×10^4
配伍性		与现场水及其他药剂混合配伍
热稳定性		在使用的工况温度下热稳定性好

2. 应用工艺技术

药剂防腐主要适用于二氧化碳和细菌等导致的电化学腐蚀。针对页岩气井筒和站场工艺管线设备,其适用范围见表 7-2-8。

表 7-2-8 药剂防腐适用范围

策略	适用部位
药剂防腐	井筒(油管内、外壁以及油层套管内壁)
	站场工艺管线直管段

1)加注方式

(1)井筒。

①套管采气阶段。

a. 压裂期间。在压裂液中加入杀菌剂,控制细菌含量达到 NB/T 14003.1—2015《页岩

气 压裂液 第1部分：滑溜水性能指标及评价方法》标准要求。

在压裂完成后闷井前加注杀菌缓蚀药剂一次。药剂加注量按井筒体积和药剂推荐加注浓度进行计算。

b. 排采（套管采气）期间。定期关井向套管加注。

②油管采气阶段。

a. 具备连续加注条件的气井（泡排平台使用起泡缓蚀剂，其性能指标需满足表7-2-4的要求）。每天连续加注。

b. 不具备连续加注条件的气井。定期向套管加注。

（2）站场工艺管线设备。

①井筒未加注药剂或间歇加注药剂气井。在井口向采气管线每天连续加注。

②井筒正在连续加注药剂气井。可不用额外向对应的采气管线加注药剂。

2）加注设备

可采用气动泵、电动泵和车载泵等设备加注，在加注设备选型过程中应注意结合每天药剂加注量和现场最高压力开展。

3）加注量

根据室内模拟实验评价得出的杀菌和缓蚀有效浓度，结合现场产水量进行计算。

3. 应用效果评价方法及现场应用效果

1）应用效果评价方法

（1）返排液中活细菌含量评价[21-22]。

活细菌含量可以用于判断杀菌缓蚀剂应用效果。细菌含量控制指标应符合表7-2-9中指标要求。

表7-2-9 返排液中细菌含量指标

细菌	含量/(个/mL)
SRB	25
TGB	1×10^4
FB	1×10^4

推荐的返排液水质监测点和监测频率设置见表7-2-10。

表7-2-10 返排液水质监测点、监测频率设置

监测点位	数据采集频率	备注
井口分离器	（1）投产初期或者更换药剂种类初期1次/周； （2）效果稳定后1次/月	细菌需要分别检测活的SRB、FB、TGB浓度
集气站/中心站分离器	（1）投产初期或者更换药剂种类初期1次/周； （2）效果稳定后1次/月	细菌需要分别检测活的SRB、FB、TGB浓度

（2）返排液腐蚀性评价。

根据腐蚀实验方法[23]取典型井开展控制措施实施前后现场返排液腐蚀性评价，要求其腐蚀速率低于0.076mm/a，并根据腐蚀控制方案优化结果定期开展返排液腐蚀性评价。

2）现场应用效果

以长宁页岩气区块为例，井下加注杀菌缓蚀剂后细菌含量急剧下降（图7-2-3），返排液腐蚀评价结果显示腐蚀速率低于0.076mm/a标准要求（图7-2-4），说明加注药剂后起到了良好的效果。

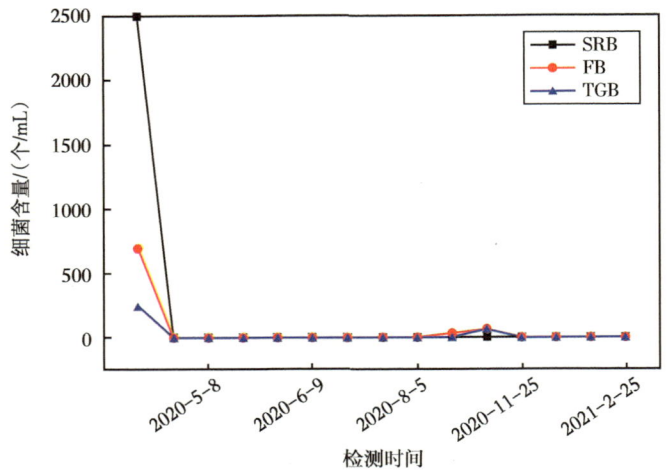

图 7-2-3　长宁区块页岩气井药剂加注后细菌含量检测结果

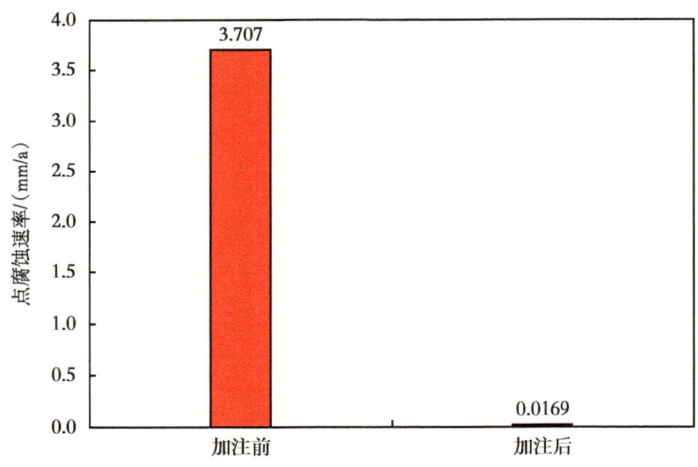

图 7-2-4　长宁区块页岩气井加注药剂前后返排腐蚀性室内评价结果对比

三、工艺优化

工艺优化相对于药剂防腐具备源头控制、操作方便的优点，相对于材质防腐具备经济性好的优点，但是工艺优化防腐并不是所有的环境下都适用，需要根据现场采气工艺和工况进行选择。目前页岩气工艺优化防腐主要包括简化管线设备工艺流程设计、优化操作参数、加厚材质等方式缓解腐蚀失效问题。

1. 工艺优化

（1）应根据页岩气井4个生产阶段的生产特点和井数设置配套的采气工艺，且应优化平台工艺流程，减少弯头、大小头等处介质流态变化较大的管件数量。

（2）井口至除砂器、除砂器至分离器、分离器排污等位置管线弯头宜使用方弯头设计。

（3）除砂器至分离器管线、排污管线不使用大小头变径设计。

（4）排污管至排污汇管弯头避免为150°弯头，宜使用方弯头。

（5）排采初期可采用二级分离器工艺。

2. 参数优化

（1）应保证管道流速在3~6m/s，产砂气井流速控制在3~5m/s。

（2）减少返排液回用次数，或开展返排液处理回用，返排液回用时应控制其细菌、有机物和结垢离子含量。

3. 其他

井口至除砂器段应考虑增厚腐蚀裕量。

第三节　腐蚀检测

腐蚀检测即采用合适的检测手段对井筒、井口和采气管线的腐蚀形态、腐蚀程度和位置等进行判断，其目的在于掌握材料的腐蚀状况，获得腐蚀状况和工况参数之间的相互关系等有关信息。

井筒腐蚀检测主要采用多臂井径、电磁探伤等检测技术；井口腐蚀检测主要采用超声检测技术；采气管线腐蚀检测主要采用超声、射线等检测技术。

现场检测完成后，由具有资质的检测（或解释）人员按照相关标准或规范对检测数据进行分析处理，得出缺陷尺寸和形状等结果，并对结果进行损伤评级和剩余强度评估。业主单位可根据检测结果和损伤评级等来预测腐蚀速率和评估剩余寿命，以便制订预防与治理措施。

一、腐蚀检测手段

页岩气气井主要的腐蚀检测手段是基于多臂井径、电磁感应、漏磁和超声波等原理的仪器，采气管线主要的检测手段是基于超声导波、射线和超声波等原理的仪器。

常用的腐蚀检测手段如多臂井径仪和电磁探伤仪检测是将仪器下入井内对井下油管或套管进行检测。漏磁检测仪是将仪器探头安装在修井机钻台上，在修井起油管过程中，油管通过仪器时自动检测油管。超声波检测仪用于井口阀门两端脖颈管的检测。超声导波用于快速对采气管线进行腐蚀检测，初步判断腐蚀部位。射线探伤仪（含DR）则精确地对腐蚀存疑部位进行检测。各仪器功能特性情况见表7-3-1。

表7-3-1　腐蚀检测仪器功能特性情况表

检测仪器	功能	精度	特性
多臂井径仪	井下油管和套管检测	0.5~1mm	内壁检测、直接测量、解释较简单、数据可靠性高
电磁探伤仪	井下油管和套管检测	0.19~1.5mm	内外壁检测、可多层检测、间接测量、定量解释难度较大
漏磁检测仪	井口位置起油管检测	完好壁厚的2%	检测速度快、自动检测、间接测量、定量解释难度较大
超声波测厚仪	井口腐蚀检测	0.1mm	检测厚度大、定量检测、单点测厚、直接显示厚度数据

续表

检测仪器	功能	精度	特性
超声波相控阵扫描仪	井口腐蚀检测	壁厚精度 0.1mm 缺陷精度 1mm	检测厚度大、定量检测、区域查扫、显示缺陷图像
超声导波检测仪	采气管线腐蚀检测	纵向定位精度为±6cm，环向定位精度为22°，检测精度为缺陷损失横截面积的2%，任何位置缺陷的灵敏度为1%~2%	传播距离远，不适用于复杂结构的管道，精度不高
射线探伤仪	采气管线及设备腐蚀检测	X射线：壁厚的10%；γ射线：壁厚的20%~25%	精度高，底片可留存能追溯，射线对人体有伤害
数字射线检测仪	采气管线及设备腐蚀检测	同射线探伤仪	图像存储、阅读更方便，射线对人体有伤害

1. 多臂井径仪

1）技术原理

多臂井径成像测井仪（Mutil-Finger Image Tool，MIT）由电子线路、电动马达、多臂井径测量探头等组成（图7-3-1）。仪器通过马达供电开臂，在测量中，一旦管柱内径发生变化，测量臂通过铰链将内径变化量传递到激励臂上，激励臂的移动切割外面的线圈，从而产生随管柱内径变化的感生电动势（图7-3-2）。通过刻度，将测量到的感生电动势转化为测量半径，从而实现井径的测量。

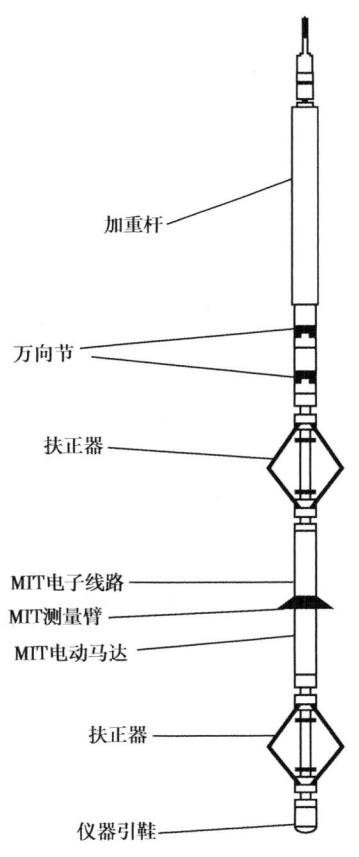

图 7-3-1 MIT 多臂井径仪器构成

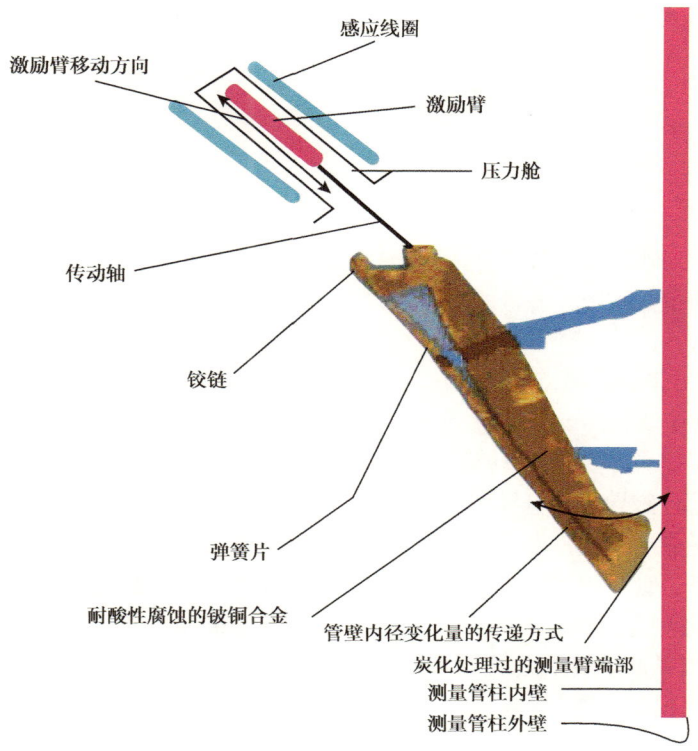

图 7-3-2 MIT 多臂井径成像仪测井原理示意图

2）常用设备及参数

多臂井径仪目前主要有 14 臂、24 臂、40 臂和 60 臂 4 种规格，4 种规格的多臂井径仪主要技术参数见表 7-3-2。

表 7-3-2 多臂井径仪技术参数表

仪器规格	外径/mm	长度/m	质量/kg	耐温/℃	耐压/MPa	测量范围/mm	精度/mm
14 臂	38	1.53	8	175	100	42~100	0.5
24 臂	43	1.21	9.38	177	103	45~114 45~178（加长臂）	0.5
40 臂	73	1.66	28	150	103	76~190	1.0
60 臂	102	1.75	45	150	103	114~245	1.0

3）适用范围

多臂井径仪用于检测井下油管或套管的腐蚀、变形和结垢等损伤情况，可用于井筒内存在液体和气体等介质环境时的腐蚀检测。多臂井径仪检测属于直接测量，数据可靠性高，但只能检测油套管的内壁腐蚀，且不能检测到未与臂接触的区域。

2. 电磁探伤仪

1）技术原理

电磁探伤测井技术原理的理论基础是电磁感应定律：给发射线圈通以直流电，在螺线管周围产生一个稳定磁场，这个稳恒磁场在油管和套管中便会产生感生电流。当断开直流

电后,该感生电流在接收线圈中便产生一个随着时间而衰减的感应电动势 ε,即:

$$\varepsilon = -\frac{\mathrm{d}\Phi}{\mathrm{d}t} \qquad (7\text{-}3\text{-}1)$$

$$\mathrm{d}\Phi = \mathrm{d}S \cdot B \qquad (7\text{-}3\text{-}2)$$

式中　ε——接收线圈的感应电动势,V;
　　　Φ——磁通量,Wb;
　　　t——时间,s;
　　　S——接收线圈总面积,m^2;
　　　B——磁场强度,A/m。

对于页岩气井,影响感应电动势 ε 的主要因素有:(1)管柱因射孔、腐蚀、机械加工和撞击等原因造成管柱磁导率和电导率等参数发生改变,ε 幅度值减小;(2)管柱存在裂缝、挫断和孔洞时,导磁介质缺损,发生在管柱上的感生电流减小,ε 的幅度值减小;(3)管柱在缩径或扩径的情况下,管壁相对探头在几何位置上发生了变化,ε 的幅度值相应地增加或减小。

电磁探伤成像测井仪的结构如图 7-3-3 所示。其中纵向探头用于探测管柱结构、计算管柱的厚度和探测纵向裂缝及套管断裂情况;横向探头用于探测横向损伤、辅助探测及确定纵向裂缝、确定损伤是否对称。

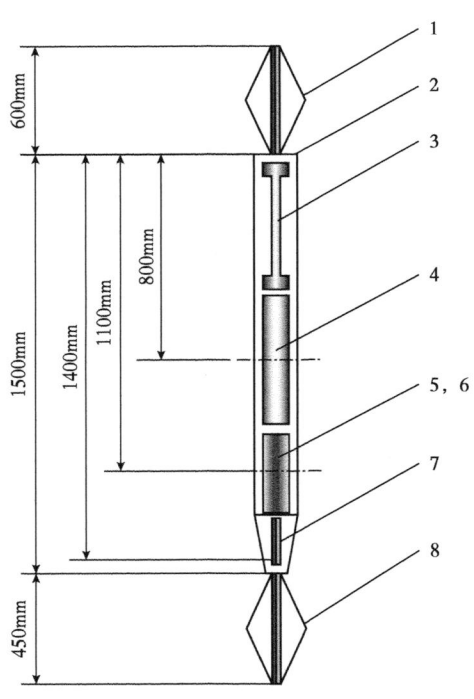

图 7-3-3　电磁探伤仪结构示意图
1—上部扶正器;2—磁保护套;3—电子模块和伽马探头;4—纵向探测头 A;
5,6—横向探测头 B、C;7—温度传感器;8—下部扶正器

2）常用设备及参数

目前主要电磁探伤仪有外径 38mm 和 43mm 两种规格，其技术参数见表 7-3-3。

表 7-3-3 电磁探伤仪技术参数表

仪器规格	外径 / mm	长度 / m	质量 / kg	耐温 / ℃	耐压 / MPa	测量范围 / mm	精度 / mm
φ38mm	38	1.18	4.5	175	100	48~473	第一层：0.19 第二层：0.25 第三层：1.5
φ43mm	43	1.92	6.4	150	100	50.8~473	第一层：0.25 第二层：0.75 第三层：1.5

3）适用范围

电磁探伤仪适用于井筒内含有液体和气体等介质时的腐蚀检测，可测量单层、双层和三层管柱，外层的测量精度比内层低，测量的层数越多，要求仪器的测井移动速度越慢。

电磁探伤仪内外壁腐蚀都能检测，但属于间接测量，数据定量解释难度较大，对解释人员的经验和技术水平要求较高。

3. 漏磁检测仪

1）技术原理

在油管表面外布置两磁场，使其与油管构成励磁回路，当油管通过这一磁化磁场时，若油管中存在缺陷，就会在表面产生漏磁场，或者引起两磁极之间的漏磁场的改变。在两磁极之间布置若干片集成磁敏电阻检测这一漏磁场的改变，即可获得有关油管缺陷的信息，如图 7-3-4 所示。集成磁敏电阻的布置数量以圆周范围内的缺陷不漏检为原则，然后根据每个元件的覆盖范围来确定布置数量。

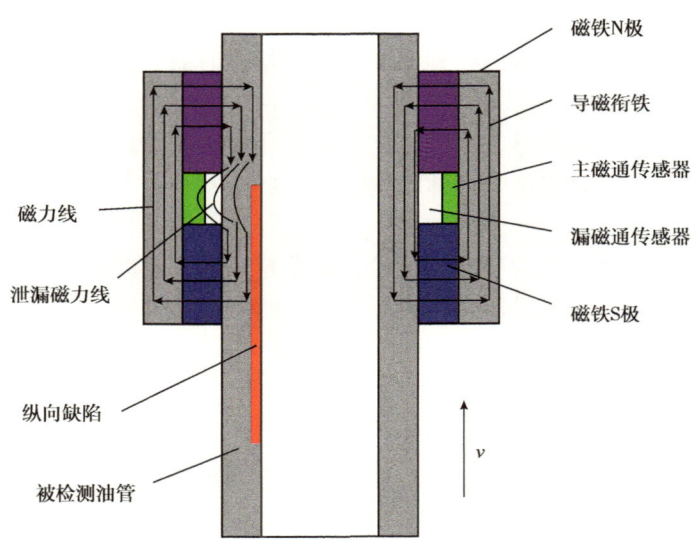

图 7-3-4 漏磁检测仪技术原理图

漏磁检测仪采用总磁通测量法与漏磁通测量法同时进行检测，以减少漏检盲区。同时采用轴向磁化横向检测和周向磁化纵向检测两种手段进行二维检测，从而确保能分辨各种缺陷和保证不漏检。检测软件能够自动存储数据，显示测量曲线。

漏磁检测仪由传感器探头、检测主机和电脑（含检测软件）组成，检测主机用于控制探头、信号处理和声光报警。传感器探头安装在两瓣壳体（支撑体）内，壳体安装在大修作业机钻台方补心上或安装在带压小修作业机的上下卡瓦组之间，修井机起油管时两瓣壳体合拢抱住油管并自动检测油管。

2）常用设备及参数

漏磁检测仪主要技术参数见表 7-3-4。

表 7-3-4　漏磁检测仪技术参数表

名称	参数
横向裂纹检测精度	0.3mm（深）×15mm（长）
纵向裂纹检测精度	1.0mm（宽）×25mm（长）
腐蚀坑及孔洞检测精度	ϕ1.8mm
壁厚减薄检测精度	完好壁厚2%
检测速度 /（m/s）	0.01~3
准确报警率 /%	98
传感器工作环境温度	−35~50℃
电源	AC220V—50Hz
整机功率 /W	2.5

3）适用范围

漏磁检测仪用于在修井起油管时检测油管，即检测时需要动管柱，不能用于井下检测油套管。

由于漏磁检测的工作原理是需要被检工件被磁化，所以漏磁检测仪器能够检测所有碳钢油管和非奥氏体不锈钢油管，奥氏体不锈钢和某些镍基合金等非铁磁性材质的油管不能被检测。

漏磁检测和电磁探伤一样属于间接测量，缺陷定量解释难度较大，检测发现异常并报警后通常需要标记油管，然后采用超声波测厚仪、凹痕仪和内窥镜进行复检。

4. 超声检测仪

1）技术原理

（1）超声测厚仪原理。

通过测量探头发出的超声波信号穿过被测材料后的时间来确定被测材料的厚度，厚度计算公式为：

$$d=vt/n \tag{7-3-3}$$

式中 d——厚度，mm；

v——材料已知声速，m/s；

t——脉冲回波时间，s；

n——超声波穿过次数。

（2）超声相控阵扫描仪原理。

根据设定的延迟法则激发阵列探头各独立压电晶片（阵元），合成声束并实现声束的移动、偏转和聚焦等功能，再按一定的延迟法则对各阵元接收到的超声信号进行处理并以图像的方式显示被检对象内部状态。

2）常用设备及参数

（1）超声波测厚仪参数。超声波测厚仪主要技术参数见表7-3-5。

表7-3-5 超声波测厚仪主要技术参数表

名称	参数
双晶探头测量模式	从激励脉冲的精确延时到第一个回波之间的时间间隔
THRU-COAT测量模式	利用单个底面回波，测量金属的实际厚度和涂层厚度（使用D7906-SM和D7908探头）
穿透漆层回波到回波测量模式	在两个连续底面回波之间的时间间隔，不计漆层或涂层厚度
单晶探头测量模式	模式1：激励脉冲与第一个底面回波之间的时间间隔
	模式2：延迟块回波与第一个底面回波之间的时间间隔（使用延迟块或水浸探头）
	模式3：在激励脉冲之后，位于第一个表面回波后的相邻底面回波之间的时间间隔（使用延迟块或水浸探头）
	氧化层模式：可选
	多层模式：可选
厚度范围	0.08~635.00mm，视材料、探头表面条件、温度和所选配置而定
材料声速范围	0.508~13.998mm/μs
分辨率	低分辨率：0.1mm；标准分辨率：0.01mm；高分辨率（可选）：0.001mm
探头频率范围	标准：2.0~30MHz（-3dB）；高穿透（可选）：0.5~30MHz（-3dB）

（2）超声波相控阵扫描仪参数。超声波相控阵扫描仪主要技术参数见表7-3-6。

表7-3-6 超声波相控阵扫描仪主要技术参数表

名称	参数	
外形尺寸（宽×高×厚）/（mm×mm×mm）	226×183×40	
质量/kg	1.6	
聚焦法则数量/个	256	
探头识别	自动探头识别	
脉冲发生器/接收器		
孔径	32个晶片	
晶片数量/个	128	
脉冲发生器	PA通道	UT通道
脉冲宽度	30~500ns可调，分辨率2.5ns	30~1000ns可调，分辨率2.5ns

续表

名称	参数	
接收器	PA 通道	UT 通道
增益	0~80dB,最大输入信号为550mVp-p(满屏高)	0~120dB,最大输入信号为34.5mVp-p(满屏高)
系统带宽	0.6~18MHz(-3dB)	0.25~28MHz(-3dB)
声束形成		
查扫类型	扇形和线性	
组数量	最多 8 组	
孔径	32 个晶片	
晶片数量	128 个	
数据采集		
数字化频率	400MHz(12 比特),在将 4 个点压缩为一个点后	
最大脉冲频率	10kHz(C 扫描)	

3)适用范围

超声检测基于声速测量厚度或缺陷,声波可穿透涂层,可用于检测表面带有涂层或漆层的材料,可检测金属和玻璃纤维、橡胶等非金属材料,检测厚度范围大,厚度范围达0.08~635.00mm。超声检测仪的探头较小,适合在狭窄空间内检测。

超声检测可定量检测厚度和缺陷,检测精度高,数据可靠性高。超声波测厚仪用于单点测厚,可直接显示厚度数据;相控阵扫描仪用于区域查扫、可直观显示缺陷图像。

5.超声导波检测仪

1)技术原理

超声导波检测系统通常由探头、导波激励单元、导波接收单元和检测信号处理单元构成。使用时,将探头以阵列环绕安装在管道特定部位,由导波激励单元产生导波信号并将其放大,施加在探头上产生导波。导波在管壁中传播,管道的不连续处和形变处会引起导波传播速度的变化,产生相应回波反射信号(图 7-3-5)。对其进行提取、分析便可判断被测物体的损伤情况,确定缺陷的位置和尺寸。

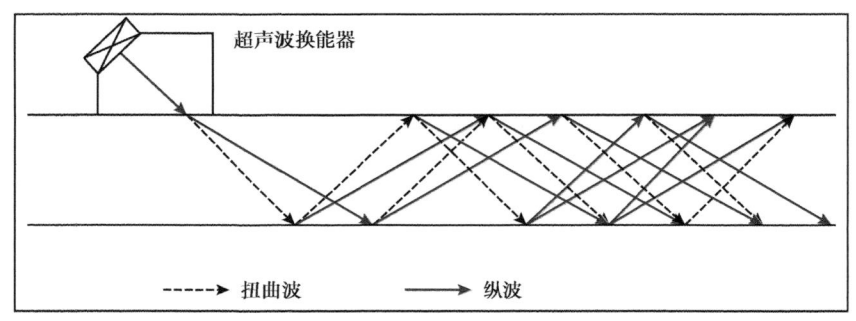

图 7-3-5 超声导波的传播示意图

超声导波具有以下优点：第一，可以检测管道内部多个方向且检测距离达上百米；人员无法接触的管壁腐蚀位置可以通过超声导波检测完成，比如穿越管道或埋地管道等。第二，检测速度较快且工作质量高，能够更大程度地降低漏检概率。第三，对管壁截面上的壁厚非常敏感，其检测精确度能达到横截面面积的9%。因此，可以利用超声导波检测开展大规模检测检验工作，提高工作效率[26]。

超声导波检测技术同样也存在一定局限性：检测频率必须事先由实验得到；无法对某一部位进行精确测量，不能反映管道的真实残余壁厚；对环向缺陷的检出率比较高，而对于不超过70%壁厚的纵向裂纹很难检出。

2）常用设备及参数

国内外开发了大量型号的超声导波检测设备，一般由检测传感器、检测主机和控制电脑组成（图7-3-6）。

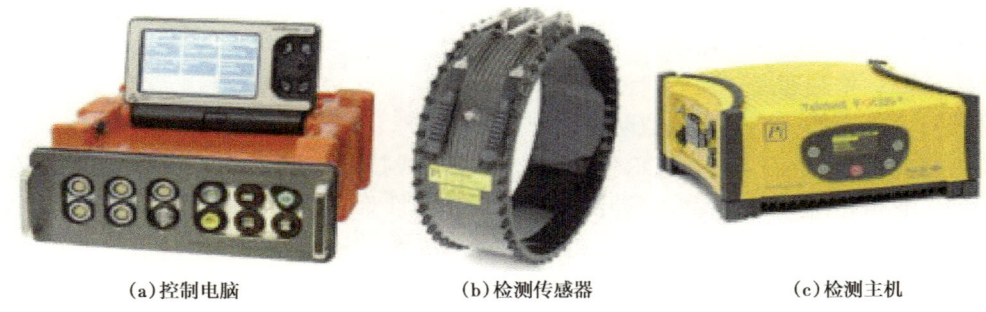

(a)控制电脑　　　　　(b)检测传感器　　　　　(c)检测主机

图7-3-6　超声导波检测设备

选用的设备至少应具有以下功能或技术指标：

在管壁检测范围内可进行一次性和100%覆盖的检测，可在不停工情况下进行在线检测，实时得到检测结果。

如仅检测直管段，则探头环一侧的传输距离至少达到50m。

纵向定位精度为±6cm，环向定位精度为22°，检测精度为缺陷损失横截面积的2%（要求对管壁内、外侧缺陷具有相同的灵敏度），对任何位置缺陷都具有相同的灵敏度（1%~2%）。

可检测缺陷类型包括腐蚀缺陷、焊缝缺陷、裂纹缺陷、管材本身缺陷、支撑处腐蚀及其他缺陷，回波可提供管道的特征和腐蚀程度。

操作电源为低电压电池，每次充电可使用8h以上，现场检测时不需要外接电源。

提供特征结构的位置和相对尺寸的信息。

3）适用范围

可用于结构较简单的采气管线的快速定性检测，能检出管道内外部腐蚀或冲蚀、环向裂纹、焊缝错边、焊接缺陷和疲劳裂纹等缺陷，也可用于地下埋地管道不开挖状态下的长距离检测。

6. 射线探伤仪（含数字射线检测仪）

1）技术原理

射线在穿透物体过程中会因吸收和散射使其强度减弱。强度衰减程度取决于物质的衰减系数和射线在物质中穿透的厚度。如果被透照物体（工件）存在缺陷，该区域的透过射线强度就会与周围产生差异。射线穿透工件后，由于缺陷部位和完好部位的透射射线强度不同，底片上相应部位等会出现黑度差异。通过观察底片黑度的差异，便能识别缺陷的位置和性质。

射线探伤具有缺陷显示直观、容易检出那些形成局部厚度差的缺陷（如气孔和夹渣）、能检出的长度和宽度尺寸分别为毫米数量级和亚毫米数量级，且几乎不存在检测厚度下限，对试件的形状、表面粗糙度没有严格要求，材料晶粒度对检测不产生影响等优点。

射线探伤的局限是：

对裂纹类缺陷的检出率受透照角度的影响，且不能检出垂直照射方向的薄层缺陷，例如钢板的分层。

检测厚度上限受射线穿透能力的限制，例如 420kV 的 X 射线机能穿透的最大钢厚度约 80mm，钴 60 放射性同位素（60Co）γ 射线穿透的最大钢厚度约 150mm，更大厚度的工件则需要使用特殊的加速器设备。

成本较高，检测速度较慢。

射线对人体有伤害，需要采取防护措施。

X 射线数字射线成像技术（DR）与传统的 X 射线技术相比，由于采用数字技术，动态范围广，有很宽的曝光宽容度，即使在一些曝光条件难以掌握的部位，也能获得很好的图像，对厚度变化范围较大的工件，也能一次透照成像[27]。

2）常用设备及参数

页岩气平台检测常用的携带式 X 射线探伤机，利用 SF6 气体绝缘，体积小、重量轻。该类检测仪通常由操纵台、X 射线发生器和低压连接电缆 3 部分组成（图 7-3-7）。

携带式探伤机有玻璃壳 X 射线管和波纹陶瓷 X 射线管两种。

图 7-3-7　射线检测仪及底片

X 射线探伤仪参数最低要求为：

（1）射线穿透能量的选择应满足 GB 3323 和 JB/T 4730—2005 的要求，曝光量不低于 15mA·min，透照的厚度比值满足 AB 级要求，射线照相质量级别为 AB 级。

（2）对 DR，系统图像评定应能满足 NB/T 7013.11—2015《承压设备　无损检测　第 11 部分：X 射线数字成像检测》AB 级或 B 级的检测要求。

3）适用范围

射线检测（含 DR）可用于检测采气管线及设备的本体和焊缝处体积型的缺陷（如局部减薄、气孔、夹杂等）。对于平面型缺陷（如裂纹）的检测能力取决于被检测件是否处于辐射方向。

二、井筒腐蚀检测

页岩气井油管和套管处于含有 CO_2 和细菌等腐蚀介质的环境中，可能产生腐蚀。为了全面掌握腐蚀程度、腐蚀井段和腐蚀部位等信息，确保检测的有效性和安全性，需要根据检测目标和井况参数编制检测方案，并按方案实施现场检测，对结果进行损伤识别和评价，以此为指导制订合理的预防和处理措施。

1. 检测方案编制

检测方案主要包括以下内容：

1）资料收集

资料收集包括检测任务通知单、井型、管柱结构尺寸、井口型号、压力温度、介质情况、历史生产数据和历史检测记录等资料。

2）仪器选择

根据检测目标、检测内容、井况、仪器特性和仪器使用范围等参数选择合适的仪器。

可选择多臂井径仪或电磁探伤仪下入井内对油管或套管进行检测，通常可以将两种仪器一起入井进行综合检测以提高检测准确度和覆盖率。漏磁检测仪用于在修井起油管时检测油管，即检测时需要动管柱。

3）仪器入井方式选择

若采用多臂井径仪或电磁探伤仪进行检测，可根据不同的井况等参数选择钢丝、电缆和连续油管 3 种入井作业方式，3 种方式的特点情况对比见表 7-3-7。

表 7-3-7　仪器入井方式特点对比表

入井方式	井口密封能力	风险性	成本	数据读取	适合井斜	难易程度
钢丝作业	强	低	低	存储	≤50°	简单
电缆作业	一般	一般	一般	直读	≤50°	一般
连油油管作业	一般	较大	较高	存储、直读	水平井	较复杂

4）检测流程

根据检测目标、井况、所选仪器、入井方式和相关检测作业技术标准等，制订合理的检测流程，合理计划时间，确保检测的有效性、安全性和经济时效性。

5）风险控制及应急预案

根据井况、仪器设备和检测流程等情况进行安全风险识别，并按照井控实施细则和相关安全技术标准，制订风险控制措施和应急预案。

6）结果评价

根据检测目标和相关技术标准，对数据质量、评价方法和评价结果等做出相关规定或要求。

2. 检测实施

按照检测方案和相关技术标准开展检测。对于多臂井径仪和电磁探伤仪检测，执行 SY/T 6938—2013《油套管检测测井作业技术规范》标准；对于漏磁检测仪检测，执行 GB/T 12606—2016《无缝和焊接（埋弧焊除外）铁磁性钢管纵向和/或横向缺欠的全圆周自动漏磁检测》标准。检测流程图如图 7-3-8 所示。

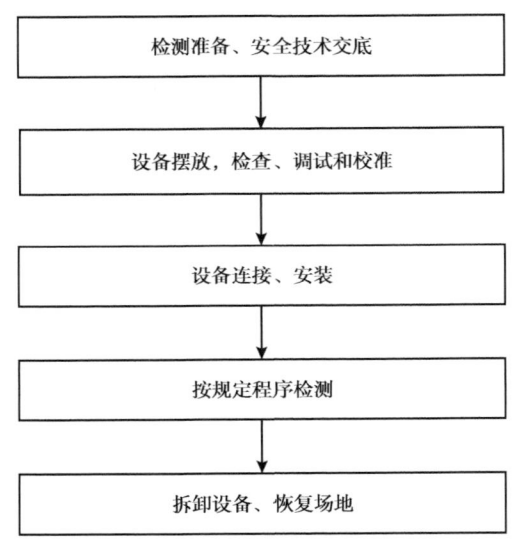

图 7-3-8　井筒腐蚀检测流程图

3. 结果处理与应用

现场检测完成后，对结果进行处理和评价，编写井筒腐蚀检测评价报告，应用评价结果来制订合理的井筒防腐方案和安全处理措施。

1）报告内容

检测评价报告内容主要包含井况信息、检测仪器设备、检测过程、解释评价、结论与建议等。

2）解释评价

由具有资质的解释评价人员提取数据，按检测方案和标准评定数据质量，对数据进行处理、损伤分析识别和损伤等级评价，做出结论与建议。

损伤等级评价通常是参照英国 Sondex 公司的 MIT 多臂井径仪评价标准，并结合工程经验和现场需求按照表 7-3-8 的方式进行评价。三级损伤应重点关注和监测并实施防腐措施，四级和五级损伤需要更换油管。

表 7-3-8　油套管腐蚀损伤等级评价表

损伤级别	腐蚀结垢评价	变形损伤评价	
	损伤程度 /%	变形程度 /%	变形长度 /m
一级损伤/结垢	1~10	1~5	不考虑变形长度
		5~10	≤10

续表

损伤级别	腐蚀结垢评价	变形损伤评价	
	损伤程度 /%	变形程度 /%	变形长度 /m
二级损伤 / 结垢	10~20	5~10	> 10
		10~20	≤ 10
三级损伤 / 结垢	20~40	10~20	> 10
		20~40	≤ 10
四级损伤 / 结垢	40~85	20~40	> 10
		40~60	≤ 10
五级损伤 / 结垢	> 85	40~60	> 10
		> 60	不再考虑变形长度

注：点状坑蚀损伤程度大于85%时判断为穿孔；损伤程度 = 损伤大小 / 标准壁厚 ×100%；损伤大小 = 最大测量值 − 正常段测量值（半径）。结垢程度 = 结垢厚度 / 标准内半径值 ×100%；结垢厚度 = 正常段测量值 − 最小测量值（半径）。变形程度 = 最大变形量 / 标准内径值 ×100%；最大变形量 = 通过居中校正后的测量内径。

3）结果应用

专业技术人员根据腐蚀检测评价结果来计算腐蚀速率、评估油套管的剩余强度和剩余寿命，制订合理的防腐方案和处理措施，如材质优选、更换油管、加注杀菌剂和缓蚀剂等。

三、井口腐蚀检测

页岩气井井口阀门内部通道与井筒所处的介质环境类似，因此同样有必要对井口进行腐蚀检测。为了确保检测的有效性和经济性，需要编制井口检测方案并实施检测，对检测结果进行评价，判定井口安全级别和评估剩余寿命，制订安全管理和处置措施。

1. 检测方案编制

检测方案主要包括以下内容：

1）资料收集

资料收集包括检测任务通知单、井口基础资料、压力温度、介质情况、生产运维记录和历史检测记录等资料。

2）仪器选择

井口腐蚀检测主要是检测井口阀门两端脖颈管的内腐蚀状况，通常选择超声波测厚仪和超声波相控阵扫描仪进行综合检测，以提高检测精细度和覆盖率。根据检测目标、检测内容、工况和仪器特性等参数来选择合适规格的仪器和探头。

3）检测流程

根据检测目标、工况、所选仪器和相关检测技术标准等，制订合理的检测流程，确保检测的安全性、有效性和经济时效性。

4）结果评价

根据检测目标和相关技术标准，对数据质量、评价方法、评价结果和审核流程等做出相关规定或要求。

2.检测实施

按照检测方案和相关技术标准开展检测,井口超声波检测技术标准见表 7-3-9,检测流程图如图 7-3-9 所示。

表 7-3-9 井口超声腐蚀检测标准

标准号	标准名称	适用范围
Q/SY 01873—2021	《在用井口装置检测技术规范》	在用井口装置检测
NB/T 47013.3—2015	《承压设备无损检测 第 3 部分:超声检测》	承压设备超声检测
NB/T 47013.15—2021	《承压设备无损检测 第 15 部分:相控阵超声检测》	承压设备相控阵超声检测

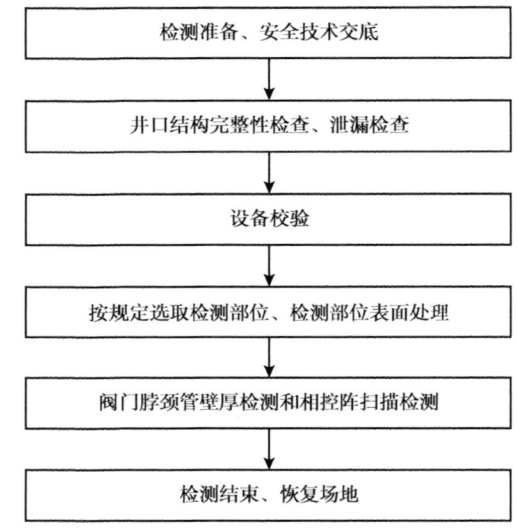

图 7-3-9 井口超声波腐蚀检测流程图

3.结果处理与应用

现场检测完成后,对结果进行处理和评价,编写井口腐蚀检测评价报告,应用评价结果来判定井口安全级别和评估剩余寿命,制订井口安全管理和处置措施。

1)报告内容

检测评价报告内容主要包含井口基本数据、井口运行工况、仪器参数、校验记录、检测部位、检测过程、结果评价、结论与处置措施等。

2)结果评价

由具有资质的检测评价人员提取数据,按检测方案和标准评定数据质量,对缺陷进行识别和评价。

3)结果应用

检测评价人员根据腐蚀评价结果来判定井口安全级别和评估剩余寿命,制订井口安全管理和处置措施。井口安全级别判定标准执行 Q/SY 01873—2021《在用井口装置检测技术规范》,安全级别划分依据见表 7-3-10。

对于均匀内壁腐蚀，根据剩余壁厚余量与腐蚀裕量的比值 K 来定级。对于评估结果为 1 级的，维持原检测周期；对于 2 级的加密检测，检测周期按照不大于原检测周期的 0.5 倍的方式检测；对于 3 级的采取限压运行、更换或其他的安全防护措施。

表 7-3-10　内壁腐蚀缺陷安全级别划分表

序号	判定依据	安全级别
1	$K \geqslant 1$	1 级——符合
2	$0.2 \leqslant K < 1$	2 级——基本符合
3	$K < 0.2$	3 级——B 类不符合

四、采气管线腐蚀检测

为了全面了解工艺管道和设备可能存在的各种缺陷，为运维管理提供可靠的数据支撑，确保设备、管道系统的安全运行，确保检测的经济性和有效性，应编制检测方案并按照检测方案实施，对检测结果进行评价，提出预防和改进建议。

1. 检测方案编制

可应用基于风险的评价（Risk-Based Inspection，RBI）技术指导检测方案的编制，检测方案应包含但不限于以下内容：

1) 资料收集

搜集的资料包括：站场平面图、工艺流程图、设备和管道安装记录、运行记录、隐患监护措施实施记录、安装改造记录、故障处理记录及在线检测（如有）记录等。

2) 确定腐蚀机理

根据气质、介质情况，确定页岩气生产场站存在的腐蚀机理。

3) 缺陷分析及工作量预测

根据腐蚀机理和材质及工况的组合，初步判别可能存在缺陷的种类和部位，预测检测设备及管道数量，初步确定检测比例。

缺陷分析时，除砂砾冲蚀、CO_2 腐蚀、细菌腐蚀等导致的缺陷外，还应考虑原材料及施工焊接过程中导致残留的缺陷。

4) 选择和补充检测方法

根据缺陷分析、检测部位及检测比例情况，选择其他检测方法作为补充。

除本章推荐的方法外，还可参照 NB/T 47013—2015《承压设备无损检测》等，选择其他检测方法作为补充。

2. 检测实施

按照检测方案，开展现场检测。

1) 绘制单线图

编制管道编号表，绘制所检测管道的单线图。绘制内容包括：管道元件分布、支吊架布置、支撑、阀门、法兰、套管补偿器、管径、保温层类型等。

2) 开展检测

按照检测方案中的方法、比例和部位，执行检测工艺流程，开展检测。

（1）执行的标准。

钢质采气管线的射线检测、射线数字成像检测、超声检测等，执行 SY/T 4109《石油天然气钢质管道无损检测》，超声导波检测执行 GB/T 31211《无损检测 超声导波检测 总则》，超声测厚执行 GB/T 11344《无损检测 超声测厚》等。设备的检测参照 NB/T 47013—2015《承压设备无损检测》执行。

（2）重点检测部位。

根据实践，井口至除砂器管段、除砂器、除砂器至分离器之间管段、除砂器和分离器的排污管线是各种缺陷检出的高发区。

对上述部位的弯头本体及焊接接头、三通本体及焊接接头、变径段本体及焊接接头、阀门法兰的焊接接头的焊缝及热影响区进行重点检测。

此外，还应对进出站管道（埋地）的外防腐、放空管道、排污汇管等部位进行检测。

（3）超声测厚的改进做法。

以设备为中心的超声测厚推荐布置位置及做法推荐见表7-3-11。

表 7-3-11 常用无损检测的缺陷识别能力

序号	基本单元	输气直管	排污	放空	备注
1	除砂器	4个环带，8点/环带	3个环带，4点/环带	2个环带，3点/环带	焊缝两侧区域及弯头
2	分离器	4个环带，8点/环带	3个环带，4点/环带	2个环带，3点/环带	焊缝两侧区域及弯头
3	收发球筒和水套炉	预估4个环带，8点/环带	3个环带，4点/环带	2个环带，3点/环带	焊缝两侧区域及弯头

3）验证检测

对超标缺陷，应适当扩大检测比例，且应再选取另一种有效的检测方法对超标缺陷进行验证性检测，防止因误检误判导致不必要的停产。

一种经过验证并被认为是有效的策略是：首先采用低频导波在露空直管段上（弯头部分采用高频导波）进行快速筛查，然后采用 RT[1] 或 DR[2] 对重点部位进行检测并由具备资质的单位对发现的缺陷进行评级，对判定需要立即整改的超标缺陷采用超声 B 扫描或 C 扫描验证。

3. 结果处理与应用

检测及缺陷评定完成后，应汇总并编制腐蚀检测报告。包含但不限于以下内容：检测单位及人员、检测时间、对象、方法、部位、比例、缺陷评定等关键信息。

1）检测范围与检测方法

总结检测方案与实际检测中的差异，重点关注检测范围（部位及比例）检测方法。

2）汇总检测结果

将检测结果汇总，重点关注超标缺陷。

---

[1] RT: 射线检测（Radio-graphic Testing），是工业无损检测的常规技术之一。
[2] DT：X射线数字成像检测（Digital Radiography Testing），是射线检测技术的数字化发展成果。

3）检测结果评价

由具有资质的检测人员，按照对应的标准或规范对检测结果进行缺陷评定，预测腐蚀速率和剩余寿命评估。

对面积形腐蚀减薄，参考 SY/T 0087.2—2012《钢质管道及储罐腐蚀评价标准 埋地钢质管道内腐蚀直接评价》对检测部分的壁厚减薄程度进行预估判断，见表 7-3-12。

表 7-3-12 钢制管道及储罐腐蚀级别判定表

评价级别	轻	中	重	严重	穿孔
最大腐蚀坑深（% 壁厚）	<10	10≤~<25	25≤~<50	50≤~<80	≥80

4）制订预防与治理措施

结合检测评价结果和生产运行信息（包含预估平均腐蚀速率、投产年限、腐蚀程度、缺陷类型、生产运行状态、历史检维修情况等），按照《中国石油天然气股份有限公司油气集输站场检测评价及维护技术导则》对缺陷进行响应级别的划分，主要包括立即整改、计划响应、监测使用。

整改包括更换、维修和材质升级（如碳钢弯头改为内衬陶瓷弯头）等措施。计划响应应提出完整的整改计划。监测使用的，应加强定点测厚，还可增加在线监测措施。

参 考 文 献

[1] 柳金海.管道防腐蚀工程便携手册[M].北京：机械工业出版社，2008.
[2] GB/T 31483—2015 页岩气地质评价方法[S].
[3] 熊颖，刘友权，陈鹏飞，等.大规模增产作用中液体的回用技术探讨[J].石油与天然气化工，2014，43（1）：53-57.
[4] 吴贵阳，王俊力，袁曦，等.页岩气气田集输系统腐蚀控制技术研究与应用[J].石油与天然气化工，2022，51（2）：64-69.
[5] 张忠铧，郭金宝.CO_2对油气管材的腐蚀规律及国内外研究进展[J].宝钢技术，2000（4）：54-58.
[6] Wu Guiyang, Zhao Wanwei, Wang Yanran, ect. Analysis on corrosion-induced failure of shale gas gathering pipeline in the southern Sichuan Basin of China[J].Engineering Failure Analysis, 2021（130）105796：1-14.
[7] 朱丽霞，罗金恒，李丽锋，等.页岩气输送用转角弯头内腐蚀减薄原因分析[J].表面技术，2020，49（08）：224-230.
[8] 吴贵阳，谢明，胡红祥.页岩气采气管线材料 L360N 钢的含砂冲蚀行为研究[J].石油与天然气化工，2020，49（5）：63-69.
[9] Xu Jiang, Zhuo Chengzhi, Han Dezhong. Erosion–u Jiang, Zhuo Chengzhi, Han Dezhong. Erosioned Ni matrix composite alloying layer by duplex surface treatment in aqueous slurry environment[J]. Corrosion Science, 2009, 51（5）：1045-1055.
[10] 张学元，王凤平，杜元龙，等.油气工业中细菌的腐蚀和预防[J].石油与天然气化工，1999（1）：53-56.
[11] Tingyue Gu, Ru Jia, Tuba Unsal. Toward a better understanding of microbiologically influenced corrosion cause by sulfate reducing bacteria[J].Journal of Materials Science & Technology, 2019, 35（4）：631-636.

[12] 廖柯熹，覃敏，何国玺，等.油气集输管线冲刷腐蚀规律研究进展[J].材料保护，2020，53（7）：126-136.

[13] 朱娟，张乔斌，陈宇，等.冲刷腐蚀的研究现状[J].中国腐蚀与防护学报，2014，34（3）：199-210.

[14] 董刚.材料冲蚀行为及机理研究[D].杭州：浙江工业大学，2004.

[15] Iain Finnie. Erosion of surfaces by solid particles[J]. wear, 1960, 3（2）: 87-103.

[16] 张学元，王凤平，陈卓元，等.油气开发中二氧化碳腐蚀的研究现状和趋势[J].油田化学，1997（2）：190-196.

[17] 唐永帆，张强.高含硫气藏开发腐蚀控制技术与实践[M].北京：石油工业出版社，2018.

[18] Wang Y, Yu L, Tang Y, et al. Pitting Behavior of L245N Pipeline Steel by Microbiologically Influenced Corrosion in Shale Gas Produced Water with Dissolved CO_2[J]. J. of Materi Eng. and Perform，2023，32（13），5823-5836.

[19] 聂臻，姚占力，牛自得，等.油田注水用杀菌剂在我国的应用及发展[J].石油与天然气化工，1999（4）：304-307.

[20] 何新快，陈白珍，张钦发.缓蚀剂的研究现状与展望[J].材料保护，2003，36（8）：1-3.

[21] SY/T 0532—2012　油田注入水细菌分析方法　绝迹稀释法[S].

[22] SY/T 5329—2012　碎屑岩油藏注水水质推荐指标及分析方法[S].

[23] SY/T 7437—2019　天然气集输用缓蚀剂技术要求及评价方法[S].

[24] GB/T 11344—2021　无损检测　超声测厚[S].

[25] NB/T 47013.15—2021　承压设备无损检测　第15部分：相控阵超声检测[S].

[26] 张泽宇，胡世超，佟宇，等.含弯头管道超声导波检测研究[J].中国设备工程，2023（6）：176-178.

[27] NB/T 47013.11—2015　承压设备无损检测　第11部分：X射线数字成像检测[S].

[28] 王勇，郑鹤.长宁页岩气区块集输站场风险评价技术研究[J].石油与天然气化工，2021，50（3）：134-138.

第八章 地面配套工程

地面工程是通过经济合理的工艺措施对井口物流进行采集、计量、输送、处理的过程。页岩气由于压力和产量递减快且井间差异较大,采出液含砂量大,地面工艺与常规天然气存在较大不同,主要体现在平台设置除砂器对砂砾进行脱除以保障集输安全,集气工艺采用气液分输方式以降低井口回压,根据气井的不同生产阶段优化计量方式,气田开发中后期全面采用增压生产方式以提高采收率等方面,因此本章将着重对除砂、分离、计量、增压等内容进行介绍。

第一节 页岩气地面工艺

页岩气井生产表现为初期产量快速递减、中后期低压小产、生产周期长的动态特征。页岩气地面工程应根据页岩气井生产变化规律,合理划分生产阶段,在不同生产阶段采用合适的平台工艺,以适应页岩气压力和产量变化快的特点,同时,达到简化工艺、提高设备重复利用率、节省投资的目的。

一、生产阶段划分

页岩气生产与常规气田有所不同,根据川渝地区(参考长宁、威远、泸州、渝西)已投产气井的生产数据和预测数据,将页岩气井生产划分为排采期、相对稳产期、递减期、低压小产期共4个阶段[1](表8-1-1)。各阶段生产特点如下:

(1)排采期——气井压裂结束后所开展的钻井测试生产阶段,具有井口压力高、液量大、出砂量大、压力和气量递减快等特点。

(2)相对稳产期——排液生产期结束后,气井按配产进行生产的阶段,具有井口压力变化相对小、出砂量大、液量较大的特点。

(3)递减期——相对稳定期结束后,气井气量低于配产,井口压力、气量和液量呈逐渐下降的阶段。

(4)低压小产期——递减期结束后,气井压力低、产量低、液量小的阶段。

表8-1-1 页岩气井生产阶段划分表

序号	生产阶段	时间	井口压力/MPa	井口温度/℃	产气量/(10^4m³/d)	返排液量/(m³/d)	含砂量
1	排采期	0~45d	69降至26	60~70	25	200~500	大
2	相对稳产期	46d 至 3a	26降至10	30~60	8-1	20~200	较大
			10降至2	20~30	6.0	10~20	较大
	递减期	3~4a	2降至1	20	3.6降至2.3	5~10	一般
3	低压小产期	4a以后	1以下	20	2.3降至1	0.8~1	较小

根据试采情况,开井初期,井口返排液量较大,单井返排液量高,之后逐步递减。当返排液量大于 200m³/d 时,采用排采流程,当平台返排液总量降低后,采用地面工程正常生产流程。

二、不同生产阶段工艺流程

1. 平台工艺基本要求

平台应根据页岩气井 4 个生产阶段的生产特点和井数制订适应的工艺流程,各生产阶段宜采用以下工艺[2-5]:

(1)排液生产期——经捕屑、除砂、节流、气液分离、计量、清管工艺后输至下游;
(2)相对稳产期——经节流、除砂、气液分离、计量、清管工艺后输至下游;
(3)递减期——经节流、分离计量、清管工艺后输至下游;
(4)低压小产期——经节流、计量、清管工艺后输至下游。

2. 平台工艺流程介绍

目前,页岩气平台在川渝地区有两套比较成熟的工艺方案,包括:

(1)高压流程。

相对稳产期:井口一级节流 → 井口"一对一"除砂 → 二级节流 → "一对一"连续分离计量 → 清管出站。

递减期:井口节流 → 轮换分离计量 → 清管出站。

低压小产期:井口节流 → 轮换计量 → 清管出站。

工艺流程描述:为满足单井准确计量要求,采用一对一连续分离计量流程。井口来气先经井口一级节流降压至 20MPa 左右后一对一高压除砂橇进行除砂、节流,除去砂砾后的气体进入下游分离计量橇,计量之后的气相经清管出站阀组输送至下游集气站;计量后的液相进入排污系统。流程如图 8-1-1 所示。

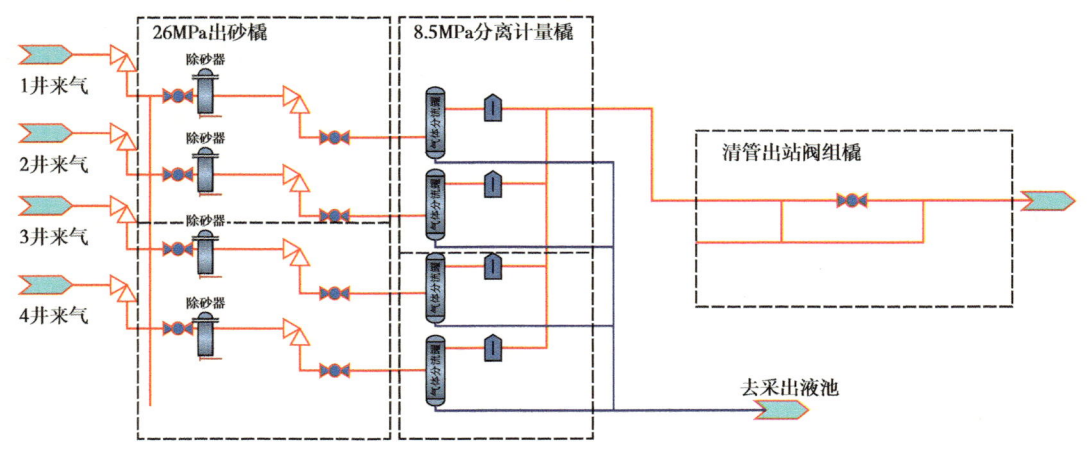

图 8-1-1 相对稳产期高压流程示意图(4 井式为例)

高压流程每一口单井均配置完整的除砂、分离、计量功能,不同气井间的压力干扰相对较小,工艺流程的调整优化相对灵活,但高压流程投资相对较高,通常在井口数量较少的平台采用高压流程。

（2）中压流程。

相对稳产期：井口二级节流→"一对一"两相流计量→中压集中除砂→中压集中分离计量→清管出站。

递减期、低压小产期：井口二级节流→"一对一"两相流计量→集中分离计量→清管出站。

工艺流程描述：为满足单井准确计量要求，采用两相流量计一对一连续不分离计量流程。井口来气经固定油嘴一级节流降压至20MPa左右，再经过可调油嘴二级节流至集气压力，然后一对一进入两相流量计进行单井计量，计量后汇集各井来气进入中压除砂器，除去砂砾后的气体进入下游分离计量橇，计量之后的气相经清管出站阀组输送至下游集气站；计量后的液相进入排污系统。流程如图8-1-2所示。

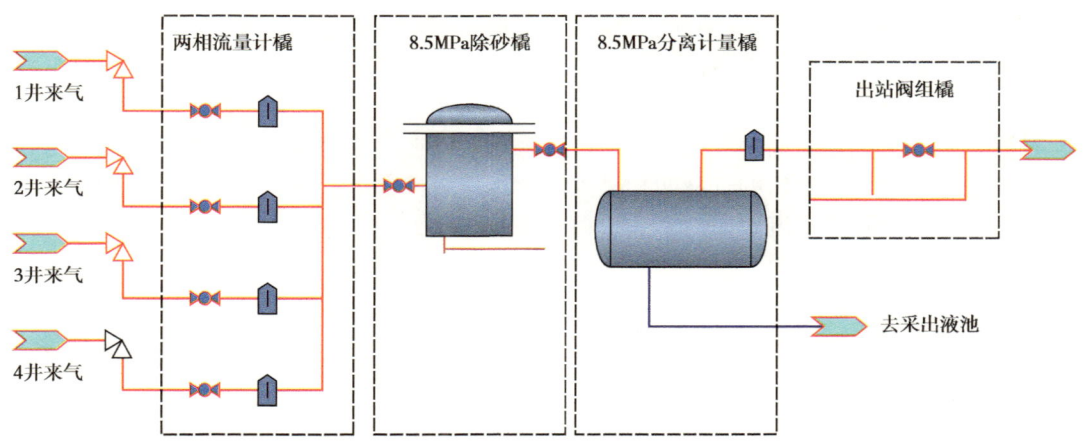

图8-1-2 相对稳产期中压流程示意图（4井式为例）

相较于高压流程，中压流程在如下几个方面进行有所不同：

①井口一级选用抗冲蚀能力较强的固定式油嘴，代替井口一级节流阀；

②二级节流选用笼套式节流阀与气动执行机构结合的可调式油嘴进行远程控压生产，配合精细控压，更好地控制井口压力，减少地层出砂，保护储层，提高EUR；

③采用油管生产，地面中压流程需在下油管后接入，保证地面生产时井筒携液能力，结合可调油嘴控压生产，在一定程度上有效控制砂量；

④中压除砂选用除砂器与集砂器组合，降低设备排砂故障率；

⑤井口计量方式选用"一对一两相流计量"，同步计量单井气、液流量，简化了流程，减少了设备数量；

⑥将除砂、分离方式设置为集中除砂、集中卧式分离，减少了橇装设备数量，降低了设备成本投资和工艺装置区占地面积。

中压流程采用对多口井集中除砂、分离的技术路线，流程相对简化，应用于多井口平台时具有较好的技术经济性。

第二节 除砂技术

页岩气除砂工艺主要分为过滤式和旋流式两种。原理上，过滤式工艺利用气液两相分子与固体颗粒通过过滤元件的能力不同对砂砾进行截留；旋流式工艺是利用气相、液相、固相密度差，在高速旋流条件下将砂砾与流体分离。

一、除砂工艺

与常规天然气不同的是，页岩气的开发需要利用加砂压裂的方式进行储层改造，通常选用70/140目（212/109 μm）石英砂+40/70目（380/212 μm）陶粒作为支撑剂。因此在页岩气生产初期，井筒内有大量压裂砂及地层砂带出，砂粒随天然气流进入管路系统中，由于冲刷作用可能会导致地面管道及设备在短时间内被损坏[6]，因此在页岩气开采中，采取"源头除砂"的原则，最大限度地减轻砂粒对采集输系统的损害。页岩气田除砂工艺通常采用过滤除砂和旋流分离除砂两种工艺。

1. 过滤式除砂工艺

过滤式除砂工艺是西南油气田应用最广泛采用的工艺，井口来气节流降压后进入过滤式除砂器脱除砂粒，除砂后的气液两相进入后续气液分离器分液后，气相进入后续集气管道，典型过滤式除砂工艺流程如图8-2-1和图8-2-2所示。

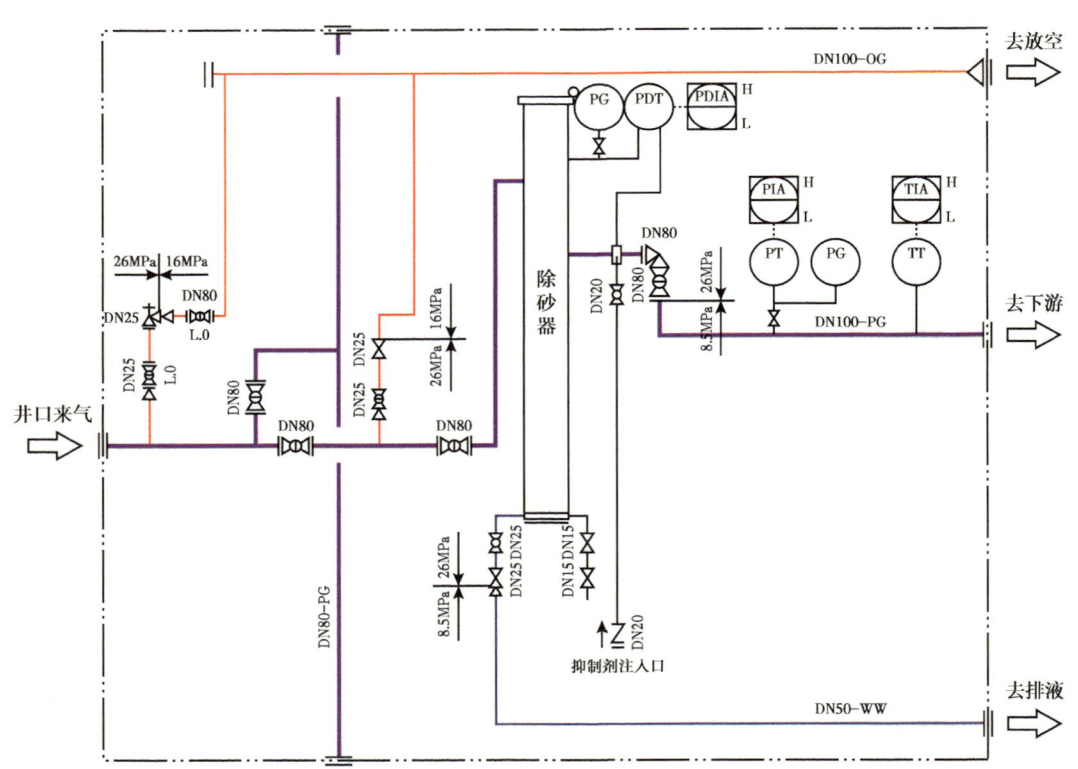

图8-2-1 过滤式除砂工艺流程图（带压排砂）

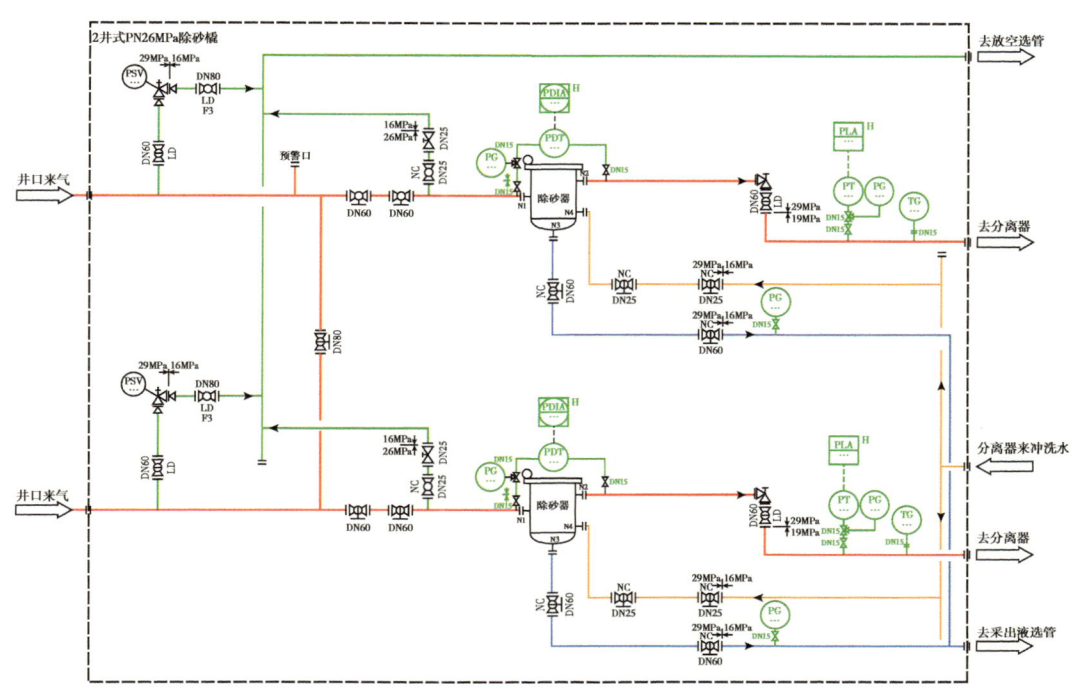

图 8-2-2 过滤式除砂工艺流程图（反冲洗排砂）

井口来气进入除砂器以后，由内向外或由外向内进入滤砂筒，滤砂筒上有条形过滤缝对砂砾进行滤除，砂粒从滤砂筒壁下落进入储砂空间并定期排放，气相和液相从设备中部流出进入后续气液分离流程。当除砂器差压超过设定值时需要手动排砂，排砂方式主要有以下两种：

（1）带压排砂。

除砂器底部排砂管路汇入排液总管，除砂器需要排砂时，打开底部排砂阀门，砂浆在压力作用下直接从管道中排出，最终流入返排液池。其优点是流程简单易操作，缺点是在砂砾高速冲刷下管道易失效。

（2）减压排砂。

除砂器底部排砂管路汇入排液总管，除砂器需要排砂时，关闭除砂器进出口截断阀，井口来气暂时导入另一列除砂及分离装置。将除砂器放空泄压至低压，引分离器中的返排液反冲洗除砂器储砂空间，使砂浆在低压下从管道中排出，最终流入返排液池。其优点是排砂管路砂砾冲刷程度较轻，缺点是流程较复杂，人工操作强度大。

过滤式除砂器的除砂精度取决于过滤缝尺寸，通常设计过滤精度为100μm，理论上能将大于100μm的砂砾完全截留在除砂器内，对于直径小于100μm的砂砾则不具备很好的脱除效果。由于过滤式除砂工艺在流程上采取单井"一对一"的处理方式，有利于降低井间压力干扰，也有利于发挥采气工艺效果。

2. 旋流分离除砂工艺

旋流分离技术作为一项高效的多相分离技术，是在离心力的作用下利用两相或多相间的密度差实现相间分离。井筒排出的携砂流体在一定压力和流速状态下切向进入旋流管，在圆柱腔内产生高速旋转流场。混合物中密度大的砂砾在旋流场的作用下沿轴向向下运动，同时沿径向向外运动，在到达沉积段沿器壁向下运动，形成了外旋涡流场，砂砾由底部出口排出；密度小的气相和液相向中心轴线方向运动并在轴线中心形成一向上运动的内涡旋然后由溢流口排出。

旋流除砂器排砂方式主要采用常压反冲洗的方式（图8-2-3），具体流程如下：

（1）关闭旋流管与集砂罐之间的截断阀；

（2）集砂罐放空卸压至常压；

（3）引分离器中返排液至集砂罐进行反冲洗，将砂砾冲出经排液管路排至返排液池。

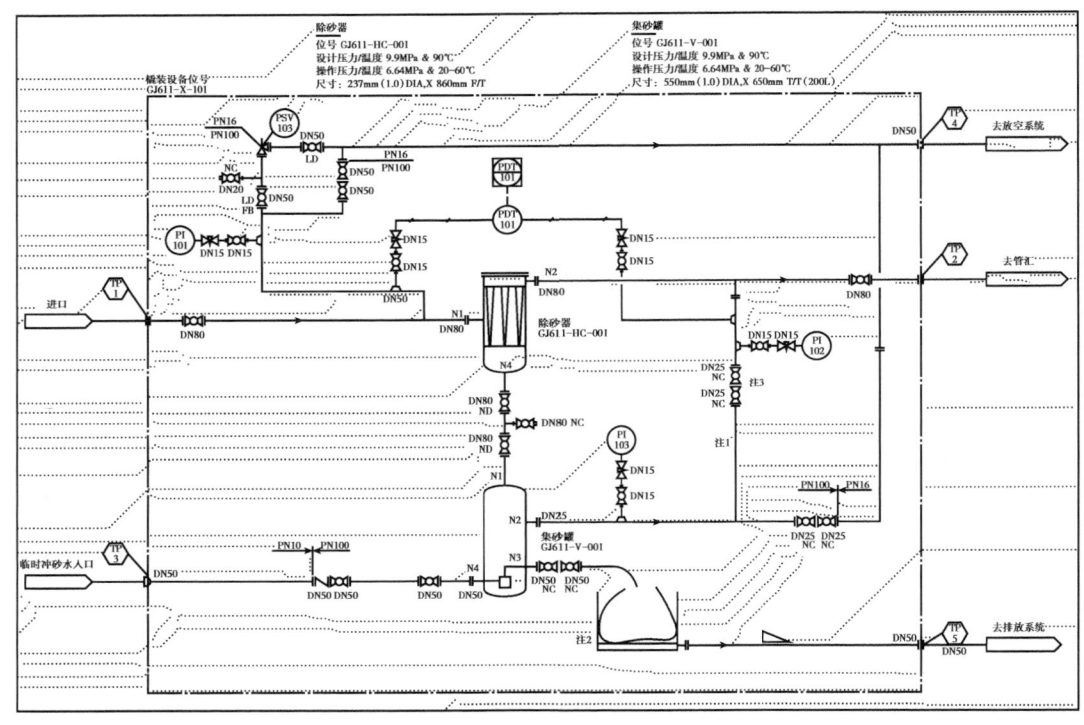

图 8-2-3　旋流式除砂工艺流程图

3. 防砂砾冲蚀材料的选择

平台井站内从井口到分离器入口，采气管道的运行压力经过了两级节流降压，高速流动的气流夹带液体和砂砾易对管壁形成冲刷腐蚀，生产经验表明，流体节流、变向以及管道变径处为冲蚀失效高发位置，可考虑选择采用耐冲蚀材料。

二、除砂设备

1. 过滤式除砂器

除砂器设计规格为 P26MPa DN300/DN250 两种规格，设计除砂精度及效率：对粒径不小于 100μm 的石英砂、陶粒脱除率不小于 99.9%，对固体颗粒物（不小于 100μm）总脱除率不小于 99%。其结构特点如下：

（1）出口设置在中部，气和水进入下游分离器分离；

（2）除砂器进出口设置差压计，根据差压分析，确定是否排砂。

图 8-2-4 所示为过滤式除砂橇。

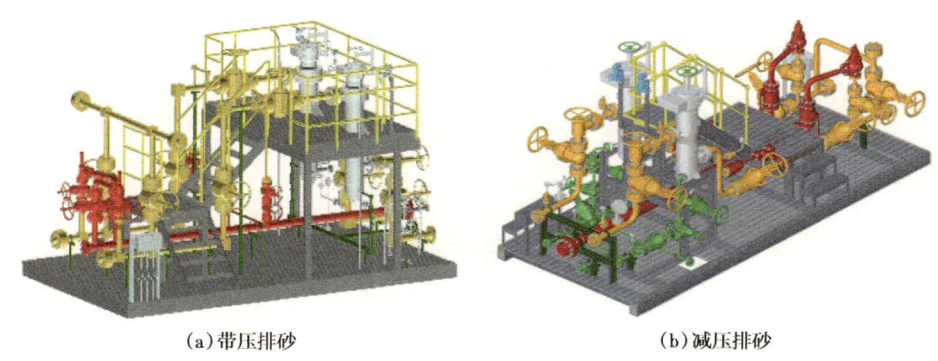

(a) 带压排砂　　　　　　　　　　(b) 减压排砂

图 8-2-4　过滤式除砂橇

2. 旋流式除砂器

旋流式除砂器设计规格为 P8.5MPa、DN800，设计除砂精度及效率：直径 10μm 以上的颗粒脱除率 98% 以上（图 8-2-5 至图 8-2-7）。其结构特点如下：

（1）进口设置在旋流管束中部，出口设置在上部，气和水切向进入，脱除砂砾后进入下游分离器分离；

（2）除砂器进出口设置差压计，根据差压分析，确定是否排砂；

（3）低负荷运行时，可通过盲堵旋流管的方式提高流速，提高工艺适应性。

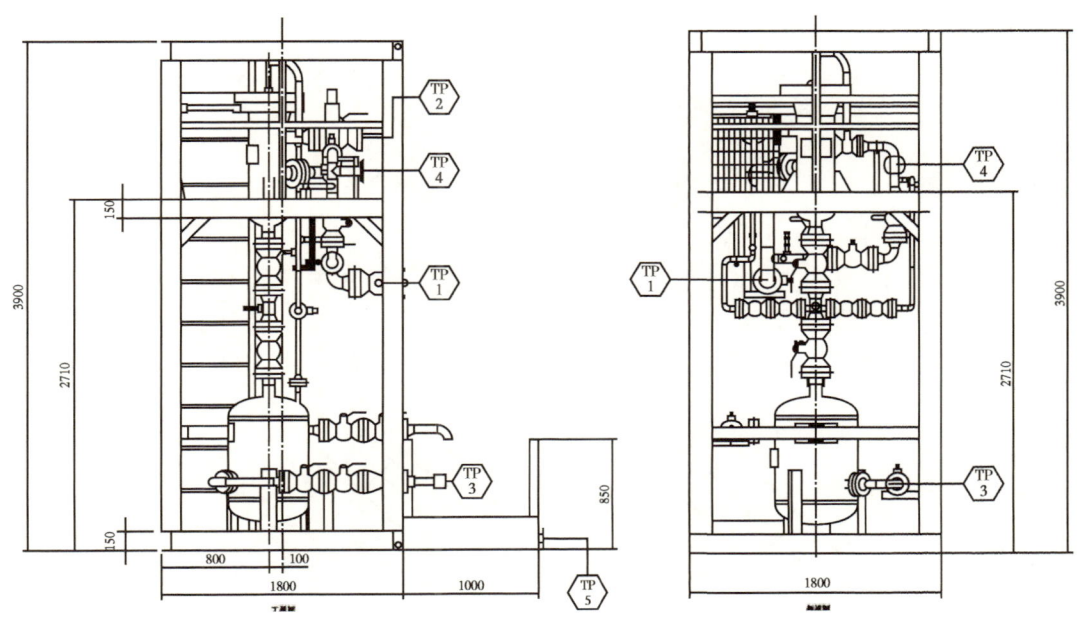

图 8-2-5　旋流式除砂橇

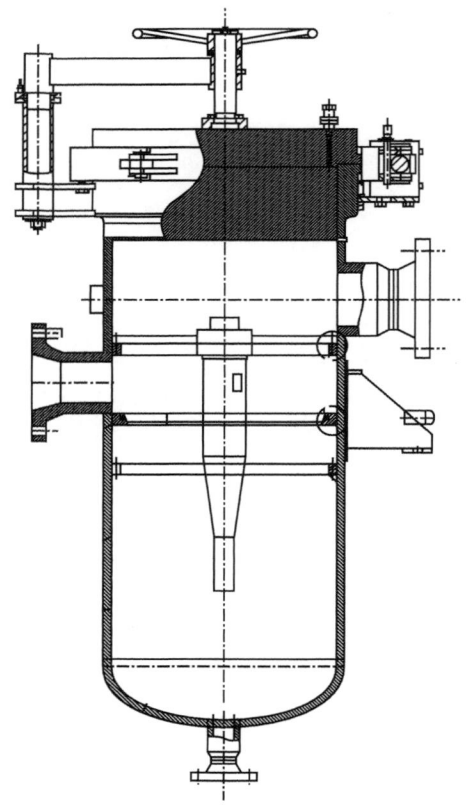

图 8-2-6 旋流管束立面安装示意图

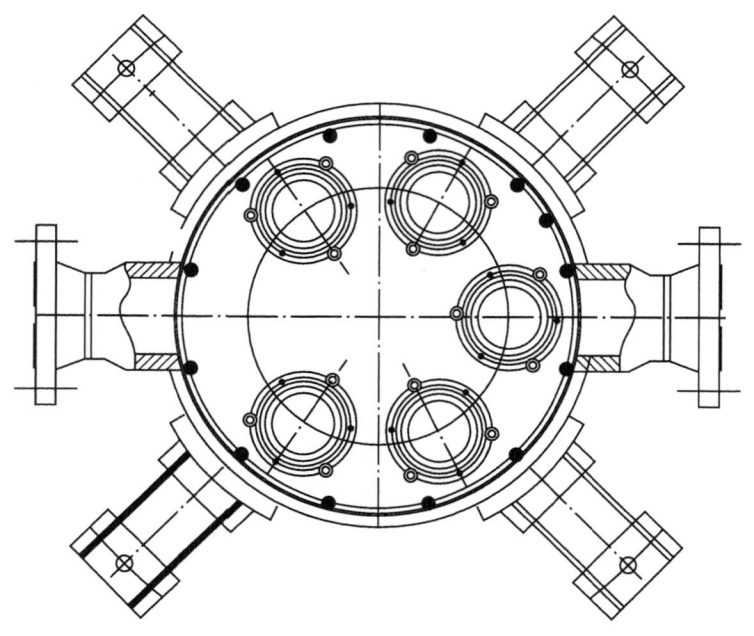

图 8-2-7 旋流管束俯视安装示意图

第三节 分离与计量技术

根据页岩气平台工艺路线的不同，与之配套的分离与计量技术也有所区别。高压流程采用井口"一对一"的"分离+计量"方式，中压流程采用井口"一对一"不分离计量+集中分离计量的方式。分离计量的特点是气液两相经分离器分离后分别计量互不干扰，计量精度相对较高但流程复杂投资较高；不分离计量的特点是气液两相在同一台计量设备内同步计量，计量精度不如分离计量，但流程简单占地面积小，投资较低。

一、分离技术

从井口采出的页岩气中夹带大量返排液进入地面流程，需要将液相从天然气中分离，以达到以下目的：

（1）保障集输管网的输送效率和工艺设备正常工作；
（2）降低工艺介质对设备设施的腐蚀影响；
（3）满足下游处理厂对原料天然气质量的要求；
（4）便于气液单独计量，以获取气井气、水产量动态数据；
（5）便于回收返排液，集中处理。

分离技术通常分为常温分离技术和低温分离技术，由于页岩气通常不含凝析组分，平台井站地面工艺以常温操作为主，因此通常采用常温分离技术。其中，重力分离器主要应用于平台井口气外输前大量游离液的分离，过滤分离器主要应用于压缩机或脱水装置前雾状液滴的分离。

1. 分离器工艺计算
1）重力分离器计算
（1）液滴在分离器中的沉降速度计算。

$$w_0 = \sqrt{\frac{4gd_L(\rho_L - \rho_G)}{3\rho_G f}} \quad (8\text{-}3\text{-}1)$$

式中 w_0——液滴在分离器中的沉降速度，m/s；
g——重力加速度，m/s²；
d_L——液滴直径，通常取 60~100μm，μm；
ρ_L——液滴的密度，kg/m³；
ρ_G——气体在操作条件下的密度，kg/m³；
f——阻力系数，首先根据式（8-3-2）计算 $f(Re^2)$ 值，再查 GB 50349—2015《气田集输设计规范》中附录 B 的 f 值。

$$f(Re^2) = \frac{4gd_L^3(\rho_L - \rho_G)\rho_G}{3\mu_G^2} \quad (8\text{-}3\text{-}2)$$

式中 μ_G——气体在操作条件下的黏度，Pa·s；

Re——流体相对运动的雷诺数。

（2）立式重力气液分离器直径计算。

$$D = 0.35 \times 10^{-3} \sqrt{\frac{q_v TZ}{pW_0 K_1}}$$ （8-3-3）

式中　D——分离器内径，m；
　　　q_v——标准状态气体流量，m³/h；
　　　Z——气体压缩因子；
　　　T——操作温度，K；
　　　p——操作压力，MPa（绝）；
　　　W_0——液滴沉降速度，m/s；
　　　K_1——立式分离器修正系数，通常 K_1=0.8。

（3）立式重力气液分离器高度。

立式重力气液分离器高度与直径之比一般为 2~4。

（4）卧式重力气液分离器直径计算。

$$D = 0.350 \times 10^{-3} \left(\frac{K_3 q_v TZ}{K_2 K_4 pW_0} \right)^{0.5}$$ （8-3-4）

式中　K_2——气体空间占有的空间面积分率；
　　　K_3——气体空间占有的高度分率；
　　　K_4——长径比，K_4=L/D。

K_4 按表 8-3-1 取值。

表 8-3-1　K_4 取值表

操作压力	K_4
$p \leqslant 1.8\text{MPa}$	3.0
$1.8\text{MPa} \leqslant p \leqslant 3.5\text{MPa}$	4.0
$p > 3.5\text{MPa}$	5.0

2）过滤分离器计算

（1）过滤元件的流通面积。

$$F = \frac{\pi d^2}{4} n$$ （8-3-5）

式中　F——过滤元件的流通面积，m²；
　　　d——过滤元件滤管开孔直径，m；
　　　n——过滤元件滤管开孔数量，个。

（2）过滤元件数量 N。

$$N = \frac{q}{Fv}$$ （8-3-6）

式中　N——过滤元件的数量，根；
　　　q——操作条件下过滤分离器的处理量，m^3/s；
　　　v——气体通过过滤元件的流速，按过滤元件厂家使用说明中的要求选取，m/s。

2. 分离设备

1）重力分离器

重力分离器的主要作用是分离气流中夹带的液体，可选用立式或卧式（图 8-3-1 和图 8-3-2），主要由筒体、封头、分离元件、捕雾器和支座等部分构成。设计分离精度及效率为：液滴 $\geqslant$ 80μm，99%；固体颗粒 $\geqslant$ 10μm，98%。其特点如下：

（1）在分离器进口处设置超压安全放空阀及手动检修放空；

（2）分离器气相出口设置高级阀式孔板，对分离器气相出口流量检测；

（3）气液分离器设置就地液位检测和自动排液系统，并设置低低液位联锁截断液相管线，防止高压原料气窜入下游排液系统；

（4）液量较小时通常选用立式分离器，当液量较大时通常选用卧式分离器；

（5）平台井站内分离器排液管道中的流体通常砂砾含量较高，经液位调节阀节流后液体流速提高，砂砾冲刷作用明显，生产经验表明，液位调节阀节流后的弯头和管道变径处为冲蚀失效高发位置，可考虑选择采用耐冲蚀材料。

　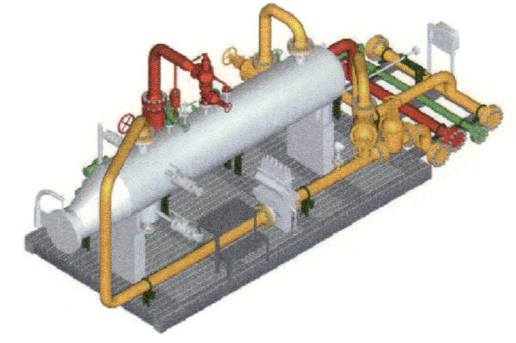

图 8-3-1　立式重力分离橇　　　　　图 8-3-2　卧式重力分离橇（减压排砂）

2）过滤分离器

过滤分离器主要用于分离气流中夹带的微小液滴和固体，保证压缩机运行平稳和安全（图 8-3-3）。平台站过滤分离器宜选用卧式双筒结构，主要由筒体、封头、快开盲板、滤芯、捕雾器和鞍式支座等部分构成。设计分离精度及效率为：对于粒径不小于 5μm 的粉尘和液滴，分离效率 $\geqslant$ 99.8%；对于粒径 1~3μm 的粉尘和液滴，分离效率 $\geqslant$ 98%。其结构特点如下：

（1）在过滤分离器进口过滤端设置火灾安全阀及手动检修放空；

（2）在过滤分离器上设置远传差压检测及超限报警，监测过滤分离器滤芯使用状况，当差压报警值为 120kPa 时，提示应及时更换滤芯；

（3）在过滤分离器上设置就地液位检测，同时设置液位远传并报警；

（4）在过滤分离器上和排污管线上设置就地压力检测；

（5）过滤分离器上腔室设置自动排液功能。

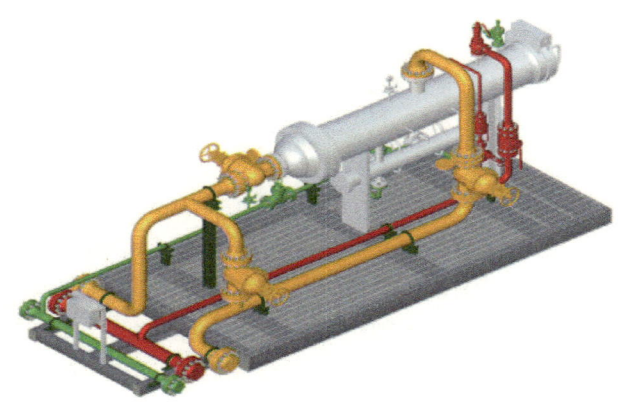

图 8-3-3　过滤式分离橇

二、计量技术

页岩气由于产量变化快,气水关系复杂,需要对单井的生产状态进行实时监测,监测每口单井产气量和产液量的变化情况,以方便掌握各气井生产动态、评估产能、优化开采方案。

目前页岩气平台井站计量主要有分离计量和不分离计量两种技术。

1. 分离计量

分离计量即采用分离器对页岩气中的气液两相进行分离,再采用单相仪表对分离后的气液两相分别进行计量,通常情况下选择高级孔板阀对气相进行计量,选择电磁流量计对液相进行计量。分离计量技术较为成熟,也是页岩气井口计量采用最为广泛的计量方式。目前在页岩气开采中采用的分离计量主要有单井连续分离计量和多井轮换分离计量两种方式(图 8-3-4 和图 8-3-5)。在页岩气开采平台多井轮换分离计量主要适用于平台低压小产期,可对各井口低压采出气进行轮换分离计量,以适应井况变化。

图 8-3-4　单井连续分离计量

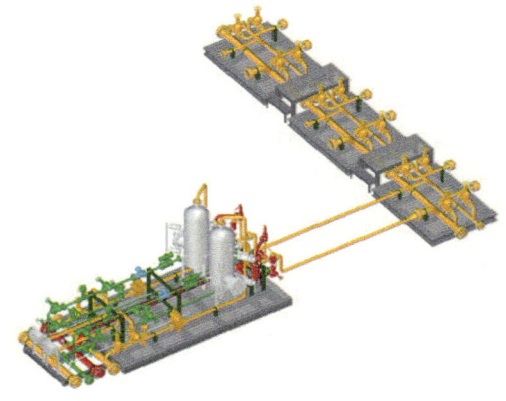

图 8-3-5　多井轮换分离计量

1)气相计量

每套分离器气相出口设置高级孔板,对分离后的原料气进行计量,配套安装智能差压变送器和压力变送器、一体化温度变送器,信号接入站控系统进行流量计算和显示。

2)液相计量

分离器排液管道分别设置"电磁流量计+双法兰差压液位变送计次"对返排液进行计量。当产液量大、连续排液时,用电磁流量计计量;当产液量小间歇排液时,根据双法兰差压液位变送器高、低液位差对应的液相体积进行累加,计算得出排液量。

2. 不分离计量

湿气不分离计量技术是近十多年以来在单相流量计基础上发展而来的新技术,其主要原理是利用大量的实验数据,找到由于天然气中液相造成的计量偏差与工况参数间的数学关系,建立修正数学模型。湿气不分离计量技术核心在于其两相流不分离计量模型的准确度及其在两相流计量工况的适应性。

与传统的分离计量技术相比,不分离计量技术在技术经济性和运行管理上都具有明显的优势,更易实现站场的无人值守,显著降低页岩气地面建设投资和运行管理成本。目前不分离计量主要应用于页岩气平台中压工艺流程。图8-3-6所示为两相流量计。

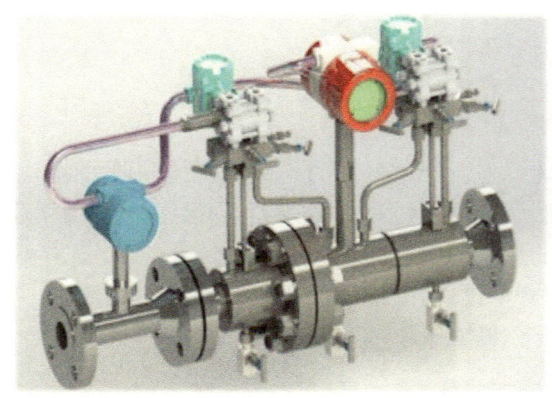
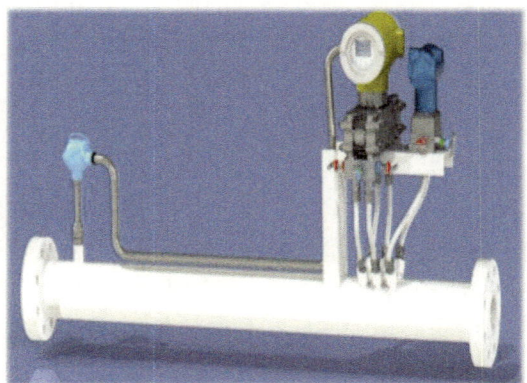

图8-3-6 两相流量计

3. 计量方式的选择

(1)页岩气评价井、先导试验井、采气单井、对气藏生产有代表性、对气藏认识有重要作用或气藏生产有特殊要求的开发井,井口计量采用连续气液分离计量方式。

(2)当采气平台内有2~3口采气井时,经技术经济比选,择优选用井口连续气液分离计量,或者井口不分离两相计量加气液分离总计量的方式。

(3)处于区块边部或预计获产较低的页岩气井,井口计量可采用气液不分离两相周期性轮换计量方式,计量周期满足生产要求,且每次计量的持续时间不应少于24h。

(4)其余页岩气井,井口计量应采用气液不分离连续两相计量方式。单井采气汇集后应设气液分离器,采用气液分离计量方式进行平台气液两相总计量,以核对井口气液不分离两相计量装置准确度。

(5)生产中期的页岩气采气井,由于产量变化,若两相计量装置测量范围不适应实际工况,需更换适宜量程的两相计量装置,以适应不同生产阶段井口计量要求。

4. 计量准确度

（1）页岩气井口湿气气液两相分离计量，计量准确度参照执行 GB 50349—2015《气田集输设计规范》相关要求，井口气相计量最大允许偏差为 ±5%，液相计量最大允许偏差为 ±10%。

（2）页岩气井口湿气气液不分离两相计量准确度，参照 NB/T 14006《页岩气气田集输工程设计规范》相关要求，并结合开发生产动态分析和采气工程需求执行，其中，气相计量最大允许偏差为 ±10%，液相计量按照生产不同时期，暂按 3 个阶段确定相应的准确度：第一阶段，产液量 50m³/d 及以上时，最大允许偏差为 ±10%；第二阶段，产液量 10~50m³/d 时，最大允许偏差为 ±20%；第三阶段，产液量 10m³/d 以下时，最大允许偏差为 ±30%。

第四节　增压技术

气田增压目的主要是为了降低井口回压，促进井筒积液排出，提高采出气压力以满足输送要求，增压的方式和设备的选型与气井所处开采阶段、地面管网布局、集输系统运行压力密切相关。选择合理的增压方式和增压设备，将有利于延长气井的生命周期，提高气田采收率。

一、增压方式

页岩气井压力随着开发时间的增长而快速降低，当气井压力不能满足输送要求时，需要通过增压来提高天然气的压力，以克服天然气在集输过程中的压力损耗，并满足脱水处理过程对天然气压力的要求。气田增压方式的选择需要综合考虑投资、能耗、工艺适应性等各方面因素，在满足生产需求的同时尽可能降低投资和成本。增压方式通常分为 3 种[7-9]：分散增压、集中增压和分散与集中增压相结合，见表 8-4-1。

表 8-4-1　增压方式分类

序号	增压工艺	增压方式分类		布站方式
1	一级增压工艺	单座站场增压（分散增压或集中增压）	单个平台站增压	依托孤立分散的平台站
2			节点平台站增压	依托管网节点位置的平台站
3			集气站增压	依托集气站
4			脱水站增压	依托脱水站
5		多座站场并列组合增压（分散增压与集中增压结合）	平台站增压+集气站增压并列	依托孤立分散的平台站和集气站
6			节点增压+集气站增压并列	依托节点平台站和集气站
7	两级增压工艺	多座站场串联组合增压	单个平台站增压+集气站增压两级增压	依托平台站和集气站

第八章　地面配套工程

页岩气井口压力和流量衰减快，一般需采用滚动开发、井间接替的模式以满足稳产的需求，不同平台因投产时间先后不一致，会导致井口压力存在差异。为降低井间压力干扰，集输管网布局以放射状为主、枝状为辅，且同一集输区域平台投产时间较为接近，因此在节点平台、集气站或脱水站进行集中增压即可满足同一集输区域内大多数平台的增压需求，而在远端平台输压较高时采用平台分散增压的方式，因此页岩气田的增压开采通常以分散增压与集中增压结合的方式为主。

在增压方式确定后，每种增压方式还有不同的增压方法，主要根据井口或平台站压力衰减情况确定增压范围，进而灵活制订增压方法。因两级增压工艺基本出现在页岩气田开采的后期低压小产阶段，此时各个井口已经没有高、低压并存的情况，因此增压方法更为明确，这里不再详述。表8-4-2梳理了一级增压工艺下各个增压方式可能采取的增压方法。

表8-4-2　增压方法及时机

序号	增压方式分类	增压方法	特点
1	单个平台站增压	上半支或下半支井口来气增压	该方法主要适用于钻井工程先压裂上半支/下半支的井口，使其先投产，井口压力先降低，与后投产的半支井口压力差别较大，需要先增压。站内流程实现高低压输送
		同平台所有井口来气一同增压	该方法主要适用于同一平台站各个井口在增压时压力相近
2	节点平台站增压	对上游低压平台站和本平台低压井口来气增压	该方法适用于上游低压平台、高压平台同时存在的情况，针对上游低压平台站和本平台低压井口进行增压，增压后与上游高压平台站和本平台高压井口产气汇合，一同输往下游。站内流程实现高低压输送
		对上游各平台站来气一同增压	该方法主要适用于上游所有平台站均需要增压，且压力相近
3	集气站增压	对上游平台站来气增压	站内流程实现高低压输送。低压部分实现对上游低压平台站来气进行增压，高压部分实现对上游高压平台站来气的汇集、分离、计量等不增压的常规集气功能。适用于各平台站以放射状管网接入集气站的集气区域，或以枝状管网接入集气站但井口压力变化趋于一致的集气区域

注：（1）上半支、下半支——根据水平钻井布井方式，将同一平台站的气井分为两个相反的方向进行水平钻井，以影响更大的裂隙空间。两个相反的水平钻井方向即为上半支和下半支。
（2）单个平台井——上游无其他平台井来气的接入，即已是上游远端平台或较为独立的平台井。
（3）节点平台井——在本平台有页岩气井的情况下，接收上游2座以上的平台井来气的平台井。

二、增压设备

1. 压缩机选型

页岩气田集输增压用压缩机主要有往复式压缩机、离心式压缩机和螺杆压缩机。往复式压缩机主要适用于小排量、高压或超高压条件，尤其适合于气田内部集输的增压输送。离心式压缩机主要适用于大排量、气源稳定条件。螺杆压缩机适合于对气量小、压力低的气体增压。压缩机适用范围如图8-4-1所示。

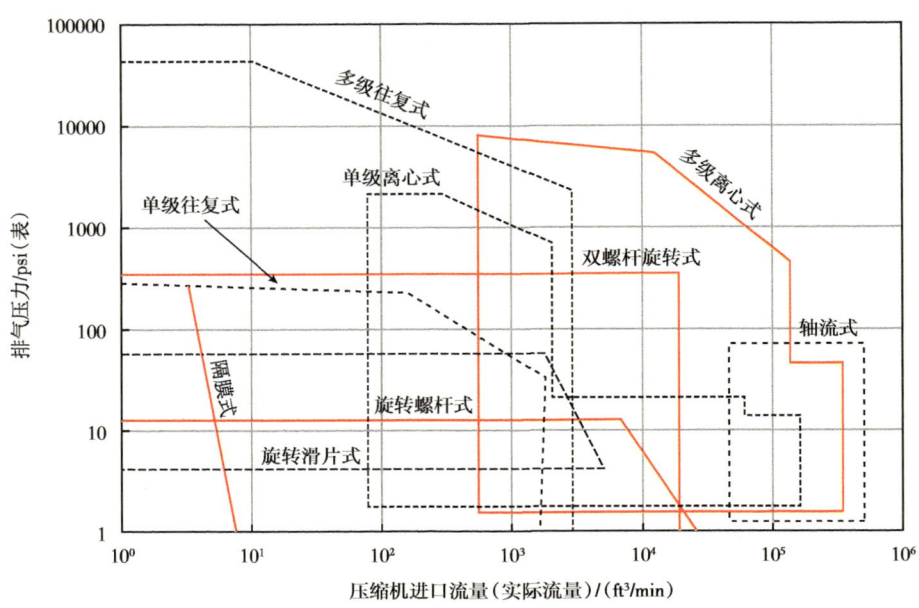

图 8-4-1 压缩机适用范围

注：1psi（表）=0.0069MPa，1ft³/min=0.028317m³/min

从图 8-4-2 压缩机扬程与流量关系图中看出，离心式压缩机是恒扬程而变容的压缩机，往复式压缩机则是变扬程而恒容的压缩机。

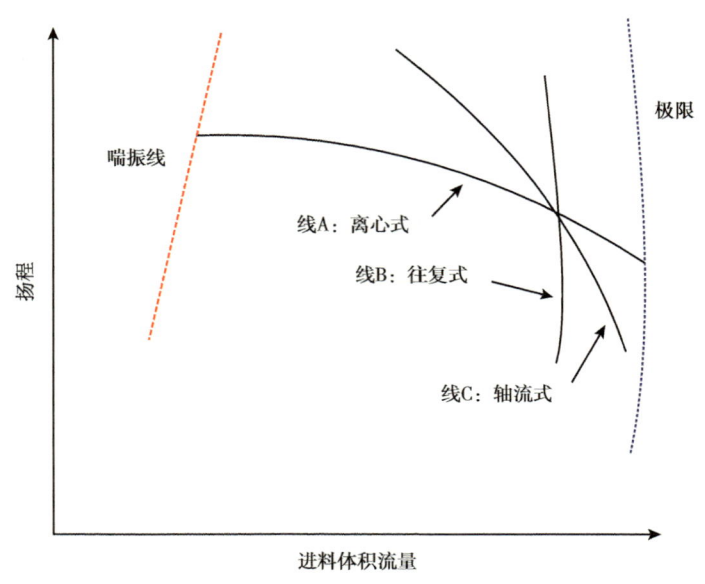

图 8-4-2 压缩机扬程与流量关系示意图

天然气压缩机适用范围及特点见表 8-4-3。

表 8-4-3　天然气压缩机适用范围及特点

类型	往复式压缩机 （变扬程而恒容的压缩机）	螺杆压缩机	离心式压缩机 （恒扬程而变容的压缩机）
优点	（1）流量变化范围为 40%~120%； （2）压力范围最广，从低压到超高压均适用； （3）热效率较高，设计工况点下，可达 80%~84%，燃料气耗量略低； （4）适应性强，排气量可在较大范围内变化； （5）对气体组成及密度变化敏感性略低； （6）对制造压缩机的金属材料要求不太苛刻	（1）可变内压比允许进口压力波动范围大，并保持出口压力稳定，特别适用接近大气压的低压入口压力； （2）适应性强，具有强制输气的特点，容积流量几乎不受排气压力的影响，在宽阔的范围内能保持较高效率，在压缩机结构不做任何改变的情况下，适用于多种工况； （3）可靠性高，零部件少，没有易损件，因而它运转可靠，寿命长； （4）动力平衡好，没有不平衡惯性力，机器可平稳地高速工作，可实现无基础运转，特别适合作移动式压缩机	（1）流量变化范围为 70%~120%； （2）设计输量下，压缩机效率较高，可达 80%~87%； （3）结构紧凑，尺寸小； （4）易损件少，运转可靠，运转率高，维护费用低； （5）气体不与机组润滑系统发生接触
缺点	（1）外形尺寸及质量大，结构复杂； （2）所需台数多，辅助设施、配管多，占地面积稍大； （3）易损件多，如活塞环等，一般在第 12~第 18 个月需更换，日常维护费用高； （4）机组运转效率低，安装及基础工作量大，设备基础和配管等需采取防振措施，噪声较大； （5）压缩机汽缸需油润滑	（1）排量小，依靠间隙密封气体； （2）排气压力低，一般不超过在 4.5MPa	不适用于气量太小及压缩比过高的场合，稳定工况区较窄，效率一般低于往复式压缩机
适用范围	小流量、流量变化幅度较大，压比高的工况。对中、小气量，不确定性较多的管道压气站，往复式压缩机组较为灵活	适用于低流量、低压力、含液气体。主要用于对煤层气、油田伴生气、火炬气等低压气的增压	适用于大排量、流量变化幅度较小、压比低的工况

由于页岩气产量和压力波动大、压缩机压比大，因此页岩气集输增压暂未选用离心式压缩机，广泛采用往复式压缩机作为主要的增压设备。在气井生产后期，气井产量小，压力远低于管输压力时，可选用螺杆式压缩机作为井口低压气增压措施。

2．往复式压缩机简介

1）机组类型

（1）以汽缸轴线布置的相互关系划分，一般常用的有 L 型、V 型、W 型及卧式、立式和对称平衡式等。

（2）以压缩机气缸夹套和级间气体冷却方式划分为水冷式（用水冷却）和空冷式（用空气冷却）两种。

（3）按压缩气体至最终排出压力所经历的压缩次数划分为单级、两级或多级。

（4）按驱动压缩机的原动机型分为电动（电动机驱动）、柴动（柴油机传动）和燃动（燃气机驱动）3 种。

（5）按汽缸活塞往复一次所完成的吸气或排气次数分为单作用式（活塞往复 1 次完成 1 次吸气和排气）和双作用式，也有称单动和复动的。

（6）按压缩机传动部件的润滑方式分为飞溅式和压力式，汽缸部分又分为油润滑和无油润滑。一般排气量较大且要求连续运行的多采用压力式的润滑方式，无油润滑式适用于要求压缩气体不允许含油污的情况。

2）工作原理

往复式压缩机由曲轴连杆机构将驱动机的回转运动变为活塞的往复运动。在工作过程中活塞在汽缸作往复运动对气体进行加压，当活塞向右移动时，汽缸中活塞左端的压力下降，当略低于吸入管道中气体的压力 p_1 时，吸气阀被打开，气体进入汽缸内，即为吸气过程；当活塞返行时吸气阀关闭，气体在汽缸内被压缩，此过程为压缩过程；当缸内气体被压缩至略高于排气管道中压力 p_2 时，排气阀被打开，高压气体进入排气管道，该过程为排气过程。至此完成一个工作循环，活塞在汽缸内周而复始地作上述运动，不断地对气体增压。单级单作用活塞式压缩机结构组成如图 8-4-3 所示。

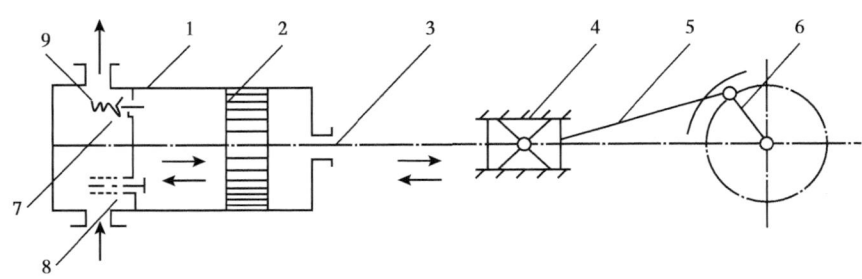

图 8-4-3　单级单作用活塞式压缩机示意图

1—汽缸；2—活塞；3—活塞杆；4—十字头；5—连杆；6—曲柄；7—排气阀；8—吸气阀；9—弹簧

3）往复式压缩机典型厂家产品性能参数

目前我国页岩气内部集输管道增压站所用的往复式压缩机均为国产机组。国外也有生产往复式压缩机的厂家，主要生产厂家为美国卡麦隆公司、Ariel 公司、德莱—赛兰（Dresser—Rand）公司等。国内生产往复式压缩机的主要生产厂家有成都天然气压缩机厂、江汉钻头压缩机公司、四川新星机械厂和华西通用机器公司等。因为国产往复式压缩机组技术已经非常成熟、可靠，相比国外机组更为经济合理，售后服务均能快速到位，因此，页岩气内部集输增压均采用国产机组。

各厂家生产的压缩机的规格型号及性能参数不同，成都天然气压缩机厂、江汉钻头压缩机公司、Dresser 公司、Ariel 公司和美国卡麦隆公司压缩机性能的参数见表 8-4-4 至表 8-4-9。

表 8-4-4　成都天然气压缩机厂 DTY 电驱系列分体式压缩机性能参数

机型	列数	额定功率/kW	冲程/mm	额定转速/(r/min)	最大拉伸杆载/kN	最大压缩杆载/kN
2CFP	2	100	76.2	1800	25	27
4CFP	4	200	76.2	1800	25	27
2CFD	2	250	76.2	1800	55	59
4CFD	4	500	76.2	1800	55	59
6CFD	6	750	76.2	1800	55	59
2CFA	2	250	88.9	1500	55	59
4CFA	4	500	88.9	1500	55	59

续表

机型	列数	额定功率/kW	冲程/mm	额定转速/(r/min)	最大拉伸杆载/kN	最大压缩杆载/kN
6CFA	6	750	88.9	1500	55	59
2CFG	2	800	139.7	750	250	263
4CFG	4	1600	139.7	750	250	263
6CFG	6	2400	139.7	750	250	263
2CFC	2	1150	139.7	1200	250	263
4CFC	4	2300	139.7	1200	250	263
6CFC	6	3500	139.7	1200	250	263
2CFQ	2	1150	101.6	1400	250	263
4CFQ	4	2300	101.6	1400	250	263
6CFQ	6	3500	101.6	1400	250	263
2CFB	2	2000	148	1000	350	372
4CFB	4	4000	148	1000	350	372
6CFB	6	6000	148	1000	350	372

表 8-4-5　成都天然气压缩机厂常规分体式压缩机性能参数

机型	列数	额定功率/kW	冲程/mm	额定转速/(r/min)	最大拉伸杆载/kN	最大压缩杆载/kN
2CFP	2	100	76.2	1800	25	27
4CFP	4	200	76.2	1800	25	27
2CFD	2	250	76.2	1800	55	59
4CFD	4	500	76.2	1800	55	59
6CFD	6	750	76.2	1800	55	59
2CFA	2	250	88.9	1500	55	59
4CFA	4	500	88.9	1500	55	59
6CFA	6	750	88.9	1500	55	59
2CFH	2	650	116	1200	120	129
4CFH	4	1300	116	1200	120	129
6CFH	6	1950	116	1200	120	129
2CFQ	2	1150	101.6	1400	250	263
4CFQ	4	2300	101.6	1400	250	263
6CFQ	6	3500	101.6	1400	250	2632
2CFG	2	800	139.7	750	220	235
4CFG	4	1600	139.7	750	220	235
6CFG	6	2400	139.7	750	220	235
2CFC	2	1150	139.7	1200	250	263
4CFC	4	2300	139.7	1200	250	263
6CFC	6	3500	139.7	1200	250	263
2CFB	2	2000	148	1000	350	372
4CFB	4	4000	148	1000	350	372
6CFB	6	6000	148	1000	350	372
2CFV	2	2500	205	750	500	531
4CFV	4	5000	205	750	500	531
6CFV	6	7500	205	750	500	531

表 8-4-6　江汉钻头压缩机公司 RDS 系列主要技术参数

型号	列数	额定转速/(r/min)	额定功率/kW	行程/mm	额定活塞杆负荷/kN	最大允许气体力/kN
2RDS	2	1000	1200	139.7	166.7	166.7
2RDSA	2	1200	1900	139.7	266.7	266.7
2RDSB	2	1000	1900	152.4	266.7	266.7
4RDS	4	1000	2400	139.7	166.7	166.7
4RDSA	4	1000	3300	139.7	266.7	266.7
4RDSB	4	1000	3300	152.4	266.7	266.7
6RDS	6	1000	3600	139.7	166.7	166.7
6RDSA	6	1000	4600	139.7	266.7	266.7
6RDSB	6	1000	4600	152.4	266.7	266.7

表 8-4-7　Dresser-Rand 系列压缩机性能参数

型号	冲程/mm	最大转速/(r/min)	最大功率/kW	曲拐数
HHE-FB	216，254，279 或 305	600	1678	2 或 4
HHE-VB	254~305	600	3729	1~6
HHE-VG	254~381	600	7047	1~10
HHE-VL	305~406	600	16778	1~10
HSE	229 或 279	600	746	2 或 4
PHE	178	729	186	2
ESH	178 或 279	600	134	1
BDC-12H	216~305	600	6133	2，4 或 6
BDC-18H	305~406	450	33557	2~10

表 8-4-8　Ariel 往复式压缩机性能参数

系列	型号	冲程/mm	最大转速/(r/min)	额定功率/kW	曲拐数
JG、JGA 系列	JG/2	89	1500	188	2
	JG/4	89	1500	376	4
	JGA/2	76	1800	209	2
	JGA/4	76	1800	418	4
	JGA/6	76	1800	626	6
JGC、JGD、JGF 系列	JGC/2	165	1000	1544	2
	JGC/4	165	1000	3087	4
	JGC/6	165	1000	4631	6
	JGD/2	140	1200	1544	2
	JGD/4	140	1200	3087	4
	JGD/6	140	1200	4631	6
	JGF/2	127	1200	1544	2
	JGF/4	127	1400	3087	4
	JGF/6	127	1400	4631	6

续表

系列	型号	冲程/mm	最大转速/(r/min)	额定功率/kW	曲拐数
JGE、JGK、JGT 系列	JGE/2	114	1500	798	2
	JGE/4			1596	4
	JGE/6			2394	6
	JGK/2	140	1200	947	2
	JGK/4			1894	4
	JGK/6			2841	6
	JGT/2	114	1500	969	2
	JGT/4			1939	4
	JGT/6			2908	6
JGR、JGJ 系列	JGR/2	108	1200	321	2
	JGR/4			641	4
	JGJ/2	89	1800	462	2
	JGJ/4			925	4
	JGJ/6			1387	6
JGM，JGP 系列	JGM/1	89	1500	63	1
	JGM/2			127	2
	JGP/1	76	1800	63	1
	JGP/2			127	2
JGN，JGQ 系列	JGN/1	89	1500	94	1
	JGN/2			188	2
	JGQ/1	76	1800	104	1
	JGQ/2			209	2

表 8-4-9 卡麦隆公司往复式压缩机性能参数

型号	汽缸数	最大转速功率/kW	转速/(r/min)	冲程/mm	最大转速时活塞速度/(m/s)
MH62	2	1343	600~1200	152	6.1
MH64	4	2685	600~1200	152	6.1
MH66	6	4027	600~1200	152	6.1
WG62	2	2238	700~1200	152	6.1
WG64	4	4476	700~1200	152	6.1
WG66	6	6714	700~1200	152	6.1
WG72	2	1679	600~1000	178	5.9
WG74	4	3730	600~1000	178	5.9
WG76	6	5595	600~1000	178	5.9

3. 螺杆压缩机简介

螺杆压缩机与活塞压缩机相同,都属于容积式压缩机。螺杆压缩机在设计上分为无油(干式)和有油(湿式);按用途分为螺杆空压机,螺杆制冷压缩机及螺杆工艺压缩机。

1)工作原理

螺杆压缩机汽缸内装有一对互相啮合的螺旋形阴阳转子,两转子都有几个凹形齿,两者互相反向旋转。转子之间和机壳与转子之间的间隙仅为5~10丝,主转子(又称阳转子或凸转子),由发动机或电动机驱动(多数为电动机驱动),另一转子(又称阴转子或凹转子)是由主转子通过喷油形成的油膜进行驱动,或由主转子端和凹转子端的同步齿轮驱动。转子的长度和直径决定压缩机排气量(流量)和排气压力,转子越长,压力越高;转子直径越大,流量越大。

螺旋转子凹槽经过吸气口时充满气体。当转子旋转时,转子凹槽被机壳壁封闭,形成压缩腔室,当转子凹槽封闭后,润滑油被喷入压缩腔室,起密封、冷却和润滑作用。当转子旋转压缩润滑剂+气体(简称油气混合物)时,压缩腔室容积减小,向排气口压缩油气混合物。当压缩腔室经过排气口时,油气混合物从压缩机排出,完成一个吸气—压缩—排气过程。随着转子旋转,每对相互啮合的齿相继完成相同的工作循环(图8-4-4)。

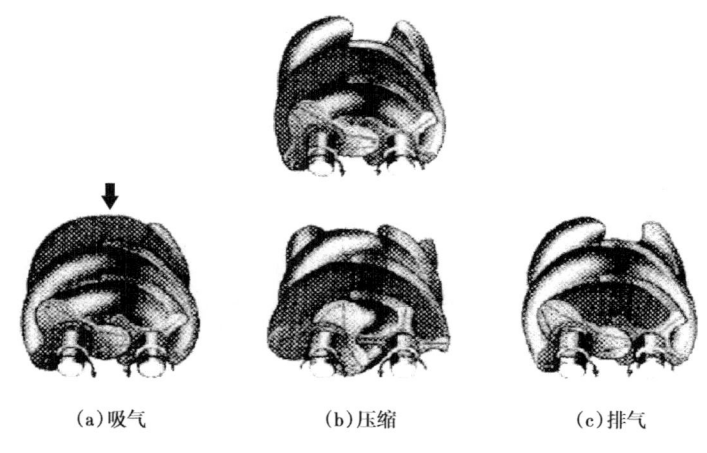

(a)吸气　　　　(b)压缩　　　　(c)排气

图8-4-4　螺杆压缩机工作循环图

螺杆机的每个转子由减磨轴承所支承,轴承由靠近转轴端部的端盖固定。进气端由滚柱轴承支承,排气端为止推轴承,抵抗轴向推力,承受径向载荷,并提供必需的轴向运行最小间隙。

2)工作性能

天然气螺杆压缩机是双轴容积式压缩机,它依靠汽缸中一对含有螺旋齿槽的转子相互啮合,造成齿型空间组成的基元容积变化,进行气体压缩。由于螺杆压缩机在低速下操作,允许向压缩机空间直接注入大量液体而不会产生腐蚀,因此,可用于含尘气体压缩。与其他压缩机系统比较,它具有独特的性能和优点。

在变转速操作时,压缩机具有很好的部分负荷特性,若50%的流量以50%转速运行仅消耗50%的动力。无论气体的压力、温度及组分如何变化,较易提供规定压力下所需的工艺流量(图8-4-5和图8-4-6)。

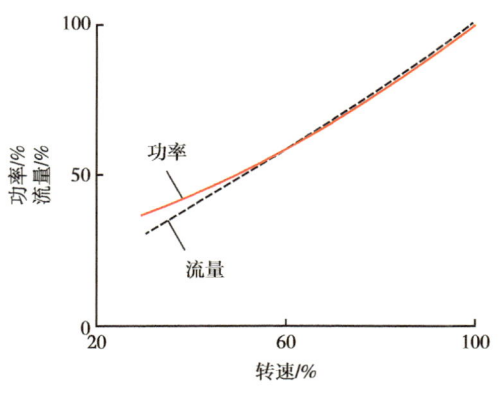
图 8-4-5 螺杆压缩机性能曲线（一）

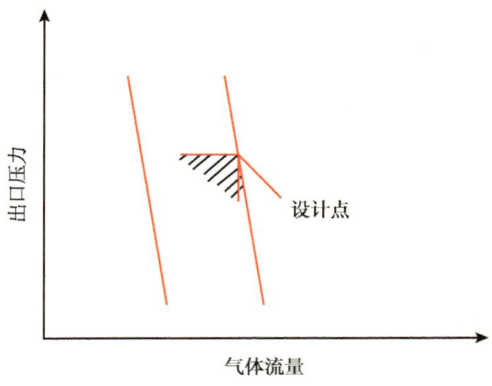
图 8-4-6 螺杆压缩机性能曲线（二）

3）天然气螺杆压缩机部分产品性能参数

国内生产适用于对烃类气体增压的螺杆压缩机厂商，主要有成都天然气压缩机厂、上海鲍斯压缩机有限公司。成都天然气压缩机厂的螺杆压缩机可用于天然气、煤层气、油田伴生气、闪蒸气和页岩气的抽采、集输及放空气回收等，其参数如下：

（1）进气压力为 0.01~0.3MPa（绝）；

（2）排气压力为 0.6~2.4MPa（绝）；

（3）排气量为 2.2~79m^3/min（入口状态）。

上海鲍斯压缩机有限公司的螺杆工艺机主要应用于煤层气、天然气、石油伴生气、沼气和工业尾气等可燃气的抽采、增压和回收利用，分为天然气螺杆压缩机和煤层气螺杆压缩机，其产品参数见表 8-4-10 和表 8-4-11。

表 8-4-10　天然气螺杆压缩机型号及参数

产品型号	LGM20/0.1~0.8	LGM25/0.2~1.5	LGM30/0.1~0.8	LGM50/0.1~0.8	LGM608/0.1~0.8	LGM12/0.1~0.8
流量 /（m^3/min）	2.0	2.5	3.5	5.0	8.1	12
吸气压力 /MPa（表）	0.1~0.2	0.2~0.3	0.1~0.2	0.1~0.2	0.1~0.2	0.1~0.2
排气压力 /MPa（表）	0.8~1.0	1.3~1.5	0.8~1.0	0.8~1.0	0.8~1.0	0.8~1.0
机组形式	单级喷轻烃柴油或水	单级喷轻烃柴油或水	单级喷轻烃柴油或水	单级喷轻烃柴油或水	单级喷轻烃柴油或水	单级喷轻烃柴油或水
电机功率 /kW	22	25	30	55	75	110
转速 /（r/min）	3000	1500	3000	3000	1500	3000
冷却方式	风冷（混冷）	风冷（混冷）	风冷（混冷）	风冷（混冷）	风冷（混冷）	风冷（混冷）

表 8-4-11　煤层气螺杆压缩机型号及参数

产品型号	LGM20/0.1~1.2	LGM30/0.1~1.2	LGM35/0.05~0.5	LGM40/0.1~1.2	LGM60/0.1~1.2	LGM80/0.1~1.2
流量 /（m³/min）	20	30	35	40	60	80
吸气压力 /MPa（表）	0.1~0.2	0.1~0.2	0.05~0.15	0.1~0.2	0.1~0.2	0.1~0.2
排气压力 /MPa（表）	0.8~1.2	0.8~1.2	0.1~0.5	0.8~1.2	0.8~1.2	0.8~1.2
机组形式	单级喷柴油或水	单级喷柴油或水	单级喷柴油或水	单级喷柴油或水	单级喷柴油或水	单级喷柴油或水
电机功率 /kW	100~160	160~200	185~255	285~355	400~500	630~710
转速 /（r/min）	3000	3000	3000	3000	3000	3000
冷却方式	风冷（混冷）	风冷（混冷）	风冷（混冷）	风冷（混冷）	风冷（混冷）	风冷（混冷）

国外豪顿（HOWDEN）有油螺杆压缩机 WRV 系列见表 8-4-12。

表 8-4-12　国外豪顿（HOWDEN）有油螺杆压缩机 WRV 系列

型号	WRV163	WRV204	WRV255	WRV321	WRV510	WRV580
螺杆长径比 L/D	2	4	6	4	3	1
转速 /（r/min）	1000~4500					
压缩比	20∶1（单级）					
压缩气量范围 /（m³/h）	200~24500					
最大排出压力 /bar（绝）	51					
最高排出温度 /℃	110					
入口设计温度 /℃	−60~70					
转子齿形（齿数比）	4 齿峰 /6 齿槽（非对称形）					

参 考 文 献

[1] 汤林，宋彬，唐馨，等.页岩气地面工程技术[M].北京：石油工业出版社，2020.
[2]《油气田地面建设标准化设计技术与管理》编委会.油气田地面建设标准化设计技术与管理[M].北京：石油工业出版社，2016.
[3] 王元基，汤林，班兴安，等.油气田地面工程标准化设计及管理探索与实践[J].国际石油经济，2018，26（2）：84-88.
[4] 梁光川，余雨航，彭星煜.页岩气地面工程标准化设计[J].天然气工业，2016，36（1）：115-122.
[5] 王健，辛伟，姬文学.页岩气地面工程的标准化[J].天然气工业，2017（2）：258.
[6] 何恩鹏，潘登，涂敖.页岩气井地面除砂技术[J].油气井测试，2016（6），25（6）：55-58.
[7] 苏建华，许可方，宋德琦，等.天然气矿场集输与处理[M].北京：石油工业出版社，2004.
[8] 曹润科.天然气增压开采工艺技术在气田开发后期的应用[J].中国石油和化工标准与质量，2016（14）102-109.
[9] 汤林，汤晓勇，刘永茜，等.天然气集输工程手册[M].北京：石油工业出版社，2016.